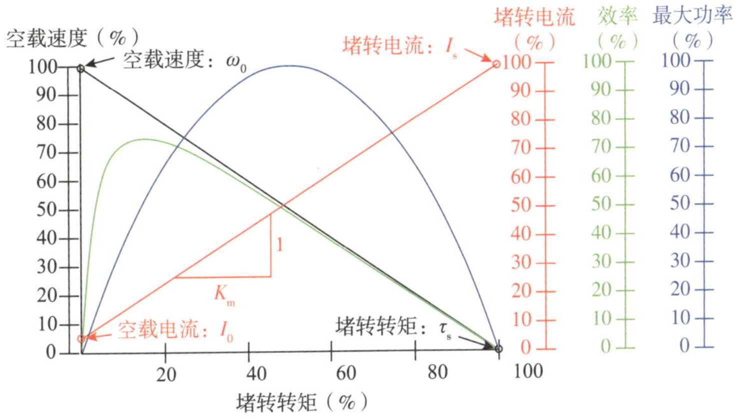

图 1-12　图中的颜色和相应的垂直轴展示了一系列与直流电动机转矩有关的性能曲线，包括速度、电流、功率和效率

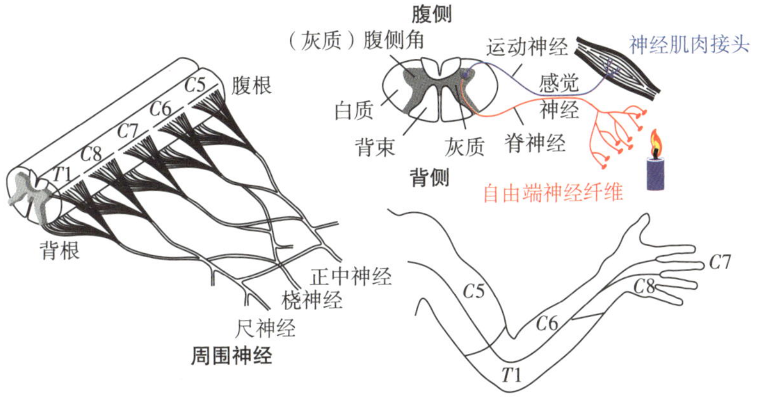

图 2-1　脊髓的 $C5 \sim C8$ 和 $T1$ 段、身体相应的感觉和运动区域，以及应用于撤回反射的脊髓横截面解剖结构（改编自文献[28]）

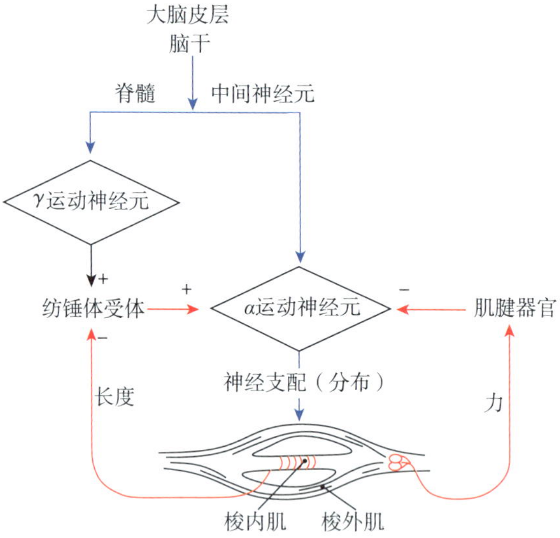

图 2-2 调节肌肉张力和硬度的 α 和 γ 运动反馈回路(改编自文献[192])

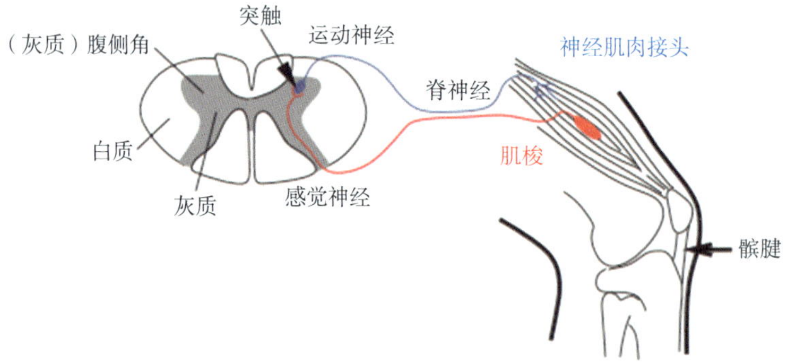

图 2-3 对髌腱敲击做出反应的股四头肌伸展反射(L4)机制

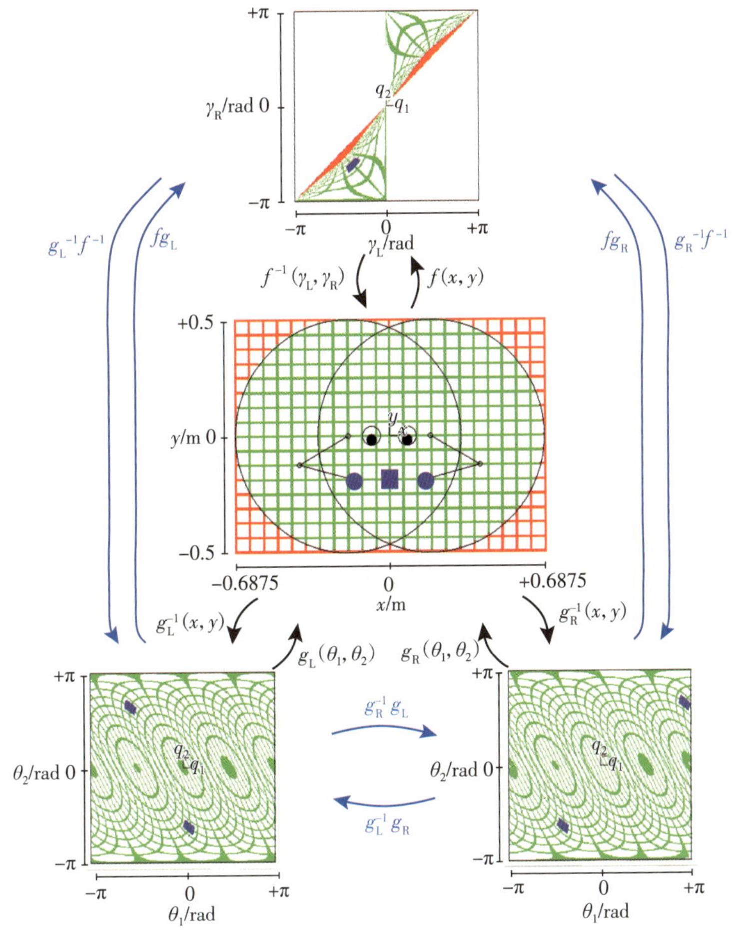

图 3-16　空间的多传感器模型和手眼协调。此图使用了与其他罗杰示例不同的坐标系，为了清晰起见，已从图像中删除了手臂/手部

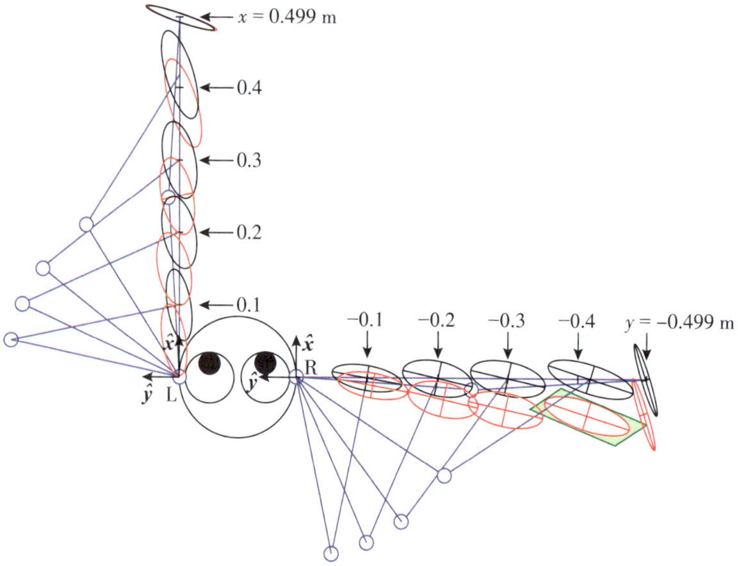

图 5-8　较小且动力明显不足的罗杰 2R 操作端(L 和 R)产生的动态可操作性椭球($\boldsymbol{J}\boldsymbol{M}^{-2}\boldsymbol{J}^{\mathrm{T}}$)，其中，$l_1=l_2=0.25$ m，$m_1=m_2=0.2$ kg，并且 $\boldsymbol{\tau}^{\mathrm{T}}\boldsymbol{\tau}\leqslant 0.005\ \mathrm{N}^2\cdot\mathrm{m}^2$。重力作用于负 $\hat{\boldsymbol{x}}$ 方向

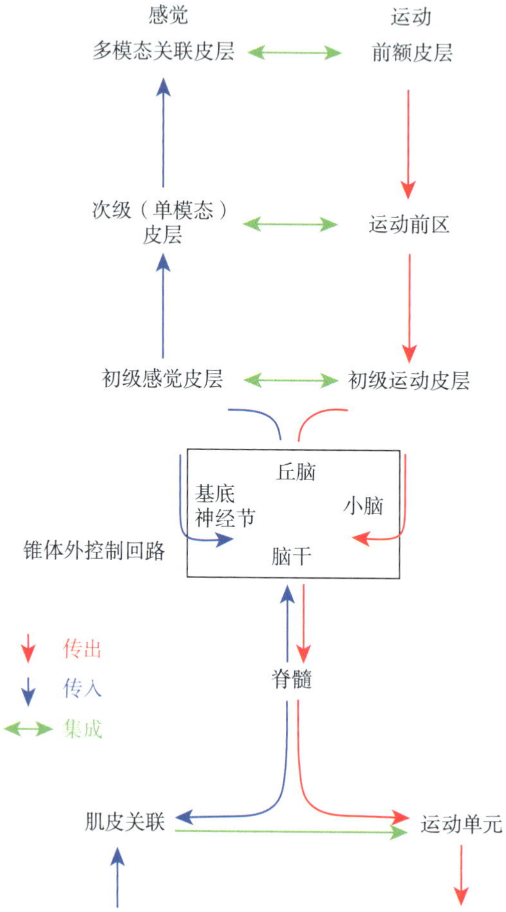

图 8-7　人类行为中感觉和运动组织的层次结构

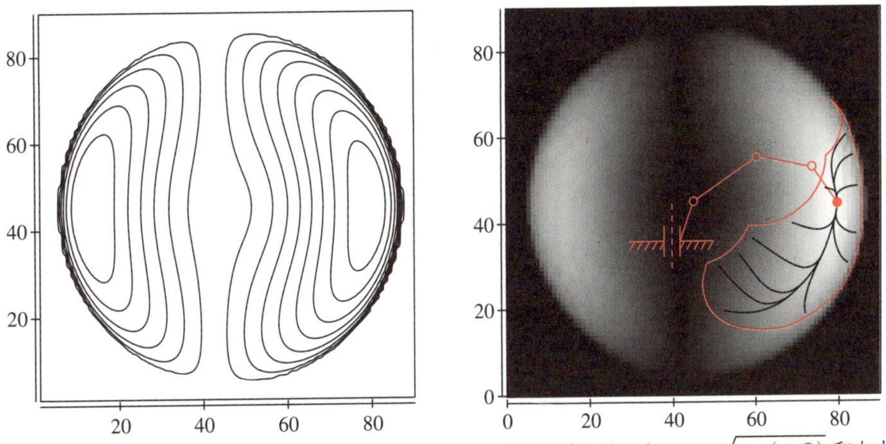

a）等值线

b）标量场$\phi(x,y)=\max_\theta\sqrt{\det(\boldsymbol{JJ}^{\mathrm{T}})}$和由式（9–7）生成的可达工作空间内的流线

图 9-3　犹他州/麻省理工学院机械手指的最大可操纵性模型

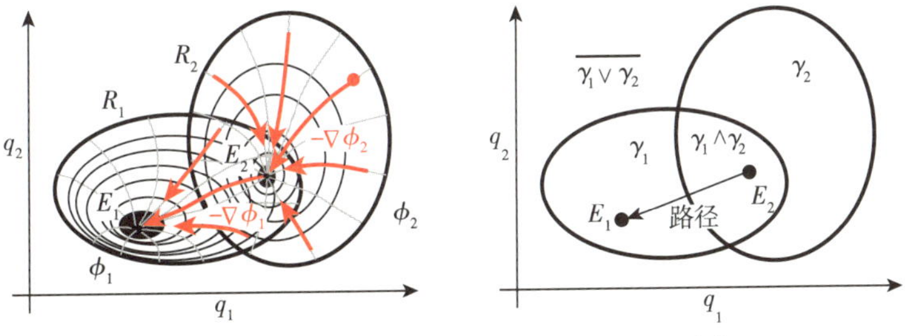

a）

b）

图 9-11　E_1 附近的吸引域可以通过序列控制进行扩展。可以配置 c_1 和 c_2 的序列组合，使得从 $R_1\cup R_2$ 内部的所有状态均可接近最小的 E_1

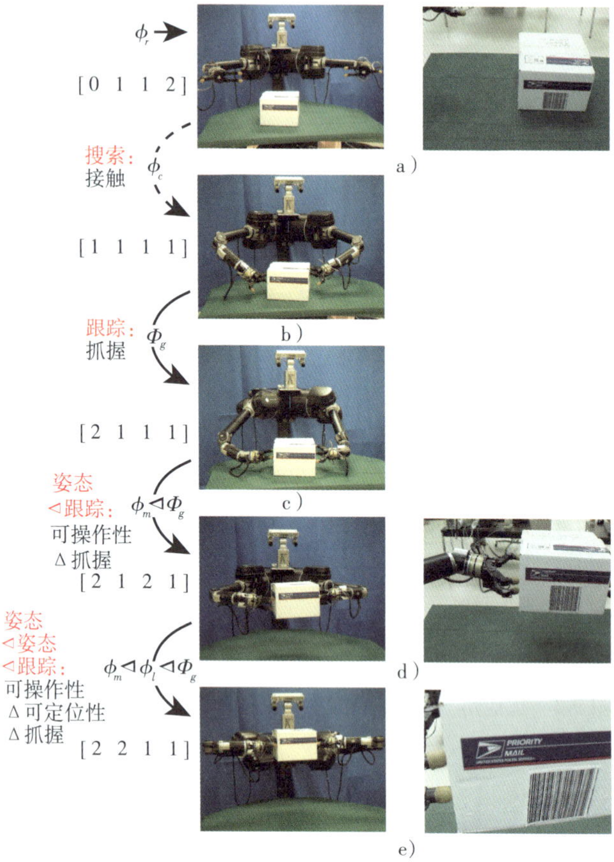

图 9-12　视觉检测序列遍历 $\mathcal{A}$ 中由 $[\gamma_g \gamma_l \gamma_m \gamma_r]$ 状态、姿态、跟踪和搜索动作定义的外观转移图，从而读取包裹上的条形码

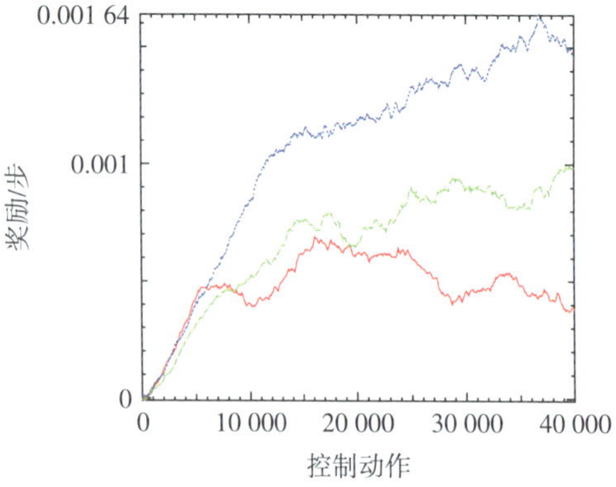

a）行走技能的学习性能在三种情况下的表现

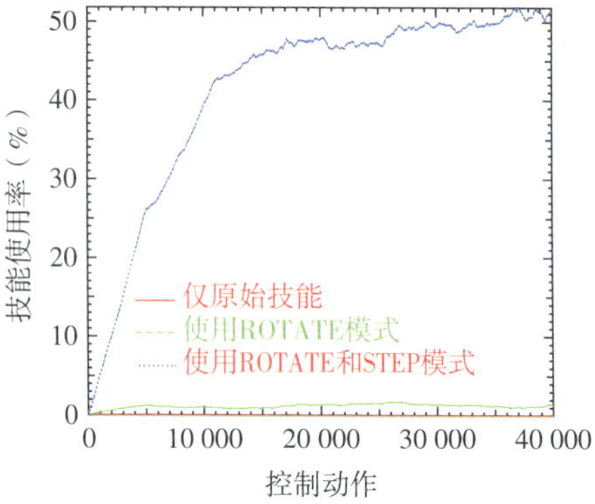

b）在三种问题设计中，由转向和步进衍生出的动作相对于基元的百分比

图 10-8　三种行走技能的性能比较

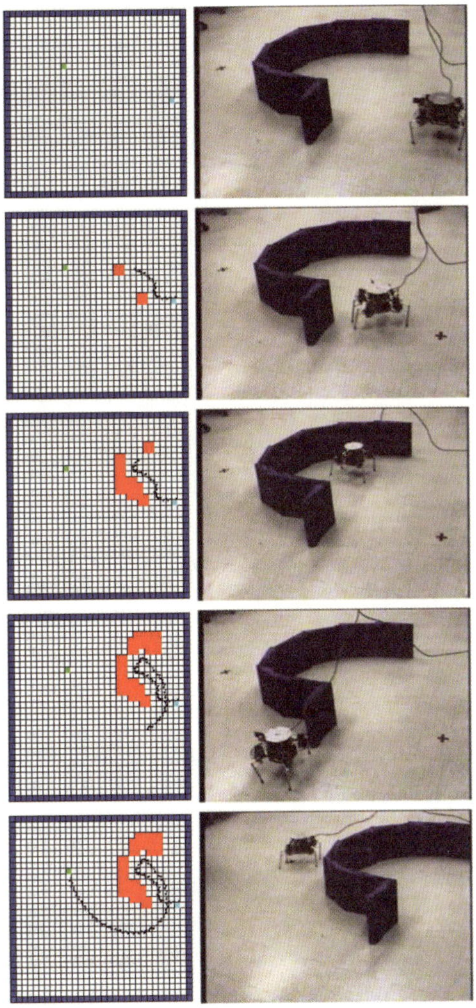

图 10-10　Thing 的集成层次化运动控制器生成的行为

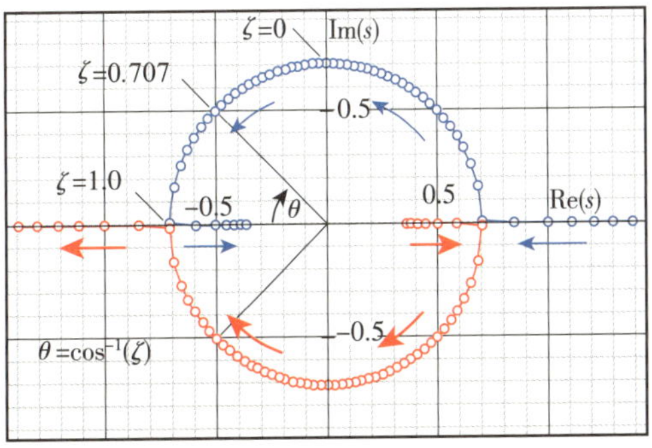

图 A-7　当 $K=1.0\ \mathrm{N\cdot m/rad}$，$I=2.0\ \mathrm{kg\cdot m^2}$ 及 $-3.5\leqslant B\leqslant 3.5$ 时（对应于 $-1.24\leqslant \zeta\leqslant 1.24$），图 2-15 中连续响应的根轨迹

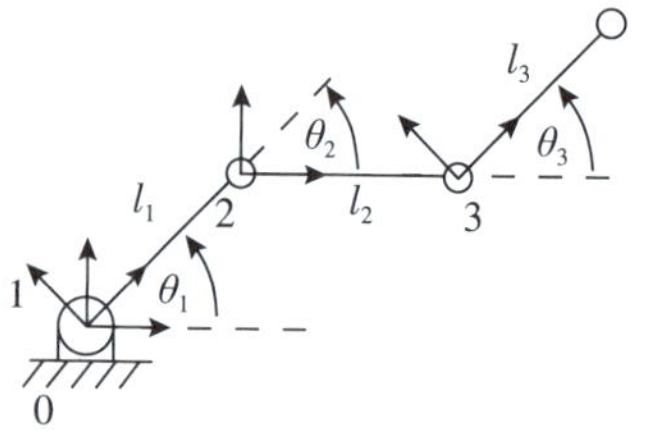

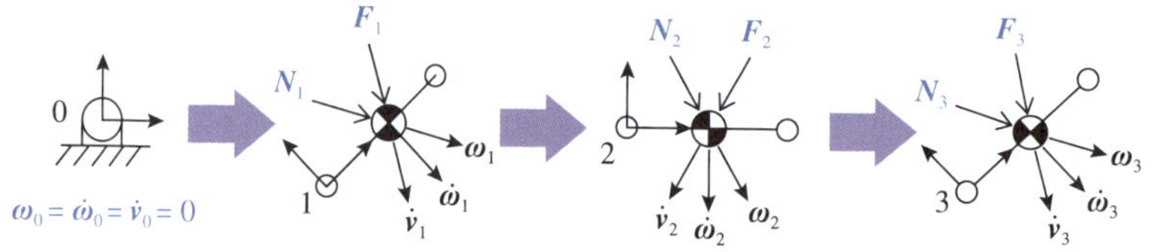

a）向外迭代

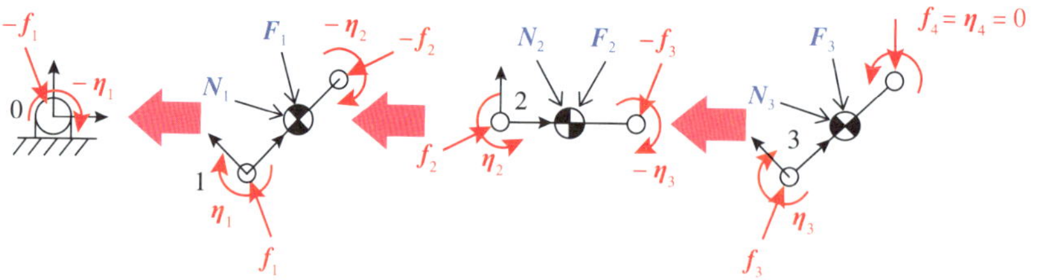

b）向内迭代

图 B-6　3R 平面操作端(n=3)的牛顿-欧拉迭代过程

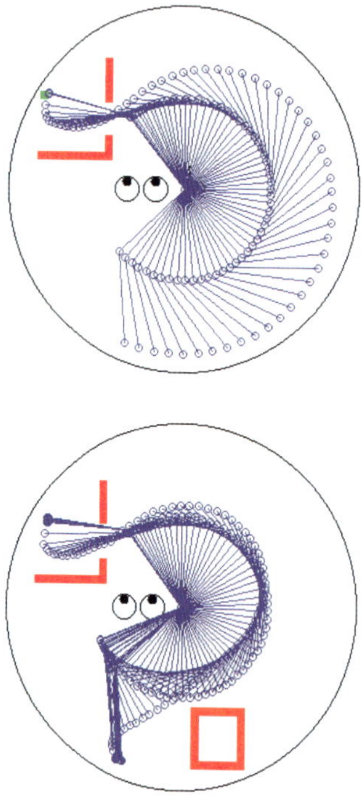

a）笛卡儿空间

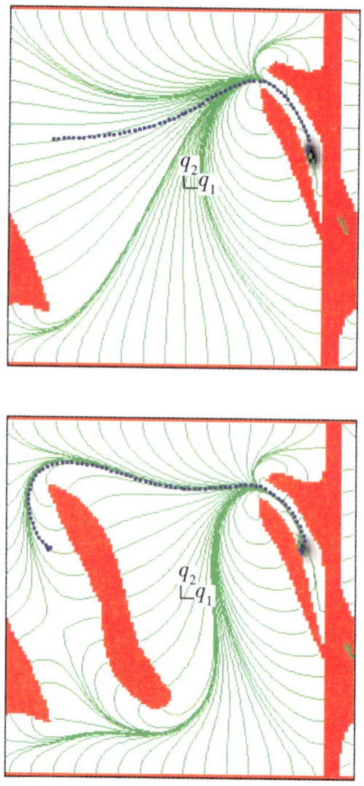

b）c 空间

图 C-2　调和函数的梯度下降为罗杰的右臂生成了一个无碰撞的运动规划

THE DEVELOPMENTAL ORGANIZATION OF ROBOT BEHAVIOR

机器人行为的发育型组织

[美] 罗德里克·A. 格鲁彭（Roderic A. Grupen）著

李新德 朱博 译

机械工业出版社
CHINA MACHINE PRESS

图书在版编目（CIP）数据

机器人行为的发育型组织 / (美) 罗德里克・A. 格鲁彭 (Roderic A. Grupen) 著 ; 李新德 , 朱博译 . 北京 : 机械工业出版社 , 2025. 4. -- ISBN 978-7-111-78140-0

Ⅰ. TP242

中国国家版本馆 CIP 数据核字第 2025ST1460 号

机械工业出版社（北京市百万庄大街 22 号 邮政编码 100037）
策划编辑：王 颖 责任编辑：王 颖
责任校对：甘慧彤 张慧敏 景 飞 责任印制：刘 媛
三河市宏达印刷有限公司印刷
2025 年 6 月第 1 版第 1 次印刷
185mm × 260mm・15 印张・4 插页・395 千字
标准书号：ISBN 978-7-111-78140-0
定价：99.00 元

电话服务
客服电话：010-88361066
010-88379833
010-68326294

网络服务
机 工 官 网：www.cmpbook.com
机 工 官 博：weibo.com/cmp1952
金 书 网：www.golden-book.com
机工教育服务网：www.cmpedu.com

封底无防伪标均为盗版

译者序

The Translator's Words

随着人们对美好生活的不断向往，服务型机器人从幻想走向现实，进入家庭、娱乐、教育和商业等场合。2023 年，斯坦福家政服务机器人 Mobile ALOHA、川崎灾后现场清理人形机器人 Kaleido 和特斯拉 Optimus 人形机器人等都令人印象深刻。

相对于工业机器人，服务型机器人形态结构各异，适应环境能力更强，需要更先进的智能自主技术。研究服务型机器人的一个基本挑战在于构建智能机器人的自我认知与环境认知机制，以及合适的资源组织范式。我们认为相关认知架构将直接影响有关问题的解决质量，新范式下的智能系统计算框架对打破现有瓶颈具有重要意义和重大价值。在此基础上，人-机、机-环境以及机-机交互行为才能更加类人，并表现出更强的环境适应性。因此，我们团队长期致力于智能系统认知架构研究，期望为智能机器人领域带来新的突破。

在过去的二十年里，我们团队在国家需求的指引下，以类人智能感知与理解为主线，探索单/多自主无人系统、人-机-脑交互与认知、智能融合与融合智能等研究领域的新边界、新理论、新技术，贡献了一批具有国际影响力的研究成果，以推动自主智能机器人技术的发展。在研究过程中，我们深感研究人员看待智能认知系统架构的角度和高度将直接影响研究的深度和解决问题的效率与质量，新范式下的智能系统计算框架研究显得尤为必要和紧迫。在不断探索的过程中，我们接触到了马萨诸塞大学阿默斯特分校 Grupen 教授的这本书。该书从生物传感运动系统的发育阶段类比入手，借鉴人的生命第一年的基本发育机制，揭示了机器人开发所需的最根本的系统构成，提出了一种新型计算框架，这弥补了传统开发工作往往基于特定实例的不足。这与我们的想法不谋而合，书中的内容极大地启发了团队成员。为了与国内的同行分享书中的学术观点和内容，我们对该书进行了翻译。

本书的翻译工作由李新德和朱博完成，王佳洁、杨哲涵、朱炜义、陈颖、李朋洋、叶霆霄、魏才淦、谢文祥等提供了帮助，在此谨向他们表示衷心感谢。书中所涉及的专业术语与概念跨越机器人学、优化理论、神经科学等诸多学科，部分术语难以找到公认且最恰当的译法，因此我们参考了研究论文和网络学术资源中的译法。虽然我们力求准确反映原著内容，但由于水平有限，如确有错误和疏漏，恳请读者不吝批评指正。

期待读者能够从本书中获得有益的知识。

译　者

前言

Preface

技术人员按照《机器人手册》中的测试指南问道："你好吗?"LNE 原型机器人㊀的回答是："我很好，已经准备好开始行动了。我相信你也很好。"技术人员立刻被这个回答所震撼。这是他从未听过的机器人的声音。

——艾萨克·阿西莫夫[9]

机器人已应用于娱乐、教育和商品制造等领域。与机器人类似的运动发育在早期就引起了关于自主、自由意志以及思想与行动间区别的讨论。当前，大多数机器人在设计时就基于预编程的指令和固定的操作模式在特定操作环境中执行任务。例如，许多工业机器人在高度结构化的环境中工作，执行重复性的任务，这些任务可以通过精确的机械控制和有限的传感器输入来完成，这仍然依赖于基础的感知技术。

一般机器人在与世界互动时，随时间积累的经验知识并没有越来越多，仍然是很有限的，它们很少或根本不会思考。例如，当制造机器人接收到一个托盘零件已到达的信号时，就会触发预编程指令，拾取每个零件并将其放置到指定位置。因此，制造机器人在重复性和高度结构化的环境中表现出色，这些环境能最大限度地减少不确定性。

然而，随着人工智能技术的飞速发展，机器人的应用场景有了新的需求和发展方向，其中更多的自主机器人需要与结构化程度较低的环境互动，机器人必须拥有其行为背后的知识。在这种情况下，机器人必须参与控制知识的发现、组织和重用，通过与外界的不断互动而获得这些知识。

这种新型机器人面临的主要挑战之一是计算复杂性——机器人自身的复杂性和非结构化环境的复杂性。面对新任务时，可供选择的感觉和运动方案众多，它们有不同的输出和对奖励的期望。此外，期望奖励所依赖的一些事件可能没有证据，甚至无法直接观察到，这具有高度的复杂性。

动物是如何成功地应对这种复杂性的？发育背后的过程显然是答案的一部分（或大部分）。我们特别关注感觉运动发育阶段的三个主要观察结果：发育机制如何利用婴儿的形态学特征来支持基本的低维度动作技能，这些技能如何随着额外资源的投入而得到改善，以及发育如何将基因组中编码的大量默会信息转化为隐式的、可操作的形式。

具身性展现出对重要先天结构进行编码的运动动力学设定和感知设定。如果身体中建立有效行为的组合被环境中的刺激适当激活，它们就可以整合起来，创建层次化的后天行为（或技能），利用这些能力可以避免运动动力学的限制，并可作为路线图来穿越原本难以控制的状态空间。在这个过程中，可以发现激活路线图的刺激模式，它们用于将复杂的世界划分为可识别的行为启示。这个过程在多个物种处于感觉运动发育阶段时可以被清楚地观察到，此时幼小的动物会本能地探索和拓展自己的能力，适应环境并生存下来。

我们可以通过在机器人上创建和运行假设来测试发展心理学和神经学的这些见解。在本书中，我们关注的是人类出生后发育的第一阶段，即感觉运动阶段，在这个阶段，开始形成有关姿势稳定性、运动和物体操纵的策略。本书探讨了机器人学对具身能力的看法，以及心

㊀ 一种可以发出美妙声音的机器人。——译者注

理学和神经学关于感觉运动阶段的看法，以创建一个可应用于所有具身系统的原则性发育计算方式。这样的框架为评估发展心理学的理论提供了一个综合、可控的实验基础，同时也将带来更好、更智能的机器人。

罗杰简介

本书中，我们使用一个名为“罗杰”的机器人来深入讨论相关概念。罗杰基于一个更简单的视觉和运动系统——“螃蟹罗杰”（由保罗·丘奇兰德[53] 提出，如图 1 所示），旨在研究手眼协调的运动学。丘奇兰德的罗杰配备了一个立体视觉系统和一个有两个关节的简单平面操作端，展示了如何通过简单的神经映射将独立的空间观察联系起来，进而实现手眼协调。

为深入掌握书中讨论的概念，我们采用更精细的机器人罗杰作为教学工具。罗杰依靠差速转向装置中的两个驱动轮在平面上移动，并配备有两个平面手臂，每个手臂具有两个旋转自由度，位于肩部和肘部。控制程序能对它的每个关节施加扭矩，而触觉传感器分布在它的手臂末端和身体上，用以测量作用力的大小和方向。罗杰还装有两只能够独立转动的眼睛（针孔相机），可生成立体 RGB 图像。

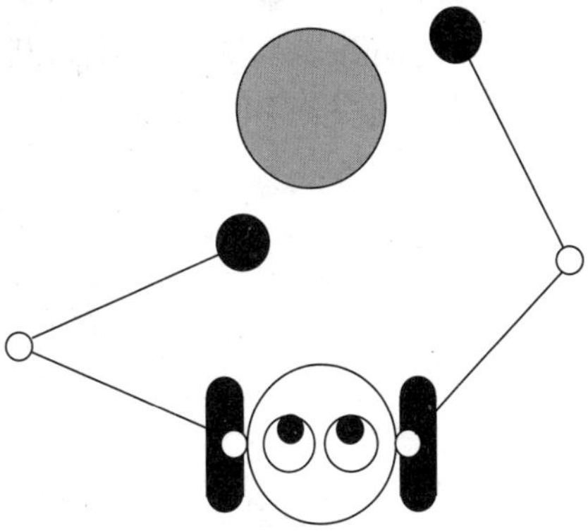

图 1　“螃蟹罗杰”——用于探索机器人、控制、信号处理、学习和行为的移动机械手概念

罗杰共有八个自由度，位于两个轮子、两只眼睛和两个手臂，每个自由度都配备传感器，以显示关节的实时位置和速度。关节中扭矩和加速度的关系取决于身体姿势、运动状态以及机器人动力学方程——罗杰在控制运动中必须克服巨大的惯性力。

本书内容

机器人学是一门独特的学科，我们能够在一个平台上同时研究机器人的复杂的机械系统和计算系统。本书的讨论从研究依赖机器人具身系统的发育开始，特别是在开放环境中如何利用具身结构来弥补结构上的不足，尽可能地将人体与其对应的机器人部分进行比较和对比。本书探讨了感觉和运动系统的数学基础，如运动学、动力学、执行器、传感器、控制和信号处理。为避免干扰主线，相关的数学工具被放在附录中。书中还提供了更先进和专业的素材，如知识表示、生物传感器、肌肉机制、发展神经学、势场、学习和冗余系统，这些对理解本书的核心论点至关重要，为对机器人系统中的发育过程进行建模提供了多种框架。

本书分为四部分，第一部分是运动单元，包含第 1 章和第 2 章；第二部分是动力学系统中的结构，包含第 3~5 章；第三部分是感知、触觉传感器与信号处理，包含第 6 章和第 7 章；第四部分是感觉运动发育，包含第 8~10 章。本书还包括三个附录，以更完整地介绍正文中使用的数学概念。附录 A 提供了线性代数和积分变换的精选入门材料。附录 B 介绍了推导铰接系统动态运动方程的常用方法。附录 C 回顾了数值松弛的基本原理。

人类行为发育的全面描述需要考虑发育与语言、情感、社会方面的发展（如模仿和成人支持）之间的关系，这超出了本书的讨论范围。本书旨在强调机器人行为发育与生物系统的相似之处。尽管计算学习方法与神经科学紧密相关，本书将不涉及对神经层面建模的讨论。

然而，随着研究的深入，本书将聚焦掌握机器人行为运动和操作物理学的发展过程，其他（如合作、沟通和社会行为）拥有相同的发展机制。

目标读者

本书适合以下专业人士：

- 寻求理解机器人运动学、动力学、控制和稳定性（人类婴儿发育的关键特征）的心理学专业人士和神经学专业人士。
- 拥有运动学和动力学背景，能从传感器、控制、神经学、冗余性和学习讨论中获益的生物机械学专业人士和运动机能学专业人士。
- 希望了解机器人发育行为计算模型的行为神经学专业人士。
- 从事知识表示和学习的计算机专业人士。
- 探索具身认知的专业人士。

致谢
Acknowledgments

1996年，马萨诸塞大学阿默斯特分校的几位教授共同启动了一个专注于理解婴儿发育的研究项目。我与计算机科学系的 Andy Barto、Paul Cohen、David Jensen 和 Rich Sutton 以及心理学系的 Carole Beal、Neil Berthier、Rachael Keen 和 Gary Marcus 一起参加了关于这个研究项目的研讨会。随着时间推移，我们聚焦于更深入探索这个研究项目的细分领域。即一种用于感知和运动过程的计算框架，该框架能基于我们对关键发育过程的理解，实现自主学习和建模——我们的目标是创建一个发育有序的、嵌入式的计算系统。我们至今仍在积极实现这一目标，其中的大部分内容已融入本书。我衷心感谢这些朋友和同事贡献了他们的专业知识、耐心和辛勤工作，因为我们在这些引人入胜的问题上达成了共识，并且创造了良好的科学研究环境。

我还要感谢约翰逊航天中心的 Robert Ambrose、William Bluethmann、Myron Diftler 和 Bob Savely，以及范德比尔特大学的 Richard Alan Peters，他们在机器人抓取、操作和人形机器人方面为本书提供了很多想法。感谢这些朋友几十年来有趣且富有成果的研究。

本书是根据感知机器人实验室在过去 20 年中所做的工作编写的，是与 LPR 和马萨诸塞大学计算机视觉实验室的学生——Ed Riseman 和 Al Hanson 进行数千次愉快讨论的结果。在此期间，LPR 的学生们分享了他们对这些项目的好奇心和创造力，值得特别感谢。他们包括 Elizeth Araujo、Ravindran Balaraman、Rohan Bandaru、Sanuj Bhatia、Don Berkich、Alyx Burns、Jeff Cleveland、Chris Connolly、Jefferson Coelho、Patrick Deegan、Ashish Deshpande、Khoshrav Doctor、Andy Fagg、Miles Gepner、Debasmita Ghose、Hia Ghosh、Vijay Gullapalli、Junzhu (Janet) Guo、Ed Hannigan、Steven Hart、Kjeldy Haugsjaa、Mitchell Hebert、Gary Holness、Emily Horrell、Manfred Huber、Haoyu Ji、Deepak Karrupiah、George Konidaris、Li Yang Ku、Scott Kuindersma、Rakesh Kumar、Michael Lanighan、Tiffany Liu、Ziyang Liu Will MacDonald、Sarah Osentoski、Shichao Ou、Devdhar Patel、Justus Piater、Rob Platt、Kelly Porpiglia、Srinivas Ravela、Michael Rosenstein、Dirk Ruiken、Shiraj Sen、Prakhar Sharma、Grant Sherrick、Soumitra Sitole、Kamal Souccar、Alenna Spiro、Andrew Stout、Anmol Suag、John Sweeney、Takeshi Takahashi、Bryan Thibodeau、Tulsi Vembu、David Wheeler、Jay Ming Wong、Dan Xie 和 Oscar Youngquist。这些年来，我非常喜欢那些生动的争论。实验室的几位长期访问学者也提出了重要的想法，其中包括 Young-Jo Cho、Antonio Morales、Cosimo Distante 和 Luiz Marcos Garcia Gonçalves。

来自美国联邦机构和公司的许多合作者们 20 多年来的参与和支持对本书做出了重大贡献。特别是，本书在很大程度上要归功于 DARPA（Mark Swinson 和 Douglas Gage）在 MARS 和 SDR 项目中以及 Robert Mandelbaum 在 ARM-S 项目中的支持，还有 NASA（Robert Savely）在 GCT 项目中的支持，NSF（Howard Moraff 早期的职业支持、指导和鼓励），以及微软公司和 Tandy Trower 在灵感和项目方面的支持。

最后，我要衷心感谢我的家人 Mary、Yianni 和 Niko，感谢他们对我的启发和支持，还要感谢我的妈妈 Doris 和爸爸 Bill Grupen 的鼓励。

目 录
Contents

第三部分 感知、触觉传感器与信号处理

第四部分 感觉运动发育

绪　论

The Developmental Organization of Robot Behavior

在许多不同领域，机器人实验平台作为推动科学技术发展的手段，持续吸引着来自众多领域的科学家和工程师。最近，我们在制造更先进、更复杂的机器人方面取得了快速进展，这也使机器人在经济和社会发展中发挥着越来越重要的作用。

目前，机器人已成为现代制造业中公认的工具。然而，制造业中机器人的成功应用仍然大多依赖于程序员预设的状态、动作和精确控制的运行状态。在制造业应用中，即使是与预设情况相比微小的差异，通常也会导致重新装配和重新编程。人们已经认识到，制造业中的机器人应用，本质上是对运行环境施加约束，以满足实施自动化的条件。因此，机器人技术的进步很大程度上归功于新材料、传感器、机构、执行器、电池、计算能力、开源代码库和杰出的工程师，而非机器人本身的认知突破。事实上，可以说机器人患有严重的萨凡提斯症（Savantism）——一种发育障碍，它们令人印象深刻的身体能力与它们的无能的整体认知能力形成鲜明对比。

机器人会更加接近人类，并在非结构化人类环境中为人类日常活动提供服务支持。与制造业情形不同，非结构化环境（也可以说是野外环境）中的机器人必须配备多种传感器以区分运行时的情况，并自行处理突发事件。这些机器人的技能将逐步提升，以便在熟悉的情况下解决常见问题。

自20世纪50年代以来，越来越多的科学家结合心理学、人工智能、语言学、神经科学、计算机科学、人类学和哲学的见解，专门关注于智力理论。1973年，Christopher Longuet-Higgins 创造了“认知科学”一词，描述对思维过程的研究，支持可测试理论和实验方法。然而，认知科学经常考虑非具身的过程，忽视了身体对知识和表达的重要贡献。除了创造更灵活的机器人外，研究人员还研究机器人的知识表示，这推动了认知科学的综合方法的形成。认知机器人——那些使用自身存储的表示并与复杂环境交互的机器人——必须像人类一样，在信息不完整的情况下可将所学知识迁移到新的情况，用经验和认知结构代替生产线所采用的空间和时间结构。

认知机器人这个特点揭示了与学习机器的可扩展性相关的主要理论挑战。Nikolai Bernstein[23] 提出了“生物力学”（Biomechanics）的研究领域，他将“灵活性”（Dexterity）描述为智能行为的质量，表示在传感和运动问题求解方面的技能和创造力。Bernstein 指出：

> “哺乳动物在攻击、狩猎等方面有相对更多的单一、有针对性的动作。这些动作每次都不同，并且表现出非常准确和快速的适应性。它们在快速创造新的、未经学习的运动组合以适应新出现的情况方面，表现出逐渐增强的能力。”

Bernstein 认为，模块化技能——可通过较少努力以多种方式重组来表达许多突发事件——或许比全面、高维度和完全整体的行为更具有优势。他通过识别灵长类动物抓握技能背后的多种独立有用的非抓握技能来阐述这一论点：

> “准确、精确、有针对性的动作，如瞄准、触摸、抓握、准确而有力的打击、远而精确的投掷、准确而精心计划的按压。这些简单的动作逐渐发展成许多有意义的链式动作，例如处理物体和使用工具。”

Bernstein 认为，灵活性取决于在新情况下快速有效地创造新的运动组合的能力。丰富而灵活的感觉和运动能力是对外部世界进行认知的基础，这是人类智能的重要组成部分，也是创造新的多功能灵巧机器人的关键。

Bernstein 的灵活性概念与他所说的“自由度”问题相结合，即感知和机械灵活性与不确定和非结构化的环境相结合，导致控制选择过多。Bernstein 所推崇的灵活性和其他人推崇的机智（Quick-wittedness）、灵巧（Adroitness）是计算效率的代名词。

许多物种的幼崽都表现出了这样的后天的灵活性能力：通过依赖具身性引入的结构并结合过去经历的记忆来灵活地行动。我们需要理解具身性引入的结构，更需要组织记忆来支持灵活性。机器人学中常用数学工具可描述多自由度驱动系统的运动学和动力学，为分析具身发育系统的能力和局限性提供了坚实的基础。此外，动物学习的计算模型为机器人提供了强大的机器学习工具，这些机器人通过与环境的直接交互进行学习。这些工具为记忆的内容和组织提供了输入，必要地支持了对意外运行情况的有效响应。

知识与表示

动物与机器人的显著区别在于它们获取、表示和重用知识的能力。知识可以用不同的方式表示，以支持与环境的不同信息的交流，并促进不同类型的推理[70,184]。

显性知识是以紧凑的、符号化的和易于表达的形式编纂的知识。百科全书、词典和用户手册都是显性知识表示的典型例子，它们假定信息提供者和接收者之间存在“共识”。例如，在图 1 中，“推力”是通过“力”来阐释的，而“力”又是通过循环引用“能量”和“强度”来定义的[246]。这就是词典的工作原理——语言是以关联为基础的。因此，推力的含义只有在最基础的“能量”和“强度”被定义之后才能确定。只有这样，这种锚定的参考意义才能通过图 1 中的语义网络传递到相关概念。例如，当人们听到“新鲜出炉的面包”时，这个短语会迅速唤起心中的画面、声音、香气、味道和记忆，也许还会与厨房或最喜欢的面包店联系在一起。语言符号（Token）是概念的标签，它要求听者根据个人经验提供专有的、锚定的关联，来对其进行识别和区分。

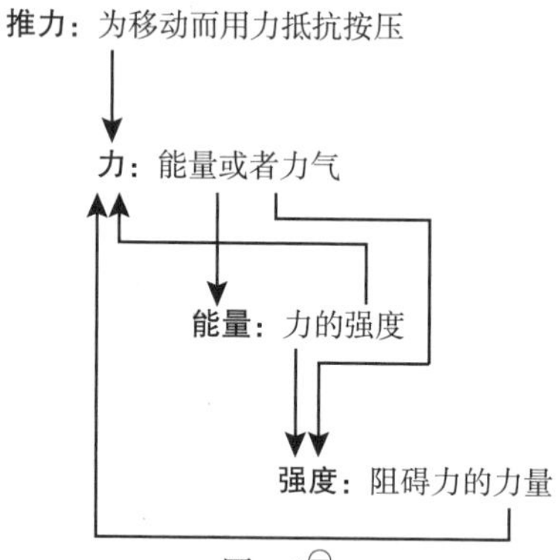

图 1[⊖]

像骑自行车或弹钢琴这样的技能比较特别，通常无法在个体间全面表达或交流。在知识表示的分类法中，这被称为“隐性知识”（Implicit Knowledge），是在智能体探索与环境的直接交互时获得。传感器反馈可以转化为控制输入，这种知识可将这种策略基于某种目标函数进行编码。例如，以控制回路表示的隐性知识体现了感知和行动的协调策略，解决了运行环境中一系列常见的问题。一般来说，隐性知识既不能完全由第三方设计，也不能完全独立于必要的使用方式来创建。它描述了在与现实世界的“当前”交互过程中，实际发生的共生刺激模式，因此避免了循环语义的问题。此外，隐性知识还反映了智能体和环境的互动。

默会知识（Tacit Knowledge）在智能体的物理和预认知配置中编码。它包括传感器和执行器的性能以及可控传感器几何结构的运动学特性。在动物中，默会知识体现在遗传变异和自然选择过程中的客观适应度量。它被编写在神经解剖学结构中，默会知识包括外周传感器、身体大小和质量分布，以及与生长和成熟有关的程序。动物天生就有丰富的默会知识。

在生物体中构建的遗传密码包括结构（坚硬的头部、强壮的肌肉、明亮的眼睛）和功能

⊖ 改编自文献［246］。

(例如，能够不假思索地躲避)。结构、功能、特定适应性和本能等都可以称为“知识”，这些知识由基因提供并预设在生物体中。[293]

因此，具身性决定了智能体与环境交互的程度，决定了可以观察这种交互的哪些方面，以及可以控制交互状态的哪个子集。知识层次建立在默会知识的基础上，这种基础性知识通过将交互偏向于利用智能体的运动动力学和感知能力，来为更高级别的决策提供信息，并为获得隐性和显性概念结构奠定了基础。

具身认知系统

自20世纪中叶以来，机器人学家和认知科学家对具身性在认知系统中的作用越来越感兴趣[282,162,41,278,224,275]。新兴的哲学挑战了笛卡儿二元论哲学。笛卡儿二元论认为行为和思维是独立的，需要不同的原理和表达。相反，整体具身型系统范式承认认知的主动性，通过运动和感知与世界直接互动，从而积累情境知识并逐步积累的观点。尽管如此，如何自主学习、分层组织、以复杂性可控的增量学习方式获取类似位于控制回路中的技能和知识仍有待确定——这是发育型编程中积极研究的目标。

发育型机器人学

> 与其试图编写一个模拟成年人思维的程序，为什么不尝试编写一个模仿孩子思维的程序呢？如果对其进行适当的教育，就能够获得成年人的大脑。
>
> ——A. M. 图灵，1950[280]

“维度诅咒”是机器学习中的一个基本挑战。“诅咒”是指为在采样的训练数据中实现给定的覆盖率，样本数量会随着数据维度的增加而呈指数级增长。如果10个样本足以近似某个单参数函数，那么对于依赖于 n 个独立参数的函数来说，必须使用 10^n 数量级的样本。这会导致失控。保守地说，人体内有200个独立的自由度。如果每个自由度有10种独特姿势，那么将产生大约 10^{200} 种身体姿势㊀。此外，姿势之间的精确运动可能需要激活数千个运动单元的不同组合。在如此众多的状态和行动中选择正确的组合是具有挑战性的，但许多动物通常能够解决与此规模相当的问题。

发育机器人学家正在研究动物发育的原理，这些原理可以解释具身系统如何在开放的非结构化环境中克服累积学习的巨大复杂性[290]。对这些系统的观察表明，发育型学习利用具身系统中默认编码的结构，在与世界的直接探索性互动中学习[253,254,193,179]，因此可以完成人类工程师事先无法提前预测的任务[117,32,212,160,109]。

发育的计算理论表明学习和具身性之间存在紧密耦合关系，这种关系由选择性动作、感知和认知表征促成[198,199]。这些方法已被纳入累积学习的实验框架，以应对许多任务和运行时环境[253,75,228,58,33]。一些研究（例如，文献［8,179］）明确希望这也可以影响生物系统中根植于自然环境的发育和智能理论。该领域的一些研究详细描述了由人类程序员提供的一种开发框架[212,160,108]。一些研究人员则关注于发育阶段的更强大方法，以实现自主进步。他们通常使用信息论度量来确定发育问题的前沿，并确定这些前沿向前推进的时机[267,257]。

在机器人学和发展心理学的交叉领域，一个有影响力的假设是从动力学系统理论的角度阐述发育问题[274,273,302,141]。成年人行走行为的发育年表是一个令人惊奇的例子，它展示了在

㊀ 相比较而言，已知宇宙中的原子数量大约在 $10^{78} \sim 10^{82}$ 个。

出生第一年内婴儿的内在动力和神经结构如何协同来解决困难的学习问题。

实例：学习走路——一个发育策略

新生儿身上已展现出成熟步态的初步迹象。当新生儿被抱起，使其脚底接触支撑表面，当移动新生儿向前，则他会抬起一条腿向前迈步，然后放下这条腿，接着另一条腿也会跟进，这个运动模式称为两足步态反射[274]。为了完成这一动作，新生儿的神经系统触发了一种肌肉神经支配模式，通过骨盆带关联了双下肢，以响应来自外周的本体感受信号。

两足步态反射展示了神经肌肉和运动动力学协同作用的遗传结构，为新生儿日后的重要运动任务打下基础。要实现独立行走，其他几个发育环节的配合必须就位。新生儿的腿在妊娠期已经弯曲，需要通过锻炼来扩大运动范围和增强伸肌系统的力量与体重比。随着这些变化，新生儿的骨骼逐渐增长和硬化，质量分布得到调整，肌肉张力得到改善，从而获得了保持姿势稳定和平衡的能力。

文献［274］表明，随婴儿的发育和生长，婴儿的表现逐渐成熟，这在“个体发育景观”概念中得到了体现。例如，图2说明了婴儿在第一年中稳定运动行为的出现和分化。在婴儿三个月大的时候，若他的脚底接触支撑表面，腿会反射性伸展。这种反应称为“正向支持反射”，它的出现表明婴儿已经为肢体支撑身体的重量做好了准备。大约五个月大时，婴儿的生长开始改变两足步态反射的动力。尽管支撑和向前运动的刺激可能仍然会像以前一样触发步态反射，但反应的幅度在一定程度上受身体本身的动态影响而显著减弱。这一阶段，正向支持反射和相关的末梢僵硬㊀占主导地位，使得婴儿的腿部显得僵硬。婴儿在此阶段专注于平衡的问题，同时仍然使用手臂接触墙壁和家具来支撑自己。当婴儿离开其他形式的支撑，利用双腿行走时，他会表现出明显宽阔的站姿，并且膝盖僵硬。通过练习，婴儿开始适应地形或障碍物的坡度变化，他们的脚必须垂下来。随着婴儿不断成长，他的步态将变窄，以产生更大的向前速度[39]，基于重新激活的步态反射和一系列支撑技能，最终呈现两足摆动的步态。

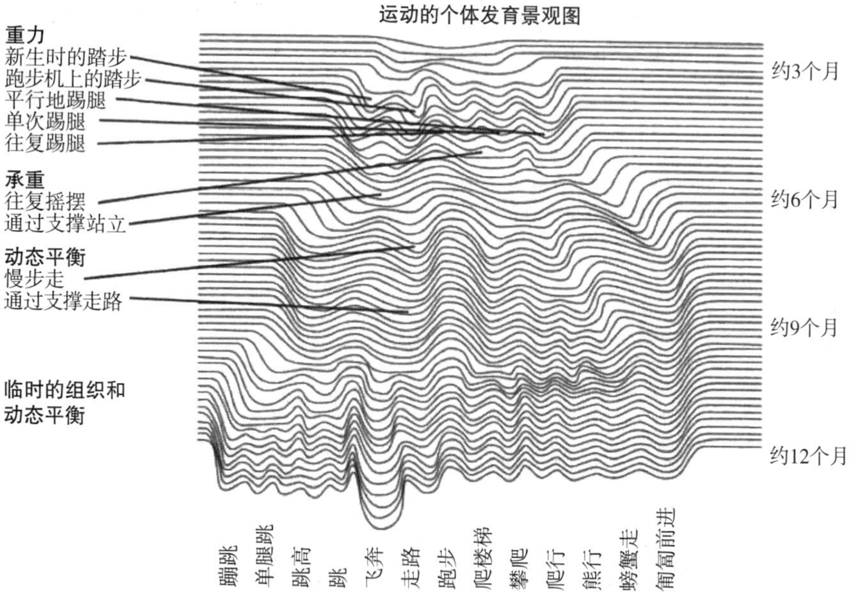

图2 Thelen的个体发育景观图（改编自文献［274］）。右栏中的时间以出生后的月为单位，表示开始观察到行为的大致时间（根据图8-18估计）

㊀ 在人获得新的运动技能期间，末梢共缩反射似乎是一种常见的运动策略。这可以通过观察一个学习滑冰的成年新手来看到效果。

在上述关于发育机器人的研究中，我们关注的是婴儿的第一年。在这一年里，婴儿探索自己的身体能做什么，环境提供了锻炼这些能力的机会。从出生的那一刻起，婴儿感知运动的发展过程就得到了充分展示，这为研究产后发育提供了机会，并体现了发育型学习和机器人学之间的联系。

机器人学前沿

描述感知运动发育的理论可以应用于合成（机器人）系统，促使该系统产生鲁棒的行为，从而支持目前超出现有技术水平的自主机器人应用。例如，服务机器人行业预计将快速增长，新产品将以更快的速度进入市场。在这方面，机器人行业与20世纪初的汽车行业，以及与20世纪80年代的家用电脑市场有着共同的重要特征[256]。新的驱动和传感技术有望使机器人对周围环境中的意外事件做出敏捷的反应。新的系统架构正在提高响应能力和鲁棒性，抓握和操纵的新技术为移动机械臂提供了基础，这些移动机械臂可以与周围环境交互，使环境发生运动并展开工作。此外，基于成熟的地图和导航技术，移动机械臂很可能会在非良好结构化的人类环境中扮演新的角色。随着机器人获得对这种更丰富的交互的认知表征，发育理论被证明是一种不可或缺的工具。

在21世纪为了探索宇宙，人类需要长期暴露在诸如地球、太空和其他行星上的极端环境中。在这些环境下，维护和提供补给的组织工作会使人们暴露在重大风险下。为在轨卫星提供服务和为星际探险供给燃料是自主机器人未来可能发挥作用的例子。同样，在月球和火星上建造人类栖息地而不需要持续、低水平的人类监督的机器人可能会为在其他星球上的永久移民铺平道路。自主机器可能会帮助人类拓荒者挖掘沟渠、开采矿藏、修理其他机器、在具有挑战性的地形上远距离运输设备，或在细若游丝的轨道结构上小心翼翼地移动。很难想象仅由人类工程师来预测这些机器人未来所需的情境知识。再一次重申，认知发育原则可能支持机器人自主地适应其面临的特殊环境。

最后，解决机器人发育的成功计算方法可能为理解人类的发育现象提供新的启发。神经科学家、神经学家和发展心理学家研究人类知识，每个学科都贡献出了难题解决的关键部分，但它们都受到严重的方法论限制。一方面，神经科学家研究结构时不考虑其所服务的环境或生态地位。另一方面，神经学家和发展心理学家使用相对短期的难以完全控制的实证研究来研究整个认知智能体。这两种情况，以对发育中的人类婴儿的描述为例，都是程序性的，而不是陈述性的，并且很少揭示出发育背后的机制。在感觉和运动系统中用于开发和获取知识的综合计算方法可能会成为这些领域的一个重要的新工具，因为它必须建立在机制理论的基础上，并可在认知主体与其环境之间的相互作用中用于引导受控实验。因此，有关下一代机器人的研究很可能受我们对许多动物以及自己行为的基本理解的影响。

内容简介

Braitenberg在其关于合成心理学的早期著作[38] 中阐述了“上坡式分析和下坡式发明”的定律。该定律指出，仅通过观察生物体的行为很难推断出支持生物体行动的机制，即分析比发明更难。这种不对称性的一个后果是，当我们通过分析行为来推断背后的机制时，我们倾向于夸大其复杂性。与许多其他领域一样，最简单的解释往往才是最好的。

> 我不能理解不是我创造的东西。
>
> ——Richard Feynman，加利福尼亚技术协会

上面这句话取自诺贝尔奖得主 Richard Feynman 去世时的黑板。当 Feynman 说“创造”的时候，几乎可以肯定的是这并非字面意思。他的意思是，从零开始，对一个概念的完整理解需要对所涉及的推理的每一步都有坚定的理解，而尝试简单、简洁地进行解释，会有助于更深入地理解这个问题。这一见解中的智慧与理解发育及其与机器人的关系尤其相关，Feynman 引用的“创造”可能与理论物理学家提及的含义有所不同。在发育理论的背景下，“创造”可能字面上意味着建立一个正在发育的机器人系统。请记住，本书探讨的发育机器人学涉及这一事实。

本书的中心假设是：发育离不开智能体的具身性——运动系统的性能、运动力学以及传感器的性能和空间分布。机器人（甚至是人形机器人）更像是一个外星物种，而不是地球上生命进化树上某个现有分支。这种奇怪的新智能体的发育质量应该通过其学习复杂知识的能力、将默会知识转化为可操作形式的能力，以及其将所获得的知识迁移到新的环境和任务中的提高能力来认识。本书采用了一种强结构化的开发观点，作为实现发育型机器人系统的设计指南，目标是可设计出 Feynman 建议的鲁棒并智能的感觉运动机器人。我们设定了适度的目标，首先关注发育在机器人感觉运动阶段的作用，因为这是具身发育所必需的。基于这些，我们讨论了机器人系统的独特结构。本书分为四个部分。

第一部分：运动单元 这部分从直接负责运动的认知范畴的末端开始。驱动机制对运动的性能有很大的影响。例如，肌肉组织的黏弹性对运动和控制有重要作用，而且很明显，机器人执行器的动力学对机器人系统的运动质量也有同样的深远影响。第 1 章讨论了驱动的主动和被动特性，并介绍了它们对运动质量的影响。

所有的运动行为，无论是反射性的还是高度训练的，最终都通过运动单元来实现运动。在脊椎动物中，这些原始的运动单元使用了一个环形的脊髓回路来促进动物的四肢运动，以消除姿势误差。第 2 章介绍了闭环控制技术，从线性、闭环控制，到提供了一个模拟这样的平衡设定点控制器。利用弹簧-质量-阻尼器的经典数学处理方法，我们推导了该控制器的时域和频域响应，并引入了系统稳定性的解析描述。

第二部分：动力学系统中的结构 具身智能体中的传感器的几何性质决定了传感器与三维世界中分布的信息的联系。具身系统的运动学和动态特性会影响对其他隐藏在非结构化环境中的信息的访问。第 3 章和第 5 章回顾了用来描述机构的几何和惯性属性的工具，特别是用来识别关节机构的运动学和动力学性向的线性技术。这些机构产生了受控制的运动，从而改变了传感器的视角和敏锐程度。第二部分还讨论了冗余运动学系统，它以多种不同的方式解决了一个给定的问题，并提供了同时在多个性能标准上优化行为的机会。

人类独特的认知能力在很大程度上源于双手的灵巧性。手在学习、发育和认知组织方面具有强大的归纳倾向，是一个重要的认知器官。第 4 章将应用第 3 章中开发的新工具来检验候选抓握的运动学特性。

第三部分：感知、触觉传感器与信号处理 每年都有新的传感器设备涌现，用于测量越来越多样化的信号，其中一些并没有模拟对应的生物体。第三部分讨论感知和触觉传感器，以及人手对机械性刺激的感受和感知，并概述了在工程系统中发挥作用的机器人传感器。

信号处理是一个具有成熟计算基础的丰富领域。我们专注于低层次信号处理，它可以产生反馈，用于闭环控制过程，并可以普遍应用于多种信号。第 7 章讨论了异构信号中如何编码信息。当采样连续信号以产生反馈时，我们引入使用傅里叶变换的频谱分析，并且讨论了一种使用尺度空间滤波器恢复信号深层结构的方法。

第四部分：感觉运动发育 人类（和许多其他动物）有着一个神经逻辑组织，该组织指导着发育中的婴儿。第 8 章讨论了人类婴儿的发育反射以及生长和成熟机制，这些机制在控制感觉运动学习的复杂性中发挥着作用。在第 8 章中我们确定了用于机器人系统中的支持发育算法的几个原则。

第 9 章讨论了如何使用容许控制律来实现闭环运动基元的层次结构，这些基元向嵌入的运动单元提供参考。控制基础框架用于提供一组离散的闭环运动基元。一些感觉和运动资源可以以某种严格优先的方式共同阐明多个目标，由它们对这些闭环运动基元进行参数化。这些资源的每种组合都会产生一种独特的闭环动作，进而向运动单元提供新的参考，并将其内部状态返回给监督程序。

在第 10 章中，该框架在一个涉及用强化获取机制来获取等级化技能的案例研究中得到了验证。控制基础框架可以将其他几种运动技能的策略纳入可以行走和导航的总体运动层次中。第 10 章介绍的合成感觉运动发育的例子展示出了一个分阶段的发育过程，在这个过程中，有关该领域的隐式知识被获取并重用，构成对更复杂任务的解决方案。

习题

（1）**知识类型。**以下各项最近似于哪种知识源（默会的、隐性或显性知识源）？请说明理由。

1）苹果是红的。

2）专业的高尔夫挥杆。

3）两只眼睛之间的距离。

4）头发/皮肤的颜色。

5）钥匙和口袋里零钱的区别。

6）颤抖/流汗。

7）圆的周长和直径之比。

8）被挠痒时大笑。

（2）**传播知识。**描述默会、隐性和显性知识是如何在两个主体之间有效传递的。用例子支持你的答案。

（3）**闭环过程。**

1）控制论领域描绘了开环与闭环控制和类似的生物过程之间的关系。分别举出一个例子，说明人体内的开环和闭环机制。

2）闭环稳定性也是其他环境过程的一个重要方面。给出一些行星尺度上稳定闭环系统的例子。

（4）**默会知识：Braitenberg 车辆。**1984 年，Valentino Braitenberg 出版了一本名为 *Vehicles：Experiments in Synthetic Psychology* 的书，该书展示了默会神经结构如何将复杂环境中的刺激转化为丰富而复杂的行为[38]。这里展示了四个最简单的 Braitenberg“昆虫”（Bug）。

图 3 中的喜好者在车辆前部的传感器和车轮电动机之间采用了同侧连接。这种连接是抑制性的或兴奋性的（前者由车轮附近的小弧形表示）。喜好者电动机在没有光线的情况下是抑制性的，随着刺激的增加而减慢，电动机能够在非常明亮的光线下反转方向。当在右侧光电管上检测到更多的光线时，它会使右侧电动机比左侧电动机减速更多，从而使车辆朝向光线，形成图片中的轨迹。当这些虫子本身就是彼此刺激的来源时，它们会表现出非常复杂的自然行为。

1）解释当使用抑制性/兴奋性和同侧/对侧控制逻辑的其他组合时产生的其他三种类型的载体（胆小者、探索者和侵略者）的轨迹。

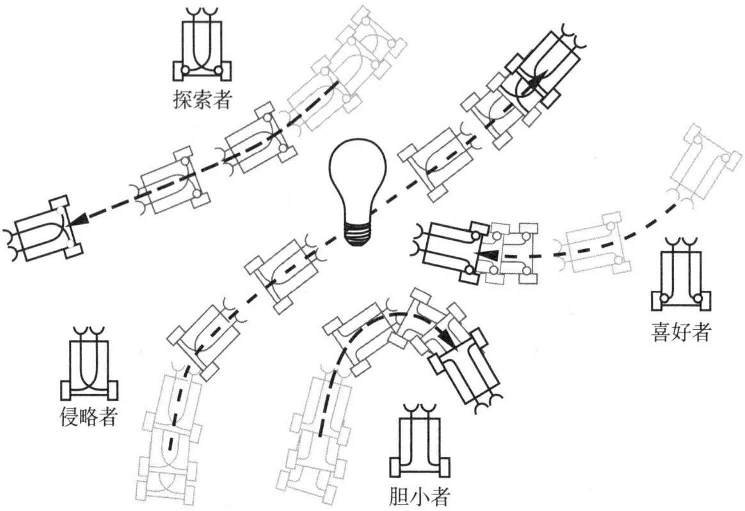

图 3

2）假设每辆车都带着一个光源。假设每辆车都有一个光源。

- 一对喜好者会如何表现？
- 喜好者和胆小者将如何互动？在这种有多个智能体的环境中，这两个智能体有更合适的名称吗？
- 喜好者和探索者将如何互动？在这个有多个智能体的环境中，这两个智能体的角色有名字吗？
- 预测数百种这种昆虫类型的随机群体在封闭环境中的行为。

（5）**设计一道题**。用绪论中你最喜欢的内容设计一道题。可以进行简短的讨论、分析或计算。开卷进行，不超过 30 min。

第一部分

运动单元

驱动

定义 1.1：执行器 将电能、化学能或热能转换为机械能的物理装置。

执行器决定视觉传感器追踪刺激的速度和平滑度、控制触点压力的精准度，以及对环境施加机械功的大小。因此，研究执行器是研究主动感知和运动系统中知识起源的合适起点。

本章首先回顾了在生物系统中决定柔性和力的肌肉特性，其次详细介绍了永磁直流电动机中的物理学、电动力学和其他常用的执行器；最后对未来机器人系统中的新型执行器进行了综述。

1.1 肌肉

很久以前，由许多动物的共同祖先进化出了一种特别的软组织——肌肉，这种软组织在电刺激下通过特定生物分子的相互作用会产生收缩力。肌肉具有重要的主动和被动特性，从而影响受驱动肢体的加速度和刚度。从分子生物学的角度来看，有机体是许多“分子机器”通过可塑非共价键的相互移动和相互作用形成的复杂集聚体。肌肉中的力源就是这样一种“分子机器”，它基于两种重要的蛋白质即肌动蛋白和肌球蛋白的相互作用，可将细胞内化学能转化为机械能，这种相互作用普遍存在于动物界。通过结合不同动物的肌动蛋白和肌球蛋白可生成作为执行器的混合型肌肉，这在生物学中很常见。从黏液霉菌（或土壤变形虫）中提取的纯肌动蛋白与从兔肌肉中提取的肌球蛋白结合时，会产生一种混合型黏液霉菌-兔肌肉。人类的肌肉也是由地球上一些古老的生物分子结构进化而来的。

1.1.1 收缩蛋白

图 1-1 展示了肌收缩核心部位的肌球蛋白分子的主要结构特征。这种独特的肌球蛋白分子有一条长尾，其一端具有一个双瓣球状头，在此处与肌动蛋白发生相互作用，产生收缩力。重分子链（重酶解肌球蛋白，HMM）形成球状工作端，约占总分子量的三分之二。独立的轻分子链（轻酶解肌球蛋白，LMM）包括碱轻链（A-1 和 A-2）和 DTNB 轻链（命名方法源于使它们与其余分子分离的处理方法）。轻酶解肌球蛋白（LMM）尾的长度约为 1000 Å[⊖]，这主要是一种将分子连接到粗肌丝结构中的弹性结构元件（见图 1-2）。

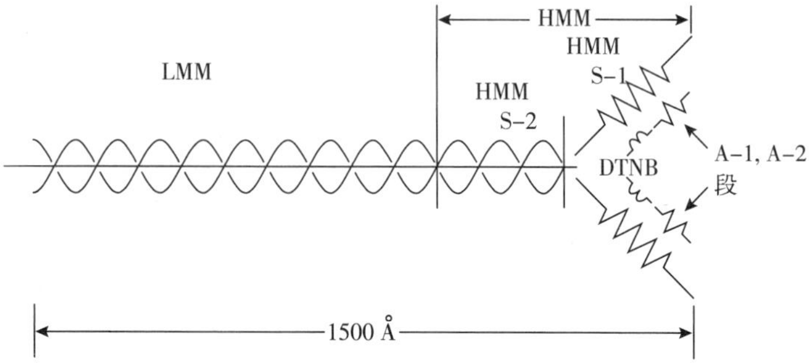

图 1-1 肌收缩核心部位的肌球蛋白分子的主要结构特征，肌球蛋白分子由多个参与特定角色的分子子链组成（改编自文献［45，192］）

⊖ Å 表示埃（Angstrom），1 Å = 10^{-10} m。

在肌动蛋白-肌球蛋白相互作用中，肌球蛋白分子的对应物是相对较小的 G-肌动蛋白分子。这种聚合形态呈现为一个纤维状双螺旋结构，称为 F-肌动蛋白（是细肌丝结构一部分，如图 1-2 所示）。肌球蛋白和肌动蛋白的细肌丝结构共同构成了引起主动肌肉收缩的核心机制。

1.1.2　肌丝滑动模型

横纹肌组织是一种层次化结构，用于支持单位体积肌肉组织中尽可能多的肌动蛋白-肌球蛋白相互作用。由组织到分子的相互作用将在股四头肌中产生收缩力，图 1-2 在几个细节层次展示了相关横纹肌的结构。这种大肌肉由成束的肌肉纤维（又称肌细胞）组成，每根肌肉纤维由若干根肌原纤维组成。肌原纤维是由肌节的线性链构成的，肌节是最小的驱动单位。

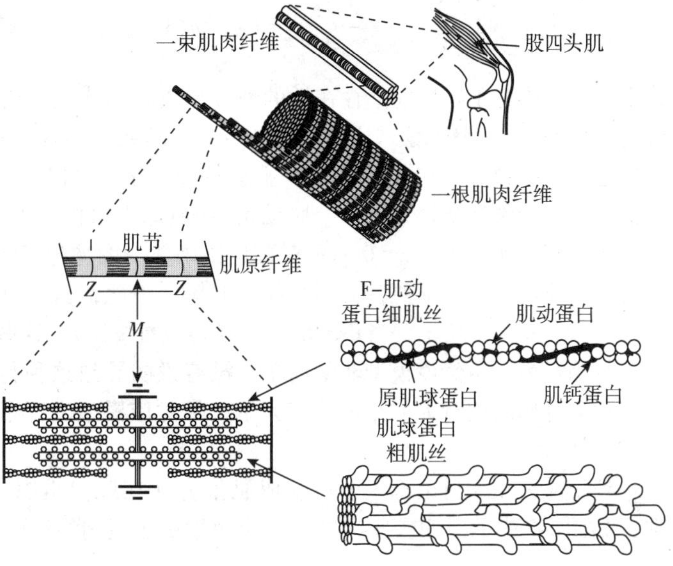

图 1-2　横纹肌结构

一个肌节将薄肌丝（肌动蛋白）和厚肌丝（肌球蛋白）的晶格结构结合成两个称为 Z 盘的结缔组织结构之间的线性执行器，（图 1-2 中的 Z 部分）。神经刺激在肌肉组织表面传播，并通过 Z 盘渗入肌节，使细的肌动蛋白纤维与肌钙蛋白中的游离钙离子结合。这些 Ca^{++} 离子在细肌丝上为粗肌丝中肌球蛋白分子头部的 S-1 亚链（见图 1-1）准备附着位点。附着后，肌球蛋白分子的头部会改变形状和与细肌丝的附着角度，在粗细肌丝之间产生剪切力[192]。如果力足够引起抗荷载收缩，则细肌丝将相对于粗肌丝滑动 50~100 Å，从而改变肌动蛋白与肌球蛋白间关系并导致它们分离。这一过程在肌节的许多位置异步地重复，以产生力，并且在肌原纤维的长度方向上放大位移。

图 1-3 展示了单个肌动蛋白-肌球蛋白相互作用发生恒定力收缩时的赫胥黎模型。该模型最初是由诺贝尔奖获得者、生理学家、生物物理学家安德鲁·菲尔丁·赫胥黎（Andrew Fielding Huxley）爵士提出的[124,192]。在图 1-2 和图 1-3 中，该模型假设在 M 段粗（肌球蛋白）肌丝被固定。当细肌丝向右移动时，肌肉处于拉伸状态；当细肌丝向左移动时，肌肉处于收缩状态。肌球蛋白分子活动头的相对位置受到弹性力影响，定义 $x=0$ 处为平衡点（见图 1-3），在 $x=h$ 位置活动时具有最大挠度。当肌球蛋白分子的头部连接到细（肌动蛋白）肌丝上的活动部位时形成一个横桥（Crossbridge），从而将这些弹性力传递到细肌丝上。

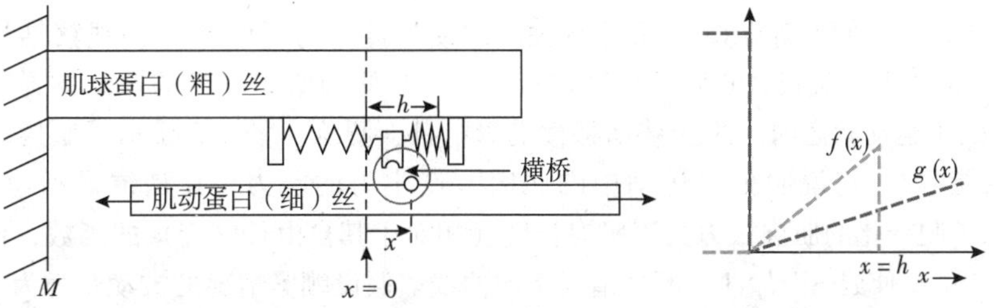

图 1-3　单个肌动蛋白-肌球蛋白相互作用发生恒定力收缩时的赫胥黎模型

设 $0 \leqslant n(x) \leqslant 1$ 为在位移 x 处已经形成图 1-3a 中的横桥的概率，赫胥黎以活跃横桥群体中两种事件的加权和估计了附着概率的变化率：

$$\frac{\mathrm{d}n(x)}{\mathrm{d}t} = [1 - n(x)]f(x) - n(x)g(x) \tag{1-1}$$

式中，$f(x)$ 描述了在目前不存在桥的地方形成新的连接的概率，$g(x)$ 描述了已存在的横桥将脱离的概率[125]。赫胥黎选定的 $f(x)$ 和 $g(x)$ 函数的图像形状如图 1-3b 所示。为使用概率公式，这两个函数应该在区间 $[-h,h]$ 上进行归一化，以构成概率分布。这些相同的模型可以用来描述肌肉的整体属性以及单个肌动蛋白-肌球蛋白相互作用的行为。

赫胥黎证实了关于 $x=0$ 的不对称性比函数的图像形状更为重要。如果 $x<0$，肌肉的力量是负的，使得肌肉推动肌键而不是拉动肌键。因此，当 $x<0$ 时，赫胥黎选择附着率 $f(x)=0$，脱离率 $g(x) \gg 0$。反之，当 $0<x<h$ 时，$f(x)$ 支配 $g(x)$。这些特性会导致肌肉在神经兴奋时倾向于收缩行为。虽然该模型非常简单，没有说明导致这种行为的生物分子过程，但它提供了一个预测合理肌肉行为的描述。有大量文献对该模型进行了扩展，更完整的介绍可以在文献［192］中找到。

到目前为止，讨论都集中在生成肌张力（在肌肉组织中主动产生力）。然而，一束肌纤维（如图 1-2 中的股四头肌）的净输出也取决于肌肉组织的被动黏弹性。

1.1.3 主动和被动肌肉动力学

在接受神经激活之后，在任何明显的收缩之前，肌肉组织的反应是抵抗拉伸。经过短暂的延迟后，被激活的肌肉开始收缩。在等长条件下，在周期性激活下，生成的肌张力与组织的被动特性相结合，产生图 1-4 所示的力。

在低频激活条件下，可以观察到一系列独立的肌肉抽搐收缩，持续时间在 7.5~100 ms。如果以更高的频率施加激活脉冲，则单个的肌肉抽搐反应会重叠并叠加——平均稳态收缩力增大、输出纹波幅度减小。该现象被称为非融合性强直。在哺乳动物肌肉中，当输入大约 60 Hz 的激活频率，输出中的稳态波动微小。在这种情况下，输出的是恒定收缩力，称为融合性强直。在股四头肌这类肌肉中产生的最大输出约为 20.0 N/cm^2。

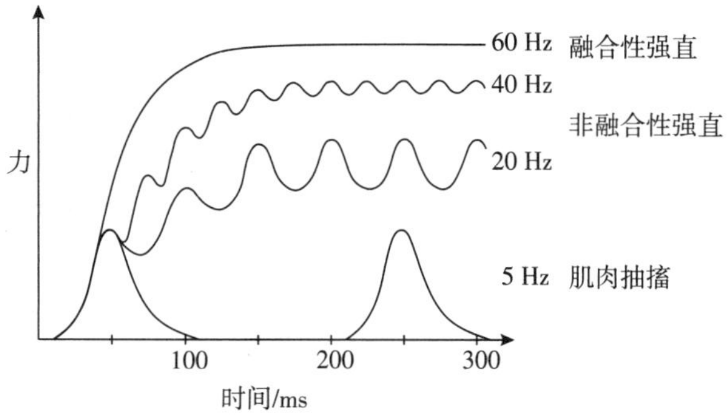

图 1-4 在 5 Hz、20 Hz、40 Hz 和 60 Hz 周期性激活下，较大哺乳动物肌肉中，等长抽搐、未融合和融合的强直收缩反应的定性描述（改编自文献［192］）

这些现象都与它们的等距测试条件有关。即便如此，为了解释这些观察结果，必须对 1.1.2 节中讨论的生成肌张力的分子机制进行扩展，将肌肉组织本身的被动黏弹特性包括在内。当系统处于运动状态时，这些被动特性的影响甚至更大。图 1-5 显示了肌肉动力学如何影响整体性能[192]。它说明了“运动中的肌肉”产生力的能力，其是位置和速度的函数。图 1-5a 展示了归一化的肌肉张力关于肌肉长度（相对于其自由长度 l_0）的函数，该图显示了绷紧（$l/l_0<1$）和伸展（$l/l_0>1$）两种情况下的曲线。假设绷紧情况的被动张力为零。图 1-5a 对总肌肉张力（生成的张力和被动黏弹性肌肉张力的总和）作出了定性解释，也适用于一些较大的肌肉。

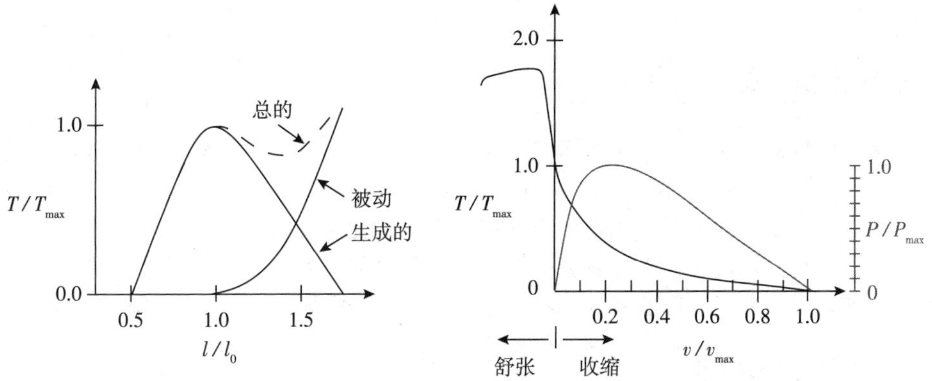

图 1-5 肌肉的定性受力能力是长度和速度的函数。张力 T 用最大生成张力（T_{max}）归一化，功率 P 用最大输出功率（P_{max}）归一化，长度 l 用肌肉自由长度（l_0）归一化，速度 v 用最大无负荷收缩速度（v_{max}）归一化（改编自文献［192］）

肌肉（或肢体）速度对肌肉输出力的影响如图 1-5b 所示，它绘制了归一化张力与归一化速度的关系。对于 v/v_{max}，净出力随着速度的增加而减小。对于 $v/v_{max}<0$，肌肉有能力在某一点上增大张力，但当肌肉开始拉长时，这种能力会迅速下降。肌肉的输出功率（生成张力和速度的乘积）如图 1-5b 中的灰色曲线所示。图中最显著的特征是肌肉作为执行器的非线性和非对称性。它能够单侧收缩，活动范围有限，并且在被动舒张和绷紧、主动拉伸和收缩时的行为差异很大。

尽管肌肉具有明显的非线性特征，但其行为的线性模型可以为理解肌肉动力学的一些重要方面提供帮助。图 1-6 展示了一个常被研究人员引用的模型[192]。函数 $F(x,t)$ 用于对肌肉的主动收缩行为（生成的张力）进行建模。图 1-6 扩展了肌动蛋白-肌球蛋白相互作用的赫胥黎弹性分子说。实验表明在给定的刺激水平下，肌肉张力会随着速度的增加而降低。为了对这种现象进行建模，我们引入了一个会产生一个与速度成正比的反作用力 $F_B=-B\dot{x}$ 的线性阻尼器㊀。这也可以作为收缩前预绷紧行为的线性近似。为了建模肌肉系统的被动弹性，我们引入了两个线性弹簧。弹簧 K_{muscle} 与力源和阻尼器平行布置，表示肌肉组织的弹性。另一个弹簧 K_{tendon} 是串联排列的，用来建模连接肌肉与骨骼负载上的弹性肌腱。我们将在第 2 章中更详细地分析由这样的线性元素组成的系统。

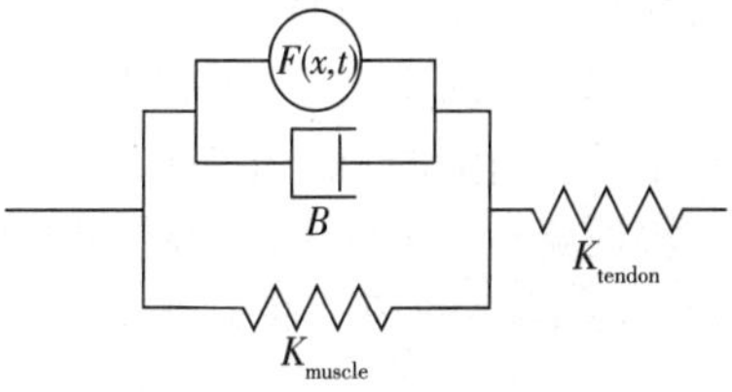

图 1-6 结合主动和被动肌肉动力学的赫胥黎模型

肌肉组织能够储存少量的能量供自身运动，并通过有氧（快速）和无氧（缓慢）化学方式得到更多的能量。两种化学途径的原料来自血液中的葡萄糖和脂肪酸，它们储存在脂肪中。即使在缺氧状态下，肌肉组织也能在疲劳前有效地工作很长一段时间。它含有特殊的细胞，为骨架中的每个自由度调整黏弹属性，以提供各种运动响应。此外，它会随着使用而生长和

㊀ 实际上，肌肉阻尼是非线性的，具体取决于肌肉的速度和位置。最初人们认为是肌肉纤维自身内部水份的黏性流动导致这种结果，但后来发现这不足以解释实验现象。

变化。

1.2　机器人执行器

虽然常用的机器人执行器与肌肉组织共同之处较少，但它们也会影响机器人肢体的主动和被动行为，并且每种执行器的选择在功率输出、动态范围和封装方面都具有不同的挑战。与肌肉相同，应用于机器人上的执行器将存储的能量转化为机械能。目前已有大量不同的可用技术，并且研究人员还在积极开发新的概念。最常见的机器人执行器是直流电动机，本节将详细介绍该装置。液压执行器和气动执行器，以及新型执行器技术，将在本章末介绍。

1.2.1　永磁直流电动机

电动机价格低廉，因此经常用于消费产品中，它利用电磁场将电流转化为力或力矩。永磁直流电动机的行为受洛伦兹力的控制：

$$\boldsymbol{F}=q\boldsymbol{v}\times\boldsymbol{B} \tag{1-2}$$

式中，q 是以速度 $\boldsymbol{v}$ 通过位于磁场 $\boldsymbol{B}$ 中导体的微粒所带的电荷（见图 1-7）。实际上“微粒”是指在导体中产生电流的大量电子的总体行为。按照惯例，导体中正电流的流动方向与正电荷流动方向相同，与电子流动方向相反，如图 1-8 所示。在式（1-2）中，电流 $q\boldsymbol{v}$ 和磁场 $\boldsymbol{B}$ 是具有大小和方向的矢量，洛伦兹力是 $q\boldsymbol{v}$ 和 $\boldsymbol{B}$ 的向量积。因此，我们发现导体受到的力是与电流和磁场相互垂直的。在图 1-7 中，这个力是指向纸张平面的。

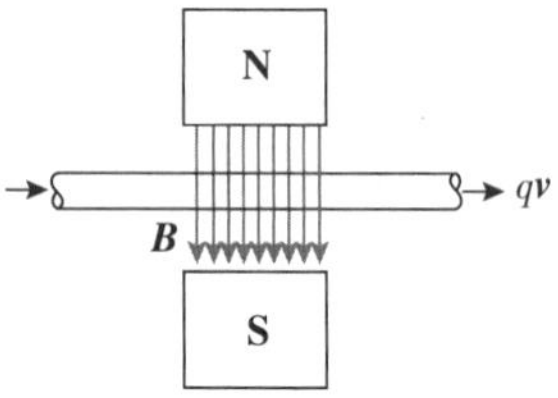

图 1-7　电荷 q 以速度 $\boldsymbol{v}$ 沿着导体运动，从南北磁极通过磁场 $\boldsymbol{B}$

当电流回路置于如图 1-8 所示的磁场中时，会在回路的右侧产生一个向上的力，在左侧产生一个向下的力，即产生净转矩，使得回路绕图中的虚线轴旋转时获得加速度。

图 1-8 中转子上的转矩不能持续作用于整个旋转过程。可以通过将电流回路旋转 90° 直到回路的平面垂直于磁场来验证这一事实。形成这种结构时，矢量积表明洛伦兹力此时是径向远离旋转轴的，因此不会产生额外转矩。事实上，这种转子场几何结构是稳定平衡的。如果转子继续转动直至超过 90°，洛伦兹力将产生一个将转子转回 90° 的反向转矩。要构造一个连续旋转的直流电动机，当线圈转动接近 90° 时必须切断回路中的电流，并在线圈经过这一点后将电流反向，这一过程称为换向。换向器可以用固态开关电路实现，也可以机械上用电刷和导电片实现。在给定的速度下，尽管旋转周期中一个回路切换两次极性，然而多个电流回路的群体行为将产生近似恒定的转矩。其中，每个电流回路以围绕转轴的小角度偏移量适当地分隔开来。

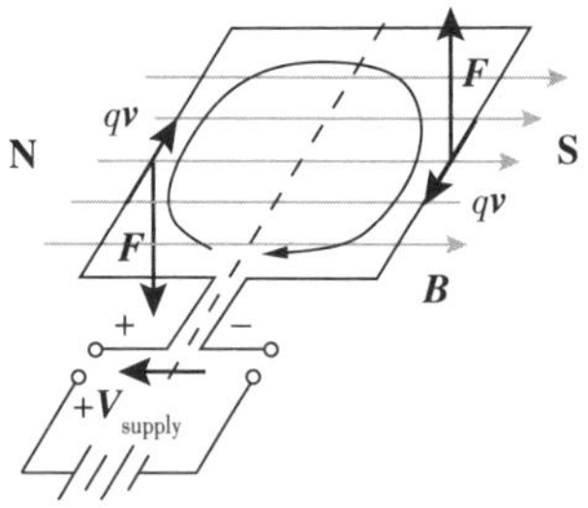

图 1-8　洛伦兹力作用下移动的电荷在线圈上产生转矩

如果我们移除电源电压（断开电路），并通过一些其他手段（风/水力驱动的涡轮机或图 1-9 中的手摇曲柄）旋转换向转子，那么导体回路在磁场中的机械旋转将在转子的开路端口上产生电压。这种现象可以用法拉第定律来描述：

$$\varepsilon=-\frac{\mathrm{d}\phi_{\mathrm{b}}}{\mathrm{d}t}\left(\text{若线圈有 } N \text{ 匝，则 } \varepsilon=-N\frac{\mathrm{d}\phi_{\mathrm{b}}}{\mathrm{d}t}\right)$$

该定律指出，推动电子绕电路运动的电动势（ε）与磁通的时间变化率 $\phi_B=\iint B\mathrm{d}A$ 成正比，如图 1-9 所示。通俗地说，可以认为磁通是图 1-9 中穿过电流回路内平面的磁力线的数量（在图示几何结构中为零）。因为电动势与磁通的时间变化率相关。曲柄转动得越快，产生的电位就越高。这就是发电动机的原理。如果一个负载连接到换向转子的终端形成一个回路，则这个电动势在连接的负载中将会产生电流。对比图 1-8 和图 1-9，我们发现，如果曲柄使发电动机沿着图 1-8 中的电动机转动的方向旋转，那么发电动机感应的电流与直流电动机中电池提供的电流的方向相反。

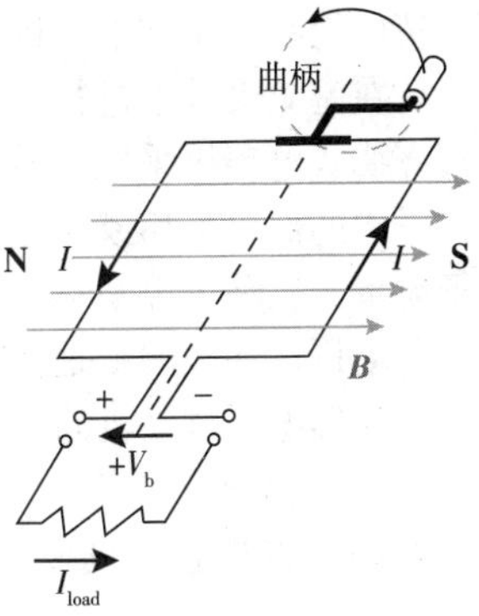

图 1-9　法拉第定律描述了电流是如何响应机械输入能量而产生的

除了转子的角速度 $\dot{\theta}_r$ 外，产生的电势 V_b 还取决于有源电动机绕组的数量和磁场强度。电动机制造商引入了一个电动机常数 K_m 来描述电动机速度和产生的电势之间的净关系：

$$V_b=K_m\dot{\theta} \tag{1-3}$$

如果电动机效率相当高，那么这个 K_m 与联系电动机电流和转矩的常数 K_m 是等价的，即 $\tau_m=K_mI$。可以认为转矩的产生取决于一个不同的常数 K_τ。然后，将机械功率输出（$\tau\dot{\theta}$）与稳态（即 $\mathrm{d}I/\mathrm{d}t=0$）下的电功率（$VI$）和电阻损失（$I^2R$）之和联立为等式，我们发现

$$\tau\dot{\theta}=VI-I^2R$$

进而可得

$$(K_\tau I)\dot{\theta}=(IR+K_m\dot{\theta})I-I^2R=K_mI\dot{\theta}$$
$$K_\tau=K_m$$

因此，在没有轴承摩擦等其他损失的情况下，电动机将恒定地执行两个任务：将速度转化为反向电动势，将电流转化为转矩⊖。

这两种效应同时存在于换向直流电动机中。旋转电动机在每个电流回路中产生反电动势，由运动转子产生的电位 V_b 抵抗转子中的净电流，是旋转速度的函数。随着转子速度的增加，电源电压 V_s 与产生的电位 $-V_b$ 的和接近于零。此时，转子内没有电流流过，因此，电动机不会产生额外的转矩。如果转子速度进一步增加，那么反电动势将使转子减速，直到它再次平衡电源电压和反电动势。关于直流电动机的动力学，我们得出两个重要结论：

（1）电动机中产生的转矩与转子电流成正比。

（2）电动机的稳态速度由施加的电压决定——由反电动势等于电源电压时的速度决定。

图 1-10 说明了现代电动机是如何将多个换向电流回路封装成一个正常工作的直流电动机的。该图是沿旋转轴的俯视图，展示了绝缘的电动机导线是如何在磁场内绕成多个回路的。图 1-10 中的转子是一块具有齿状轮廓的铁片，通以柱状磁场，并为电动机绕组提供通道。当导线穿过一个齿槽绕过图平面并从相差 180°的对侧齿槽间绕回就形成了一个回路。

永磁直流电动机因其可靠、功率重量比高以及相对大转矩而非常受欢迎。然而，庞大的铁心转子使电动机的性能有一定折扣。此外，随着电动机的旋转，磁场强度会出现可测量的

⊖ 事实上，直流电动机通常只有 75%~90%的效率，而采用固态开关进行换相的无刷电动机通常效率更高，而有刷电动机效率较低。

波动，这就是所谓的齿槽效应，并且可以被观察到——就好像是转子位置倾向于最大化磁极间的导体数量。可以通过转动没有齿轮箱的廉价电动机的转子来感受齿槽效应——这使得很难精确控制转子在电动机中的位置。

在基础设计上进行改变可以提高电动机的效率和性能。表面绕线式电动机采用更昂贵的稀土磁体来产生更强的磁场，在转子中的部分采用或完全不使用铁材料。这样可以显著降低转子惯量，几乎可以消除齿槽效应。这种方法常用于杯形电枢直流电动机，其线圈就是转子。与铁心转子相比，转子惯量非常低。杯形电枢电动机的可制造的几何尺寸范围很广，包括厚度低至 0.02 in[㊀]，直径高达 12 in 的印刷电路电动机，以及通过将电动机直接合并到驱动装置的结构中来节省重量的无框电动机。

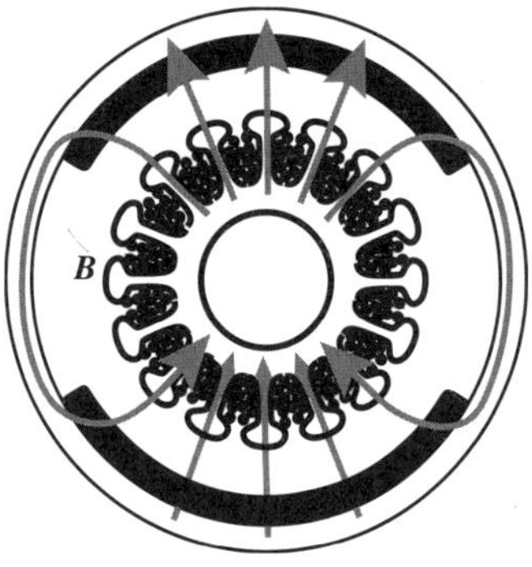

图 1-10　铁心直流电动机

制造商会测试直流电动机的性能，并将其注明在电动机铭牌上，便于应用中选择正确的电动机。铭牌上标有机电特性，如电动机绕组中的电阻 R、电感 L、转子的转动惯量 J 以及电动机的质量和几何形状，此外还有经验参数，这些参数表征了集成电动机系统在直流电动机电动力学方面的整体性能。

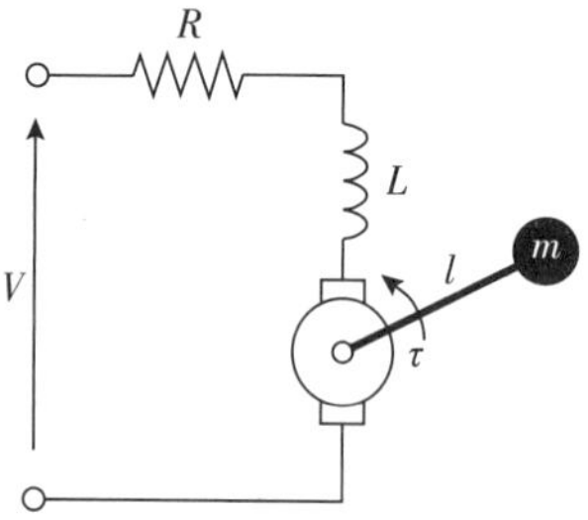

图 1-11　直流电动机的简单电路模型

直流电动机电动力学　图 1-11 展示了直流电动机的简单电路模型。以转子的电阻 R 和电感 L 对电动机绕组进行建模。电阻 R 定义了电源电压和转子电流之间的线性关系：

$$V=IR \tag{1-4}$$

电感 L 表征电流的几何结构产生磁场的效率，磁场强度用磁通量 $\phi=LI$ 来衡量。电感中电流的变化对应磁场的变化。根据法拉第定律，感应电压的表达式为

$$V=\frac{\mathrm{d}\phi}{\mathrm{d}t}=\frac{\mathrm{d}LI}{\mathrm{d}t}=L\frac{\mathrm{d}I}{\mathrm{d}t} \tag{1-5}$$

式（1-5）定义了电感的电流-电压关系。电感量的单位为亨利[㊁]（H）。当通过电感的电流以 1 A/s 的速率变化时，1 H 的电感量能产生 1 V 电压。图 1-11 中第 3 个重要的电路参数是由电动机转速产生的电势 V_b［见式（1-3）］。

在图 1-11 中，根据基尔霍夫电压定律可知，电源施加在两个电动机端子上的电压 V 必须与串联在电阻器、电感和发电动机上的电压之和相同。

由式（1-4）、式（1-5）和式（1-3）可得出

$$V=IR+L\frac{\mathrm{d}I}{\mathrm{d}t}+K_m\dot{\theta} \tag{1-6}$$

通常，电动机绕组中的电感是极其微弱的（相对于绕组中的电阻），可以忽略不计。在此条件下，基尔霍夫电压定律可采用更简单（近似）的形式表示：

㊀　1 in=0.0254 m。

㊁　约瑟夫·亨利（1797—1878）是一位美国人。他与迈克尔·法拉第（1791—1867）大约同时发现了电磁感应。为了纪念亨利，将 H 作为电感的标准单位。

$$V \approx IR + K_m \dot{\theta} \tag{1-7}$$

利用欧拉方程将电动机转矩与加速度联立等式，推导出描述电动机电动力学的方程㊀：

$$\begin{aligned}\sum \tau &= J\ddot{\theta} = K_m I \\ &= K_m \left[\frac{V - K_m \dot{\theta}}{R} \right]\end{aligned}$$

式中，$J(\mathrm{kg \cdot m^2})$为转子的转动惯量，将由式（1-7）推导出的电流 I 的表达式代入上式得到

$$\ddot{\theta} + \frac{K_m^2}{JR}\dot{\theta} - \frac{K_m V}{JR} = 0 \tag{1-8}$$

式（1-8）是一个二阶微分运动方程，近似电动机的动力学方程。求解 $\theta(t)$ 这种方程的方法将在第 3 章介绍。

性能　直流电动机的性能与肌肉组织的性能有很大的不同（见图 1-5）。肌肉的性能受限于收缩单元有限的运动范围，力直接取决于肌肉与自由长度的相对长度和拉伸速度。相反，直流电动机可以产生连续的、双向的转矩，性能与转子位置无关。

在固定电源电压 V_s 和无外部负载的情况下，电动机的稳态速度是当反电动势等于电源电压的电动机速度。实验可得，在这种自由运转状态下，电动机以空载速度 ω_0 旋转。在这种条件下，有一个微小的可测量电流，称为空载电流 I_0，用于克服电动机轴承中的摩擦和热力学损失。图 1-12 用转矩-速度曲线的一系列关系来说明这些性质，这些关系通常用于表征电动机的性能。

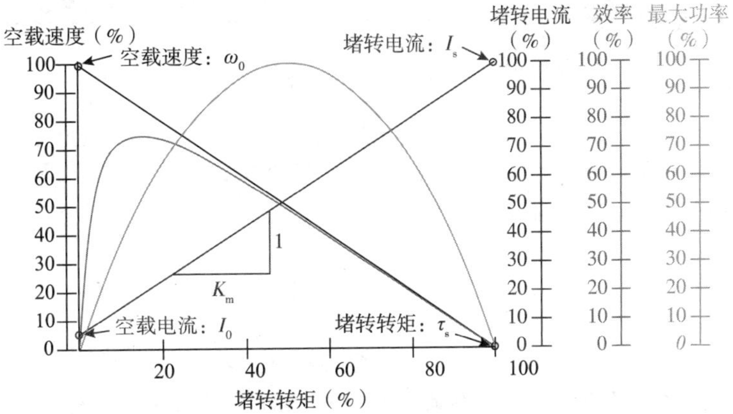

图 1-12　图中的颜色和相应的垂直轴展示了一系列与直流电动机转矩有关的性能曲线，包括速度、电流、功率和效率（见彩插）

保持电源电压 V_s 固定，增加电动机轴上的阻力转矩，直到刚好足够使电动机停止㊁，此时的负载 τ_s 被称为堵转转矩，它对应于测量的堵转电流 I_s。

图 1-12 左上角空载速度$(\tau=0, \omega=\omega_0)$的坐标与右下角堵转转矩$(\tau=\tau_s, \omega=0)$的坐标连成的直线描述了电动机的转矩-转速关系。我们知道它是线性的，因为反电动势和速度之间的线性关系在式（1-3）中已经说明，这条直线的斜率是空载速度与堵转转矩的负比$-\omega_0/\tau_s$。

构建另一个线性转矩-电流关系来估计电动机常数 K_m，该常数描述了电动机如何将电流转换为转矩 $\tau=K_m I$。图 1-12 通过从左下方的空载电流到右上方的堵转电流画一条直线来说明这种关系。

㊀　在 5.2 节，我们推导了欧拉方程。

㊁　并不是所有的电动机都能无损地完成这个过程。应检查电动机铭牌中是否有对连续电流的限制。

电动机的输出功率是通过计算在零转矩和堵转转矩之间的几个负载的转矩和速度的乘积来确定的。

$$P_{out}=\tau_{load}\omega_{\tau}=\tau_{load}\left[\omega_0-\frac{\Delta\omega}{\Delta\tau}\tau_{load}\right]=-\left(\frac{\Delta\omega}{\Delta\tau}\right)\tau_{load}^2+(\omega_0)\tau_{load} \tag{1-9}$$

式（1-9）描述了图 1-12 所示的抛物线功率曲线，说明最大功率的产生发生在堵转转矩的 1/2 和空载速度的 1/2 处。图 1-12 中蓝色的转矩-功率函数表示最大功率发生在堵转转矩的 1/2 处。由对应的 $1/2\tau_s$ 处的黑色转矩-转速曲线可以得出，最大功率的产生也发生在电动机转速 $\omega\approx\omega_0/2$ 时。

电动机效率和输出功率 P_{out} 与输入功率 VI 的比值直接相关，其中 V 是恒定的电源电压，I 是负载转矩为 τ_{load} 时的电动机电流：

$$\eta_{\tau}=\frac{-\left(\frac{\Delta\omega}{\Delta\tau}\right)\tau_{load}^2+(\omega_0)\tau_{load}}{V(I_0+\tau_{load}/K_m)} \tag{1-10}$$

实例：转矩-速度计算

福尔哈伯公司为其直流电动机产品均提供了详细规格表，其中之一见表 1-1。这四个参数足以构成电动机的转矩-速度曲线。

表 1-1　从福尔哈伯 3257-024-CD 直流微型电动机数据表中选择的参数

空载转速	$\omega_0=5900$ rpm[⊖]	堵转转矩	$\tau_s=539$ mN·m
空载电流	$I_0=0.129$ A	转矩常数	$K_m=37.7$ mN·m/A

从空载和堵转参数中，可以确定转矩-速度函数的斜率：

$$\frac{\Delta\omega}{\Delta\tau}=\frac{5900\text{ rpm}}{539\text{ mN}\cdot\text{m}}=10.946\ \frac{\text{rpm}}{\text{mN}\cdot\text{m}}$$

得到堵转电流的估计值：

$$I_s=I_0+\frac{\tau_s}{K_m}=\left(0.129+\frac{539}{37.7}\right)\text{A}=14.426\text{ A}$$

这是一个相对较高的堵转电流。在 24 V 输入的堵转条件下，电动机无法正常运行，因此必须避免堵转，并且限制此条件下的电动机电枢电流。制造商建议该电动机应在［0,70］mN·m 区间内运行（远远小于堵转转矩）。

假设电动机的输入为 24 V，负载转矩为 35 mN·m。在这种情况下，电动机电流显著减小：

$$I_{\tau}=I_0+\frac{\tau_{load}}{K_m}=\left(0.129+\frac{35}{37.7}\right)\text{A}=1.06\text{ A}$$

可以计算出这个负载下的输入功率：

$$P_{in}=V_{in}I_{\tau}=24\times1.06\text{ W}\approx25.4\text{ W}$$

制造商还建议电动机在［0,5000］rpm 区间内运行。在假设的 24 V 输入和 35 mN·m 负

⊖　数值后的“rpm”不是单位符号，应该为“r/min”，此书按照原著，后同。——编辑注

载下，预测的电动机转速为

$$\omega_\tau = \omega_0 - \frac{\Delta\omega}{\Delta\tau}\tau_{\text{load}} = 5900 - 10.95\times 35\ \text{rpm} \approx 5517\ \text{rpm}$$

大于制造商推荐的电动机转速，在这种负载条件下产生的机械功率为

$$P_{\text{out}} = \tau_{\text{load}}\omega_\tau \approx 20.2\ \text{W}$$

所以在这种负载和速度组合下的整体效率是

$$\eta_\tau = \frac{P_{\text{out}}}{P_{\text{in}}} = \frac{20.2\ \text{W}}{25.4\ \text{W}} \approx 0.79$$

如果在该电动机的推荐转矩区间内对多种负载情况进行重复分析，则可以生成该电动机的完整转矩-速度曲线（见图 1-12）。

齿轮箱　电动机通常通过传动装置连接到外部负载，如机器人的四肢。齿轮序列可以用来放大电动机转矩并降低输出速度。整个系统（电动机、肢体质量和外部负载）的动力学性能可以通过选择齿轮传动比发生显著变化。因此，动力学性能是整体设计的一个重要方面。

以图 1-13 中的复合负载为例。电动机产生一个转矩 $K_m I$，驱动由电动机转动惯量 J_M 和负载转动惯量 J_L 形成的复合负载转动惯量。图 1-13 展示了电动机和负载之间的一对齿轮，它们对负载相对于电动机的角位移、速度和加速度进行了等比缩放。

$$\theta_L = \eta\theta_M$$
$$\dot{\theta}_L = \eta\dot{\theta}_M$$
$$\ddot{\theta}_L = \eta\ddot{\theta}_M$$

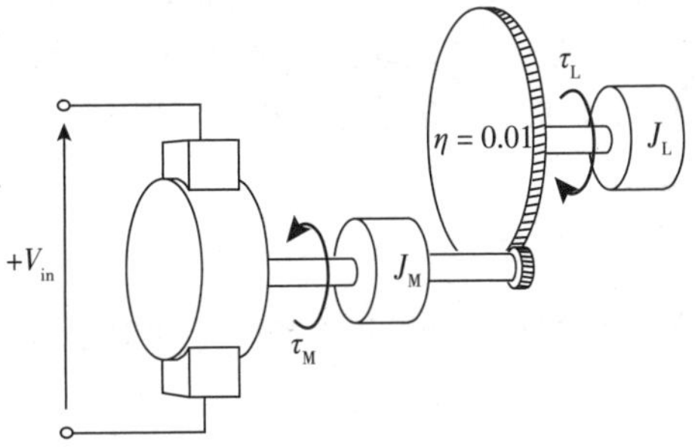

图 1-13　电动机和负载之间的一对齿轮

正常情况下，齿数比 η 是小于 1.0 的，一个 100:1 的减速器的齿数比 $\eta=0.01$。如果传动无损耗[㊀]且是线性的，那么输出功率等于输入功率，即

$$\tau_{\text{out}}\omega_{\text{out}} = \tau_{\text{in}}\omega_{\text{in}}$$
$$\tau_{\text{out}}(\eta\omega_{\text{in}}) = \tau_{\text{in}}\omega_{\text{in}}$$
$$\tau_{\text{out}} = \tau_{\text{in}}\frac{1}{\eta} \tag{1-11}$$

因此，变速箱减速器（$\eta<1$）可以降低速度并放大输出转矩；如果 $\eta=0.01$，那么输出轴以输入轴 0.01 倍的速度输送 100 倍的转矩。

齿轮箱在生物肌肉中没有可直接类比的结构[㊁]，它以一种重要方式改变了感知力的能力，由此改变了执行器的动力学。我们通过 Craig[65] 的讨论来了解其中的原理，可得到复合负载的动力学特性，如图 1-13 所示。忽略摩擦损失，写出复合负载的牛顿第二定律：

㊀ 通常，行星齿轮箱的效率（功率输出/功率输入）在 60%～90%之间。当负载过低时，效率会急剧下降。一个有用的经验法则是：每对啮合齿轮的传输损失约为 10%。整体电动机系统效率是电动机和齿轮箱效率的乘积。

㊁ 有人可能会说，人类髌骨（膝盖骨）通过髌骨肌腱显著增加股四头肌对股骨（小腿骨）的杠杆作用力。实际上，这是在肌肉和骨骼之间的肌腱传送中出现的转矩优势。

$$\sum \tau=\tau_M=J_M\ddot{\theta}_M+\eta J_L\ddot{\theta}_L\text{，或由于 }\ddot{\theta}_L=\eta\ddot{\theta}_M$$

$$\tau_M=[J_M+\eta^2 J_L]\ddot{\theta}_M$$

从电动机的角度来看，复合负载的净惯量为 $J_{net}=J_M+\eta^2 J_L$。对于 100∶1 的减速比（$\eta=0.01$），负载惯量相对于电动机惯量衰减 10 000 倍。反之，从外部负载的角度来看，电动机的行为相当于一个巨大的飞轮。这种驱动配置从外部看非常僵硬，因此，具有大齿轮减速器的直流电动机通常不容易反向驱动——这样的执行器是被动僵硬的，对肢体的外部负载或肢体与环境之间的接触不敏感。大齿轮减速器适用于为精确的自由空间运动而设计的机器人（常用于制造业）。然而，当出现意外接触或高能干扰时，可反向驱动的传动系统可以避免对机器人和环境造成损害。

1.2.2　液压执行器

液压执行器采用液压油传递能量。液压油本身具有不可压缩的特性，它以流体的流动速度传递能量。例如，在老式汽车中，驾驶员用力踩制动踏板来驱动主缸，从而在液压制动管路中产生压力波。该压力波通过液压油快速传播到位于车轮附近的制动缸，并在那里将压力转化为活塞的线性位移，从而驱动制动机构。

主缸 A_1 与制动缸 A_2 的横截面积之比定义为转换过程中的增益。设 s_1、s_2 分别是横截面积为 A_1 的主缸的位移和横截面积为 A_2 的制动缸的位移，则压缩率为

$$\eta=\frac{A_1}{A_2}=\frac{s_2}{s_1}$$

所以施加在制动踏板上的力 f_1 相对于施加在制动踏板上的力被放大为

$$f_2=\frac{1}{\eta}f_1$$

制动踏板处厘米数量级的位移对应于制动卡钳上毫米数量级的位移。这意味着 $\eta<1$，优点是可以在制动卡钳上施加比在制动踏板上更大的夹紧力。带齿轮箱的直流电动机在机械上的优点是很难反向驱动系统。在汽车制动系统以及本节讨论的其他应用中，我们需要对制动卡钳施加巨大的力才能反向驱动制动踏板。

动力制动器使用汽车的发动机来转动压缩机，从而产生高压液压源。制动踏板的位移驱动液压伺服阀从而控制施加在制动管路中的液压压力，因此，只需在制动踏板上施加更轻的压力即可产生适当的制动力。动力转向系统的工作原理与图 1-14 所示的伺服阀大致相同。这种双向配置使用高压动力辅助装置驱动转向机构，以响应驾驶员在方向盘上的转动（左/右）。动力转向系统的增益与汽车的速度成反比，使得汽车在低速时转向更灵活，在高速时改善路感（反向驱动能力）。然而，当用高压辅助装置驱动较小的力时，伺服阀必须消除大量作为热量的能量，从而降低了效率。

尽管如此，当高压液压源由伺服阀控制并且存在适当的机械效益时，液压系统能具备很好的功率-重量

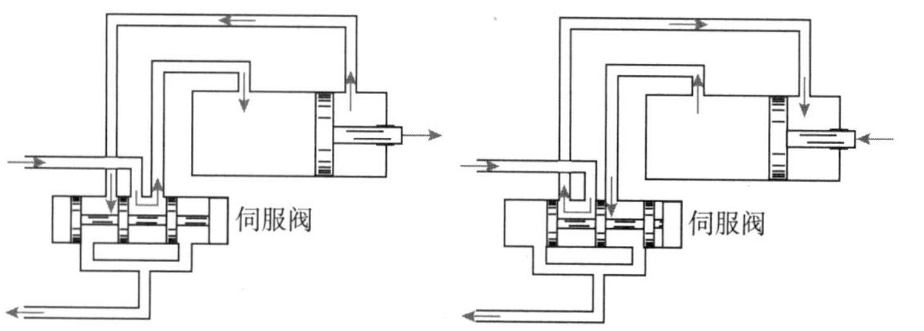

a）伸展线性执行器的液体流向　　b）压缩执行器的液体流向

图 1-14　液压伺服阀引导储存罐中的高压液压流体驱动活塞

比。以普通的反铲挖土机为例，它充分利用了高压液压执行器的优势。这些装置动力大，速度相对较快，而且很容易封装在铰接式机械臂结构中。

图 1-15 中的 Sarcos GRLA（通用大型机械臂）以高达 3000 psi[⊖]的压强驱动液压执行器从而带动机械臂，该机械臂的肩膀到手腕的长度为 1.75 m。机器人可以由远程操作人员佩戴外骨骼主控器来操作。与反铲挖掘机类似，该机器人并非完全依赖人类肌肉的力量，而是通过控制高压液压流体的流动。

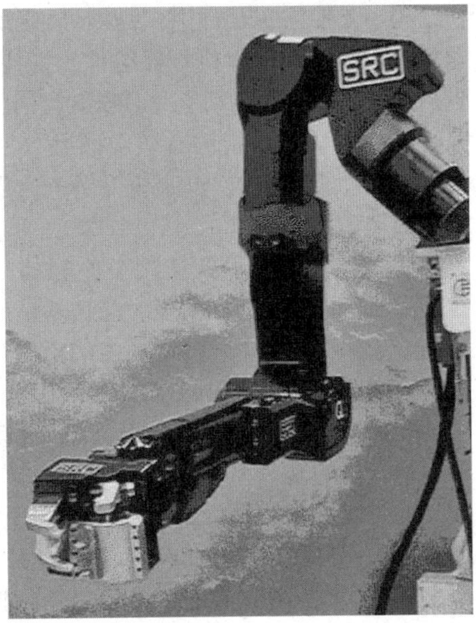

图 1-15　Sarcos GRLA（通用大型机械臂）

液压执行器在不支持电动机的环境中非常有用，比如易爆炸或者潮湿的环境。但它很复杂，伺服阀比较昂贵且难维护。液压流体传输的频率相对较高，约 5 kHz，伺服阀可以在短至 5 ms 的时间内反转流体的方向。该带宽使得在被动刚性执行器上实现主动控制成为可能。例如，在前面讨论的动力辅助制动场景中，一个小型嵌入式控制器可以通过叠加一个高频信号来增强制动踏板输入，以防车轮打滑，类似于防抱死制动系统（ABS）。

大自然也为动物设计了类似液压执行器的结构。例如，一些蜘蛛不能仅仅通过激活肌肉来伸展双腿——它们没有足以完成这项任务的伸肌组织。为了解决这个问题，这些蜘蛛用它们的血液作为液压流体。因此，相较于其他动物，蜘蛛的血压可能非常高，特殊的瓣膜和肌肉压迫它们的前体，作为它们腿部的执行器。一些跳蛛利用在特殊的第四对腿上产生的液压力，产生巨大的跳跃（跳跃高度最高可达其身体尺寸的 10 倍）。

1.2.3　气动执行器

气动执行器采用压缩空气作为工作流体。来自气体储存罐或者压缩机的压缩空气具有相对较大的能量密度，可以被输送到需要机械工作的地方。空气在低速情况下有固有的弹性，因此这些执行器是被动反向驱动的，且具有自然的顺应性。目前，使用的气动执行器有两种主要配置：活塞-气缸和气动人工肌肉。

活塞-气缸　气缸利用压缩空气驱动活塞以产生机械功。整个结构需要一个气动阀门来控制空气驱动活塞的速率，从而控制附着筋的拉伸。阀门可以是简单的，支持启停式控制（“bang-bang” control），也可以是相对复杂的（也更昂贵），支持连续可控的空气流动（见图 1-16）。一种应用该种连续气动控制阀门的 Utah/MIT 灵巧机械手[131,129,133,132]如图 1-17 所示。机械手中的执行器将玻璃气缸和石墨活塞结合起来，构建出了一个快速、低摩

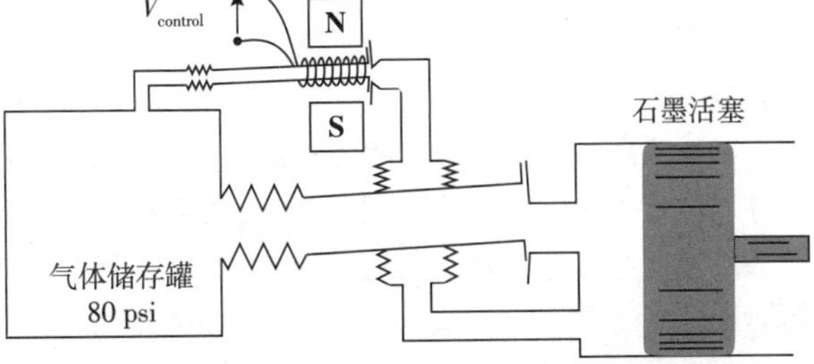

图 1-16　控制气动执行器的射流管伺服阀

⊖　1 psi = 6894.76 Pa。

擦、被动柔顺的执行器。

Utah/MIT 灵巧机械手复杂的肌腱布线几何结构，是使用 32 个可驱动成对肌腱的执行器所构成的一个远程执行器组件，支持 16 个自由度的完全拮抗驱动。一对喷射管伺服阀用来主动控制机械手指的有效柔顺性（相对于空气的被动柔顺性），由此获得了一个质量和阻尼都非常小的力源。

图 1-17　带聚合肌腱和模拟控制箱的 Utah/MIT 灵巧机械手

图 1-16 中的伺服阀使用小而轻的喷射管控制大气流，从而将相对较大的功率性能和速度结合起来。输入电压使磁场内的喷射管发生偏转，以此调节风箱中的压差，从而调节活塞中的压力。这将会获得一个高性能、连续的力源。执行器的功率重量比为 16∶1，具有相对较高的带宽（40 Hz），相对便宜和轻便。然而，这些执行器可能会有静摩擦问题，需要额外的阻尼来保持稳定性，而且它们可能对冲击力相对脆弱且敏感。Utah/MIT 灵巧机械手还在关节上采用可高速模拟控制器来稳定高性能执行器。

McKibben 型气动人工肌肉　最早的肌肉运动理论可追溯到公元前三世纪，该理论认为动物精神或元气沿着神经流动，充盈肌肉并引起肌肉收缩[192]。虽然这种直觉被证明是错误的，但当代的气动执行器却利用类似的原理取得了巨大的成果。

气动人工肌肉受欢迎的原因是它能提供较大的力量，尽管以牺牲气缸速度为代价。这类执行器使用储存在压缩空气中的能量，就像活塞-气缸一样。气动人工肌肉由一个圆柱形的橡胶气囊组成，气囊周围环绕着一个坚韧的塑料网，如图 1-18 所示。当气囊呈放射状扩张时，塑料网呈“剪刀状”形变，而长度缩短。因此，从压力产生拉力的变化是非线性的。当肌肉完全拉长时，能产生最大的拉力；当肌肉收缩时，力量会随之降低。

简单的机械结构使得执行器非常轻巧，其最大功率-重量比能达到约 100∶1，对安装不同轴、被动顺应和反向驱动的情况具有鲁棒性。执行器的运动范围与气囊的长度成正比，收缩率高达原始长度的 40%，强度与气囊直径呈正比。

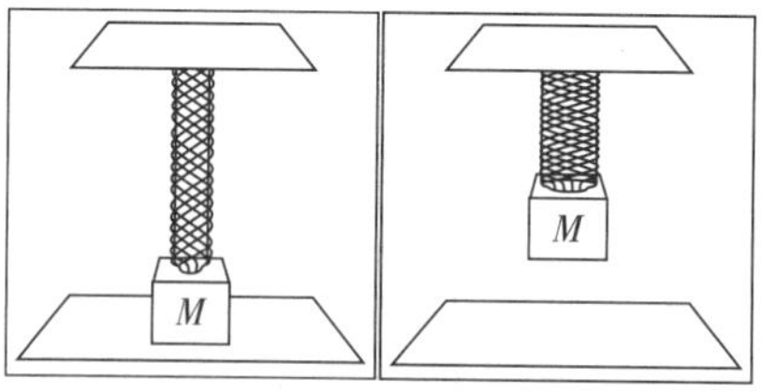

图 1-18　气动人工肌肉的操作

影子机器人公司制造了一个自由度为 20 的机械臂，可以安装在自由度为 2 的手腕和自由度为 4 的手臂上，手臂完全由各种不同尺寸的这类气动人工肌肉驱动（见图 1-19）。关节由相反布置的成对肌肉实现拮抗驱动。气动人工肌肉带来封装的灵活性，整体尺寸与人手相当，总重量在 5~10 kg 之间。这只机械臂用 60 psi 的压缩空气作为主动力源，用大约 64 W 的电力来驱动通信总线和伺服阀，气动人工肌肉簇能产生 0.5~1.5 N·m 的力矩，控制带宽大约 3 Hz，这与人手的性能相当。

1.2.4　新型执行器

在新型执行器方面的研究非常活跃，例如，在强度、带宽、机械性能（弹性模量、拉伸强度、疲劳寿命、导热性和导电性）、热力学问题（效率、功率、力的密度和功率限制）、能量需求、器件制造、集成和封装以及控制等方面的研究。

形状记忆合金（肌肉线）　镍钛（也称为镍钛诺）是一种独特类别的材料，又称为形状记忆合金。材料中的晶体相变是造成其形状记忆效应的原因。当通过电流加热时，合金经历了从马氏体到奥氏体的转变，在新的晶体结构中产生的应变使长丝变成预设的形状。因此，镍钛是热能转化为机械能的候选材料。

Flexinol 是小直径形状记忆合金执行器丝线的商品名称。不同的丝线在电加热时收缩为原长度的 5%~7%，然后当它们冷却到室温时可以很容易地再次拉伸。这种收缩和普通的热膨胀不同，其收缩幅度是热膨胀的 100 倍。尽管导线的直径很小，但它们可施加相对较大的力，适合应用于外科医生操纵的智能内窥镜和用于静脉和动脉结构支撑的支架，这些支架以某种形状被插入并安置，然后再形变为另一种形状。镍钛诺丝需要大量的电流来加热，且反应相当快，但是它的加热-冷却循环时间相对较慢（大约 1 Hz）。

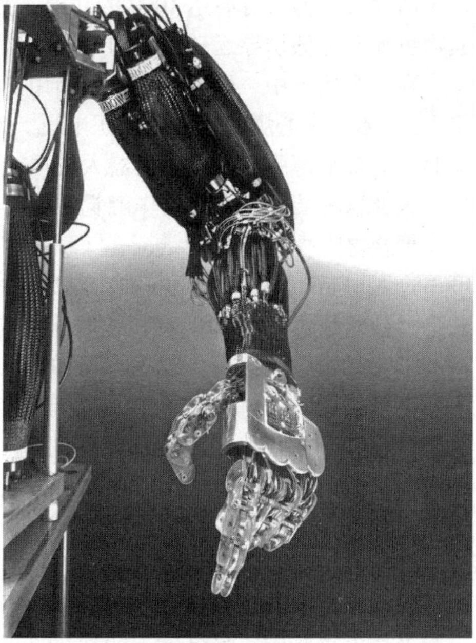

图 1-19　2001 年影子机器人公司的“Hand B”一体化机械臂系统

聚合物执行器　聚合物的机械特性对热、电和化学刺激敏感，这使得这种材料成为新型执行器的候选材料。例如聚合物凝胶在温度、pH 和电场变化时，会突然发生体积变化（高达 1000 倍），这些变化相对较大且可逆。它能将化学能或电能转化为机械能，压强可达 100 N/cm^2，收缩率约为二分之一[270]。

化学凝胶　化学凝胶由带有组织间液的聚合物晶格组成，具有液体和固体的特性。天然凝胶的例子有很多，例如 Jell-O 明胶，人眼中的玻璃体（见 6.1.2 节）和人造凝胶（如聚苯乙烯）。凝胶的形状和动力学特性是由聚合物和液体之间的相互作用定义的。化学激活凝胶是顺应性元素，在化学刺激下会发生可逆的长度变化。凝胶动力受通过聚合物晶格的流体分子的扩散性限制。因此，分子需要迁移的距离越大，材料完成全范围循环的时间越长。所以，直径为 25×10^{-6} m 的聚丙烯酰胺凝胶纤维能在几秒内收缩，而 0.01 m 的纤维可能需要 2.5 天才能收缩[48]。此外，一些凝胶可承受相当大的负荷，如聚丙烯腈-聚吡咯（PAN-PPY）和聚乙烯醇（PVA）凝胶纤维可产生高达 100 N/cm^2 的压强[48]，大致相当于人体肌肉的力量。

在已发表的一项研究中，研究人员探索了使用 PVA 肌肉的拮抗排列来驱动平行颚式夹持器，并提出了一种装置，通过控制丙酮浴的浓度来支配人工肌肉[40]。然而，与其他的执行器相比，这些装置仍然非常缓慢和脆弱。最近的研究主要集中在可带来更快的收缩速率和更大的力的薄膜和小纤维簇上。许多基本问题仍有待解决。其中最重要的是一种执行器封装的设计，它采用一种对机器人装置可行的方式将凝胶浸泡在一系列化学溶液（例如酸和碱）中。

电活性聚合物　电活性聚合物是一种电场中会膨胀或收缩的塑料。这些材料将电子储存在聚合物中的大分子中，并允许电荷在分子之间迁移。因此，电活性聚合物具有较大的电容，可以用作电池。此外，随着电荷的储存，聚合物中化学键的长度会发生变化，这就使其具有作为执行器的潜力。然而，电活性聚合物需要相当大的电压才能将电子推入聚合物中，从而改变形状。大多数具有较大形变能力的电活性聚合物的变形程度与电压的平方成正比，可以实现原长度 10%左右的移动。

介电常数是衡量材料储存电荷能力的相对指标。介电常数越大，储存电荷的能力越大。

实用的导电聚合物，比如电池中使用的聚合物，其相对介电常数在 5 左右。然而，新型的复合电活性聚合物具有高达 1000 的介电常数[305]，且不会牺牲聚合物基底的弹性。这些新的合成物可能会降低诱导运动所需的电压，这将使这些执行器对其他电子设备更友好。

在一个例子中，研究人员通过使用两片聚吡咯薄膜夹在绝缘塑料胶带上制成了一种执行器[218]。当对夹心膜的一侧施加正电压，对另一侧施加负电压而发生极化时，复合材料就会弯曲。聚吡咯薄膜起到灵巧机器人的执行器的作用，因为它的电导率会随着压力成比例地变化，因此这种装置也可能用作触觉传感器。

聚合物技术的主要问题是它们的响应速度相对较慢（秒级的）。电流变流体（Electro-Rheological Fluid，ERF）是一种在电场作用下可以从液体变为固体的材料。该流体的响应时间在毫秒数量级。利用 ERF 的快速时间响应和聚合物凝胶的弹性，可以制造响应速度更快的执行器[34]。在施加电场后，含有 ERF 的聚合物凝胶在 100 ms 内硬化为固体。当受到 3000 V/cm 的强电场作用时，材料会发生弯曲。虽然执行器的响应接近肌肉的速度，但其强度有限（约等于 0.001 N），且所需的电压非常高。

人造肌肉　人造肌肉是由天然存在的长链蛋白质制造而成的。在肌肉组织中，肌动蛋白和肌球蛋白相互作用形成一种生化棘轮（见 1.1 节）。能量丰富的 ATP 分子为肌球蛋白分子的附着、弯曲和拉直提供动力。

研究人员已经从扇贝中提取了肌动蛋白和肌球蛋白，并利用化学反应将这些分子连接在一起形成聚合凝胶。当将微小的肌动蛋白凝胶与肌球蛋白凝胶相对放置并浸入 ATP 溶液中时，肌动蛋白凝胶会以约 10^{-3} mm/s 的速度开始运动[135]。显然，如果真的能够实现的话，这种方法在实际应用之前还有很长的路要走。但由于人体的免疫系统可能会接受由人体肌肉蛋白制成的植入物，因此该技术可能有望成为人类肌肉的植入式辅助技术。

巴基管　富勒烯（巴基球）和纳米管（巴基管）是石墨碳的特殊晶体结构。碳纳米管是非常细且长的管子，直径只有几纳米，大约与典型分子直径相当，而它们的长度可以达到毫米数量级。当碳纳米管中的电子被挤进了碳的结构中时，纳米管会增加其长度。这种效果可用于机电执行器。相对较大的长度变化和高弹性模量使得碳纳米管执行器产生非常大的力。

一种层状复合材料由平行的巴基管形成的薄膜组成，这些巴基管黏合在胶带基板的两侧，它们在张力下是刚性的，但可以弯曲。这种材料用于证明碳纳米管作为执行器使用的可行性[17]。这种夹层形式的极化相对较小——在±1 V 量级上。当施加正电压时，巴基管拉长；当施加负电压时，巴基管缩短，使它们之间的胶带基板弯曲。碳纳米管可以用于制造宏观、微观和纳米尺度的执行器，对恶劣的温度和化学条件极为鲁棒。此外，与其他人和技术相比，这些新型执行器可以潜在地获得更大的机械应力，远远大于肌肉组织。

习题

（1）**肌肉的静力能力**。图 1-20 展示了一个平面机构，它模拟了人类的肘关节、二头肌和长度为 0.35 m 的前臂。二头肌（可以是 McKibben 型气动人工肌肉）一端附着在环境上，另一端附着在距离肘关节 0.05 m 的前臂上。假设前臂总重量为 17 N，作用于距肘部 0.175 m 的前臂质心上。

如图 1-20 所示，机器人手臂处于静止状态，它承受着附着在操作端末端的 50 N 的负载。二头肌必须在前臂插入点施加多大的力 F(N)，才能在图示的姿势中承受手臂和负载？

（2）**直流电动机物理学**。

1）在永磁直流电动机中，将电流转化为转矩的是什么电磁现象？

2）导致反向电动势（Back Emf）的是什么物理现象？它对直流电动机的行为有何影响？

3）直流电动机中的换向起什么作用？

4）什么是齿槽效应？

（3）**直流电动机：电流-速度关系**。直流电动机，电枢电阻 $R=20\ \Omega$，电源电压 $V_s=20$ V，在全速运行时反电动势产生的电压 $V_b=18$ V。

1）计算电动机从静止启动时的瞬时电流（$\dot{\theta}=0$）。

2）计算电动机全速运行时的电流。

（4）**直流电动机：稳态速度**。由于其运动状态，电动机具有一个电压——在转速为 2100 rpm 时的 $V_b=14$ V 的反电动势。那么，在转速为 3500 rpm 时 V_b 为多少？

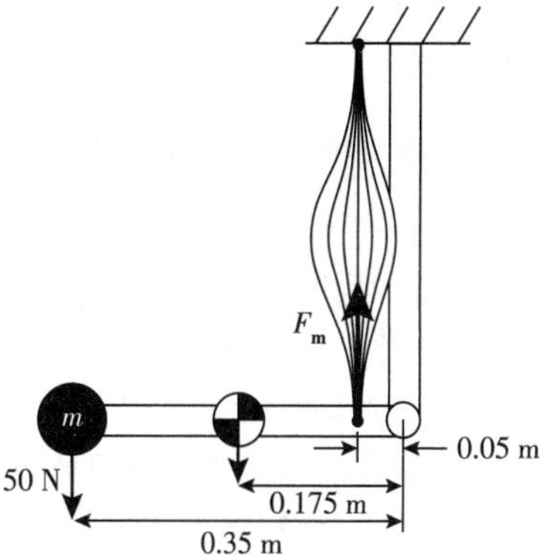

图 1-20　平面机构

（5）**直流电动机：电流/功率**。24 V 直流电动机的电枢电阻 $R=10\ \Omega$，在电动机转速达到 300 rpm 时输出 2 A 电流。

1）计算在转速为 300 rpm 时反电动势 V_b 产生的电压。

2）在转速为 1200 rpm 时 V_b 为多少？

3）电动机在转速为 1200 rpm 时的电流是多少？

4）计算电动机在转速为 1200 rpm 时消耗的功率。

（6）**直流电动机：齿轮箱**。电动机-齿轮箱组合如图 1-21 所示。

1）输入 10 V 时负载的稳态角速度是多少？

2）当转子被堵转（如 $\dot{\theta}=0$），并施加 10 V 电压时，负载上产生了多少转矩？

3）如果 $J_M=0.005\ \text{kg}\cdot\text{m}^2$ 且 $J_L=1.0\ \text{kg}\cdot\text{m}^2$，哪个输出惯量更大？

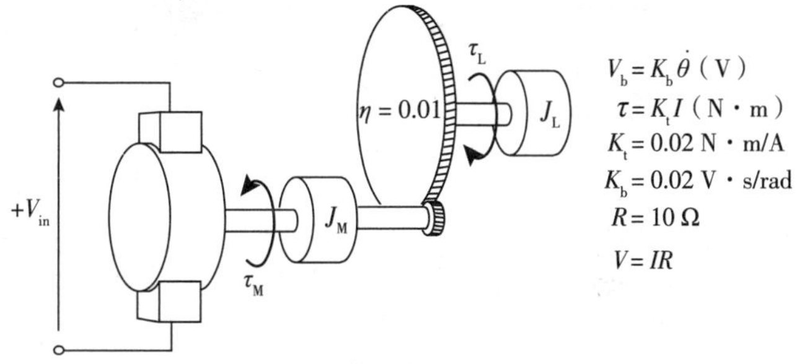

图 1-21　电动机-齿轮箱组合

（7）**直流电动机：转矩-转速曲线**。表 1-2 记录了罗杰斯的轮用电动机、肩用电动机、肘用电动机、眼用电动机的电动机/变速箱参数。这些都是非常强力的电动机，但速度不是特别快（你可以假定它们包括一个变速箱，内置于电动机常数）。所有的电动机在 24 V 的供电电压下运行。

表 1-2　电动机/变速箱参数

参数	轮用	肩用	肘用	眼用
空载转速 ω_0/（rad/s）	175.0	30.1	50.3	122.2
空载电流 I_0/A	0.38	0.26	0.17	0.12
堵转转距 τ_s/（N·m）	475.0	205.3	120.7	2.7
转矩常数 $K_m/\left(\frac{\text{N}\cdot\text{m}}{\text{A}}\right)$ 或 $\left(\frac{\text{V}\cdot\text{s}}{\text{rad}}\right)$	0.105	0.623	0.364	0.163

假设电动机/变速箱的效率为 100%，绘制出眼用电动机的速度、电流、效率和功率的曲线。创建各自单独的图，并使用工程单位。

（8）**棱柱形执行器**。驱动棱柱形执行器的一种方法是将直流电动机和图 1-22 中的齿轮齿条传动装置相结合，它将电动机转矩和角速度分别转化为移动关节的线性力和平移速度，用于平移关节。

$$\dot{x}=\omega r(\mathrm{m/s}) \qquad f=\tau/r(\mathrm{N})$$

式中，小齿轮半径 $r=0.01$ m。

假设直流电动机输入为 24 V，电动机转矩常数 $K_m=0.105$ N·m/A，转子电阻 $R=1.7\ \Omega$。

1）计算电动机的空载速度和线性执行器的最大速度 $\dot{x}$ 的上限。

2）计算堵转转子转矩，并用它来求线性执行器的力输出 f 的上限。

（9）**液压传动**。一辆 1965 年的红色大众甲壳虫车仅重 1609 lb㊀，这解释了为什么大众工程师认为它不需要动力辅助制动㊁。

对于图 1-23 中制动踏板（主气缸）和制动气缸之间的液压传动，假设鼓式制动器需要 600 lb 的力才能锁住车轮。

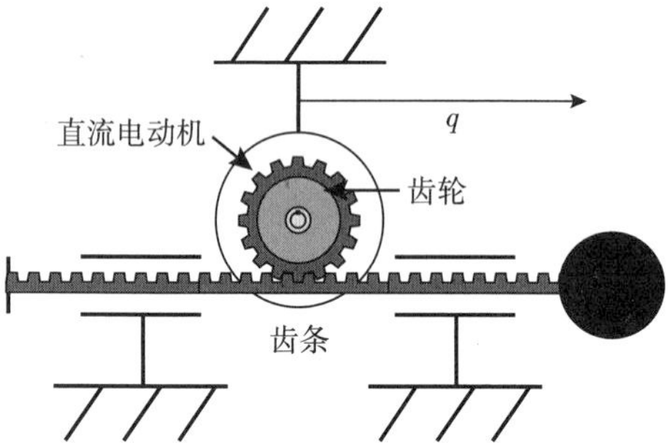

图 1-22　齿轮齿条传动装置

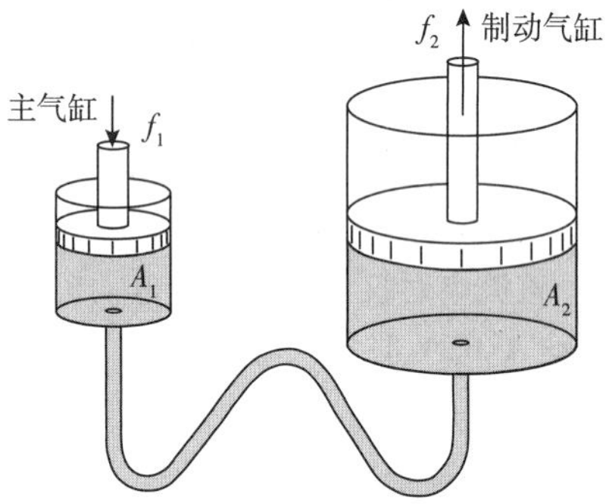

图 1-23　主气缸和制动气缸之间的液压传动

制动气缸直径为 1.5 in，主气缸直径为 0.5 in。

1）制动踏板需要多大的力才能制动？

2）消除液压制动管路中的气泡是很重要的。这是为什么？如果液压管路中有空气，制动系统会如何运行？

（10）**设计一道题**。用第 1 章中你最喜欢的内容出一道题。这个问题应该不同于前面已有的问题，如果题目涉及肌肉和电动机的比较可以加分。就该问题进行一个简短的讨论、分析和计算，开卷解题时间不超过 30 min。

㊀ 1 lb = 0.453 592 37 kg。

㊁ 因为车身较轻，不需要额外的制动助力。——译者注

第2章
The Developmental Organization of Robot Behavior

闭环控制

当生物体（或机器人）有目的地与周围环境交互时，它会通过控制输入来协调多个肢体的动作模式。控制输入用于改变具身系统的被动行为。开环控制器在响应单一触发事件时可产生运动输入的某种扩展模式。在这种情况下，控制逻辑隐含地对触发事件的有效响应进行了编码。例如，人类在听到突发响声时会眨眼，以及当附近物体在视网膜上呈现威胁性的逼近时也会眨眼（见 8.3.1 节）；手指尖上的外周感受器可以引起脊髓神经元的反应，从而将手臂和手从引起疼痛刺激的情境中抽离（见 2.1 节）。因此，开环响应通常被描述为一种前馈控制律。

闭环控制器通过连续反馈来测量相对于参考状态的进展，并修正运动输入以消除误差。在某些条件下，闭环系统可以保证受控过程的渐近特性，因此它可作为一种有吸引力的生物运动控制模型。此外，在时间上，对消除何种可度量的误差的决策，以及为生物体和机器人运动学习过程的建模提供了基础。

开环和闭环控制器都可以在神经控制回路的最底层中实现——在主体意识到触发刺激之前产生响应。然而，闭环行为也可以存在于中枢神经系统中的更高层，并且可以调用多模反馈和多个机械自由度。例如，使用全阵列视觉、听觉、触觉、本体感觉、GPS 和惯性信号，连同类似情况下的多模式记忆来引导汽车通过四通道车站。

在本章中，我们首先讨论由肌梭、肌腱器官和 α-γ 运动神经元组成的生物回路如何使用运动单元的闭环结构来管理肌纤维群。这个简单的计算单元依赖于负反馈——稳定闭环控制的基本原理。人们深入研究了弹簧-质量-阻尼器（Spring-Mass-Damper，SMD），它可作为生物运动单元的简单数学模型。在该模型中，弹性元件（弹簧）和黏性元件（阻尼器）可产生组合力，肢体（质量）位置的误差将随时间的推移而减小。通过基于能量的分析可证明 SMD 中的位置误差会随时间的推移而趋于零，这是生物运动单元的一个实用特性。SMD 也是比例微分（Proportional and Derivative，PD）反馈控制律的基础，该反馈控制律常用于机器人控制器。

本章最后推导了 SMD 的运动微分方程，并求解了其作为时间函数的响应。为了了解机器人系统中 PD 控制器的性能，本章还评估了 SMD 响应对控制参数和参考输入频率的灵敏度[⊖]。

2.1 闭环式脊髓牵张反射

脊髓是人类运动控制层级中的最低级别、最古老的控制枢纽（见 8.1 节）。它位于中枢神经系统（Central Nervous System，CNS）和外周神经系统（Peripheral Nervous System，PNS）之间，负责对远端肌肉组织进行稳定控制。这是人类全频谱刺激-响应运动行为的基础。

2.1.1 脊髓处理

脊髓是中枢神经系统的一部分，由五个区域构成，每个区域由一个或多个脊椎段组成。

⊖ 本章的介绍主要强调分析背后的直觉。感兴趣的读者可以在附录 A.10.3 中找到这些结果的完整推导。

从上到下依次为颈段（*C*1～*C*8）、胸段（*T*1～*T*12）、腰段（*L*1～*L*5）、骶骨段（*S*1～*S*5）和尾骨段，共31个脊椎段，每个脊椎段一组，脊髓中共有31组脊髓神经。脊髓内的神经投射形成了一条双向通路，将中枢神经系统的其余部分与外周神经系统和肌肉骨骼系统连接起来。

脊髓本身直径约为1 cm，并在骨质脊柱内受到保护。脊髓的横截面沿其长度变化。例如，手部和前臂（见第4章）上大量的感受器（见6.2.1节）与肌肉投射到位于第八节颈椎的最大横截面上。脊髓中有灰质和白质两种类型的神经组织，其中灰质包含脊髓感受器和运动细胞；白质包含上行束和下行束。白质因神经胶质细胞的外观而得名，神经胶质细胞可支持和隔离这些通路。白质包含背侧束、腹侧束和外侧束三区域。背侧束主要由上行感觉纤维组成，而腹侧束和外侧束则由感觉纤维和运动纤维组成。脊髓中的上行束将身体表面不同区域的可辨别触摸、本体感觉、疼痛和温度等感官信息传达给大脑。下行束将信息从大脑传导至腹侧束和外侧束，以支配肌肉、器官和腺体。

图2-1展示了脊髓的五个段（*C*5～*C*8 和 *T*1），它们投射到手臂的感受器和肌肉上。感觉纤维投射周围的感觉信号，运动纤维将激活信号投射回肌肉。每个背根都接收来自体表的一个被称为生皮节的连续区域的感觉输入，而由单个腹根支配的一组肌肉被称为肌节。脊髓同一侧的背根和腹根相连，形成一条为身体该侧服务的外周神经。外周神经包含来自多个相邻脊髓神经根的混合感觉纤维和运动纤维。

图2-1还展示了这部分脊髓是如何参与一种称为撤回反射的低水平运动响应的。它由可对疼痛做出反应的自由端神经纤维的刺激启动，并且根据刺激在生皮节上的位置，通过脊髓神经激活一组相应的肌节。参与撤回反射的运动单元的数量与刺激的强度成比例。这种反应由脊髓中的突触产生，并可被中枢神经系统中更高水平的突触抑制。在此基础上可以衍生许多变化。例如，伸肌反射是一只手臂的撤回反射，另一只手臂在大约0.5 s后伸展。同样的耦合负责相互抑制，以管理对抗性肌肉。

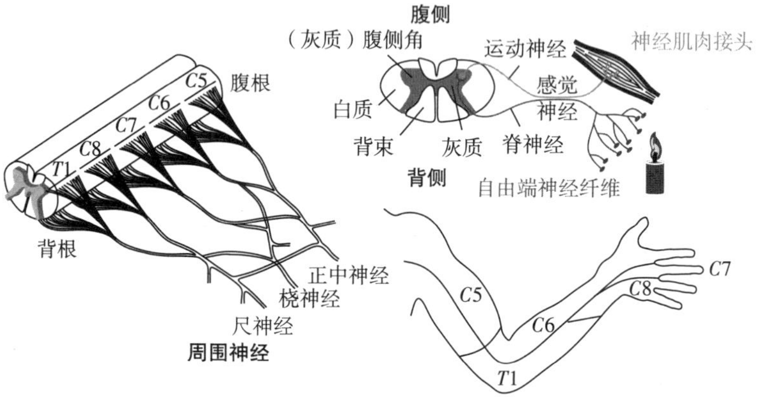

图2-1　脊髓的 *C*5～*C*8 和 *T*1 段、身体相应的感觉和运动区域，以及应用于撤回反射的脊髓横截面解剖结构（改编自文献［28］，见彩插）

2.1.2　运动核

运动皮层中的上运动神经元（Upper Motor Neuron，UMN）根据运动层级将指令向下投射到肌肉。高级别的运动指令通过皮层下区域、中脑、脑干和脊髓中间神经元输出，到达脊髓灰质中的下运动神经元（Lower Motor Neuron，LMN）。最终，这些信号终止于神经肌肉交汇处。LMN包括图2-2中的α和γ运动神经元，它们通过脊髓中间神经元向上连接到中枢神经系统的其余部分，并通过脊髓神经的背根和腹根向外连接到外周。α运动神经元负责启动梭外肌的收缩。单个运动神经元是独立肌纤维束的唯一激活源，该束包含一个运动单元，在手部固有小肌肉中只衔接30个肌纤维，但在如股四头肌这样的大肌肉中衔接多达3000个肌纤维。

相对较快的α运动神经元在运动单元中产生闭环行为，该行为直接依赖于两个重要的本体感受器：神经肌肉纺锤体和高尔基肌腱器官（见 6.2.1 节）。神经肌肉纺锤体可以测量肌肉纤维的拉伸程度，有助于进行精确的位置控制。相对较慢的 γ 运动神经元通过设定纺锤体受体的参考长度来调节肌肉张力。如果测量的长度大于参考长度，则 α 运动神经元促进肌肉收缩，否则抑制肌肉收缩。高尔基肌腱器官测量肌腱-肌肉连接面的拉伸程度，并在拉伸达到最大水平时抑制 α 运动神经元。因此，肌肉和肌腱的拉伸反馈使四肢保持稳定的平衡姿势并提供内建的安全超控机制。

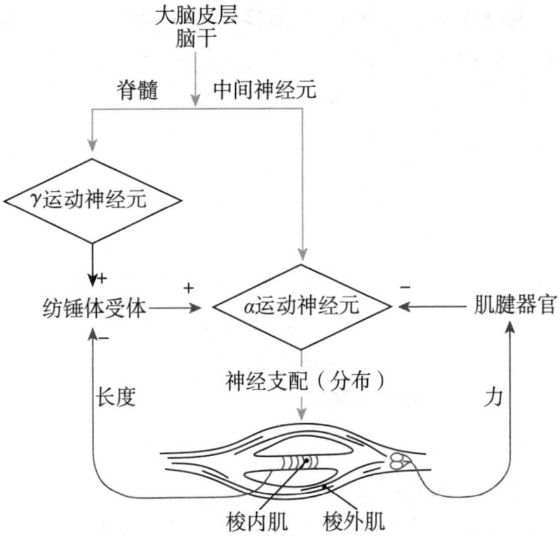

图 2-2　调节肌肉张力和硬度的 α 和 γ 运动反馈回路（改编自文献［192］，见彩插）

运动单元的动作可以通过熟悉的临床实践激发，例如使用橡胶锤击打膝盖骨下的髌腱。图 2-3 展示了对髌腱敲击做出反应的股四头肌伸展反射（L4）机制。击打髌腱会导致股四头肌的肌梭轻微伸长，从而导致肌肉反射性收缩，并在腿部产生特征性踢腿。反射反应实现于脊髓突触中，并且不能被更高水平的运动过程抑制。在这种情况下，相关的 α 运动神经元存在于脊髓的 $L2\sim L4$ 节段。二头肌（$C5\sim C6$）、三头肌（$C6\sim C7$）和脚踝（$S1$）也可以引发类似的肌肉拉伸反射。当原始运动单元对长度变化的反应减弱时，肌肉拉伸反射通过增加 α 运动神经元活性和动员额外的运动单元来补偿肌肉疲劳。

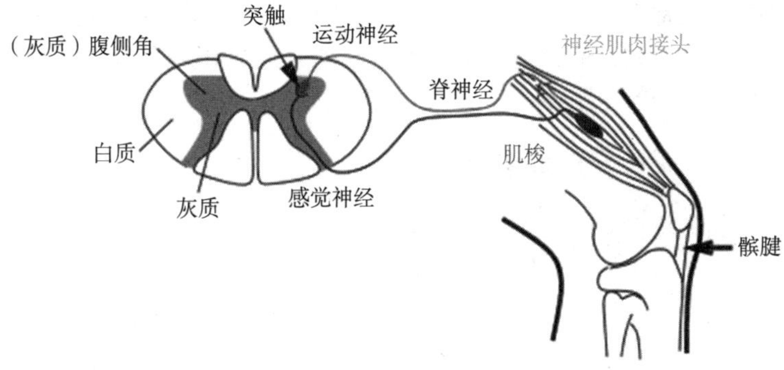

图 2-3　对髌腱敲击做出反应的股四头肌伸展反射（L4）机制（见彩插）

运动单元是负反馈稳定系统的一个例子。位置回路的作用是消除主轴长度中的一些（有符号的）误差。在正确的条件下，此系统将跟踪参考输入，即由 γ 运动神经元提供的参考纺锤体轴长度。负反馈于 1928 年由哈罗德 · S. 布莱克（Harold S. Black）首次提交专利申请。据报道，布莱克的专利申请最初遭到质疑。然而，它现在被公认为补偿动力系统稳定性的基本原理。在简要介绍弹簧-质量-阻尼器的动力学之后，我们将在 2.2.2 节中考察影响稳定系统行为的条件。

2.2　典型弹簧-质量-阻尼器

许多机器人闭环控制应用的原型是弹簧-质量-阻尼器（Spring-Mass-Damper，SMD），如图 2-4 所示。质量为 m 的物块只能在 $\hat{x}$ 方向上运动，且遵循牛顿第二定律 $\sum f_x = m\ddot{x}$（见第 5 章）。改变物块动量所需的能量以动能存储：

$$KE=\int (mv)\,\mathrm{d}v=\frac{1}{2}mv^2$$

如果物块从其平衡位置偏移，则弹簧 K 产生与偏移距离成比例的力，方向与偏移方向相反，其表达式为 $\boldsymbol{f}_K=-(Kx)\hat{\boldsymbol{x}}$。该力倾向于使弹簧恢复到其未变形的状态（即 $x=0$）。发生形变所需的功作为势能存储在弹簧中，其大小为弹簧力与偏移距离的乘积对于偏移距离的积分：

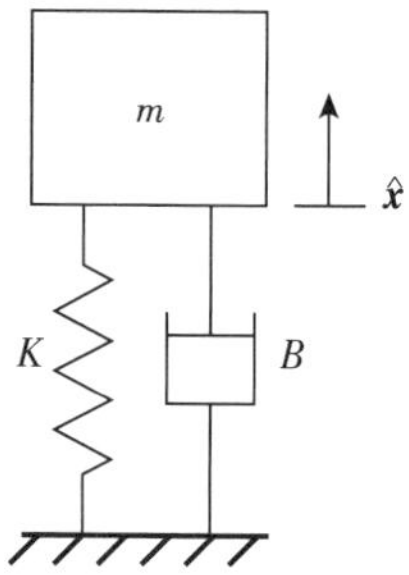

图 2-4　弹簧-质量-阻尼器（SMD）

$$PE=\int (Kx)\,\mathrm{d}x=(1/2)Kx^2$$

当物块的动量（mv）发生改变时，形变弹簧中储存的能量转化为动能。理想弹簧可以无损且可逆地储存和释放能量。

图 2-4 中的阻尼器 B 是一个活塞-气缸装置。当改变阻尼器的长度时，阻尼器内的黏性流体会流经活塞上的小孔，黏性流体流动会产生阻力，其与活塞速度成比例且方向相反，表达式为 $\boldsymbol{f}_B=-(B\dot{x})\hat{\boldsymbol{x}}$。因此，每当物块移动时，阻尼器就会产生一个力，该力会耗散物块的动能，物块随着时间的推移会恢复到静止状态。

屏蔽门自动关闭是弹簧-质量-阻尼器的一个常见应用。屏蔽门的门体是惯性物体，弹簧和阻尼器将屏蔽门的门体连接到门框，则构成一个弹簧-质量-阻尼器。在这种情况下，阻尼器是活塞-气缸装置，活塞上有孔，因此空气进出气缸时会受到黏性损失。打开门体时，需要克服门体的惯性以及弹簧和阻尼器中的力；松开门体时，弹簧和阻尼器使门体快速且稳定地关闭。通常，屏蔽门的阻尼器会随着机械装置的老化而失灵，从而使不需要的空气通过别的孔从活塞泄漏，最终造成阻尼系数降低，弹簧和阻尼器之间的关系变得不平衡，门体就会“砰”的一声关上。

2.2.1　谐振子的运动方程

当物块在 $x=0$ 处静止时，如果外部扰动力 f_d（见图 2-5）沿 $+\hat{\boldsymbol{x}}$ 方向作用于物块，物块将在该扰动力相同的方向上加速，随着时间的推移，物块将积累正的速度和位移。由于图 2-5 中的弹簧和阻尼器的作用，物块也受到 $-\hat{\boldsymbol{x}}$ 方向上的力的作用。一般来说，力和位置都是时间的函数，但在下文中，我们将忽略时间以简化表达。

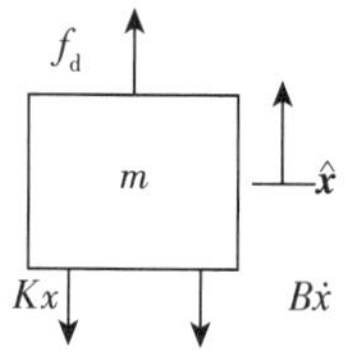

图 2-5　弹簧-质量-阻尼器（SMD）的受力图

我们将物块视为受到多重外力作用的自由惯性体。根据牛顿第二定律（见 5.1 节）可知，图 2-5 中所有力的总和使物块获得加速度 $\sum f=ma$，可以写为

$$\sum f_x=m\ddot{x}=f_\mathrm{d}-B\dot{x}-Kx$$

通过重新排列项，式（2-1）定义了一维 SMD 的二阶运动方程。

$$f_\mathrm{d}=m\ddot{x}+B\dot{x}+Kx \tag{2-1}$$

式（2-1）的齐次（非受迫）项是定义一维线性 SMD 动力学的特征微分方程。

$$\ddot{x}+(B/m)\dot{x}+(K/m)x=0 \tag{2-2}$$

式（2-1）也称为谐振子方程。该方程表明，SMD 的动态行为取决于质量 m、弹簧常数 K 和阻尼常数 B。为了突出式（2-2）的物理意义，可以写为

$$\ddot{x}+2\zeta\omega_n\dot{x}+\omega_n^2x=0 \tag{2-3}$$

式中，

$$\zeta=\frac{B}{2\sqrt{Km}}, \qquad \omega_n=\sqrt{K/m} \tag{2-4}$$

参数 ω_n(rad/s)是黏弹性系统的固有频率。它描述了当 SMD 处于运动状态时，无阻尼弹簧和质量交换势能和动能的频率。无量纲参数 $0\leqslant\zeta\leqslant\infty$ 称为阻尼比，表示阻尼器耗散能量和弹簧释放能量的相对比率。

2.2.2 稳定性和李雅普诺夫直接方法

亚历山大·李雅普诺夫（Aleksandr Lyapunov 1857—1918）致力于势能理论和概率理论，并创造了刻画动力学系统行为的方法。李雅普诺夫直接方法需要系统的动态模型及其当前状态来确定未来的状态。n 阶线性微分方程控制函数 $f(t)$ 的状态 $\boldsymbol{q}$ 是多维状态空间中时间 τ 上的坐标，是在时间 τ 处计算得到的 $f(t)$ 在第 i 个时间上的导数值[⊖]。

$$\boldsymbol{q}_\tau=[q_0\cdots q_{n-1}]^{\mathrm{T}}, 其中\ q_i=\left.\frac{\mathrm{d}^if(t)}{\mathrm{d}t^i}\right|_{t=\tau}$$

保证稳定性的最简单条件是系统的状态永远不会离开由 $\boldsymbol{q}$ 定义的相空间中某个有界区域的内部。这个条件在定义 2.1 中给出。

定义 2.1：稳定性 如果存在包含原点的区域 $S(\boldsymbol{q})$，使得由 $S(\boldsymbol{q})$ 内状态开始的系统轨迹都保持在 $S(\boldsymbol{q})$ 中，则状态空间的原点是稳定的。

在描述 SMD 的二阶微分方程中，相空间由两个独立的状态变量 $(x,\dot{x})$ 定义。图 2-6 显示了描述二阶 SMD 系统状态的相平面，并确定了包含原点的区域 $S(\boldsymbol{q})$。SMD 的状态（图中的灰点）是 $(x,\dot{x})$ 平面中的坐标，并根据系统的二阶动力学［式（2-2）和式（2-3）］绘制。定义 2.1 要求从区域 $S(\boldsymbol{q})$ 内部开始的状态始终保持在 $S(\boldsymbol{q})$ 内。

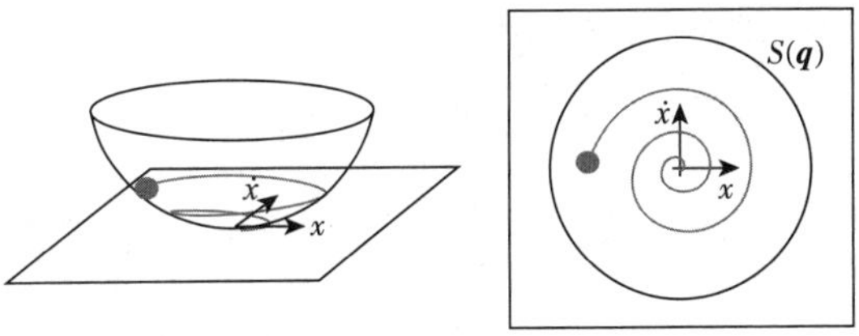

图 2-6 碗形李雅普诺夫函数上渐近稳定谐振子的轨迹（左）和相平面上的俯视投影（右）

渐近稳定系统是李雅普诺夫稳定系统的一个子集，满足更严苛的条件，即当 $t\to\infty$ 时，系统在状态空间的原点静止，对于图 2-6 中的一维 SMD，随着时间趋于无穷大，状态变量 $(x,\dot{x})$ 都将趋于零。

定义 2.2：渐近稳定性 满足定义 2.1 的某系统是渐近稳定的，当 $t\to\infty$ 时，系统状态接近状态空间原点。

像这样的定性说明是通过将李雅普诺夫函数 $V(\boldsymbol{q},t)$ 形式化得到的——一个用状态变量 $\boldsymbol{q}$ 和时间写成的标量函数，它的一阶导数是连续的。

定理 2.2.1：李雅普诺夫直接方法（1892） 如果函数 $V(\boldsymbol{q},t)$ 存在，使得

⊖ 为了实现这个定义，我们定义了第零阶导数 $q_0=\left.\frac{\mathrm{d}^0f(t)}{\mathrm{d}t^0}\right|_\tau=f(\tau)$。

$$V(\mathbf{0},t)=0$$

$$V(\boldsymbol{q},t)>0\text{，当 }\boldsymbol{q}\neq\mathbf{0}\text{ 时}(V(\boldsymbol{q},t)\text{ 是正定的})\text{，并且}$$

$$\frac{dV(\boldsymbol{q},t)}{dt}<0(dV/dt\text{ 是负定的})$$

则由 $V(\boldsymbol{q},t)$ 描述的动力系统是渐近稳定的。

李雅普诺夫直接方法中的前两个条件确定原点是整个相空间上的唯一极小值。第三个条件要求 dV/dt 是负定的，保证了系统的闭环动力学在 $V(\boldsymbol{q},t)$ 上能够无阻碍地下降到唯一的极小值处。李雅普诺夫认为，如果系统是稳定的，那么满足这些标准的李雅普诺夫函数是必然存在的——符合定理 2.2.1 中条件的系统被称为李雅普诺夫稳定或“在李雅普诺夫稳定的意义上是稳定的”。

李雅普诺夫直接方法具有重要意义，因为它在未明确求解动态运动方程时域解的情况下，可以准确地确定系统的稳定性，并且可以应用于线性和非线性系统。然而，如果候选的李雅普诺夫函数不满足定理 2.2.1 的条件，则它不能证明系统是不稳定的。在这种情况下，必须继续寻找合适的李雅普诺夫函数。

实例：弹簧-质量-阻尼器的稳定性分析

对于一维弹簧-质量-阻尼器（见图 2-4），状态定义在位置-速度空间 $(x,\dot{x})$ 中。选择动能和势能之和作为李雅普诺夫函数（能量函数），即

$$E=\frac{1}{2}m\dot{x}^2+\frac{1}{2}Kx^2 \tag{2-5}$$

式（2-5）这个能量函数中的能级曲线是椭圆形的（见图 2-7），其形状由 m 和 K 的相对值决定。状态空间原点处的能量为零，其他任何地方的能量都大于零，因此式（2-5）可用作合理的候选李雅普诺夫函数，式（2-5）对时间求导得

$$\frac{dE}{dt}=m\dot{x}\ddot{x}+Kx\dot{x} \tag{2-6}$$

这个表达式可以只根据状态变量来写，方法是通过 x 和 $\dot{x}$ 来求解式（2-2）中的 $\ddot{x}$。据此重写式（2-6）得

$$\begin{aligned}\frac{dE}{dt}&=m\dot{x}[-(B/m)\dot{x}-(K/m)x]+Kx\dot{x}\\&=-B\dot{x}^2\end{aligned} \tag{2-7}$$

由于 $\dot{x}^2\geq0$，当 $B>0$ 时，系统能量的变化率 $dE/dt\leq0$。然而，每个周期中，当 $\dot{x}$ 在每个振荡的波峰和波谷处为零时，变化率 $dE/dt=0$。我们注意到该系统的唯一平衡位置在 $x=\dot{x}=0$ 处，因此，$x=0$ 且 $dE/dt=0$ 时的其他状态仍然受到指向 $x=0$ 的非零弹簧力的作用。由式（2-7）可知，当物块累积速度时，能量将耗散。这在谐振子的每个周期都会发生，直到状态收敛到状态空间的原点。定性结果是图 2-7 中 $B>0$ 的顺时针螺旋轨迹。此外，如果 $B=0$，则能量是守恒的，系统沿着 $E=1.0$ 等能级曲线连续运行，弹簧中的势能转换为动能。

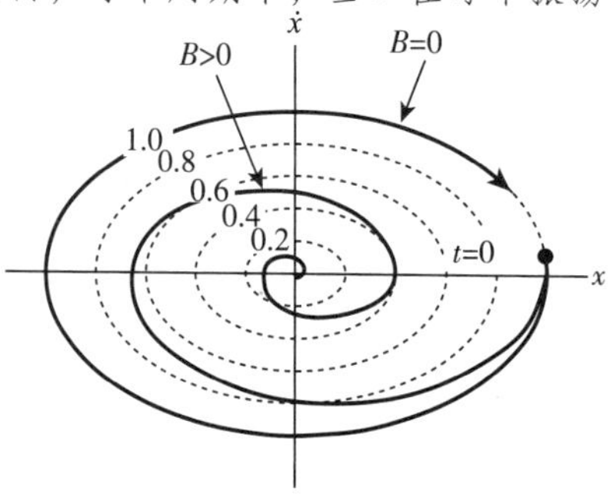

图 2-7　谐振子的定性状态空间轨迹

注意，尽管我们知道 SMD 对于 $B>0$ 是渐近稳定的，但我们还没有单独使用李雅普诺夫直接方法来证明这一结果，为了使用这种直接方法完成证明，我们需找到满足定理 2.2.1 中所有条件的新李雅普诺夫候选函数。一种有效的方法是在式（2-5）中添加一个形式为 $\epsilon m x\dot{x}$ 的偏斜项，ϵ 是一个合适的正常数。此李雅普诺夫函数对时间的导数可以证明是负定的［本章习题(8) 第 2 问］。因此，我们得出结论，线性弹簧-质量-阻尼器在整个状态空间上是渐近稳定的。

一般来说，复杂系统的全局稳定性较难证明，但局部渐近稳定性的证明要容易得多。

定理 2.2.2：局部渐近稳定性　从李雅普诺夫函数的一般条件开始，$V(\mathbf{0},t)=0$ 和 $V(\boldsymbol{q}\neq\mathbf{0},t)\geqslant 0$，如果可以建立界限 V_C，使得

- 子集 $C=\{\boldsymbol{q} \mid (V(\boldsymbol{q},t)\leqslant V_C)\}$ 是有界的。
- 对所有的 $\boldsymbol{q}\in C, \mathrm{d}V(\boldsymbol{q},t)/\mathrm{d}t\leqslant -\lambda V(\boldsymbol{q},t)$。

则当 $t\to\infty$时，以 C 为起点的每一条轨线都收敛到 $\boldsymbol{q}=\mathbf{0}$。

2.3　比例微分反馈控制

像 SMD 这样的谐振子在自然界中非常常见，它们为描述生物运动系统的重要特征提供了一个实用模型。特别地，SMD 的黏弹性参数可用于模拟肌肉组织的整体弹性和阻尼（见 1.1.3 节），并实现类似于 α-γ 运动神经元（见 2.1.2 节）的负反馈，以在广泛的参数范围内稳定系统。SMD 的被动特性使其广泛应用于机器人驱动系统中的闭环和参数化运动单元中，其中肢体位置、速度、力和刚度都可以控制。

图 2-8 展示了 SMD 的混合实现，即结合了传感元件、计算元件和电动机元件，构建了一个集成的单自由度（1-Degree Of Freedom，1-DOF）闭环运动单元，包括测量肢体的角位置和速度向量$(\theta,\dot{\theta})$的反馈部分和 PD 控制部分，比例微分控制部分模拟来自扭转弹簧 K(N·m/rad)和阻尼器 B[N·m/(rad/s)]的扭矩之和，使得

$$\tau_{\mathrm{m}}=-B\dot{\theta}-K(\theta-\theta_{\mathrm{ref}})$$

产生的运动指令转矩 τ_{m} 作用于电动机驱动电路，以加速距旋转轴 l 处的质量为 m 的肢体。

图 2-8 中的欧拉方程 $\sum\tau=I\ddot{\theta}$ 中的 τ(N·m) 是施加在原点处的负载上的扭矩，$I=ml^2$(kg·m²)是电动机和负载关于 $\hat{z}$ 轴的组合惯性扭矩。PD 控制部分的微分方程的推导参见 2.2.1 节。单自由度闭环运动单元的齐次（非受迫）运动方程为

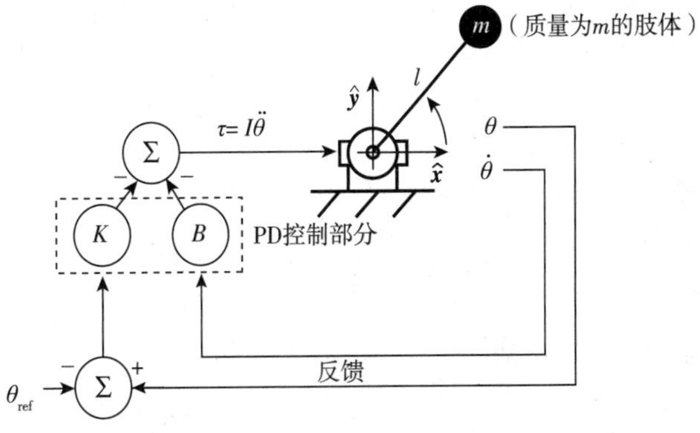

图 2-8　单自由度闭环运动单元

$$\sum\tau=I\ddot{\theta}=-B\dot{\theta}-K(\theta-\theta_{\mathrm{ref}})$$

$$I\ddot{\theta}+B\dot{\theta}+K(\theta-\theta_{\mathrm{ref}})=0 \text{ 或 } \ddot{\theta}+\frac{B}{I}\dot{\theta}+\frac{K}{I}(\theta-\theta_{\mathrm{ref}})=0 \tag{2-8}$$

如前所述，式（2-8）可以用谐振子的阻尼比 ζ 和固有频率 ω_{n} 来表示，

$$\ddot{\theta}+2\zeta\omega_n\dot{\theta}+\omega_n^2(\theta-\theta_{ref})=0 \tag{2-9}$$

式中，

$$\zeta=\frac{B}{2\sqrt{KI}},\qquad \omega_n=\sqrt{K/I} \tag{2-10}$$

PD 控制部分采用离散时间输入，对状态反馈进行采样，然后存储在存储器中并计算指令转矩，再将计算结果写入存储器供电动机驱动电路使用，从而控制连续时间对象。这种采样保持过程在感知状态和运动响应之间引入了一个很小的时间滞后。如果该滞后等于或大于谐振子的自然周期[$1/\omega_n(s)$]，则连续时间分析是不准确的，由此产生的控制设计可能会产生不稳定的系统响应㊀。然而，如果该滞后相对于 $1/\omega_n$ 较小，则与连续时间分析相关的误差也较小，并且给定参考输入 $\theta_{ref}(t)$ 时 $\theta(t)$ 的解可以很好地近似实际系统的行为。

在下文中，我们将重点讨论这种情况，并介绍使用拉普拉斯变换进行连续时间分析。拉普拉斯变换通过将线性微分方程转换为代数形式，使其易于操作和求解。在代数形式微分方程中，对于各种输入，可以相对容易地确定系统行为的解，从而深入了解受控运动的性能，这同时适用于动物和机器人运动系统。

本章的剩余部分简要介绍了拉普拉斯变换的性质，并总结了将该分析工具应用于图 2-8 的分析结果。感兴趣的读者可以在附录 A. 10 中找到这些结果的完整推导，不感兴趣的话，也可以跳过附录，这不影响后续章节所需的背景知识。

2. 3. 1　拉普拉斯变换入门

拉普拉斯变换是由一对互易映射定义的双映射，公式如下：

$$F(s)=\mathcal{L}[f(t)]=\int_0^{\infty}f(t)\mathrm{e}^{-st}\mathrm{d}t$$

$$f(t)=\mathcal{L}^{-1}[F(s)]=\frac{1}{2\pi\mathrm{i}}\int_{\sigma-\mathrm{i}\infty}^{\sigma+\mathrm{i}\infty}F(s)\mathrm{e}^{st}\mathrm{d}s$$

表 A-2 总结了几个拉普拉斯变换对，它们将时域函数与复频域中的对应函数联系起来。它们为分析受各种参考输入 $\theta_{ref}(t)$ 影响的控制系统的行为提供了一个统一的机制，从而揭示了许多关于特定控制设计的信息。

函数 $F(s)$ 是 $f(t)$ 在复 s 域中的像。如果忽略边界条件㊁，这种指数基会产生一个重要的结果。如果 $\mathcal{L}[f(t)]|=F(s)$，则

$$\mathcal{L}\left[\frac{\mathrm{d}f(t)}{\mathrm{d}t}\right]=sF(s)$$

或者，更一般地，

$$\mathcal{L}\left[\frac{\mathrm{d}^nf(t)}{\mathrm{d}t}\right]=s^nF(s) \tag{2-11}$$

㊀ 在这种情况下，可以使用 z 变换等离散时间系统分析的相关技术。

㊁ 导数变换的更一般的定义见附录 A. 10. 3：

$$\mathcal{L}\left[\frac{\mathrm{d}^m}{\mathrm{d}t}f(t)\right]=s^nF(s)-\sum_{k=1}^{n}s^{k-1}f^{(n-k)}(0)$$

式中，$f^{(n-k)}(0)$ 是一个边界条件，表示函数 $f(t)$ 在 $t=0$ 时的 $(n-k)$ 阶导数值。

因此，拉普拉斯变换将描述函数 $f(t)$ 行为的 n 阶常系数线性微分方程映射为 n 阶多项式 $F(s)$。拉普拉斯逆变换 $f(t)=\mathcal{L}^{-1}[F(s)]$ 表示 $f(t)$ 为一种多个指数函数的加权和，该指数函数具有以复频率 $s\in\mathbb{C}$ 参数化 e^{st} 的形式。

应用于 PD 控制器［见式（2-9）］，拉普拉斯变换为二阶系统产生了一种对偶表达。

$$\ddot{\theta}+2\zeta\omega_n\dot{\theta}+\omega_n^2\theta=\omega_n^2\theta_{ref} \quad \underset{\overleftarrow{\ \mathcal{L}^{-1}[\cdot]\ }}{\overset{\mathcal{L}[\cdot]}{\longrightarrow}} \quad [s^2+2\zeta\omega_n s+\omega_n^2]\Theta(s)=\omega_n^2\Theta_{ref}(s) \tag{2-12}$$

时域　　　　　　　　　　复频域

2.3.2　时域稳定性

一旦在运动方程中指定了参数 (ζ,ω_n) 或等效的 (K,B)，图 2-8 中所示的混合系统的行为就完全确定了。例如，在式（2-12）右侧式子中，多项式

$$s^2+2\zeta\omega_n s+\omega_n^2=0 \tag{2-13}$$

定义了谐振子的特征方程。式（2-13）的一对根为

$$s_{1,2}=\frac{-2\zeta\omega_n\pm\sqrt{(2\zeta\omega_n)^2-4\omega_n^2}}{2}=\frac{2\omega_n[-\zeta\pm\sqrt{\zeta^2-1}]}{2}=-\zeta\omega_n\pm\omega_n\sqrt{\zeta^2-1} \tag{2-14}$$

结果可以是带实部 $\sigma=\mathrm{Re}(s)$ 和虚部 $\omega=\mathrm{Im}(s)$ 的复共轭 $\sigma\pm i\omega$、重实根或不同实根。Ae^{st} 形式基函数中 s 的值满足原始齐次二阶微分方程 $\ddot{\theta}+2\zeta\omega_n\dot{\theta}+\omega_n^2\theta=0$ 给出的约束。

特征方程的根仅取决于混合 SMD 的参数，但它能全局地支配 PD 响应，特别是，可以直接判断闭环稳定性。如果特征方程的所有根都具有正实部 $\mathrm{Re}(s)>0$，则当 $t\to\infty$，Ae^{st} 项将趋于无穷大，系统的状态 $(\theta,\dot{\theta})$ 将离开区域 $S(\boldsymbol{q})$（见图 2-6）。根据定义 2.1，这样的系统是不稳定的。相反，当 $\mathrm{Re}(s)\leqslant 0$ 时，系统是稳定的，$t\to\infty$ 时，误差将趋于 0；当 $\mathrm{Re}(s)<0$ 时，系统是渐近稳定的，使得当 $t\to\infty$ 时误差指数地趋近于 0。

2.3.3　传递函数、SISO 滤波器和时域响应

可以重写式（2-12）来在复频域中描述单自由度闭环运动单元（见图 2-8）：

$$[s^2+2\zeta\omega_n s+\omega_n^2]\Theta(s)=\omega_n^2\Theta_{ref}(s) \text{ 或者 } \frac{\Theta(s)}{\Theta_{ref}(s)}=\frac{\omega_n^2}{s^2+2\zeta\omega_n s+\omega_n^2} \tag{2-15}$$

在 s 域中描述系统的优点之一是能够将 PD 控制律表示为单输入单输出（SISO）滤波器，如图 2-9 所示。这种观点源于信号处理，这些滤波器被称为传递函数。

传递函数为组合滤波器提供了一种方便的机制，能够分析复杂的、相互作用的动力学系统。因此，可以使用具有独立动力学的模块化传递函数来组成控制系统，并且可通过将环路转化为等价闭环传递函数的方式推导出复合传递函数。

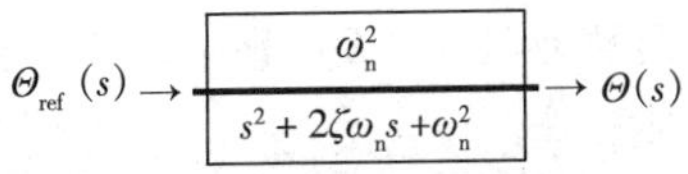

图 2-9　一般谐振子以 SISO 滤波器形式表示的传递函数

例如，图 2-10 说明了两个传递函数的线性组合如何形成等效 SISO 滤波器。其中闭环反馈系统中的传递函数组合十分重要，图 2-10 底部的环路结构是此类系统的通用原型。

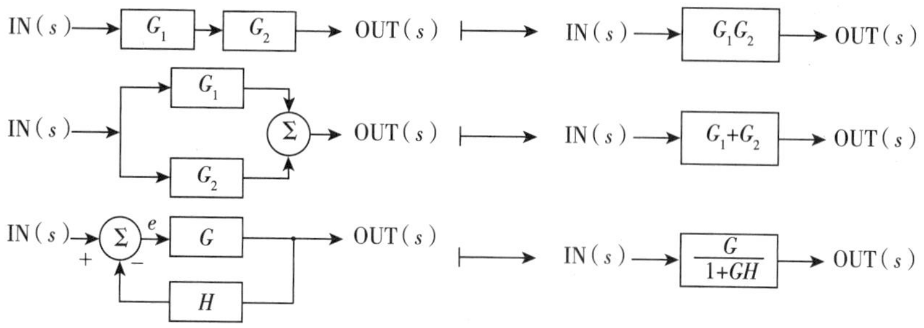

图 2-10　传递函数的串并组合和闭环传递函数

它包括一个用于将传感器数据与参考输入进行比较的反馈变换 H，一个用于计算反馈误差的求和节点，以及一个计算系统输出的前馈变换 G（包括控制对象和前馈控制器）。环路结构中输出 OUT(s)与输入 IN(s)的比值为

$$\frac{\mathrm{OUT}(s)}{\mathrm{IN}(s)}=\frac{Ge}{\mathrm{IN}(s)}=\frac{G[\mathrm{IN}(s)-H(\mathrm{OUT}(s))]}{\mathrm{IN}(s)}$$

因此

$$\frac{\mathrm{OUT}(s)(1+GH)}{\mathrm{IN}(s)}=G$$

所以

$$\frac{\mathrm{OUT}(s)}{\mathrm{IN}(s)}=\frac{G}{1+GH} \tag{2-16}$$

式（2-16）定义了反馈控制系统的闭环传递函数（Closed-Loop Transfer Function，CLTF）。它以单个等效 SISO 滤波器的形式描述了反馈控制结构的动力学。

总之，图 2-10 提供了一种将复杂的闭环系统转换为等效闭环传递函数的方法。

实例：眼球运动闭环传递函数

图 2-11 展示了人类眼球运动系统中主要负责眼球横向（平移）运动的一对拮抗肌的几何结构（见 6.1.2 节）。这些运动用于跟踪视网膜上的刺激，或快速扫视从其他传感器数据推断出的目标，如复杂视觉场景的多个元素或声音的方向。在后一种情况下，历史刺激被认为用于引导闭环视觉反应。

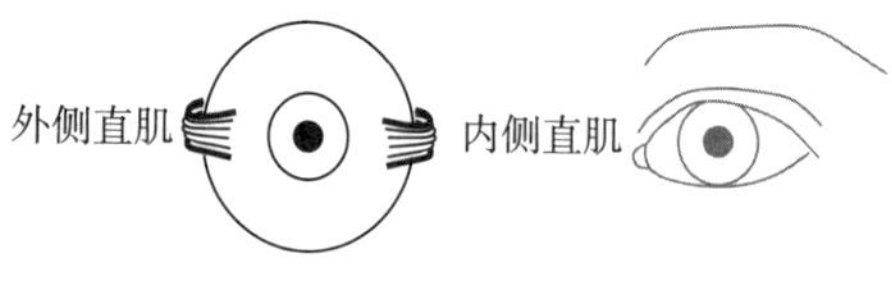

图 2-11　眼睛横向（平移）运动的一对拮抗肌的几何结构

图 2-12 展示了单自由度眼动系统的控制模型，其中眼睛是惯性物体（$1/I$），在肌肉组织中受到被动阻尼（B）影响。这一部分在图中用粗体标注。

拮抗肌产生的转矩由弹性元件建模，该弹性元件产生与误差成比例的运动转矩：

$$T_{\mathrm{m}}(s)=K(\Theta_{\mathrm{ref}}(s)-\Theta(s))$$

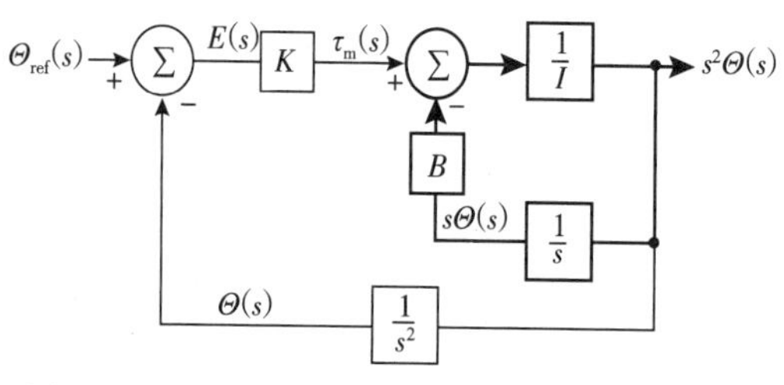

图 2-12　由主动元件和被动元件组成的单自由度眼动系统控制模型

由运动主动产生的转矩和由阻尼器被动产生的转矩之和作用于惯性负载上。集成在嵌套

反馈回路中的积分器 $1/s$ 和 $1/s^2$ 需要将输出加速度 $s^2\Theta(s)$ 分别转换为速度和位置反馈。图 2-10 中一系列成对传递函数组合可用于简化这一相对复杂的控制回路，以确定 PD 控制的眼动系统的闭环传递函数。

在图 2-13a 中，阻尼器和速度积分器的串联组合简化了内环。

对于图 2-13a 和 b，以局部闭环传递函数取代内环：

$$G=\frac{1}{I},H=\frac{B}{s}$$

因此

$$\frac{G}{1+GH}=\frac{1/I}{1+B/Is}=\frac{s}{Is+B}$$

对图 2-13b 中的前馈变换进行串联组合，得到图 2-13c。

再次导出等价的闭环传递函数，得到图 2-13d，其中，

$$G=\frac{Ks}{Is+B},H=\frac{1}{s^2}$$

因此

$$\frac{G}{1+GH}=\frac{Ks^2}{Is^2+Bs+K}$$

最后，通过将输出转换为 $\Theta(s)$，再转换为标准形式，我们得到了图 3-13e。

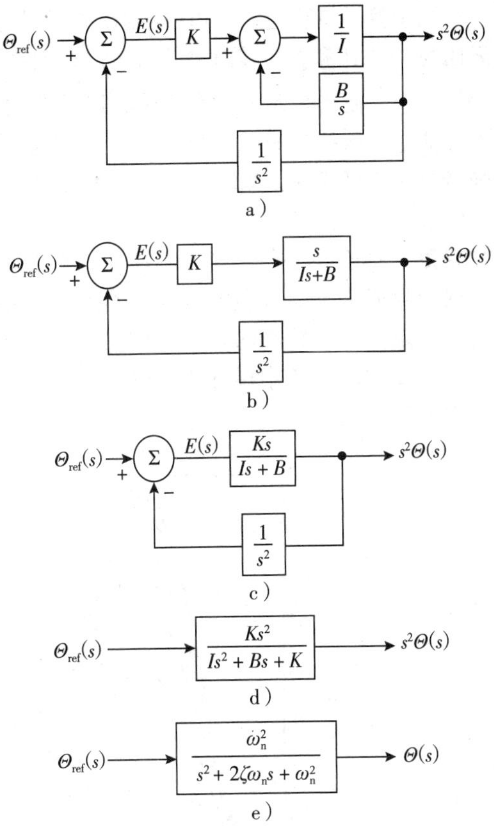

图 2-13　PD 控制下眼动系统的一系列闭环传递函数构成

将该结果与式（2-15）的单自由度闭环运动单元的运动方程的拉普拉斯变换进行比较。

图 2-13e 中的闭环传递函数表示了 PD 控制对象，其形式支持对任意拉普拉斯变换类输入函数 $\theta_{ref}(t)$ 的分析。

2.3.4　比例微分控制器的性能

式（2-13）的一个复根的指数基函数可以写成两个指数函数的乘积 $e^{(\sigma+i\omega)t}=e^{\sigma t}e^{i\omega t}$。对于所有稳态参数化的式（2-13）（即当 $\sigma=\mathrm{Re}(s)\leqslant 0$ 时），第一项 $e^{\sigma t}$ 是关于时间的指数递减函数。由欧拉公式（见附录 A. 10. 1）得，第二项可以写成 $e^{i\omega t}=\cos(\omega t)+i\sin(\omega t)$，这一项引入了具有虚部的振荡响应。因此，PD 控制响应是指数衰减响应和振荡响应的乘积，这两个响应的相对重要性取决于参数 K 和 B。

单位阶跃响应　单位阶跃响应是表征图 2-8 中 PD 控制设计行为的一个自然选择。它表示图 2-14 中参考输入的一种离散变化，其中参考输入在 $t=0$ 时从 0 瞬间变化到 1 rad，并在 $0\leqslant t<\infty$ 上一直保持不变。

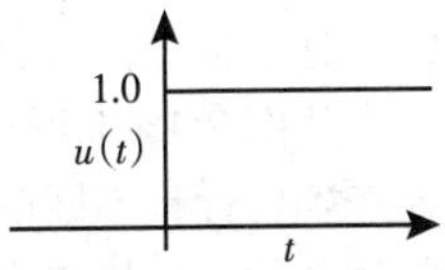

图 2-14　单位阶跃参考输入

附录 A. 10. 3 对这种情况进行了处理，并得出了图 2-15 中 PD 控制器的控制响应，该控制器具有固定的弹簧常数 K 和转动惯量 I，以及产生阻尼比 $0\leqslant\zeta\leqslant 2$ 的不同阻尼系数 B。ζ 表示阻尼器耗散动能的速率与

弹簧释放势能的速率之比。因此，ζ 值较小时，由弹簧的能量主导，并且是振荡的，而 ζ 值越大，耗散越快。

当受控系统稳定时，PD 控制律的不同配置会产生四种性质不同的响应。

无阻尼　当 B 和 ζ 为零时，式（2-13）的根是纯虚部的复共轭形式（$s_{1,2}=\pm i\omega$）。系统中没有耗散元件，使得控制响应在弹簧中以系统的固有频率 $\omega_n=\sqrt{K/I}$ 存储和释放能量，并以此来保存能量。该控制响应如图 2-15 中标记为 $\zeta=0$ 的曲线所示。对于理想化的数学公式，例如，弹簧是完全可逆的，当 $t>0$ 时，系统会产生恒定振幅的振荡，这样的系统是边缘或轨道稳定的。

欠阻尼　对于 $0<\zeta<1$，式（2-13）的根的实部是 $\sigma=\mathrm{Re}(s)<0$，虚部是 $\omega=\mathrm{Im}(s)$ 的复共轭。虚部导致振荡，但（负）实部是耗散的。引入一个指数衰减包络线，可看出振幅随时间呈指数下降。对于较小的正收敛阈值，略微欠阻尼的响应将比其他 PD 配置收敛更快。根据定义 2.2，图 2-15 中标注为 $\zeta=0.1$、0.2、0.4，以及 0.7 的曲线所示的欠阻尼行为是渐近稳定的。

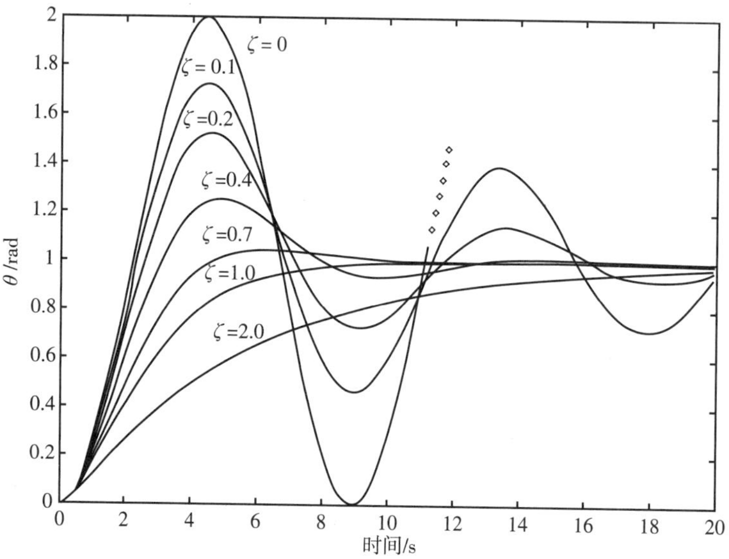

图 2-15　在边界条件 $\theta_0=\dot{\theta}_0=0$ rad 和 $\theta_\infty=1.0$ rad 下，图 2-8 中二阶 PD 位置控制器的控制响应是 ζ（$K=1.0$ N·m/rad，$I=2.0$ kg·m^2）的函数

临界阻尼　当 $\zeta=1$ 时，式（2-13）存在重复的负实根。给定的惯性矩 I 对应于分离欠阻尼和过阻尼的唯一组合 K 和 B。PD 控制器的这种配置在图 2-15 中标注为 $\zeta=1$ 曲线，它是非振荡且渐近稳定的，经常被选为最优控制设计点。

过阻尼　当 $\zeta>1$ 时，式（2-13）有两个不同的负实根，因此时域解是两个负指数项的加权和。过阻尼的 PD 响应由阻尼器的黏性行为主导，是由最小负实根产生的行为结果。它是非振荡的，且 ζ 越大，收敛越慢。图 2-15 中标注为 $\zeta=2.0$ 的曲线是过阻尼响应的一个例子。

从图 2-15 中可以看出，根据 ω_n 和 ζ 的值（也就是 K 和 B 的值），该系统能够对相同的输入产生定性且不同的行为。为了设计控制系统，我们希望在最低限度上确定受控系统保持稳定的条件。用最基本的术语来说，“动态系统稳定”指物块能对系统输入做出响应而发生位移，且位移保持在一定范围内。更一般地说，如果任意受控系统是稳定的，那么在任何时候有界输入都产生有界输出（Bounded-Input Bounded-Output，BIBO）[225]。对于线性和非线性系统，优雅的李雅普诺夫方法总结了该准则和其他更强的稳定性条件。

实例：眼动响应

眼动响应包括高达 900 °/s 的扫视运动——这是人体最快的运动。扫视可以由预期目标（例如，当你的眼睛在阅读文本时向前扫描）触发。相比之下，平滑追踪眼动控制器会随着视觉场景随时间的推移而跟踪特征。

所有的眼动响应都依赖于闭环运动单元（见图 2-12），闭环运动单元结合了被动阻尼、主动收缩力和 α-γ 运动神经元来驱动眼睛。从通用运动单元的闭环传递函数（见图 2-13e）开始，选择临界阻尼响应（$\zeta=1.0$），闭环传递函数为

$$\frac{\Theta(s)}{\Theta_{\text{ref}}(s)}=\frac{\omega_{\text{n}}^{2}}{s^{2}+2\omega_{\text{n}}s+\omega_{\text{n}}^{2}}$$

根据表 A-2，单位阶跃的拉普拉斯变换为

$$\mathcal{L}[u(t)]=\frac{1}{s}$$

因此，系统对幅值为 θ_{ref} 的单位阶跃输入的响应为

$$\Theta(s)=\left[\frac{\omega_{\text{n}}^{2}}{s^{2}+2\omega_{\text{n}}s+\omega_{\text{n}}^{2}}\right]\left[\frac{\theta_{\text{ref}}}{s}\right]=\frac{\omega_{\text{n}}^{2}\theta_{\text{ref}}}{s(s+\omega_{\text{n}})^{2}} \tag{2-17}$$

回到由拉普拉斯逆变换定义［见式（A-20）］的时域响应。我们可以通过表 A-2 中拉普拉斯变换对的线性组合重写式（2-17）来实现相同的结果。将式（2-17）中分式展开得到

$$\begin{aligned}\Theta(s)&=\theta_{\text{ref}}\left[\frac{\omega_{\text{n}}^{2}}{s(s+\omega_{\text{n}})^{2}}\right]=\theta_{\text{ref}}\left[\frac{a}{s}+\frac{b}{(s+\omega_{\text{n}})}+\frac{c}{(s+\omega_{\text{n}})^{2}}\right]\\&=\theta_{\text{ref}}\left[\frac{1}{s}+\frac{-1}{(s+\omega_{\text{n}})}+\frac{-\omega_{\text{n}}}{(s+\omega_{\text{n}})^{2}}\right]\end{aligned} \tag{2-18}$$

则可以用表 A-2 逐项地确定逆拉普拉斯变换：

$$\theta(t)=\theta_{\text{ref}}[1-\mathrm{e}^{-\omega_{\text{n}}t}-\omega_{\text{n}}t\mathrm{e}^{-\omega_{\text{n}}t}] \tag{2-19}$$

将此结果与等效边值问题的解进行比较［见式（A-24）］。

眼动响应的实例说明了如何对任意拉普拉斯变换驱动的函数推导出 PD 控制器的闭环响应（例如，表 A-2）。这些输入提供了有用的诊断性能反馈。谐振子的响应对振荡驱动函数来说非常重要，我们接下来研究这个问题。

频率响应：振幅和相位　其他输入参考函数可以用于判断经典谐振子的行为。例如，随时间变化的输入参考函数 $\theta_{\text{ref}}(t)=A\cos(\omega t)$㊀。图 2-16 绘制了驱动频率 ω 和阻尼比 ζ 取不同值时，谐振子的振幅和相位相对于 $A\cos(\omega t)$ 参考输入的振幅和相位的关系图。PD 控制模型在不同的驱动频率下表现出显著的频率依赖行为。该响应的一个明显特征是振幅响应中的峰值。该峰值是一种谐振现象，位于 $\omega/\omega_{\text{n}}=1$ 的驱动频率处，即参考输入频率等于谐振子的固有频率处。阻尼比越小，效果越明显。事实上，当 $\zeta=0$ 时，增益在理论上变得无限——无阻尼（$\zeta=0$）系统可以通过在谐振频率下泵入能量来破坏稳定，就像儿童摇动秋千使其荡得更高一样。

㊀ 附录 A. 11. 1 对该参考输入推导出了描述系统行为随时间变化的方程。

图 2-16a 显示，当驱动频率较大时，振幅响应渐近收敛到零，PD 控制器跟踪参考输入的能力变差。系统的带宽是幅值响应降至参考幅值的 $1/\sqrt{2}$ 时对应的频带宽度，输入频率对应于 PD 控制器的半功率或 −3 dB 点。按此标准，图 2-16a 中的过阻尼和临界阻尼配置具有相对较小的带宽。对于欠阻尼配置，情况得到了改善，但代价是输出中产生的超调和振荡。在图 2-16b 中，我们可以看到，固有频率也确定了响应滞后于参考输入 90°的点。如果驱动频率增加到超过固有频率的时候，则响应渐近地趋向于与强制函数相位相差 180°的响应。

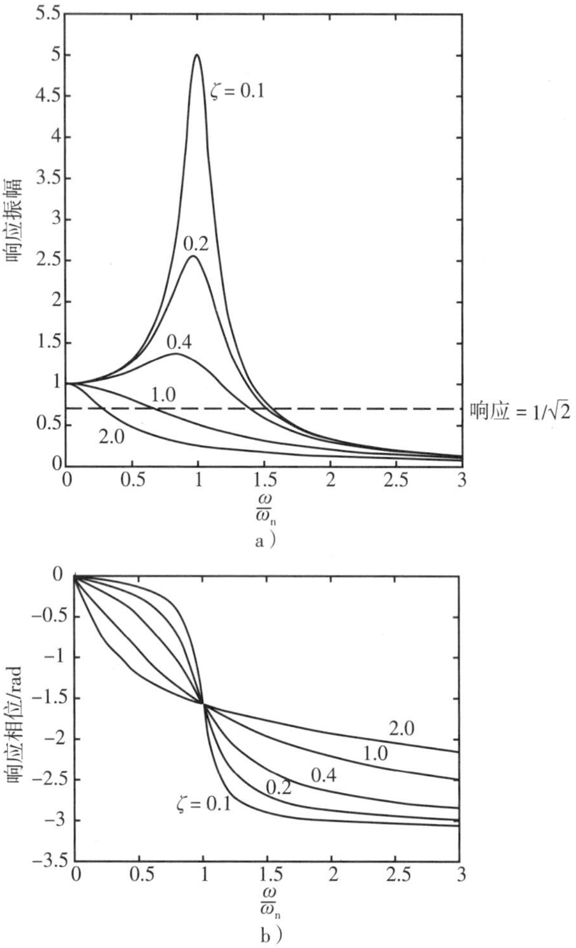

图 2-16 二阶 PD 位置控制器对 cos（ωt）输入函数的响应，其中 ω 是不同 ζ 值的驱动频率

习题

（1）**弹簧-质量-阻尼器（SMD）**。扭转 SMD 处于其平衡位置 $\theta=0$（没有重力）处，如图 2-17 所示。在基准位置，SMD 关于 $\hat{z}$ 轴的转动惯量 I 为 1 kg·m²。相对平衡位置角位移的系统响应由弹簧 K 和阻尼器 B 控制（图 2-17 中未示出）。

1）写出该 SMD 的特征方程。

2）计算固有频率 ω_n 和阻尼比 ζ。

3）特征方程的根是多少?

4）在图 2-17 中，当推动物体，使 SMD 旋转到 $\pi/2$ 处，需对物体施加多大的力才能使其在此处保持平衡?

5）在时间零点，该 SMD 在位置 $\theta=\pi/2$ 处从静止状态 $\dot{\theta}=0$ 释放。

- 求解时间响应 $\theta(t)$。
- 当 t 较大时，解中主导系统行为的项是?
- 绘制 SMD 的相位图，即 $t=0$、∞ 时 θ 与 $\dot{\theta}$ 的关系。

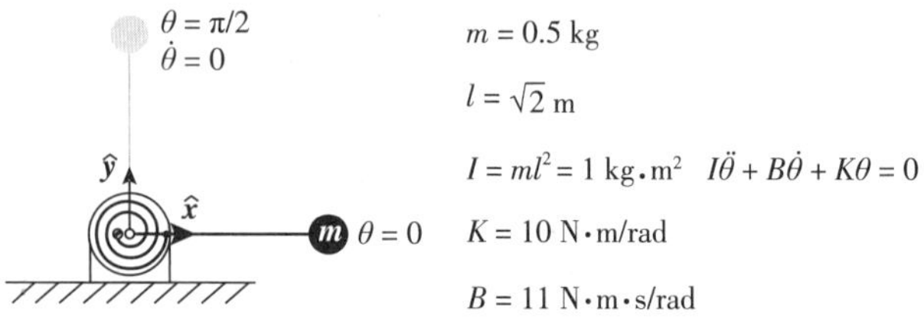

图 2-17 扭转 SMD 系统

（2）**SMD 的电气模拟**。电阻、电感和电容的串联组合构成了机械 SMD 的电气模拟系统。基尔霍夫电压定律指出，电源电压 V 等于这三个电路元件上的电压降之和，如图 2-18 所示。

1）推导支配 RLC 电路行为的微分方程。

2）将结果与式（2-1）和式（2-3）进行比较，并说明 RLC 参数与这对谐波振荡器中的 SMD 参数的对应关系。

3）推导 RLC 系统的固有频率 ω_n 和阻尼比 ζ。

（3）**临界阻尼。**

1）求出二阶系统 $\ddot{x}+B\dot{x}+16x=0$ 临界阻尼时的阻尼系数 B。

2）证明当 $\zeta=1$ 且特征方程 $s^2+2\zeta\omega_n s+\omega_n^2=0$ 的根为 s_1，$s_2=-\omega_n$ 时，时域解中的项形如 $Ae^{-\omega_n t}$ 和 $Ate^{-\omega_n t}$，都满足原始微分方程 $\ddot{x}+2\zeta\omega_n\dot{x}+\omega_n^2 x=0$。

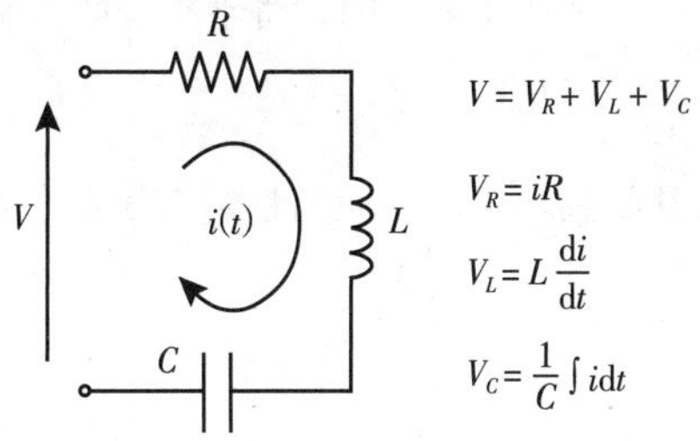

图 2-18　电路图

（4）**固有频率。**设计一个二阶控制律，$m\ddot{x}+B\dot{x}+Kx$，其中固有频率 $\omega_n=50$ rad/s。

1）对于 $m=1$ kg，求出临界阻尼的 K 和 B。

2）讨论为什么设计受控系统的固有频率可能有益。

（5）**特征方程。**已知二阶特征方程 $3s^2+24s+21=0$。

1）系统的固有频率是多少？

2）阻尼比是多少？

3）系统的带宽是多少？

（6）**时域解。**假设由以下特征方程描述的对象从状态 $x(0)=1$，$\dot{x}(0)=0$，$x(\infty)=0$ 释放。推导系统的时域响应 $x(t)$。

1）$\ddot{x}+5\dot{x}+6x=0$

2）$\ddot{x}+2\dot{x}+10x=0$

（7）**稳定性：复频域。**

1）根轨迹。SMD 的控制特征方程为 $s^2+(B/m)s+(K/m)=0$。设 $m=1$ kg，阻尼系数 $B=2$ N·s/m。当 K 在 $-\infty\sim+\infty$ 之间变化时，在复平面上绘制特征方程的根，并找出绘制的根轨迹中不稳定、过阻尼、临界阻尼和过阻尼的部分。

2）特征方程。对于每个特征方程，确定系统是否稳定，并做出相应的解释。

a）s^2+s-2　　e）s^2-4s+1

b）s^2-s-6　　f）s^2+9s-1

c）$s^2+8s+16$　　g）s^3+4s^2+s-6

d）s^2+3s+9　　h）s^3+3s^2+3s+1

3）闭环传递函数。对于每个闭环传递函数，确定系统是否稳定，并解释结果。

a）$\dfrac{G}{1+GH}=\dfrac{s^2}{s^2+s-2}$　　b）$\dfrac{G}{1+GH}=\dfrac{s^2}{s^2-s-6}$

c）
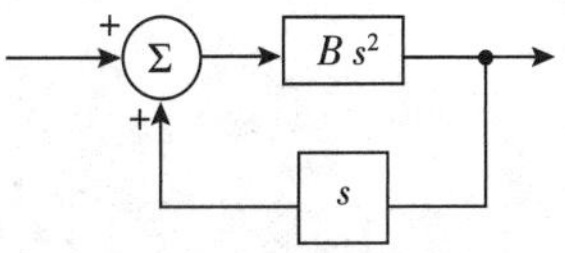

d）
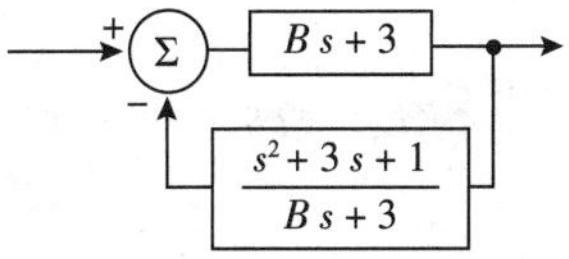

（8）**稳定性：李雅普诺夫。**

1）比较频域分析和时域分析。已知系统受控于 $\ddot{x}=-x-2\dot{x}$。

- 确定特征方程的根。系统稳定吗？
- 给定形式为 $V(\boldsymbol{x},t)=\dfrac{1}{2}(x^2+\dot{x}^2)$ 的李雅普诺夫函数，可以得出关于此动态系统渐近稳定性的什么结论？

2）斜对称项。

在2.2.2节中，将李雅普诺夫直接方法应用于SMD系统：

$$\ddot{x}=-(B/m)\dot{x}-(K/m)x$$

其结果不明确。原因是定义候选李雅普诺夫函数为系统的总能量：

$$V(\boldsymbol{x},t)=E=\frac{1}{2}m\dot{x}^2+\frac{1}{2}Kx^2$$

已经证明，在总能量函数中添加一个形式为 $\epsilon x\dot{x}$ 的斜对称项可以解决这个问题。

故修改后的函数为

$$V(\boldsymbol{x},t)=\frac{1}{2}m\dot{x}^2+\frac{1}{2}Kx^2+\epsilon m\dot{x}x$$

式中，ϵ 为很小的正数。评估该函数的李雅普诺夫条件，以定义 ϵ 值上的两个约束（根据 m、K 和 B），这两个约束需保证SMD在李雅普诺夫意义上是渐近稳定的。

3）非线性系统。考虑具有非线性黏弹性部件的SMD，由下式定义：

$$F_k=Kx^3$$

$$F_b=\alpha(1-x^2)\dot{x}$$

阻尼器中的耗散力是物体的 x 坐标的函数，

$$B(x)=\alpha(1-x^2),\alpha>0$$

- SMD的运动方程变为

$$M\ddot{x}+Kx^3+\alpha(1-x^2)\dot{x}=0$$

写出总能量的表达式。

- 使用总能量作为候选李雅普诺夫函数，使用李雅普诺夫第二方法评估建立渐近稳定性所需的三个准则。
- 在相位图中，绘制该候选李雅普诺夫函数具有渐近稳定动力系统所需性质的区域。

4）摆锤。图2-19为一个理想化的无摩擦摆锤。

理想摆锤的运动方程如下：

$$I\ddot{\theta}=-(mg)l\sin\theta$$

这个系统的动能是

$$KE=\frac{1}{2}I\dot{\theta}^2$$

摆锤中的势能是

$$PE=mgl(1-\cos\theta)$$

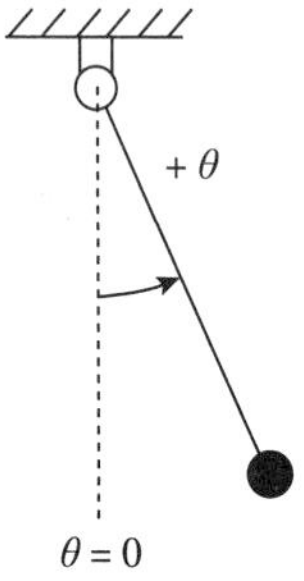

图2-19 理想化的无摩擦摆锤

- 使用总能量函数 $KE+PE$ 作为候选李雅普诺夫函数。系统稳定吗？它是渐近稳定的吗？
- 假设摆锤在 $\theta=\pi/4$ 时从静止状态释放。

a）在相位平面上标记该起始状态，并绘制释放后的系统运行轨迹。

b）$\theta=0$ 时，速度的大小是多少？

• 假设实验的实际运行轨迹如图 2-20 所示：

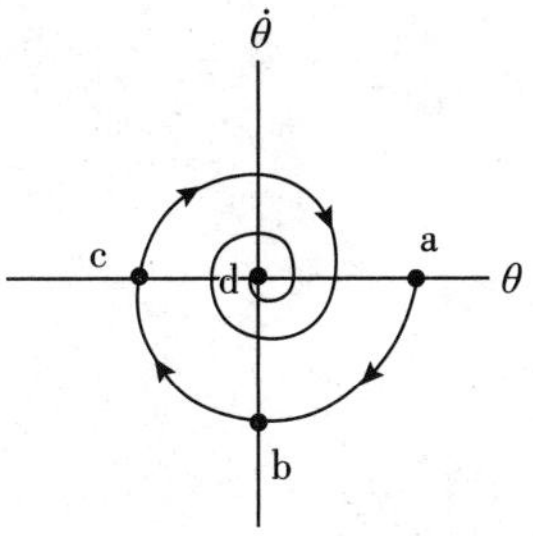

图 2-20 实际运行轨迹

这个系统的动态模型中缺少了什么项？

（9）**设计一道题**。在第 2 章中，用你最喜欢的内容设计一道题。这个问题应该与这里已经存在的问题不同。最好进行简短的讨论和定量分析（解答开卷问题不应超过 30 min）。

第二部分

动力学系统中的结构

第3章

The Developmental Organization of Robot Behavior

运动系统

运动学是动力学的一个子领域，它不仅研究质量和加速度，还研究运动的几何方面。骨骼对动物运动学的影响是根本的且不能忽视的。利用生物力学系统的运动学能力可以带来更高的性能：它可以产生经济且优雅的运动，提高感知和运动敏锐度，并指导寻找灵巧的运动策略。相同的运动学原理可以用于指导机器人编程，也可以开发机器人设备的潜能。

本章介绍了在运动学系统中用于运动分析的工具，涉及可被利用的、受关注的运动属性。我们从机械构造[220] 开始介绍，之后详细考查了铰接机械装置的运动学性能，包括本体配置和笛卡儿任务描述之间的正向和逆向映射。我们还给出手眼协调的控制运动学方程。本章最后回顾运动学条件（Kinematic Conditioning）的度量——机构将速度和力有效地投射到笛卡儿空间的能力。

3.1 术语

工程师研究机械设计原理由来已久。在最基本的层面上，动物和机器人是行为上遵循相同原理的机械装置。

机械装置是轴承、齿轮、凸轮、连杆和传送带构成的集合，它将运动从一种形式转换为另一种形式，并传递动力。它是被称为“连杆”的多个独立刚体的集合，这些刚体通过“关节”的运动学约束成对地连接。一个关节允许相邻连杆之间进行特定的相对运动，例如棱柱关节允许平移，旋转关节支持旋转。

指定独立关节位置的机械装置的任何参数（长度或角度）都称为“配置变量”。“运动链”是相互连接的连杆的集合，其运动特性取决于连杆和关节的组合方式。多个配置变量确定的设备姿态是“配置空间”中的坐标。完全定义机械配置所必需的最小配置变量数量，称为系统的“自由度”（DOF）。

当其中一个连杆保持固定并且其他连杆相对于固定连杆运动时，便构成了一个机械装置。固定连杆也可称为“接地连杆”或“接地框架”。机器设计文献中考虑的大多数机械装置由“闭合链”组成，即每个连杆通过关节连接到两个相邻的连杆所构成的运动链。然而，许多机器人设备是“开放链”，其中一个或多个“单体连杆”仅连接到一个关节。

3.2 空间任务

任务（直接或间接）规定了用于机器人的运动和肢体操作的空间配置、传感设备的位置，以及环境与外部物体的相对几何结构。为了满足任务要求，控制输入被用于调整机器人机械装置的空间配置。

通常，可能需要几个参考坐标系来完整地描述一个机器人控制任务。图 3-1 给出了这种运动关系，这些参考坐标系自然地排列在以固定世界坐标系为根的树状结构中。通常，我们根据世界坐标系中或者固定于世界坐标系内的任务坐标系中的位置和方向来描述物体的分布，以避免积累不确定性。例如，在图 3-1 中，操作台坐标系就是这样的坐标系。它通过固定的空间偏移描述了与世界坐标系相关的任务方位。根据操作台坐标系，任务的几个其他特征（物体 1、物体 2、目标物）可以被描述为固定偏移，或者由传感器系统来确定。

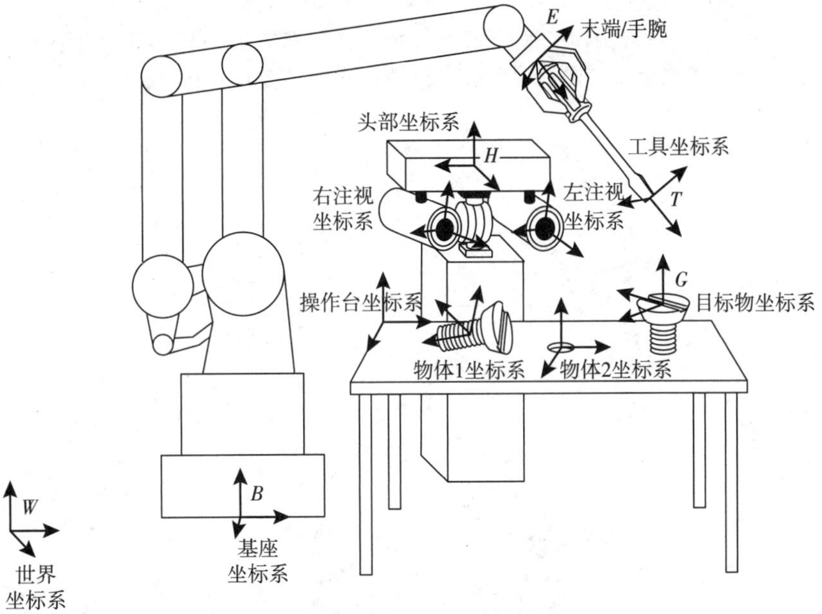

图 3-1　通常用于描述机器人任务的坐标系

机器人的感觉和运动资源也可以使用空间变换在世界坐标系中定位。例如，从世界坐标系到基座坐标系的变换定位了附着在机器人上的坐标系。这种变换可以是相对于世界坐标系的固定位置（见图 3-1），也可以是时变和可控的，如移动操作端的情况。在后一种情况下，空间变换通过在里程计的进程中对移动基座的位移积分㊀，或通过与房间中已知位置的其他视觉或触觉特征的关系来建立。

基于基座坐标系，有两个重要的坐标系建立了可应用于任务的感觉和运动资源的空间分布。相对于基座坐标系，第一个坐标系是手腕坐标系，第二个坐标系（头部坐标系）确定了传感器头部的位姿。这两个坐标系反映了本体中的固定偏移，以及可控自由度的位姿（由每个关节中的传感器测量得到）。它们与手部位姿信息一起，构成了机器人中的多个前向运动学关系，这些关系取决于配置变量，因此支持关于空间误差和控制的推理。图 3-1 中的工具坐标系标识了所持螺丝刀的末端，它是通过分析视觉和触觉反馈来估计出的，可能是在具有螺丝刀几何形状的先验信息的前提下估计的。

综上所述，控制任务可以用图 3-1 中的坐标系表示。原则上，可以计算在驱动自由度内的运动，从而将工具和目标坐标系结合在一起并转动螺钉。然而，空间估计并非都是同等精确的。手臂、手指和头部的几何结构依赖于机械装置的范围和关节角度的测量值，这些是相对精确的。相比之下，指尖接触位置、视觉反馈和对螺丝刀抓握姿势的估计精度相对较低。

实例：螃蟹罗杰的运动学描述

螃蟹罗杰最初由 Paul Churchland 于 1988 年开发，旨在证实简单生物体周围的笛卡儿空间[53] 是如何在感知和运动映射之间的神经投影中进行编码的。最初的罗杰是由一个单一的、

㊀ 位移通常通过测量车轮旋转、计算步幅或使用惯性测量单元（IMU）来确定。

平面的、两个自由度（2R）的手臂和一个立体视觉系统组成的。图 3-2 定义了具有更复杂移动平台和带双臂版本罗杰的运动学参数和中间坐标系。在 x-y 平面上，罗杰具有九维度的构型空间——由眼睛的两个偏转自由度（θ_1,θ_2）、左臂的两个自由度（θ_3,θ_4）、右臂的两个自由度（θ_5,θ_6）以及移动基座的三个自由度（x,y,θ）$_0$ 组成。每个旋转关节（车轮除外）都绕着世界坐标系的 $\hat{z}$ 轴旋转。罗杰的车轮和手臂关节可持续旋转，它眼睛的运动范围限制在 $-\pi/2 \leqslant (\theta_1,\theta_2) \leqslant \pi/2$。

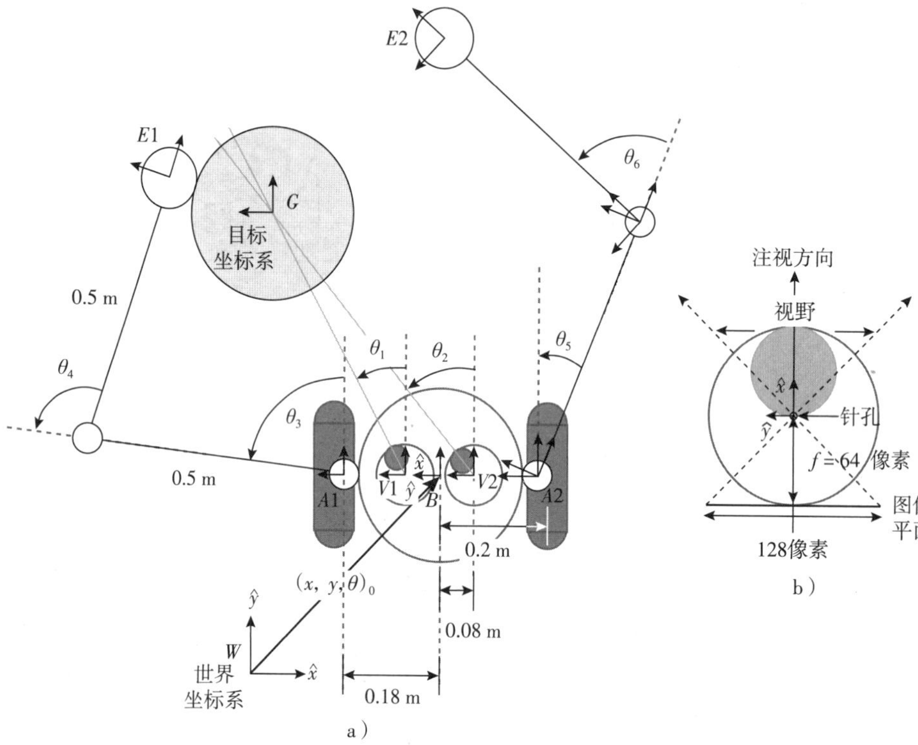

图 3-2　具有更复杂移动平台和带双臂的罗杰的运动学参数和中间坐标系

罗杰由多个运动链组成，这些运动链建立了由中间坐标系标记的空间量。四个重要的坐标系以相对于基本坐标系 B 固定的位置为根基。坐标系 $V1$ 和 $V2$ 建立了罗杰的眼睛相对于坐标系 B 的位置，而坐标系 $A1$ 和 $A2$ 建立了罗杰手臂的肩膀相对 B 的位置，这些坐标系是从坐标系 B 沿 $\hat{\boldsymbol{y}}_B$ 方向的刚性平移，用于描述和控制由机器人部署的传感器和执行器的几何结构。

关于目标坐标系 G 的信息来自视觉和触觉传感器。位于坐标系 $V1$ 和 $V2$ 处的摄像头可以通过驱动关节 θ_1 和 θ_2 独立地偏转。坐标系 $V1$ 和 $V2$ 到与凝视方向一致的坐标系（见图 3-2b）的变换是由配置变量参数化的一个纯旋转变换。眼睛是针孔 RGB 相机（见 3. 5. 1 节），焦距为 64 像素[⊖]，产生宽为 128 像素的一维图像。因此，通过偏转眼睛和身体，每只眼睛都有 ±45° 的视野。通过三角测量法，利用类似眼睛的相机对，可估算目标位置。

触觉传感器位于末端坐标系 $E1$ 和 $E2$ 处。从手臂坐标系到末端坐标系的变换取决于手臂中连杆和驱动关节（$\theta_3,\theta_4,\theta_5,\theta_6$）的几何形状。触觉观测以末端执行器坐标系 x-y 平面中的力向量形式表达。与视觉一样，可以根据正向运动学关系，利用来自触觉传感器的信号以及机器人配置的信息确定目标坐标系 G 的笛卡儿位置（见 3. 4. 1 节）。

⊖　像素（图像元素）是图像平面上的单个感受野。像素平铺于图像平面，因此定义了一个长度单位。

使用电动机指令驱动运动链中的每个自由度，使定位末端坐标系和引导眼睛凝视的任务完全可控。这种完全可控的运动学系统是完整的（Holonomic）⊖。通过定义基座坐标系位置和方向建立移动基座的位姿，在世界坐标系下由里程计估计其 $(x,y,\theta)_0$。轮式基座的导航任务也在该三维位姿空间中表达。然而，与组成罗杰的其他运动学系统不同，移动基座是非完整的——车轮不允许具有沿 $\hat{\boldsymbol{y}}_B$ 方向的平移速度。在世界坐标系中，对于任意给定的姿态 $\boldsymbol{q}=[x\ y\ \theta]^{\mathrm{T}}$，轮式系统都可以产生旋转速度 $\dot{\hat{\boldsymbol{q}}}_\theta=[0\ 0\ 1]^{\mathrm{T}}$ 和沿当前朝向的平移速度 $\dot{\hat{\boldsymbol{q}}}_{xy}=[\cos\theta\ \sin\theta\ 0]^{\mathrm{T}}$。因此，来自任何给定位姿的可控速度都是位姿速度空间的二维子集，并被表示为一个旋转速度和一个位姿相关平移速度的线性组合：

$$\dot{\boldsymbol{q}}=v_\theta\dot{\hat{\boldsymbol{q}}}_\theta+v_{xy}\dot{\hat{\boldsymbol{q}}}_{xy}$$

式中，v_θ 和 v_{xy} 分别表示旋转速度和平移速度的标量大小。下列公式为了限制平移速度的单个非完整运动学约束的形式，表明了任务中和控制中自由度数量之间的差异：

$$f(\boldsymbol{q},\dot{\boldsymbol{q}})=\boldsymbol{l}^{\mathrm{T}}\dot{\boldsymbol{q}}=[\sin\theta-\cos\theta\ 0]\begin{bmatrix}\dot{x}\\ \dot{y}\\ \dot{\theta}\end{bmatrix}=0$$

式中，$\boldsymbol{l}$ 是 x-y 平面中与当前车辆朝向正交（侧向）的矢量。当前，导航任务变得更具挑战性，因为“完全运动定律”的缺失引发了有趣的控制和路径规划问题。重要的非完整系统还存在其他例子，例如，在操作过程中指尖在被抓握物体的表面上滚动。

为了构建控制任务，我们需要一种方法，将一个坐标系中表示的笛卡儿量（集合）转换到另一个适用于控制的坐标系。在下一节中，我们将介绍一种称为齐次变换的表示方法。

3.3　齐次变换

群是在二元运算下闭合的元素集合，也就是说，将运算符应用于集合中的成对元素会产生一个结果，该结果也是集合中的一个元素。此外，要构成一个群，运算符必须是关联的，即 $(a\cdot b)\cdot c=a\cdot(b\cdot c)$。群必须包含一个单位元素 I，使得 $a\cdot I=I\cdot a=a$，并且集合中的每个元素 a 都必须有一个逆元素 a^{-1}，使得 $a\cdot a^{-1}=I$ 也在集合中。群的经典例子是整数集和加法运算符。

刚体运动描述了欧几里得群。特别地，三维平移群 T 由位移元素 $\boldsymbol{t}\in\mathbb{R}^3$ 组成（例如 $[x\ y\ z]^{\mathrm{T}}$）。平移群在加法下是闭合的。此外，三维空间中特殊正交群（Special Orthogonal Group）$SO(3)$ 的元素表示三个正交旋转（例如滚转、俯仰、偏航）。旋转群在乘法下是闭合的，并且元素的组合保持欧几里得距离。群 T 和 $SO(3)$ 是特殊欧几里得群（Special Euclidean Group）$SE(3)$ 的独立子群，$SE(3)$ 中的元素描述了刚体如何在六维笛卡儿空间中运动。因此，要完全定义刚体的位姿，至少需要指定六个独立变量，以表示刚体的平移和旋转。

3.3.1　平移部分

图 3-3 展示了两个坐标系 A 和 B，它们通过纯平移相关联。使用线性变换将坐标系 B 中的位置矢量 $\boldsymbol{r}_B$ 表示于坐标系 A 中，公式如下：

$$\boldsymbol{r}_A=\boldsymbol{r}_B+{}_A\boldsymbol{t}_B$$

⊖ Holo（希腊语为 όλος）的意思是“整体”，而 nomic（希腊语为 νόμος）的意思是“定律”。

式中，${}_{A}\boldsymbol{t}_{B}$ 表示以坐标系 A 表示的从坐标系 A 到 B 的平移。在一个纯平移过程中，两个坐标系的相对方向保持固定，并且 $\hat{\boldsymbol{x}}$、$\hat{\boldsymbol{y}}$ 和 $\hat{\boldsymbol{z}}$ 三条坐标轴保持平行。

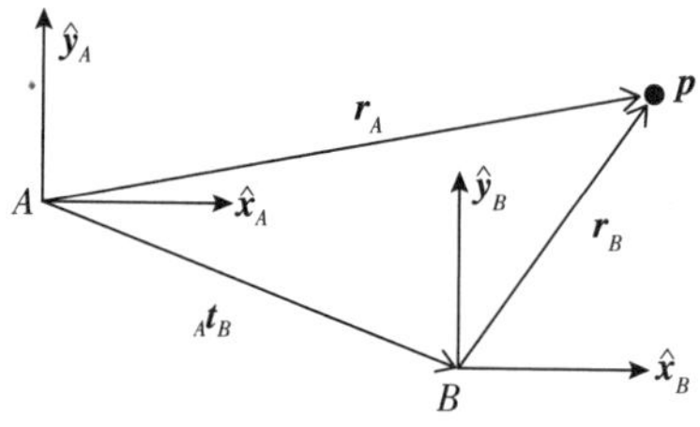

图 3-3 通过纯平移相关联的两个坐标系

3.3.2 旋转部分

表示旋转的方式[286] 包括指数坐标[202]、欧拉角、滚转-俯仰-偏航记号、四元数和方向余弦。在这些方式中，方向余弦是最不紧凑的——需要九个数来指定三个旋转变量。但正如我们将看到的，方向余弦能够简单、可逆和齐次地表示 $SE(3)$。

要推导方向余弦矩阵，考虑图 3-4 中由纯旋转变换相关联的坐标系 B 和 C。通过采用 3×3 方向余弦矩阵${}_{B}\boldsymbol{R}_{C}$，在 B 坐标系中表示 C 坐标系中的位置向量 $\boldsymbol{r}$：

$$\boldsymbol{r}_B = {}_{B}\boldsymbol{R}_{C}\boldsymbol{r}_C$$

$$\begin{bmatrix} r_x \\ r_y \\ r_z \end{bmatrix}_B = \begin{bmatrix} \hat{\boldsymbol{x}}_B\cdot\hat{\boldsymbol{x}}_C & \hat{\boldsymbol{x}}_B\cdot\hat{\boldsymbol{y}}_C & \hat{\boldsymbol{x}}_B\cdot\hat{\boldsymbol{z}}_C \\ \hat{\boldsymbol{y}}_B\cdot\hat{\boldsymbol{x}}_C & \hat{\boldsymbol{y}}_B\cdot\hat{\boldsymbol{y}}_C & \hat{\boldsymbol{y}}_B\cdot\hat{\boldsymbol{z}}_C \\ \hat{\boldsymbol{z}}_B\cdot\hat{\boldsymbol{x}}_C & \hat{\boldsymbol{z}}_B\cdot\hat{\boldsymbol{y}}_C & \hat{\boldsymbol{z}}_B\cdot\hat{\boldsymbol{z}}_C \end{bmatrix} \begin{bmatrix} r_x \\ r_y \\ r_z \end{bmatrix}_C \tag{3-1}$$

式中，$\hat{\boldsymbol{x}}$、$\hat{\boldsymbol{y}}$ 和 $\hat{\boldsymbol{z}}$ 表示坐标系的正交基。

式（3-1）中的点运算符是点（或标量）积（见附录 A.1）。逐列来看，方向余弦矩阵将坐标系 C 中的正交（正交和单位长度）基向量映射到坐标系 B 中的新正交基上。例如，第一列将基向量 $\hat{\boldsymbol{x}}_C$ 投影到坐标系 B 的 $\hat{\boldsymbol{x}}$、$\hat{\boldsymbol{y}}$ 和 $\hat{\boldsymbol{z}}$ 轴上。式（3-1）中的矩阵乘法将 $\boldsymbol{r}_C$ 的 x、y 和 z 分量的独立投影加到坐标系 B 的基向量上。

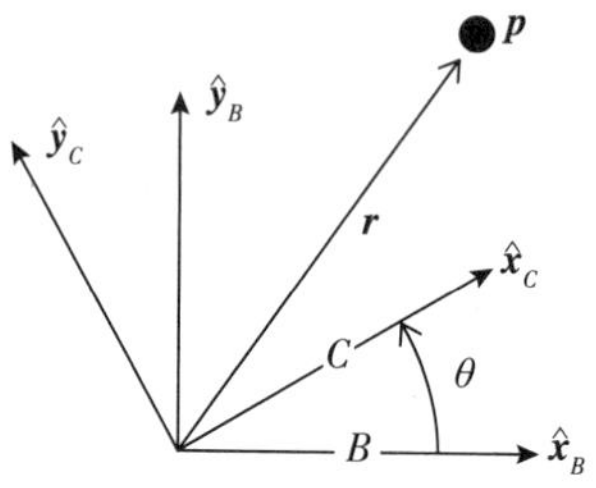

图 3-4 通过纯旋转相关联的两个坐标系

通过在坐标系 B 中写入基向量（$\hat{\boldsymbol{x}}, \hat{\boldsymbol{y}}, \hat{\boldsymbol{z}}$）$_C$，然后将结果放入${}_{B}\boldsymbol{R}_{C}$ 的适当的列中，可以从几何上导出旋转矩阵${}_{B}\boldsymbol{R}_{C}$。考虑如图 3-5 中所示的旋转，设 $\hat{\boldsymbol{x}}_C^B$是 $\hat{\boldsymbol{x}}_C$在坐标系 B 上的投影。

$$\hat{\boldsymbol{x}}_C^B = \begin{bmatrix} \cos\theta \\ \sin\theta \\ 0 \end{bmatrix}$$

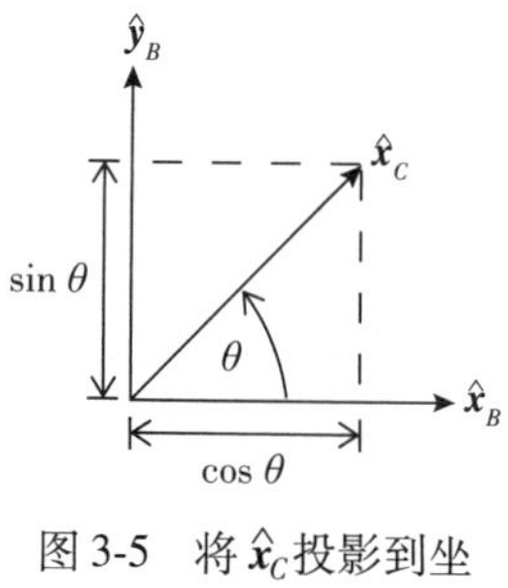

图 3-5 将 $\hat{\boldsymbol{x}}_C$投影到坐标系 B 的 x-y 平面上

对 $\hat{\boldsymbol{y}}_C^B$和 $\hat{\boldsymbol{z}}_C^B$重复此几何构成，可得到

$${}_{B}\boldsymbol{R}_{C} = [\,\hat{\boldsymbol{x}}_C^B \quad \hat{\boldsymbol{y}}_C^B \quad \hat{\boldsymbol{z}}_C^B\,] = \begin{bmatrix} \cos\theta & -\sin\theta & 0 \\ \sin\theta & \cos\theta & 0 \\ 0 & 0 & 1 \end{bmatrix} \tag{3-2}$$

矩阵${}_{B}\boldsymbol{R}_{C}$ 的列表示坐标系 C 的基向量在坐标系 B 上的投影。相反，${}_{B}\boldsymbol{R}_{C}$ 的行表示坐标系 B 的基向量在坐标系 C 上的投影。通过观察式（3-1）可以看出，方向余弦矩阵的倒数是其转置，即${}_{B}\boldsymbol{R}_{C}^{-1} = {}_{B}\boldsymbol{R}_{C}^{\mathrm{T}} = {}_{C}\boldsymbol{R}_{B}$。

最后，注意到图 3-4[㊀] 中的旋转是关于 $\hat{\boldsymbol{z}}$ 轴的，因此，维持 $\hat{\boldsymbol{z}}$ 轴方向不变。旋转的正方向

㊀ 原文此处有误。——译者注

是从坐标系 B 到坐标系 C 的旋转。

$$_{B}\boldsymbol{R}_{C}=\mathrm{rot}(\hat{z},\theta)$$

以相同的方式构造关于 $\hat{\boldsymbol{x}}$ 和 $\hat{\boldsymbol{y}}$ 的旋转。为了保证其完整性，这里总结了关于 $\hat{\boldsymbol{x}}$、$\hat{\boldsymbol{y}}$ 和 $\hat{\boldsymbol{z}}$ 轴的纯旋转的方向余弦矩阵：

$$\mathrm{rot}(\hat{\boldsymbol{x}},\theta)=\begin{bmatrix}1 & 0 & 0\\ 0 & \mathrm{c}\theta & -\mathrm{s}\theta\\ 0 & \mathrm{s}\theta & \mathrm{c}\theta\end{bmatrix}$$

$$\mathrm{rot}(\hat{\boldsymbol{y}},\theta)=\begin{bmatrix}\mathrm{c}\theta & 0 & \mathrm{s}\theta\\ 0 & 1 & 0\\ -\mathrm{s}\theta & 0 & \mathrm{c}\theta\end{bmatrix}$$

$$\mathrm{rot}(\hat{z},\theta)=\begin{bmatrix}\mathrm{c}\theta & -\mathrm{s}\theta & 0\\ \mathrm{s}\theta & \mathrm{c}\theta & 0\\ 0 & 0 & 1\end{bmatrix} \tag{3-3}$$

式中，cθ 和 sθ 分别是 cosθ 和 sinθ 的简写。

齐次变换将平移和旋转合并到单个线性变换中。它先施加从坐标系 A 到 B 的平移变换，然后再施加从坐标系 B 到 C 的旋转变换，如图 3-6 所示。变换顺序是重要的——像这样的空间变换顺序是不可交换的。

齐次变换矩阵 $_{A}\boldsymbol{T}_{C}$ 和齐次位置矢量定义如下：

$$_{A}\boldsymbol{T}_{C}=\left[\begin{array}{ccc|c} & _{B}\boldsymbol{R}_{C} & & _{A}\boldsymbol{t}_{B}\\ \hline 0 & 0 & 0 & 1\end{array}\right]\qquad \boldsymbol{r}_{C}=\begin{bmatrix}r_x\\ r_y\\ r_z\\ 1\end{bmatrix}_{C}$$

每个定义中的第四行提供了正确综合平移和旋转影响所需要的数值。乘积 $\boldsymbol{r}_{A}={}_{A}\boldsymbol{T}_{C}\,\boldsymbol{r}_{C}$ 产生了如图 3-6 所示结构中预期的齐次位置矢量，该结论留给读者来验证。

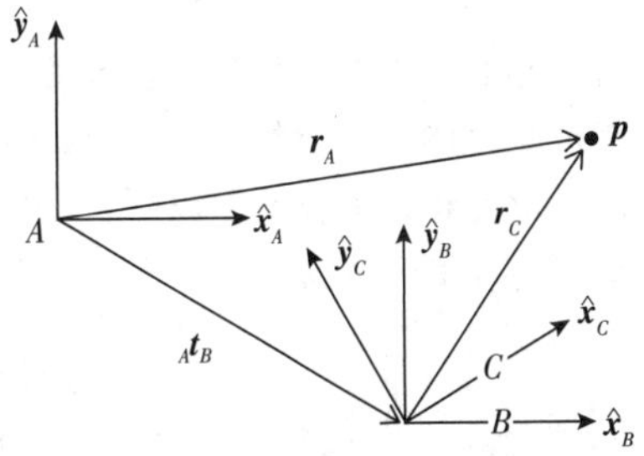

图 3-6 通过旋转和平移相关联的两个坐标系

3.3.3 齐次变换的逆

齐次变换的逆很容易推导。在这里，我们简单地介绍求解过程，并将其留给读者进行验证。

$$_{A}\boldsymbol{T}_{B}=\left[\begin{array}{ccc|c}\hat{\boldsymbol{x}}_{B}^{A} & \hat{\boldsymbol{y}}_{B}^{A} & \hat{\boldsymbol{z}}_{B}^{A} & \boldsymbol{t}\\ \hline 0 & 0 & 0 & 1\end{array}\right]\qquad {}_{B}\boldsymbol{T}_{A}=[{}_{A}\boldsymbol{T}_{B}]^{-1}=\left[\begin{array}{c|c}(\hat{\boldsymbol{x}}_{B}^{A})^{\mathrm{T}} & -(\hat{\boldsymbol{x}}_{B}^{A})^{\mathrm{T}}\boldsymbol{t}\\ (\hat{\boldsymbol{y}}_{B}^{A})^{\mathrm{T}} & -(\hat{\boldsymbol{y}}_{B}^{A})^{\mathrm{T}}\boldsymbol{t}\\ (\hat{\boldsymbol{z}}_{B}^{A})^{\mathrm{T}} & -(\hat{\boldsymbol{z}}_{B}^{A})^{\mathrm{T}}\boldsymbol{t}\\ \hline 0\ 0\ 0 & 1\end{array}\right]$$

齐次变换常用于机器人和计算机图形学中，是类似图 3-1 和 3-2 所示任务描述中表达坐标系之间运动学变换的一种方式。它为描述与铰接机构相关联的空间变换提供了一种闭式方法，易于组合和求逆。此外，齐次变换是标准化 Denavit-Hartenberg（D-H）表示法的基础，该表示法使用标准化 D-H 参数表[221] 来表示机器人的完整运动学规格。

3.4　操作端运动学

运动学系统中描述自由度的是 n 维配置空间（$\boldsymbol{q}\in\mathbb{R}^n$），而笛卡儿坐标系的完整位姿（通常是操作端的末端）由欧几里得空间（$\boldsymbol{r}\in SE(3)$）构成，正向和逆向运动学关系描述了两者之间的互易映射。向量 $\boldsymbol{r}$ 的维数依赖于方向表示。3.3 节引入了 4×4 齐次变换来表示 $SE(3)$，因此，在这种情况下 $\boldsymbol{r}\in\mathbb{R}^{16}$，然而这不是最紧凑的表示。在下文中，我们通常只考虑笛卡儿空间中的位置，即 $\boldsymbol{r}\in\mathbb{R}^3$。

正向运动学变换将配置空间的子集映射到笛卡儿空间的子集，即 $\boldsymbol{q}\mapsto\boldsymbol{r}$。逆向运动学变换将它们反向映射回来，即 $\boldsymbol{r}\mapsto\boldsymbol{q}$。这些映射函数的特性揭示了机器人装置的能力和局限性。

3.4.1　正向运动学

$SE(3)$的封闭性和结合性意味着齐次变换可以用来组成其他的齐次变换，这在描述任务时，尤其是当该描述包含机器人的配置变量时，具有重要意义。

考虑螃蟹罗杰的两自由度（2R）机器人手臂的正向运动学（见图 3-2）。该操作端的几何结构由串联的两个旋转关节组成，其旋转轴平行，因此操作端保持在垂直于该旋转轴的平面内。由于该原因，它通常被称为平面 2R 操作端。

实例：平面 2R 操作端的正向运动学

图 3-7 展示了罗杰的手臂。它包括沿手臂长度分布的几个中间坐标系。在图 3-7 中，坐标系 0 是手臂坐标系，它确定肩关节相对于身体坐标系的位置。坐标系 1、2 和 3 表示从坐标系 0 开始的逐次位移。坐标系 1 旋转 θ_1，以便随着肩关节移动，使 $\hat{\boldsymbol{x}}_1$ 保持沿着连杆 1 的方向。

$$
{}_0\boldsymbol{T}_1=\mathrm{rot}(\hat{\boldsymbol{z}}_0,\theta_1)=\begin{bmatrix} \mathrm{c}_1 & -\mathrm{s}_1 & 0 & 0 \\ \mathrm{s}_1 & \mathrm{c}_1 & 0 & 0 \\ 0 & 0 & 1 & 0 \\ 0 & 0 & 0 & 1 \end{bmatrix}
$$

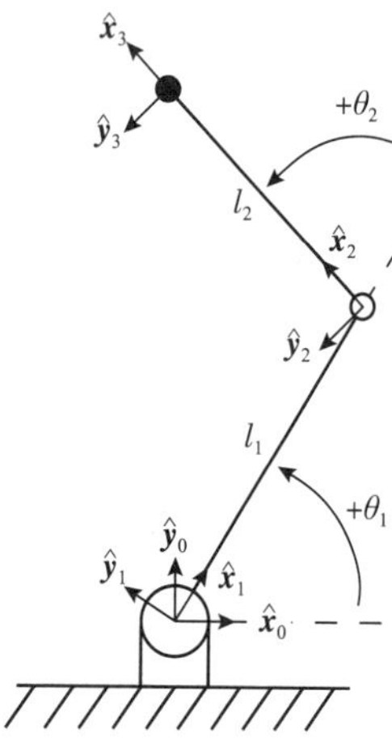

图 3-7　平面 2R 操作端

基于坐标系 1，沿着 $\hat{\boldsymbol{x}}_1$ 平移距离 l_1，然后围绕 $\hat{\boldsymbol{z}}_1$ 旋转 θ_2，得到坐标系 2，其中 $\hat{\boldsymbol{x}}_2$ 沿着连杆 2 的方向。同理，基于坐标系 2，沿着 $\hat{\boldsymbol{x}}_2$ 平移距离 l_2，定位出末端坐标系 3。

$$
{}_1\boldsymbol{T}_2=\mathrm{trans}(\hat{\boldsymbol{x}}_1,l_1)\,\mathrm{rot}(\hat{\boldsymbol{z}}_1,\theta_2)=\begin{bmatrix} \mathrm{c}_2 & -\mathrm{s}_2 & 0 & l_1 \\ \mathrm{s}_2 & \mathrm{c}_2 & 0 & 0 \\ 0 & 0 & 1 & 0 \\ 0 & 0 & 0 & 1 \end{bmatrix}
$$

$$
{}_2\boldsymbol{T}_3=\mathrm{trans}(\hat{\boldsymbol{x}}_2,l_2)=\begin{bmatrix} 1 & 0 & 0 & l_2 \\ 0 & 1 & 0 & 0 \\ 0 & 0 & 1 & 0 \\ 0 & 0 & 0 & 1 \end{bmatrix}
$$

从坐标系 0 到坐标系 3 的净变换是齐次变换序列的乘积：

$$
{}_0\boldsymbol{T}_3 = {}_0\boldsymbol{T}_1\,{}_1\boldsymbol{T}_2\,{}_2\boldsymbol{T}_3 = \begin{bmatrix} c_1 & -s_1 & 0 & 0 \\ s_1 & c_1 & 0 & 0 \\ 0 & 0 & 1 & 0 \\ 0 & 0 & 0 & 1 \end{bmatrix}\begin{bmatrix} c_2 & -s_2 & 0 & l_1 \\ s_2 & c_2 & 0 & 0 \\ 0 & 0 & 1 & 0 \\ 0 & 0 & 0 & 1 \end{bmatrix}\begin{bmatrix} 1 & 0 & 0 & l_2 \\ 0 & 1 & 0 & 0 \\ 0 & 0 & 1 & 0 \\ 0 & 0 & 0 & 1 \end{bmatrix}
$$

$$
= \begin{bmatrix} c_{12} & -s_{12} & 0 & l_1c_1+l_2c_{12} \\ s_{12} & c_{12} & 0 & l_1s_1+l_2s_{12} \\ 0 & 0 & 1 & 0 \\ 0 & 0 & 0 & 1 \end{bmatrix} \tag{3-4}
$$

式中，$c_i=\cos\theta_i$；$s_i=\sin\theta_i$；$c_{12}=\cos(\theta_1+\theta_2)$。等式 $\sin(\alpha\pm\beta)=\sin\alpha\ \cos\beta\pm\cos\alpha\ \sin\beta$ 以及 $\cos(\alpha\pm\beta)=\cos\alpha\ \cos\beta\mp\sin\alpha\ \sin\beta$ 用于简化计算结果。

齐次变换${}_0\boldsymbol{T}_3$ 形式的正向运动学关系有助于我们分析平面 2R 操作端的运动学特性。例如，观察变换的旋转部分，我们确定末端执行器相对于坐标系 0 的方向是围绕 $\hat{z}$ 轴旋转 $\theta_1+\theta_2$。此外，在变换的第四列中确定末端执行器的位置：

$$
\begin{aligned} x&=l_1\cos(\theta_1)+l_2\cos(\theta_1+\theta_2) \\ y&=l_1\sin(\theta_1)+l_2\sin(\theta_1+\theta_2) \\ z&=0 \end{aligned} \tag{3-5}
$$

式（3-5）可以在所有可达关节角度上进行评估，以产生操作端的可达工作空间（Reachable Workspace）。图 3-8 展示了平面 2R 操作端的可达工作空间，此处假设每个关节都可以自由地连续旋转（浅灰色部分）。深灰色部分展示了类比于 2R 操作端，人类肩肘部分的可达工作空间，其具有真实的关节限制范围（$-\pi/4\leqslant\theta_1\leqslant5\pi/4$，$0\leqslant\theta_2\leqslant\pi$）。图 3-8 描绘了罗杰手臂的三种运动变化。图 3-8a 展示了罗杰的手臂，其中 $l_1=l_2$。在这些条件下，罗杰可以到达以肩关节为中心、半径为 l_1+l_2 的圆盘的整个内部空间（包括边界）。在没有关节范围限制的情况下，可达工作空间内部的每个位置都可以使用手臂的两种配置来到达：一种是肘部弯曲，另一种是肘部伸展。成人手臂与 $l_1=l_2$ 的情况非常接近。

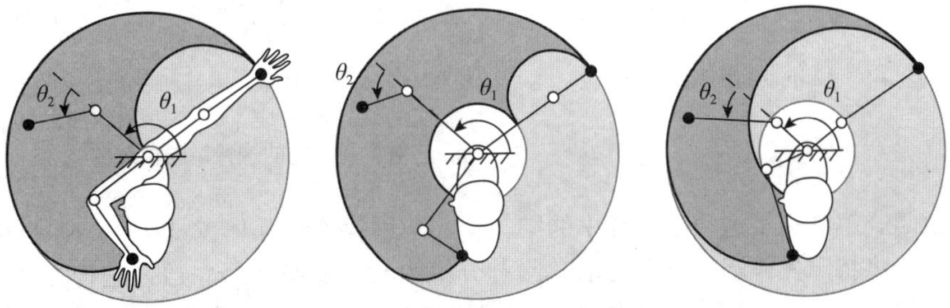

a）$l_1=l_2$　　b）$l_1>l_2$　　c）$l_2>l_1$

图 3-8 平面 2R 操作端的可达工作空间

灵活工作空间（Dexterous Workspace）是可达工作空间的子集，可以实现末端执行器的所有指向。仅当 $l_1=l_2$（见图 3-8a）时，此子集才是非空的。它只包括一个笛卡儿位置（原点），对应于 $\theta_2=\pm\pi$ 和$-\pi\leqslant\theta_1\leqslant\pi$ 的一维配置子集。给定这种肘部姿势，通过将肩部的位置控制在 $-\pi\sim\pi$ 的范围内，末端方向可以是平面中的任何值。

真实的关节限制范围与相对连杆长度相互作用，显著影响可达工作空间。如图 3-8b 和 c 所示，保持 l_1 和 l_2 的长度大致相等具有显著优势。

3.4.2　逆向运动学

可根据笛卡儿目标坐标 $\boldsymbol{r} \in SE(3)$ 将任务有效地表示出来，进而将笛卡儿目标坐标转换为电动机控制器的配置变量 $\boldsymbol{q} \in \mathbb{R}^n$，所需的映射是 3.4.1 节中讨论的运动学映射的逆映射。然而，正向运动学函数是非线性的，许多笛卡儿目标坐标是不可到达的。其他目标坐标可以通过许多可能的关节角度配置来实现。因此，对正向运动学映射求反并不容易。

完整的逆向运动学的解为任何可达的笛卡儿目标坐标生成所有关节角度配置。一般来说，完整的运动学逆解很难（或不可能）以闭合形式计算，然而，一些重要的特殊情况下它们确实存在。例如，Pieper[229] 提出了六自由度操作端的一般逆运动学解，该操作端由三个旋转关节（棱柱关节）和三个转轴相交于一点的连续关节组成。前三个自由度生成 $\mathbb{R}^3$ 中的位置，球形手腕生成 $SO(3)$。一些机器人设计采用了这种运动学简化方式，其中一个值得注意的设计是 Unimate PUMA 560（见图 3-9），这是第一款商用手臂。图 3-10 中的人体手臂-手腕几何结构也体现了这些运动学特性。肩部和肘部的三个近端自由度将手腕定位在 $\mathbb{R}^3$ 中。三个相互正交的旋转轴（肱骨旋转、手腕弯曲/伸展和手腕内收/外展）在手腕中靠近手掌根部的一点处相交，从而生成 $SO(3)$。因此，手的定位和定向能力在很大程度上是解耦的。

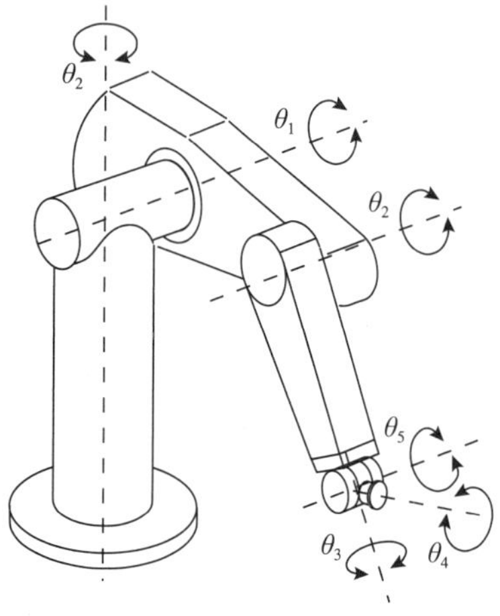

图 3-9　Unimate PUMA 560

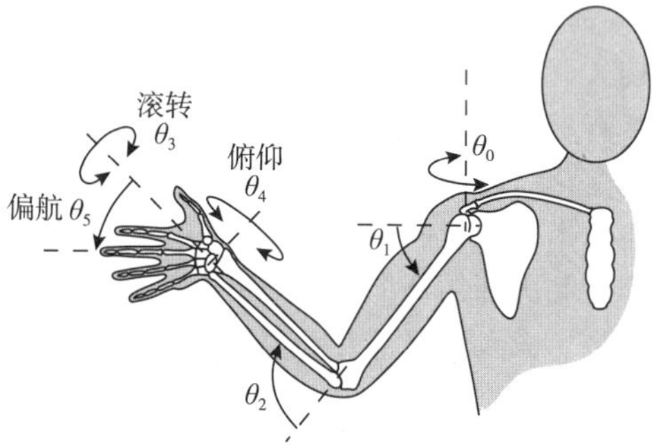

图 3-10　人类的肩膀、手臂和手腕。手腕上三个相交的旋转轴形成了一个近似球形的腕关节，这对人类祖先的悬臂运动很重要

大多数闭式解利用了运动学设计中的结构，并采用代数或几何方法[285]。在这些方法中，几何方法用于将特定操作端的逆向运动学问题分解为几个低维问题。通过这种方法，问题被分解为逆位置和逆方向两部分。我们不全面阐述这些技术，而是提出一个特别简单的例子，该例子适用于首次出现在文献［65］中的罗杰 2R 平面臂的逆运动学解。

实例：平面 2R 操作端的几何逆运动学解

在图 3-2 和图 3-7 中定义了罗杰平面 2R 手臂的运动学参数。注意到对罗杰有 $l_1 = l_2$。在这个实例中，我们为这个手臂构造了一个完整的逆运动学解。回想一下，在这种情况下，我们所说的“完整”是指可达工作空间内部的每个点都应该产生两个离散的解，即每个弯曲关节的正值和负值解。例外是原点 (0,0)——可达工作空间的灵活子集，其中存在无限多个逆运动学解。

图 3-11 定义了一组辅助变量，这些变量将简化逆向运动学的推导——从笛卡儿目标 (x,y) 到对应关节角度值 (θ_1,θ_2) 的映射。

我们可以根据2R操作端末端坐标 (x,y) 写出矢量 $\boldsymbol{r}$ 大小的平方，即 $r^2=x^2+y^2$。引入该操作端的正向运动学关系（式3-5）得出

$$r^2=x^2+y^2$$
$$=l_1^2c_1^2+2l_1l_2c_1c_{12}+l_2^2c_{12}^2+l_1^2s_1^2+2l_1l_2s_1s_{12}+l_2^2s_{12}^2$$

简化后得出

$$r^2=l_1^2+2l_1l_2c_2+l_2^2$$

通过重新排列项可求解出 c_2 的值：

$$c_2=\frac{r^2-l_1^2-l_2^2}{2l_1l_2} \tag{3-6}$$

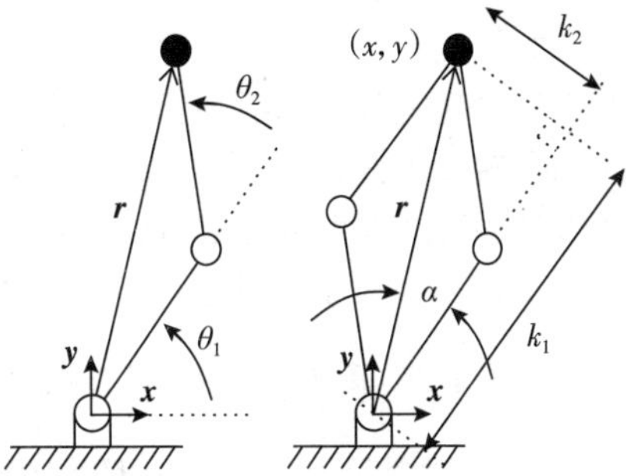

图3-11　简化逆运动学解的一种几何构造

2R装置在连杆长度为 l_1 和 l_2 时，式（3-6）右侧的商决定了目标向量 $\boldsymbol{r}$ 的几何可能性。为了使逆运动学解存在，式（3-6）必须在区间 $[-1,+1]$ 中产生一个 c_2 的值——当这个条件为真时，$\boldsymbol{r}$ 是可达的。

为了求得两个 θ_2 的解，已知 $s_2^2+c_2^2=1$，因此 $s_2^{+/-}=+/-(1-c_2^2)^{1/2}$，且

$$\theta_2^{+/-}=\arctan\frac{s_2^{+/-}}{c_2} \tag{3-7}$$

对应于这些 θ_2 解的一对 θ_1 值是通过使用辅助变量 k_1 和 k_2 来确定的（见图3-11）：

$$k_1=rc_\alpha=l_1+l_2c_2 \tag{3-8}$$

$$k_2^{+/-}=rs_\alpha=l_2s_2^{+/-} \tag{3-9}$$

由此可得

$$\alpha^{+/-}=\arctan\frac{k_2^{+/-}}{k_1} \tag{3-10}$$

最后可得

$$x=k_1c_1-k_2s_1=(rc_\alpha)c_1-(rs_\alpha)s_1=r\cos(\alpha+\theta_1)$$
$$y=k_1s_1+k_2c_1=(rc_\alpha)s_1+(rs_\alpha)c_1=r\sin(\alpha+\theta_1)$$

以及

$$\tan(\alpha+\theta_1)=\frac{r\sin(\alpha+\theta_1)}{r\cos(\alpha+\theta_1)}=\frac{y}{x}$$

因此可得

$$\theta_1^{+/-}=\arctan\frac{y}{x}-\alpha^{+} \tag{3-11}$$

这些运动学关系总结在图3-12[65] 所示的伪代码中。

给定 (x,y) 终点位置目标：

$r^2=x^2+y^2$
$c_2=(r^2-l_1^2-l_2^2)/(2l_1l_2)$
如果 $-1\leqslant c_2\leqslant+1$
　　$s_2^{+/-}=+/-(1-c_2^2)^{1/2}$
　　$\theta_2^{+/-}=\arctan(s_2^{+/-}/c_2)$
　　$k_1=l_1+l_2c_2$
　　$k_2^{+/-}=l_2s_2^{+/-}$
　　$\alpha^{+/-}=\arctan(k_2^{+/-}/k_1)$
　　$\theta_1^{+/-}=\arctan(y/x)-\alpha^{+/-}$
否则不可达

图3-12　平面2R操作端的完全逆运动学映射

正向和逆向运动学变换提供了一个本体感觉空间。本体感觉是指对身体位置和运动的感觉——包括对外定向传感器的朝向和视点。与触觉和视觉等其他传感器模态相结合，本体感觉信息有助于

获取关于机器人身体外部空间的外感受（Exteroceptive）信息。这类信息最重要的来源之一是立体视觉。

3.5　立体视觉重建的运动学

立体视觉在很大程度上是一个运动学问题。在 3.4 节中，使用正向运动学函数将机器人操作端的配置变量映射到笛卡儿坐标系中。该映射函数可用于将操作端表面上的触觉事件映射到接触发生的笛卡儿位置。正向运动学关系也可以用于定位其他感知事件。例如，双眼视觉事件的眼动器配置变量可以映射到光源的笛卡儿位置。在本节中，我们将介绍一个简单的成像几何模型和立体视觉重建的运动学方程。

3.5.1　针孔照相机：射影几何

图 3-13 展示了一个针孔照相机，该照相机是通过在不透明外壳上开一个小孔来构造的。针孔位于图中相机坐标系的原点，为电磁能量进入外壳提供了唯一的途径。光线以直线路径穿过开孔，到达位于 $x=-f$ 的图像平面，其中 f 称为焦距。该过程生成环境光源的图像。这种射影几何（Projective Geometry）从相机的视角保留了光源的拓扑结构（图 3-13 中的 $+\hat{x}$ 轴）。

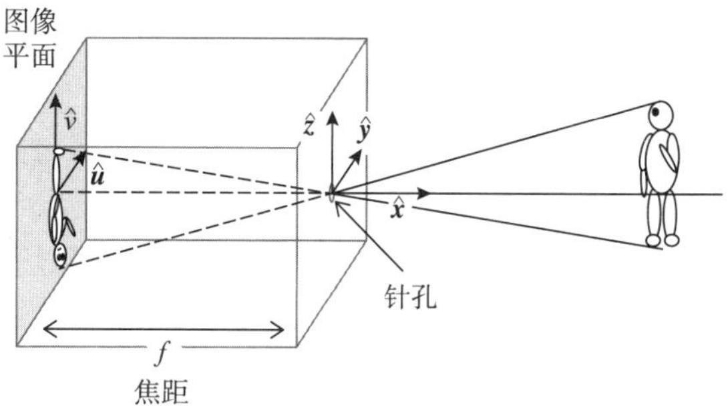

图 3-13　针孔照相机的几何结构

针孔照相机可以在数千年前的哲学家、天文学家和科学学家的著作中找到，这些著作来自中国［墨子（Mo-Ti），公元前五世纪］、古希腊［亚里士多德（Aristotle），约公元前 350 年］和波斯［巴士拉的阿尔哈岑（Alhazen of Basra），10 世纪］。15 世纪，列奥纳多·达·芬奇（Leonardo da Vinci）的笔记本中描述了这一点。16 世纪，作为早期的现实主义者之一的荷兰艺术家约翰内斯·维米尔（Johannes Vermeer）使用暗箱相机创作了他的一幅非常准确的室内静物画。19 世纪初，随着光学镜头和高质量感光材料的出现，暗箱照相机演变成了现代照相机。

针孔照相机采用的透视投影（Perspective Projection）如图 3-13 中的几何结构所示。通过相似三角形，世界坐标 (x,y,z) 投影到图像平面坐标 $u=-fy/x$ 和 $v=-fz/x$。$\hat{u}$ 和 $\hat{v}$ 的正方向分别由 $\hat{y}$ 和 $\hat{z}$ 的正方向定义，并且所有有效的世界坐标都具有正的 $\hat{x}$ 分量。因此，这些光源的图像在焦平面上被反转。此外，图像平面上的尺度（图像平面上的距离与笛卡儿坐标系下的距离的比值）与距离 x 成反比。由此产生了与深度相关的投影失真，这解释了为什么火车轨道会在地平线上的一个称为消失点的位置汇合在一起。当具有有限深度的主体接近 $x=\infty$ 时，投影尺度失真减小。在这种情况下，投影近似正交。在实际应用中，如果物体的深度相对于其所处范围较小，则透视失真通常是微不足道的，在这种情况下，主体被认为具有浅层结构（Shallow Structure），并且投影可以假定为基本正交。

3.5.2　双目定位：正向运动学

透视投影方程将从三维物体反射的光线映射到二维图像平面上。场景中的深度信息在投影中将会丢失，并且在没有附加信息的情况下是无法恢复的。场景中一对具有两种不同视角的立体摄像机可以重建投影中丢失的一些三维结构。

实例：平面中的立体定位

考虑图 3-14 中罗杰的平面双目成像几何结构。在图 3-14 的底部，一对在 $\hat{\boldsymbol{y}}$ 方向上相距 $2d$ 的针孔照相机，具有不透明的外壳，其针孔方向朝着相互平行的视线方向(即 $\hat{\boldsymbol{x}}_L$ 和 $\hat{\boldsymbol{x}}_R$ 方向)。针孔之间的坐标系称为立体（或单眼）坐标系。目标是恢复点 $\boldsymbol{p}$ 在立体坐标系中的 (x,y) 坐标。这是一种特殊情况，即所述的两个相机具有与单眼 $\hat{\boldsymbol{x}}$ 轴相互平行的固定视线。点 $\boldsymbol{p}$ 在左、右图像平面上的坐标之间存在“视差”，深度仅依赖其进行编码。根据条件：

$$u_L=\frac{-f(y-d)}{x},\quad u_R=\frac{-f(y+d)}{x}$$

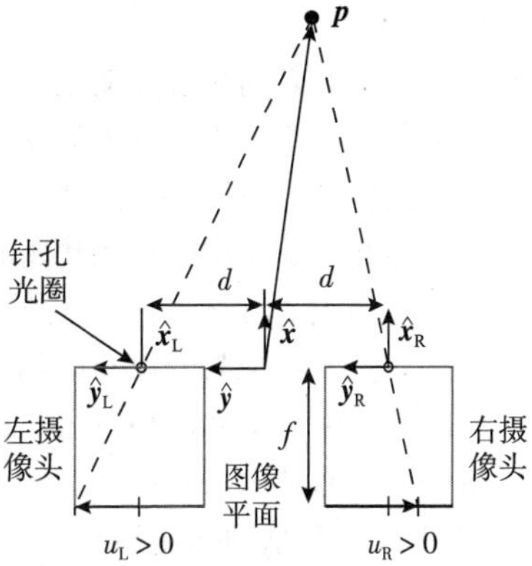

图 3-14　2D 立体几何体的俯视图，其中深度在立体视差中编码

有

$$xu_L=-f(y-d),\quad xu_R=-f(y+d)$$

可知两函数之差为 $x\ (u_L-u_R)\ =2df$，因此

$$x=\frac{2df}{(u_L-u_R)} \tag{3-12}$$

距离估计与立体视差 (u_L-u_R) 成反比，立体视差对于相机前面的任何特征 $\boldsymbol{p}$ 都为正。式（3-12）的分子是一个正数。因此，当视差变为零时，范围变为正无穷大，并且具有相等视差的区域距离相等。

这一结果可以直接推广到可以单独平摇相机镜头的情况下(即可以“对准”到特征 $\boldsymbol{p}$)。图 3-15 展示了具有独立摇移相机的双目成像几何结构，并定义了左摄像头的变量 θ 和 ϕ。我们假设边缘自由度位于针孔光圈处，并绕与立体坐标系 $\hat{\boldsymbol{z}}$ 轴的平行轴旋转。新变量 γ 是眼睛角度 θ 和特征 $\boldsymbol{p}$ 距图像中心的角度偏移量的总和。图 3-15b 确定了该立体系统的几何结构。在这些条件下，可以直接求解特征 $\boldsymbol{p}$ 的空间坐标：

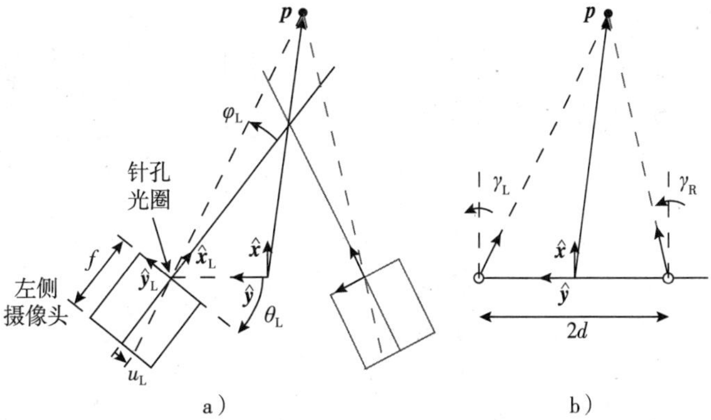

图 3-15　具有独立摇移相机的双目成像几何结构。在图 b 中，立体几何是根据参数 $\gamma=\theta+\phi$ 定义的（θ 为眼构型参数，ϕ 为距中央凹的角偏移量）

$$x=2d\frac{\cos(\gamma_R)\cos(\gamma_L)}{\sin(\gamma_R-\gamma_L)} \tag{3-13}$$

$$y=d+2d\frac{\cos(\gamma_R)\sin(\gamma_L)}{\sin(\gamma_R-\gamma_L)}$$

该几何结构下的三角测量方程验证作为练习留给读者。

3.6　手-眼运动学变换

除了与世界的接触互动之外，运动学结构也是将传感器移动到可以获取有用信息位置的一种手段。在关节角度反馈的支持下，手臂、手部和头部的自由度可用于将触觉和视觉传感器定向到世界几何结构。虽然视觉信号受到视线约束，触觉信号受到可达性约束，但这些独立的传感器一起作用可提供比单独的传感器更丰富、更完整的信息。

图 3-16 总结了本章中开发的螃蟹罗杰的手臂和眼睛子系统的运动学映射函数。它说明了它们是如何相互关联的以及如何与笛卡儿任务空间[⊖]相关联。中间子图展示了描绘机器人周围空间的规则笛卡儿网格。可达的空间区域是绿色的，可以使用视觉和触觉传感器进行观察。任何一只手臂都无法到达的空间区域标为红色，这个区域的环境刺激只能通过视觉传递。

图 3-16 的底部子图将笛卡儿空间的可达子集重新映射到罗杰手臂的配置变量上。手臂的关节角可以连续旋转，因此这些映射是环形的——配置空间的上/下和左/右边缘以 $\pm\pi$ 循环。图 3-16 展示了当根据罗杰手臂的配置变量进行参数化时，笛卡儿空间的可达子集是如何变形的。

图 3-16 中顶部子图展示了将笛卡儿空间投影到罗杰立体眼动器系统的配置参数上的结果。在手臂长度以外的世界是红色的，它映射到窄对角线上。在对角线上，两只眼睛的视线是汇聚的，但几乎是平行的，即 $\gamma_L \approx \gamma_R$。我们观察到一种鱼眼立体效果，它突出了一对眼睛正前方的空间区域。空间的横向和远处区域被压缩到立体配置参数的相对较小范围中。

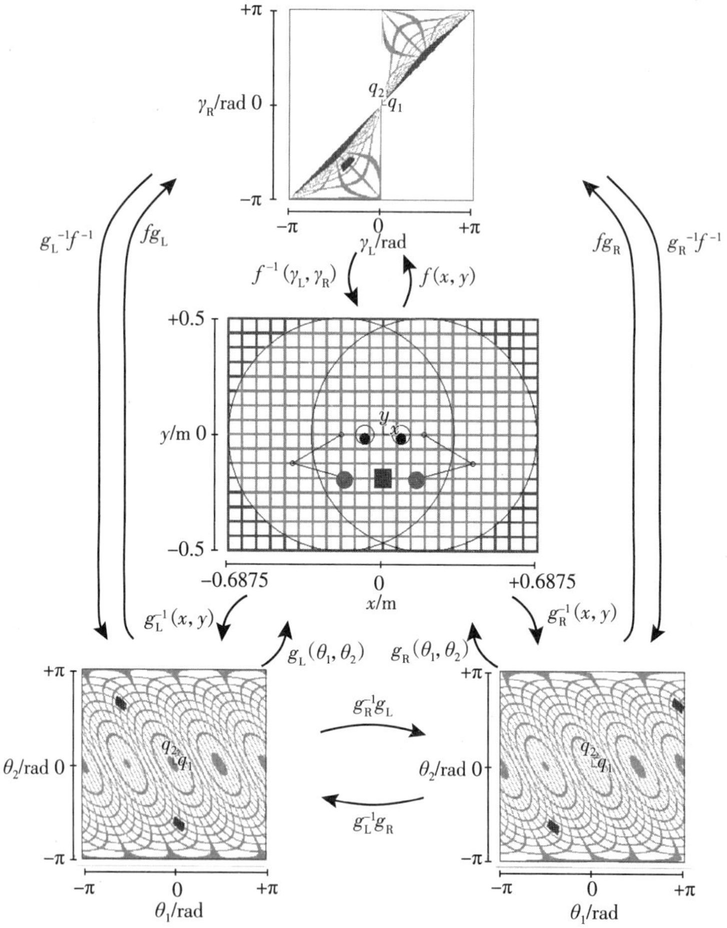

图 3-16　空间的多传感器模型和手眼协调。此图使用了与其他罗杰示例不同的坐标系，为了清晰起见，已从图像中删除了手臂/手部（见彩插）

图 3-16 中的规则笛卡儿网格线在投影到这些配

⊖ 图 3-16 是通过扫描我们讨论的肢体的离散配置空间并使用正向运动学函数索引到笛卡儿映射中而构建的。该图将位于笛卡儿映射的颜色复制到对应的配置空间块，图中小的不对称是离散模型和投影过程的伪影。

置空间中时发生变形，视觉和本体感觉映射都保留了笛卡儿空间的拓扑结构，但由于这种变形，配置空间观测者的精度和灵敏度因其“观看”的位置不同而有差异。

图 3-16 还包含前面章节中推导的运动学映射函数。函数 $f(x,y)$ 是成立体对的针孔相机投影（见 3.5.1 节），该立体对将笛卡儿空间中的坐标映射为视觉参数 γ_L 和 γ_R。其逆函数 $f^{-1}()$ 表示立体三角测量方程（见 3.5.2 节）。函数 $g(\theta_1,\theta_2)$ 和 $g^{-1}(x,y)$ 分别是罗杰手臂（见 3.4 节）的正向和逆向运动学变换。这些映射用于左臂 $g_L()$ 和右臂 $g_R()$，其变换的组合可以用于直接从眼动器映射到手臂配置，反之亦然。

在图 3-16 中，一个运动图中的目标与其他运动图中的目标密切相关。例如，视觉刺激与手臂配置发生关联，出现空间上共处的触觉事件。配置空间映射中的所有蓝色特征都指向笛卡儿映射中的单个蓝色正方形。眼动器空间中的特定观察与每只手臂多达两种的配置有关。这是对空间进行多模式和融合解释的基础。

人类婴儿出生后即会使用相对成熟的双耳听觉空间感来引导触及和视觉定向技能[54,24,25]。在婴儿的第一年（及以后），来自视觉、听觉和躯体感觉皮层组织层的细胞通过神经过程投影到运动皮层的相关细胞，在运动皮层中发生共位刺激。在此期间，发育反射会定位颈部和手部，以便将手放在视野中。其中，这种反射产生训练数据，并努力获得手眼映射（见 8.3.2 节）。所有这些前导技能和累积的感知能力在发育过程中支持更复杂的技能——从空间映射到物体，然后到抓握和操纵，再到单词（见 8.4 节）。视觉、声音和触摸之间的相关性支持了婴儿外部空间的第一次完整感知，这些相关性类似图 3-16 所示的映射。

3.7　运动学条件

评估机器人运动条件的技术依赖于分析机械装置传递速度和位置能力的方法。来自线性分析的工具提供了有用的见解。然而，正向运动学变换通常是非线性的。为了使用这些工具，正向运动学方程在操作配置附近线性化，使用的方法是非线性运动学方程的雅可比。

3.7.1　雅可比矩阵

就像式（3-5）和式（3-13）那样，非线性正向运动学函数 $\boldsymbol{r}(\boldsymbol{q})$，将配置空间 $\boldsymbol{q}$ 中的坐标映射到笛卡儿空间。假设该函数是解析函数，则可以以泰勒级数形式写出 $\boldsymbol{q}=\boldsymbol{a}$ 邻域上的表达式：

$$\boldsymbol{r}(\boldsymbol{a}+\mathrm{d}\boldsymbol{q})=\boldsymbol{r}(\boldsymbol{a})+\frac{\mathrm{d}\boldsymbol{q}}{1!}\frac{\partial \boldsymbol{r}}{\partial \boldsymbol{q}}+\frac{\mathrm{d}\boldsymbol{q}^2}{2!}\frac{\partial^2 \boldsymbol{r}}{\partial \boldsymbol{q}^2}+\cdots \tag{3-14}$$

忽略高次项，从泰勒级数中提取函数 $\boldsymbol{r}(\boldsymbol{q})$ 在 $\boldsymbol{q}=\boldsymbol{a}$ 附近的一阶线性近似，得到

$$\mathrm{d}\boldsymbol{r}|_{q=a}\approx\left.\frac{\partial \boldsymbol{r}}{\partial \boldsymbol{q}}\right|_{q=a}\mathrm{d}\boldsymbol{q}=\boldsymbol{J}|_{q=a}\mathrm{d}\boldsymbol{q} \tag{3-15}$$

式（3-15）将配置空间中的微分位移 $\mathrm{d}\boldsymbol{q}$ 映射为笛卡儿空间中的微分位移 $\mathrm{d}\boldsymbol{r}$。等价地，它将输入速度转换为输出速度。偏导数矩阵 $\partial\boldsymbol{r}/\partial\boldsymbol{q}$ 就是雅可比矩阵 $\boldsymbol{J}$。其以数学家卡尔·古斯塔夫·雅可比（Carl Gustav Jacobi）的名字命名，表示函数 $\boldsymbol{r}(\boldsymbol{q})$ 在 $\boldsymbol{q}=\boldsymbol{a}$ 附近邻域 $\mathrm{d}\boldsymbol{q}$ 上的超切平面。“雅可比”矩阵是原始非线性系统在极限 $\mathrm{d}\boldsymbol{q}\rightarrow\boldsymbol{0}$ 时的精确局部近似，可以使用适用于线性系统的强大工具对其进行分析。

3.7.2 操作端的雅可比矩阵

操作端的笛卡儿速度是通过对正向运动学映射进行微分得到，通常取决于装置中关节的位姿和速度。这种分析方式可以应用于铰接结构上的任意一点。在不失一般性的情况下，我们考虑了运动链末端的速度，并使用平面 2R 操作端说明了这一想法，该操作端的正向运动学方程在 3.4.1 节中推导得出。

实例：平面 2R 操作端的一阶速度控制

再次给出平面 2R 操作端的正向运动学函数的 $x-y$ 分量［见式（3-5）］：

$$r_x = l_1\cos(\theta_1) + l_2\cos(\theta_1+\theta_2)$$
$$r_y = l_1\sin(\theta_1) + l_2\sin(\theta_1+\theta_2)$$

上述方程的一阶导数如下：

$$\begin{aligned} \mathrm{d}r_x &= -l_1\sin(\theta_1)\mathrm{d}\theta_1 - l_2\sin(\theta_1+\theta_2)\mathrm{d}\theta_1 - l_2\sin(\theta_1+\theta_2)\mathrm{d}\theta_2 \\ \mathrm{d}r_y &= l_1\cos(\theta_1)\mathrm{d}\theta_1 + l_2\cos(\theta_1+\theta_2)\mathrm{d}\theta_1 + l_2\cos(\theta_1+\theta_2)\mathrm{d}\theta_2 \end{aligned} \tag{3-16}$$

它可以被改写以强调局部线性关系：

$$\mathrm{d}\boldsymbol{r} = \begin{bmatrix} \mathrm{d}r_x \\ \mathrm{d}r_y \end{bmatrix} = \begin{bmatrix} -l_1\mathrm{s}_1 - l_2\mathrm{s}_{12} & -l_2\mathrm{s}_{12} \\ l_1\mathrm{c}_1 + l_2\mathrm{c}_{12} & l_2\mathrm{c}_{12} \end{bmatrix} \begin{bmatrix} \mathrm{d}\theta_1 \\ \mathrm{d}\theta_2 \end{bmatrix} = \boldsymbol{J}\mathrm{d}\boldsymbol{\theta} \tag{3-17}$$

操作端的雅可比矩阵 $\boldsymbol{J}$ 是一个 2×2 矩阵，它定义了从配置空间 $[\mathrm{d}\theta_1\ \ \mathrm{d}\theta_2]^{\mathrm{T}}$ 中的二维位移/速度到操作端末端处的笛卡儿空间 $[\mathrm{d}x\ \ \mathrm{d}y]^{\mathrm{T}}$ 中的二维位移/速度的局部线性映射。

没有对关节范围进行限制时，操作端可以在 θ_1 和 θ_2 中执行连续旋转，也就是说，它可以从配置空间中的任意配置 $\boldsymbol{\theta}$ 执行任意速度 $[\dot{\theta}_1\ \ \dot{\theta}_2]$。假设可执行速度集在以配置 $\boldsymbol{\theta}$ 为中心的配置空间中形成单位圆盘，如图 3-17a 所示。通常，投影到由雅可比矩阵表示的笛卡儿空间中会使该集合变形，如图 3-17b 所示。

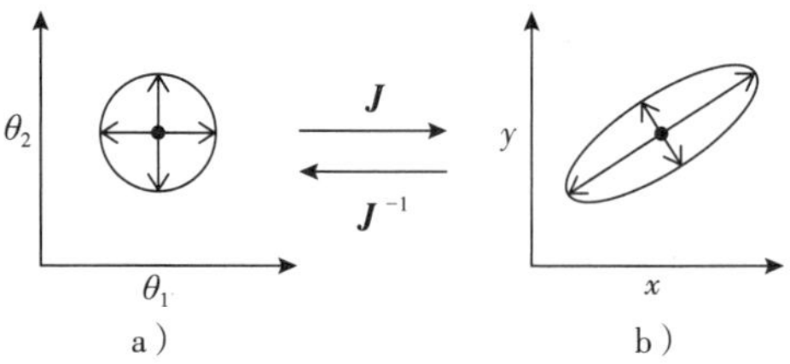

图 3-17　2R 操作端的雅可比矩阵将配置空间中可执行速度的集合从姿态 (θ_1, θ_2) 转换为笛卡儿空间中末端位置 (x, y) 的可达速度的集合

式（3-17）中的雅可比行列式（见附录 A.2）是一个标量值，单位为 $\mathrm{m}^2/\mathrm{rad}^2$，与变换的“尺度”成比例。2R 操作端的雅可比行列式写为

$$\begin{aligned} \begin{vmatrix} -l_1\mathrm{s}_1 - l_2\mathrm{s}_{12} & -l_2\mathrm{s}_{12} \\ l_1\mathrm{c}_1 + l_2\mathrm{c}_{12} & l_2\mathrm{c}_{12} \end{vmatrix} &= -l_1l_2\mathrm{s}_1\mathrm{c}_{12} - l_2^2\mathrm{s}_{12}\mathrm{c}_{12} + l_1l_2\mathrm{c}_1\mathrm{s}_{12} + l_2^2\mathrm{c}_{12}\mathrm{s}_{12} \\ &= l_1l_2(\mathrm{c}_1\mathrm{s}_{12} - \mathrm{s}_1\mathrm{c}_{12}) = l_1l_2\mathrm{s}_2 \end{aligned} \tag{3-18}$$

它描述了配置空间向笛卡儿平面投影时，速度被放大或衰减的程度。行列式为零表示雅可比矩阵是奇异的，并且已经失去秩。一般来说，这意味着 n 维输入（局部地）映射到了输出空间的低维流形上。根据式（3-18），当 $\sin\theta_2 = 0$ 时或者当 $\theta_2 = 0$ 或 π（见图 3-18）时，操作端的雅可比矩阵是奇异的。这些配置对应于位于可达工作空间内、外边界上的末端位置。在这些姿势下，操作端不能在 $x-y$ 平面上产生任意速度。图 3-18 表明，这些奇异配置的可实现末端速度仅限于笛卡儿平面的一维子集内。

然而，在非奇异配置中，操作端的雅可比矩阵是满秩的，因此是可逆的。假设罗杰的手臂需要在图 3-19 所示的 $\hat{\boldsymbol{x}}$ 方向上执行 $v=1$ m/s 的末端速度，将式（3-17）（见附录 A.2）求逆得

$$\boldsymbol{J}^{-1}=\frac{1}{l_1 l_2 \mathrm{s}_2}\begin{bmatrix} l_2\mathrm{c}_{12} & l_2\mathrm{s}_{12} \\ -l_1\mathrm{c}_1-l_2\mathrm{c}_{12} & -l_1\mathrm{s}_1-l_2\mathrm{s}_{12}\end{bmatrix}$$

因此

$$\begin{bmatrix}\dot{\theta}_1\\ \dot{\theta}_2\end{bmatrix}=\frac{1}{l_1 l_2 \mathrm{s}_2}\begin{bmatrix} l_2\mathrm{c}_{12} & l_2\mathrm{s}_{12} \\ -l_1\mathrm{c}_1-l_2\mathrm{c}_{12} & -l_1\mathrm{s}_1-l_2\mathrm{s}_{12}\end{bmatrix}\begin{bmatrix}1\\0\end{bmatrix}$$

$$=\frac{1}{l_1 l_2 \mathrm{s}_2}\begin{bmatrix} l_2\mathrm{c}_{12} \\ -l_1\mathrm{c}_1-l_2\mathrm{c}_{12}\end{bmatrix}\ (\mathrm{rad/s}) \qquad (3\text{-}19)$$

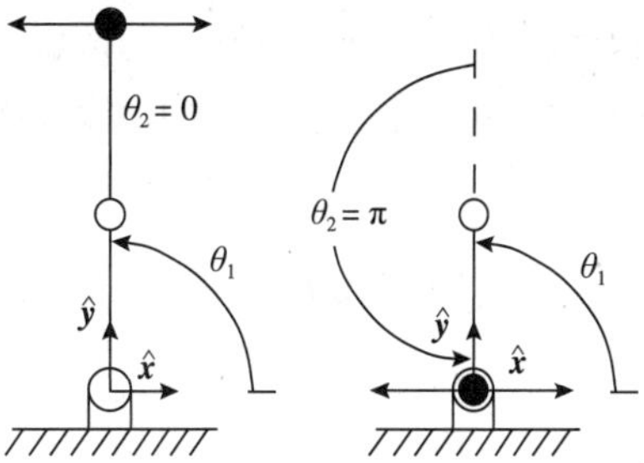

图 3-18　2R 操作端的奇异点

这种闭式关系定义了关节角速度，为操作端的每个姿势（θ_1,θ_2）产生了目标末端速度。当手臂接近如图 3-18 中的奇异配置时，由于 $1/l_1l_2\mathrm{s}_2$ 趋向于无穷大，所以雅可比矩阵的逆出现病态问题。因此，式（3-19）预测，完全伸展的 2R 操作端需要无限的关节空间速度，才能将末端沿径向（沿图 3-18 中的 $-\hat{\boldsymbol{y}}$ 方向）撤回原点。读者可以用自己的手臂容易地验证上述结论不正确。省略式（3-14）中的高阶项并仅依赖于一阶近似可能会引入显著的误差，并且奇点附近的预测行为可能在重要方面上具有误导性。

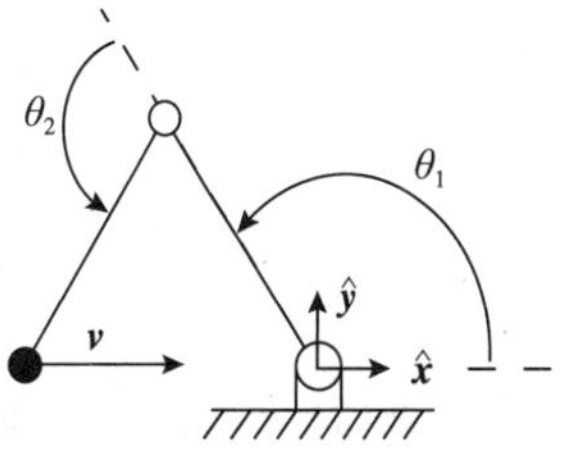

图 3-19　二维平面操作端指定末端速度命令

可操纵性椭球　标量行列式只是操作端条件的粗略度量，雅可比矩阵还提供了对速度变换的空间特征进行检测的机会。如果我们假设操作端中的关节角速度限制在单位（超）球体内，即 $\dot{\boldsymbol{\theta}}^{\mathrm{T}}\dot{\boldsymbol{\theta}}\leqslant 1$，那么我们可以导出描述笛卡儿端点速度的相应包络的二次型（见附录 A.6）：

$$\dot{\boldsymbol{\theta}}^{\mathrm{T}}\dot{\boldsymbol{\theta}}=(\boldsymbol{J}^{-1}\dot{\boldsymbol{r}})^{\mathrm{T}}(\boldsymbol{J}^{-1}\dot{\boldsymbol{r}})=\dot{\boldsymbol{r}}^{\mathrm{T}}[(\boldsymbol{J}^{-1})^{\mathrm{T}}\boldsymbol{J}^{-1}]\dot{\boldsymbol{r}}=\dot{\boldsymbol{r}}^{\mathrm{T}}(\boldsymbol{J}\boldsymbol{J}^{\mathrm{T}})^{-1}\dot{\boldsymbol{r}}\leqslant 1 \qquad (3\text{-}20)$$

式（3-20）中最右边的不等式定义了我们感兴趣的二次型，它描述了笛卡儿可操作性椭球（Manipulability Ellipsoid）——通过操作端的雅可比矩阵将关节空间速度的单位（超）球面映射从而生成一组笛卡儿速度。附录 A.6 展示了如何根据 $\boldsymbol{J}\boldsymbol{J}^{\mathrm{T}}$ 的特征值和特征向量来确定椭球。

2R 平面操作端的速度椭球如图 3-20 所示。直径说明了在该配置条件下臂在不同方向上生成末端速度的能力。单位向量 $\hat{\boldsymbol{e}}_1$ 和 $\hat{\boldsymbol{e}}_2$ 是 $\boldsymbol{J}\boldsymbol{J}^{\mathrm{T}}$ 的特征向量，它们定义了变换的主轴。速度在这些方向上的相对放大程度与 $\boldsymbol{J}\boldsymbol{J}^{\mathrm{T}}$ 的相应特征值 λ_1 和 λ_2 的平方根成比例。在这种情况下，由具有最大特征值的特征向量确定操作端最擅长将小关节角速度 $\dot{\boldsymbol{\theta}}$ 转换为大笛卡儿速度 $\dot{\boldsymbol{r}}$ 的方向，并且大小与该特征值的平方根成比例。

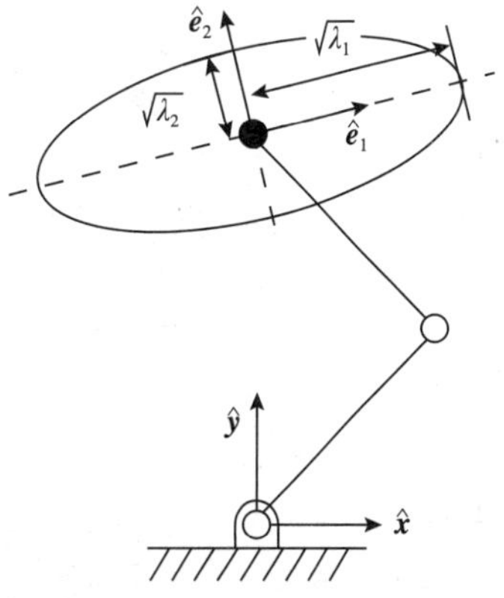

图 3-20　平面 2R 操作端根据 $\boldsymbol{J}\boldsymbol{J}^{\mathrm{T}}$ 特征值和特征向量画出的速度椭球

假设一个编码器以 8 位精度测量区间 $[0,2\pi)$ 上的关节角度位置，编码器分辨率为 $2\pi/2^8$(rad/tick)[⊖]。通过雅可比对该分辨率进行投影，得到

$$\boldsymbol{J}\left(\frac{\mathrm{m}}{\mathrm{rad}}\right)\quad \frac{2\pi}{256}\left(\frac{\mathrm{rad}}{\mathrm{tick}}\right)=\begin{bmatrix}\sqrt{\lambda_1} & 0\\ 0 & \sqrt{\lambda_2}\end{bmatrix}\frac{2\pi}{256}\left(\frac{\mathrm{m}}{\mathrm{tick}}\right)$$

⊖　原文此处有误。——译者注

因此，具有最小特征值的特征向量确定了在笛卡儿空间中精度最优的方向——在这个方向上，每个编码器刻度可解析对应的最小笛卡儿位移。

力椭球　装置末端与环境接触位置处产生的功输出为末端力 $\boldsymbol{f}$ 和行进距离 $\mathrm{d}\boldsymbol{r}$ 的乘积。假设没有损失，那么配置空间中的功输入必须等于笛卡儿空间中的功输出[65]：

$$\boldsymbol{\tau}^{\mathrm{T}}\mathrm{d}\boldsymbol{\theta}=\boldsymbol{f}^{\mathrm{T}}\mathrm{d}\boldsymbol{r}$$

然而，由于 $\mathrm{d}\boldsymbol{r}=\boldsymbol{J}\mathrm{d}\boldsymbol{\theta}$，我们可以写出

$$\boldsymbol{\tau}^{\mathrm{T}}\mathrm{d}\boldsymbol{\theta}=\boldsymbol{f}^{\mathrm{T}}[\boldsymbol{J}\mathrm{d}\boldsymbol{\theta}]$$

所以有

$$\boldsymbol{\tau}^{\mathrm{T}}=\boldsymbol{f}^{\mathrm{T}}\boldsymbol{J}\ \text{或}\ \boldsymbol{\tau}=\boldsymbol{J}^{\mathrm{T}}\boldsymbol{f} \tag{3-21}$$

因此，操作端雅可比描述了从关节速度到笛卡儿速度的变换，以及从笛卡儿末端力到关节力矩的映射。

速度椭球［见式（3-20）］可以直接与表示力椭球的二次型进行类比：

$$\boldsymbol{\tau}^{\mathrm{T}}\boldsymbol{\tau}=(\boldsymbol{J}^{\mathrm{T}}\boldsymbol{f})^{\mathrm{T}}(\boldsymbol{J}^{\mathrm{T}}\boldsymbol{f})=\boldsymbol{f}^{\mathrm{T}}(\boldsymbol{J}\boldsymbol{J}^{\mathrm{T}})\boldsymbol{f}\leqslant 1 \tag{3-22}$$

单位超球面 $\boldsymbol{\tau}^{\mathrm{T}}\boldsymbol{\tau}$ 可以通过操作端雅可比矩阵映射到由（$\boldsymbol{J}\boldsymbol{J}^{\mathrm{T}}$）$^{-1}$ 的特征值和特征向量定义的笛卡儿力椭球。（$\boldsymbol{J}\boldsymbol{J}^{\mathrm{T}}$）和（$\boldsymbol{J}\boldsymbol{J}^{\mathrm{T}}$）$^{-1}$ 的特征向量是相同的，（$\boldsymbol{J}\boldsymbol{J}^{\mathrm{T}}$）（速度放大器）的特征值是（$\boldsymbol{J}\boldsymbol{J}^{\mathrm{T}}$）$^{-1}$（力放大器）的特征值的倒数。因此，一旦建立了（$\boldsymbol{J}\boldsymbol{J}^{\mathrm{T}}$）$^{-1}$ 的特征向量和特征值，就可以同时确定操作端的速度和力量。

实例：罗杰的速度和力椭球

罗杰的速度和力椭球如图 3-21 所示，细致的检查可以验证它们的特征向量是相同的，并且特征值是互为倒数的。对于速度（左），$\boldsymbol{J}\boldsymbol{J}^{\mathrm{T}}$ 的大特征值沿着相应的特征向量方向将相对较小的输入 $\dot{\boldsymbol{\theta}}$ 放大为较大的输出 $\dot{\boldsymbol{r}}$。这一点在 $x=0.5$ m 处很明显，其中左臂几乎完全展开，关节速度通过雅可比变换有效地映射到 $\pm\hat{\boldsymbol{y}}$ 方向上的笛卡儿速度。相反，手臂非常善于检测末端在 $\hat{\boldsymbol{x}}$ 方向上的较小的笛卡儿位移，因为手臂中关节的位移相对较大。

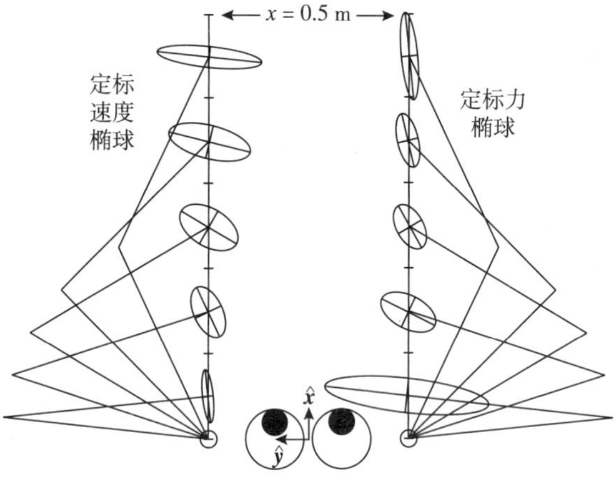

图 3-21　罗杰的速度和力椭球 $\boldsymbol{J}\boldsymbol{J}^{\mathrm{T}}$

几乎伸展的右臂在手臂发力能力方面表现出相同的运动效率。与笛卡儿速度方面的能力不同，当机器人手臂伸展时，它非常善于将相对较小的关节力矩转换为相对较大的末端力。伸展臂 $\hat{\boldsymbol{x}}$ 方向上的负载主要在连杆（骨骼）中承载，而不是在执行器（肌肉组织）中承载。相反，在特征值较小的方向上，较小的外部负载会产生相对较大的关节力矩。因此，这类机器人配置能够以牺牲强度为代价检测和精确控制相对较小的相互作用力。

本节介绍的工具（在一阶上）描述了运动学装置如何产生笛卡儿速度和力。雅可比矩阵是这一分析的关键，它可被视为一种与配置相关的速度放大器，描述了运动学映射。在下一节中，同样的分析将应用于立体三角测量。然而，在这种分析中，重点不是力和速度。相反，我们更关注的是眼动器系统的运动配置如何影响视觉敏锐度。

3.7.3 立体定位能力

3.5.2 节提出了一个运动学问题——立体重建。立体三角测量方程用于将一对眼睛的配置和图像平面上信号（统称为眼动器配置）转换为对光源笛卡儿坐标的估计。

立体三角测量结果中的误差源于机械装置中的误差、关节角度传感器的误差、透镜中的光学异常以及图像平面上的有限分辨率。在本节中，我们着重关注图像平面的有限分辨率，并考虑有界输入误差如何映射到预期的三角测量误差。

实例：罗杰的眼动器雅可比矩阵和立体定位

图 3-22 再现了 3.5 节中提到的罗杰立体视觉系统背景下重要的双目几何结构。在式（3-23）中重写了该几何结构的立体三角测量结果。

$$x=2d\frac{\cos(\gamma_R)\cos(\gamma_L)}{\sin(\gamma_R-\gamma_L)} \tag{3-23}$$

$$y=d+2d\frac{\cos(\gamma_R)\sin(\gamma_L)}{\sin(\gamma_R-\gamma_L)}$$

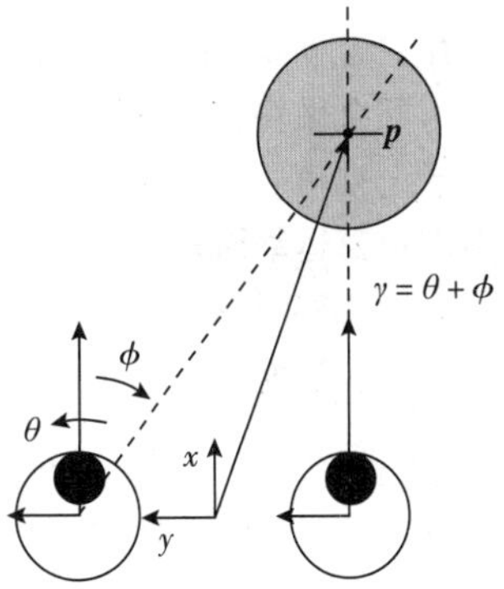

图 3-22　双目几何结构

这些公式定位了点 $\boldsymbol{p}$，为了估计该结果对成像几何中小误差的敏感性，我们计算眼动器雅可比矩阵。

对三角测量方程进行微分，创建局部线性近似 $d\boldsymbol{p}=\boldsymbol{J}d\boldsymbol{\gamma}$。对关于配置变量 γ_L 和 γ_R 的式（3-23）求偏导数，得

$$\begin{bmatrix} dx \\ dy \end{bmatrix} = \begin{bmatrix} \dfrac{\partial x(\gamma_L,\gamma_R)}{\partial\gamma_L} & \dfrac{\partial x(\gamma_L,\gamma_R)}{\partial\gamma_R} \\ \dfrac{\partial y(\gamma_L,\gamma_R)}{\partial\gamma_L} & \dfrac{\partial y(\gamma_L,\gamma_R)}{\partial\gamma_R} \end{bmatrix} \begin{bmatrix} d\gamma_L \\ d\gamma_R \end{bmatrix}$$

$$=\frac{2d}{\sin^2(\gamma_R-\gamma_L)}\begin{bmatrix} \cos^2(\gamma_R) & -\cos^2(\gamma_L) \\ \sin(\gamma_R)\cos(\gamma_R) & -\sin(\gamma_L)\cos(\gamma_L) \end{bmatrix}\begin{bmatrix} d\gamma_L \\ d\gamma_R \end{bmatrix} \tag{3-24}$$

式（3-24）将图像平面上特征坐标的微分变化 $d\boldsymbol{\gamma}^T=[d\gamma_L \;\; d\gamma_R]$ 映射为源的估计位置的微分变化 $d\boldsymbol{p}^T=[dx \;\; dy]$。

如果所有源的净误差在图像平面上限制在半径为 k 的圆盘内，则

$$d\boldsymbol{\gamma}^T d\boldsymbol{\gamma}=d\boldsymbol{\gamma}^T(\boldsymbol{J}\boldsymbol{J}^T)^{-1}d\boldsymbol{\gamma}\leqslant k^2 \tag{3-25}$$

这定义出了立体可定位椭球。罗杰的焦距是 64 像素，如果图像平面上的特征精确到 1 个像素，那么 $\boldsymbol{\gamma}$ 中的最大角误差为 $k=\arctan(1/64)=0.015\,623\,79$。因此，可定位椭球的主轴长度为 $k\sqrt{\lambda_1}$ 和 $k\sqrt{\lambda_2}$，其中 λ_1 和 λ_2 是 $\boldsymbol{J}\boldsymbol{J}^T$ 的特征值。

图 3-23 展示了罗杰视野中几个位置（用十字线标记）的可定位椭球。椭球指示出笛卡儿误差协方差的形状和相对大小。通常，横向误差相对较小，径向误差可能很大，这取决于罗杰的位置。最靠近眼睛的圆形椭球体是立体视觉敏锐度最大的位置。

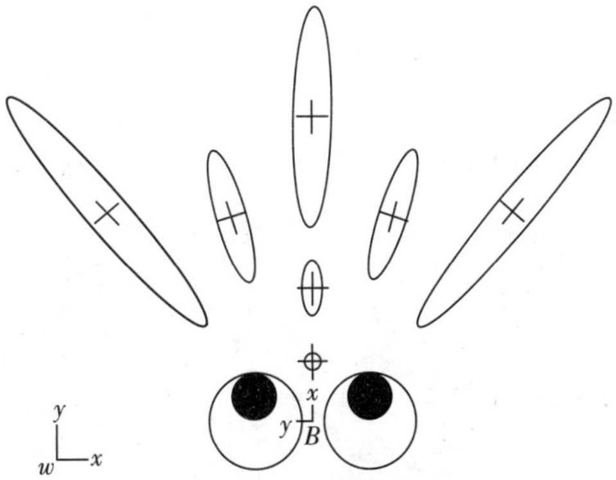

图 3-23　罗杰立体几何的定标可定位椭球

3.8　运动冗余

到此为止的所有雅可比都是方阵——输入空间的维数等于输出空间的维数。3.7.2 节中的非奇异 2R 操作端在二维笛卡儿平面中产生输出速度。然而，并不要求输入和输出的维数相同。一般来说，前向速度变换可以用非方形雅可比矩阵 $\boldsymbol{J}\in\mathbb{R}^{m\times n}$ 表示，其中 $m\neq n$。

如果 $\boldsymbol{J}\in\mathbb{R}^{m\times n}$ 的列多于行（$n>m$），并且 $\boldsymbol{J}$ 是满秩的，即 $\boldsymbol{J}\boldsymbol{J}^{\mathrm{T}}\in\mathbb{R}^{m\times m}$ 的行列式不等于零，则速度变换 $\dot{\boldsymbol{r}}=\boldsymbol{J}\dot{\boldsymbol{q}}$ 是冗余的，其中 $\dot{\boldsymbol{q}}\in\mathbb{R}^{n}$，$\dot{\boldsymbol{r}}\in\mathbb{R}^{m}$。在这些条件下，操作端具有冗余的自由度，并且存在无限多个逆运动学解。这类解的集合定义在连续的（$n-m$）维流形上，其中 $\dot{\boldsymbol{r}}=\boldsymbol{J}\dot{\boldsymbol{q}}=\boldsymbol{0}$，称为冗余雅可比的零空间（Nullspace）。零空间中的一系列运动在多维自运动（Self-motion）流形上划出一条路径。

实例：自运动流形

图 3-24 中的平面 3R 操作端关于 x-y 平面中的末端位置是冗余的。该操作端的正向运动学方程为

$$x=l_1\cos(\theta_1)+l_2\cos(\theta_1+\theta_2)+l_3\cos(\theta_1+\theta_2+\theta_3)$$
$$y=l_1\sin(\theta_1)+l_2\sin(\theta_1+\theta_2)+l_3\sin(\theta_1+\theta_2+\theta_3)$$

雅可比矩阵如下：

$$\boldsymbol{J}=\begin{bmatrix}-l_1\mathrm{s}_1-l_2\mathrm{s}_{12}-l_3\mathrm{s}_{123} & -l_2\mathrm{s}_{12}-l_3\mathrm{s}_{123} & -l_3\mathrm{s}_{123}\\ l_1\mathrm{c}_1+l_2\mathrm{c}_{12}+l_3\mathrm{c}_{123} & l_2\mathrm{c}_{12}+l_3\mathrm{c}_{123} & l_3\mathrm{c}_{123}\end{bmatrix}$$

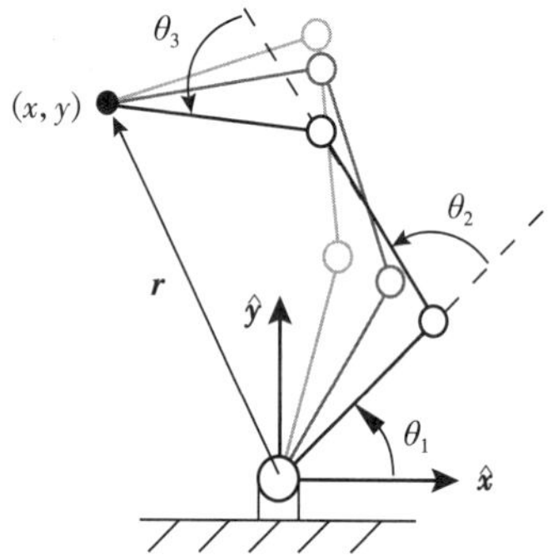

图 3-24　平面 3R 操作端在 $x=-1$，$y=\sqrt{2}$ 处的冗余解

雅可比矩阵定义了速度关系，即 $\dot{\boldsymbol{r}}=\boldsymbol{J}\dot{\boldsymbol{\theta}}$，且自运动流形是通过求解配置空间速度 $\dot{\boldsymbol{\theta}}_{\text{null}}$ 来确定的，这使得在末端处不出现位移，即 $\dot{\boldsymbol{r}}=0$。

$$\begin{bmatrix}\dot{x}\\ \dot{y}\end{bmatrix}=\begin{bmatrix}0\\ 0\end{bmatrix}=\boldsymbol{J}\begin{bmatrix}\dot{\theta}_1\\ \dot{\theta}_2\\ \dot{\theta}_3\end{bmatrix}$$

$$=\begin{bmatrix}-l_1\mathrm{s}_1-l_2\mathrm{s}_{12}-l_3\mathrm{s}_{123} & -l_2\mathrm{s}_{12}-l_3\mathrm{s}_{123} & -l_3\mathrm{s}_{123}\\ l_1\mathrm{c}_1+l_2\mathrm{c}_{12}+l_3\mathrm{c}_{123} & l_2\mathrm{c}_{12}+l_3\mathrm{c}_{123} & l_3\mathrm{c}_{123}\end{bmatrix}\begin{bmatrix}\dot{\theta}_1\\ \dot{\theta}_2\\ \dot{\theta}_3\end{bmatrix}\tag{3-26}$$

式（3-26）表示一个由三个未知数组成的两个方程组，可以通过引入另一个约束来求解内部运动，即 $\dot{\theta}_1^2+\dot{\theta}_2^2+\dot{\theta}_3^2=1$。在这种情况下，我们可以证明

$$\dot{\boldsymbol{\theta}}_{\text{null}}=\begin{bmatrix}l_2l_3\sin\theta_3\\ -l_2l_3\sin\theta_3-l_1l_3\sin(\theta_2+\theta_3)\\ l_1l_2\sin\theta_2+l_1l_3\sin(\theta_2+\theta_3)\end{bmatrix}\tag{3-27}$$

对于一个特定的末端位置，通过一系列符合 $\dot{\boldsymbol{\theta}}_{\text{null}}$ 的操作端姿势生成自运动流形上的一条轨迹（见图 3-25）。

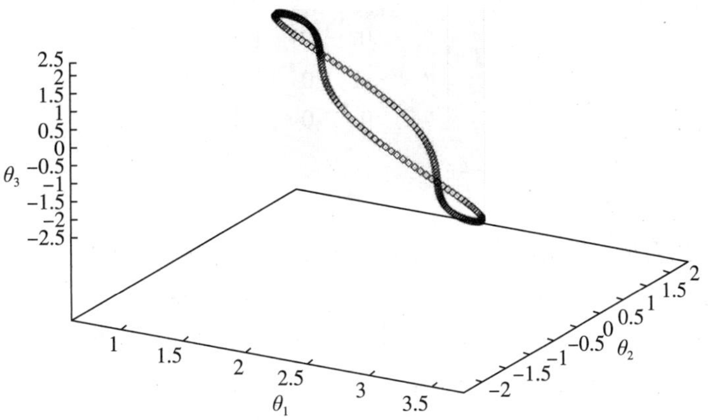

图 3-25　沿着平面 3R 操作端的自运动流形的内部运动，其中 $l_1=l_2=l_3=1$，固定末端位置坐标为 $x=-1.0$，$y=\sqrt{2}$

内部运动引入了支持多目标控制设计的姿态灵活性——这样可以避免运动学奇点或者满足力与速度方面的要求。例如，在笛卡儿末端速度任务的零空间中优化次要任务。

冗余系统的通解［见式（3-26）］涉及对非方形雅可比矩阵 $\boldsymbol{J}\in\mathbb{R}^{m\times n}$ 求逆。当雅可比矩阵的行数多于列数（$m>n$）时，约束方程多于未知数，方程组被过度约束。当雅可比矩阵的行数少于列数（$m<n$）时，约束方程少于未知数，系统约束不足。冗余系统对应的雅可比矩阵的逆不唯一。在前面关于平面 3R 操作端的例子中，配置空间中有许多种速度通过 $\boldsymbol{J}$ 映射到笛卡儿空间中的相应速度。

附录 A.9 引入了伪逆，使用最小二乘优化解来解决欠约束和过约束系统问题。在欠约束（冗余）情况下，$\dot{\boldsymbol{r}}=\boldsymbol{J}\dot{\boldsymbol{q}}$，其中 $\dot{\boldsymbol{r}}\in\mathbb{R}^m$，$\dot{\boldsymbol{q}}\in\mathbb{R}^n$ 且 $m<n$，结果为右伪逆：

$$\boldsymbol{J}^{\#}=\boldsymbol{J}^{\mathrm{T}}(\boldsymbol{J}\boldsymbol{J}^{\mathrm{T}})^{-1} \tag{3-28}$$

因此，$\dot{\boldsymbol{q}}=\boldsymbol{J}^{\#}\dot{\boldsymbol{r}}$ 产生一个唯一的逆运动学解，该解最小化 $\boldsymbol{q}^{\mathrm{T}}\boldsymbol{q}$。第 9 章将分析复杂机器人控制中冗余的影响，为了共同表达多个同时的控制目标引入利用冗余性的工具。

习题

（1）**齐次变换求逆。**给定齐次变换及其逆的一般表达式：

$${}_A\boldsymbol{T}_B=\left[\begin{array}{ccc|c} \hat{\boldsymbol{x}}_{3\times1} & \hat{\boldsymbol{y}}_{3\times1} & \hat{\boldsymbol{z}}_{3\times1} & \boldsymbol{t} \\ \hline 0 & 0 & 0 & 1 \end{array}\right]_{4\times4}$$

$${}_B\boldsymbol{T}_A=[{}_A\boldsymbol{T}_B]^{-1}=\left[\begin{array}{c|c} \hat{\boldsymbol{x}}^{\mathrm{T}}_{1\times3} & -\hat{\boldsymbol{x}}^{\mathrm{T}}\boldsymbol{t} \\ \hat{\boldsymbol{y}}^{\mathrm{T}}_{1\times3} & -\hat{\boldsymbol{y}}^{\mathrm{T}}\boldsymbol{t} \\ \hat{\boldsymbol{z}}^{\mathrm{T}}_{1\times3} & -\hat{\boldsymbol{z}}^{\mathrm{T}}\boldsymbol{t} \\ \hline 0\ 0\ 0 & 1 \end{array}\right]_{4\times4}$$

证明 ${}_B\boldsymbol{T}_A$ 是 ${}_A\boldsymbol{T}_B$ 的逆。

（2）***SE*(3) 中算子的齐次结构。**齐次变换不是描述空间关系的最紧凑的表示方式，事实上，齐次变换中的许多信息都是冗余的。给定以下变换：

$$T=\begin{bmatrix} ? & 0 & -1 & 0 \\ ? & 0 & 0 & 1 \\ ? & -1 & 0 & 2 \\ ? & 0 & 0 & 1 \end{bmatrix}$$

利用齐次变换的结构性质求解未知值。

（3）**齐次变换的空间代数**。

1）**齐次变换的合成**。考虑三个坐标系：W（世界）、A 和 B，其中

$$_W\boldsymbol{T}_A=\begin{bmatrix} 1 & 0 & 0 & -3 \\ 0 & 1 & 0 & 4 \\ 0 & 0 & 1 & 0 \\ 0 & 0 & 0 & 1 \end{bmatrix} \qquad _W\boldsymbol{T}_B=\begin{bmatrix} 1 & 0 & 0 & 3 \\ 0 & 1 & 0 & 4 \\ 0 & 0 & 1 & 0 \\ 0 & 0 & 0 & 1 \end{bmatrix}$$

- 利用给定变换$_W\boldsymbol{T}_A$ 和$_W\boldsymbol{T}_B$，计算从 A 到 B 的变换，即$_A\boldsymbol{T}_B$。
- 坐标系 B 下，点 P 的位置矢量由下式给出：

$$\boldsymbol{r}_B^{\mathrm{T}}=[-1,\ 1.5,\ 0,\ 1]$$

求解坐标系 A 下，定位的点 $\boldsymbol{p}$ 的位置矢量 $\boldsymbol{r}_A$。

2）**手眼协调**。给定从世界到相机坐标以及从世界到指尖坐标的齐次变换，如图 3-26 所示。

$$_W\boldsymbol{T}_{\text{cam}}=\begin{bmatrix} 1 & 0 & 0 & 4 \\ 0 & 0 & -1 & 4 \\ 0 & 1 & 0 & 0 \\ 0 & 0 & 0 & 1 \end{bmatrix} \qquad _W\boldsymbol{T}_{\text{fing}}=\begin{bmatrix} 1 & 0 & 0 & 5 \\ 0 & 1 & 0 & 1 \\ 0 & 0 & 1 & 0 \\ 0 & 0 & 0 & 1 \end{bmatrix}$$

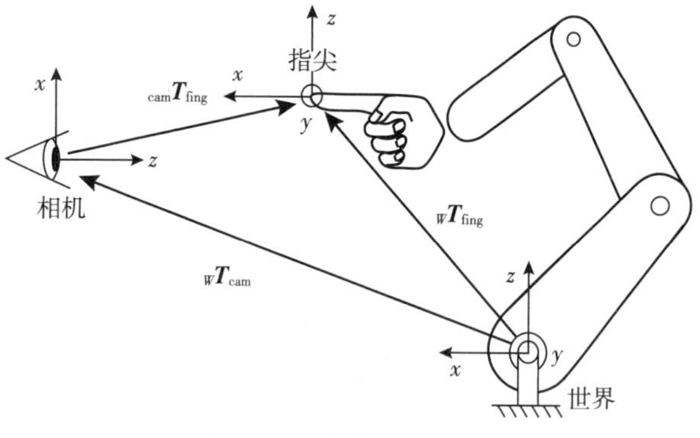

图 3-26　变换的坐标系

- 求解$_{\text{cam}}\boldsymbol{T}_{\text{fing}}$。
- 计算在相机坐标系中手指尖的位置。

（4）**简单的开放链机器：单自由度装置**。图 3-27 中的机械装置由一个转动自由度组成。配置 $q=\theta$ 将装置的末端映射到输出 (x,y)。求出下列变量。

1）正向运动学，通过所示的中间坐标系，组成齐次变换集：$_{i-1}T_i$ ：$i=1,N$。计算复合$_0\boldsymbol{T}_N$ 变换。

2）可达工作空间，末端（坐标系 N）可以到达的笛卡儿空间的子集。

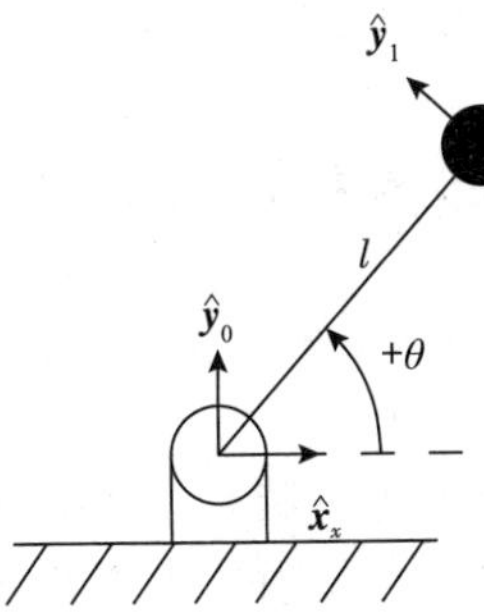

图 3-27　单自由度装置

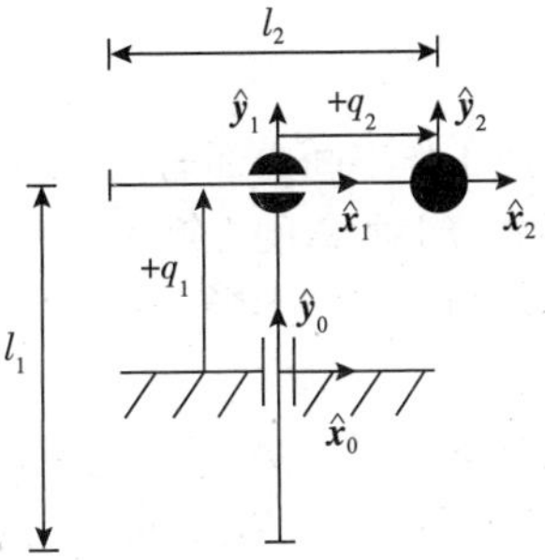

图 3-28　2P 机械装置

3）雅可比矩阵，描述关节速度如何（瞬时）映射为笛卡儿速度。

（5）**简单的开放链机器：2P 机械装置。**图 3-28 中的机器由两个连续的棱柱型自由度（由线性滑动元件实现）组成，其输入自由度为 (q_1, q_2)，生成端点位置 (x, y)。求出下列变量。

1）正向运动学，通过所示的中间坐标系，组成齐次变换集：${}_{i-1}T_i$ ：$i=1, N$，并计算复合 ${}_0\boldsymbol{T}_N$ 变换。

2）可达工作空间，末端（坐标系 N）可以到达的笛卡儿空间的子集。

3）雅可比矩阵，描述关节速度如何（瞬时）映射为笛卡儿速度。

（6）**简单的开放链机器：PR 机械装置。**图 3-29 是具有平移自由度和旋转自由度的开放链装置，平移关节的运动范围为 $0 \leqslant q_1 \leqslant l_1$，旋转关节可连续旋转的范围为 $0 \leqslant q_2 \leqslant 2\pi$。从旋转关节到末端的连杆长度为 l_2。求出下列变量。

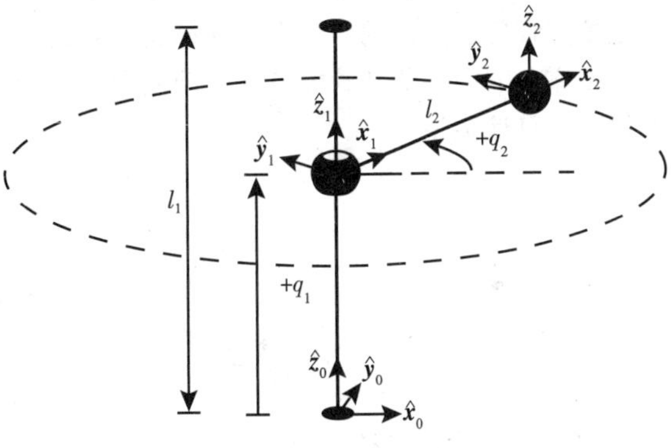

图 3-29　PR 机械装置

1）正向运动学，通过所示的中间坐标系，组成齐次变换集：${}_{i-1}T_i$ ：$i=1, N$，并计算复合 ${}_0\boldsymbol{T}_N$ 变换。

2）可达工作空间，末端（坐标系 N）可以到达的笛卡儿空间的子集。

3）雅可比矩阵，描述关节速度如何（瞬时）映射为笛卡儿速度。

（7）**运动学分析。**平面 2R 机械装置在螃蟹罗杰模拟器中充当罗杰的手臂，它由一对邻接的旋转关节组成，这些旋转关节围绕世界坐标系的 $\hat{z}$ 轴旋转，如图 3-30 所示。

1）写出齐次变换 ${}_0\boldsymbol{T}_1$、${}_1\boldsymbol{T}_2$、${}_2\boldsymbol{T}_3$，并计算净变换 ${}_0\boldsymbol{T}_3 = {}_0\boldsymbol{T}_1\ {}_1\boldsymbol{T}_2\ {}_2\boldsymbol{T}_3$。简化结果。

2）下文推导了 2R 操作端的雅可比方程：

$$\begin{bmatrix} \dot{x} \\ \dot{y} \end{bmatrix} = \boldsymbol{J}\begin{bmatrix} \dot{\theta}_1 \\ \dot{\theta}_2 \end{bmatrix} = \begin{bmatrix} -l_1 s_1 - l_2 s_{12} & -l_2 s_{12} \\ l_1 c_1 + l_2 c_{12} & l_2 c_{12} \end{bmatrix}\begin{bmatrix} \dot{\theta}_1 \\ \dot{\theta}_2 \end{bmatrix}$$

- 从任意初始关节角度配置开始，在 $\hat{x}_0$ 方向上为 1 m/s 瞬时速度时，计算所需的关节角速度，即

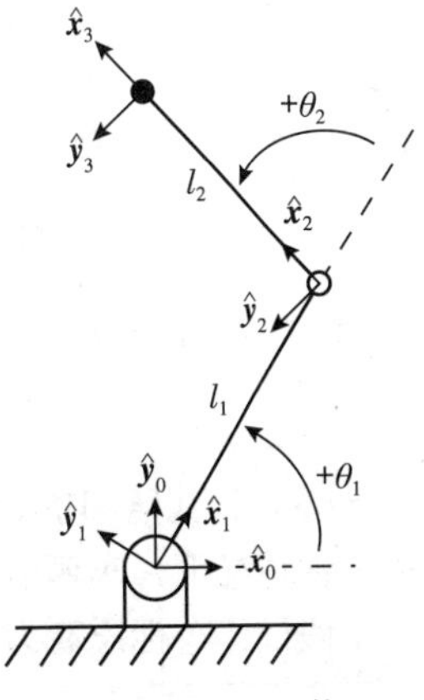

图 3-30　平面 2R 装置

$$\dot{\boldsymbol{\theta}}=\boldsymbol{J}^{-1}\begin{bmatrix}1\\0\end{bmatrix}$$

- 从可达工作空间内部的任意初始姿态开始，在 $-\hat{y}_0$ 方向上对末端施加 1 N 的力，计算操作端关节上所需的力矩表达式。

3）假设 $l_1=l_2=1$，计算 $\boldsymbol{J}\boldsymbol{J}^{\mathrm{T}}$ 在 $\theta_1=\pi/4$，$\theta_2=\pi/2$ 时的特征值和特征向量。在此配置下绘制速度椭球。

（8）**法医人类学：力与速度椭球。**“露西”（Lucy，非洲南方古猿）于 1978 年由玛丽·李奇（Mary Leakey）于埃塞俄比亚发现。露西是化石记录中有关当代人类出现的稀有数据点。

它被归类为原始人类（Hominid），与生活在 375 万年前的人类关系密切。就身体和大脑大小而言，露西就像黑猩猩。然而，它所具有的髋关节、膝关节和骨盆表明它能够像现代人一样直立行走。这表明，类人的两足发育可能早于当代人类手和大脑的发育。随后，可以追溯到露西之前的 50 万年的分支猿（“Ardi”）的发现，支持了该一般性假设。

尽管露西和黑猩猩的骨骼相似，但髋关节和膝关节各自的运动范围却截然不同，如图 3-31 所示。黑猩猩的肌肉组织、肌腱和韧带形成了一种相对弯曲的腿和鸭脚的姿势，这会影响两足动物的运动质量。

基于这两种动物解剖学上的差异，列出平面 2R 操作端的典型配置，以在矢状面（$\hat{x}-\hat{z}$）上模拟黑猩猩和露西的步态中的支撑腿，并绘制它们各自的力和速度椭圆曲线。利用这一结果，将露西的髋关节和膝关节的运动能力与黑猩猩的进行对比，并推测可以为这些骨骼变种选择的栖息地类型。

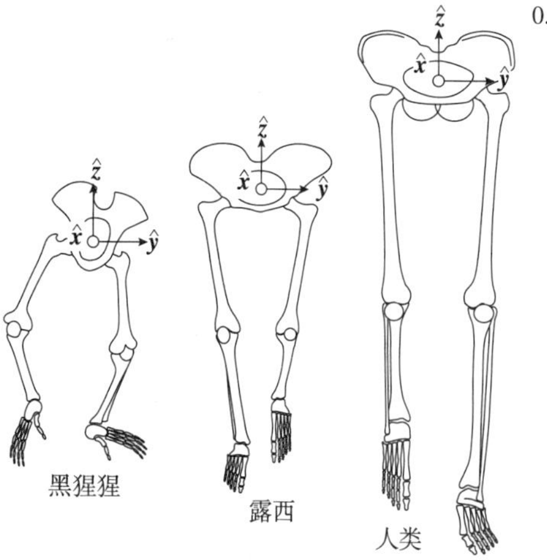

图 3-31　黑猩猩、露西和人类的下肢骨骼对比

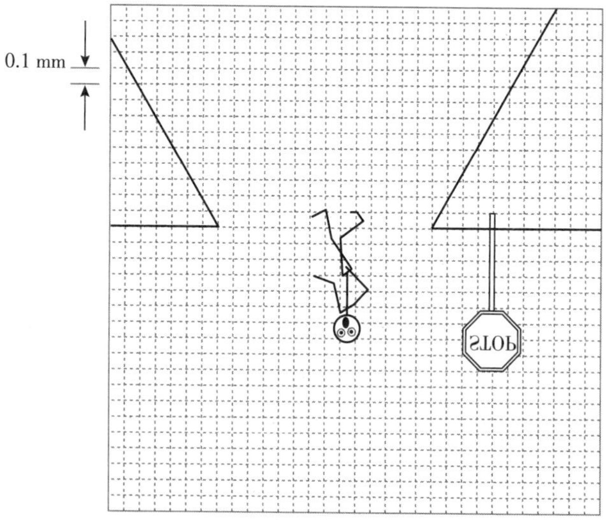

图 3-32　照片

（9）**针孔照相机。**图 3-32 是由一辆时速 20 mile/h[⊖] 的自动驾驶汽车拍摄的。道路结冰，在这种情况下，车辆估计需要 35 m（保守估计）才能从该车速受控处停下来。

假设停车标志高为 2.5 m，车辆的前视摄像头焦距为 $f=0.015$ m。

⊖ 1 mile/h ≈ 1.609 344 km/h。——译者注

1）车辆有可能及时停车吗？

2）行人大约有多高？

（10）**螃蟹罗杰的冗余视线控制**。如果罗杰要使其一维单眼视线指向参考方向 θ_{ref}，必须将一维误差 $\Delta\theta_{gaze}$ 分布在两个可控的配置变量上（见图 3-33）：

$$\boldsymbol{q}=[\theta_{base},\theta_{eye}]^{T}$$

式中，

$$\theta_{gaze}=\theta_{base}+\theta_{eye}$$

1）使用伪逆求位移，可得

$$\Delta\boldsymbol{q}=\boldsymbol{J}^{\#}\Delta\theta_{gaze}$$

从而使底座和眼睛旋转中的位移平方和最小化。

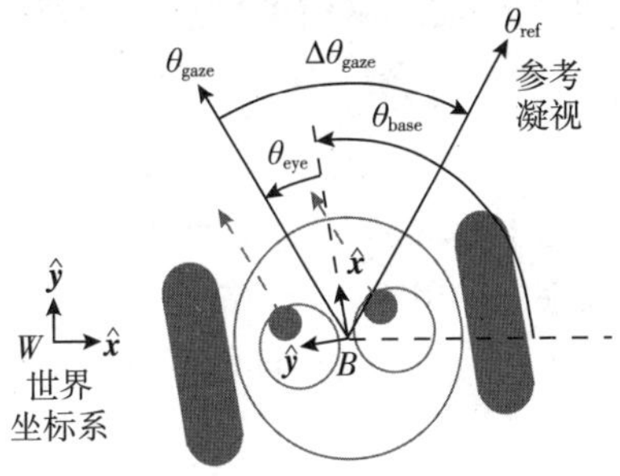

图 3-33　螃蟹罗杰的冗余视线控制

2）眼睛的关节范围如果限制在 $-\pi/2\leqslant\theta_{eye}\leqslant+\pi$，描述该限制范围将如何影响你实现该解决方案。

3）底座比眼睛厚重的多。你将如何修改这种方法，以最大限度地减少总时间、能量或运动，而不是位移的平方和？

（11）**设计一道题**。根据第 3 章中的材料提出一个问题并给出解决方案。这个问题应该与这里已经存在的问题不同。理想情况下，解决方案应该需要定量分析和结论。可开卷解决，时间不应超过 30 min。

第4章

The Developmental Organization of Robot Behavior

手和运动抓握分析

Bernstein[23] 定义的灵巧性（Dexterity）是在真实世界中连接身体与认知关系的桥梁。它以手（专用平行运动链）和环境之间灵巧的交互为例证。手与环境交互时，存在多种接触交互作用，其中反馈过程传递有关物体、材料和力的信息。

4.1 人类的手

> 手是影响世界的杠杆，使得智慧值得拥有。在人类谱系中，精密的手和精密的智力共同进化。化石记录表明，是手引导了这种变化趋势。
>
> ——Steven Pinker，*How the Mind Works*[230]

有一些学者强调了人类手的重要性，并将其撰写成册[21,279,210]。在一本名为 *The Hand*[293] 的书中，Frank Wilson 阐述了手对人类大脑进化的影响。他通过目前已知最古老的灵长类动物（古新世哺乳动物）来研究人类的进化，这些灵长类动物大约有松鼠那么大，并且已经进化出双目视觉。不久之后，在进化的时间轴上，出现了一种改良的前臂和锁骨结构，这种结构增加了手腕和手臂的运动范围和灵活性；同时出现了五分支的爪子，这种爪子上有可单独抓握的手指和脚趾（但还没有可以与其他手指相对的拇指）；此外，螯进化为了指甲。这些身体上适应的过程大多是为了适应树上的生活。颌骨、头骨和牙齿会因饮食的变化而发生变化，大脑尺寸也会变大。Napier[210] 提出，体型较小灵长类动物（如松鼠）的四足爬行行为被反向的悬臂式运动（Inverted Brachiation Style of Locomotion）所取代，动物的身体从而可以随着抓握树枝而摆动。悬臂运动需要手臂和手腕的骨骼处于紧张状态，肩部需要更大的移动性才能自由摆动。

当这些灵长类动物来到地面上时，两个重要的运动学变化随之而来：两足步态，手和手臂向着更方便使用工具的方向改变。这两个变化是大脑和肌肉骨骼系统逐渐向智人共同进化的一部分。大多数灵长类动物有四根手指⊖和一根拇指，拇指比其他三根手指短一些，活动能力更强。在众多灵长类的动物中，黑猩猩作为熟练的工具使用者脱颖而出。然而，它们的手与人类的手的相似程度不如猿的手高。黑猩猩和人类的共同点是，与尺骨相接的手腕具有额外的灵活性（见图 4-1），这有效地增加了手相对于前臂的偏转运动范围（见图 3-10）。

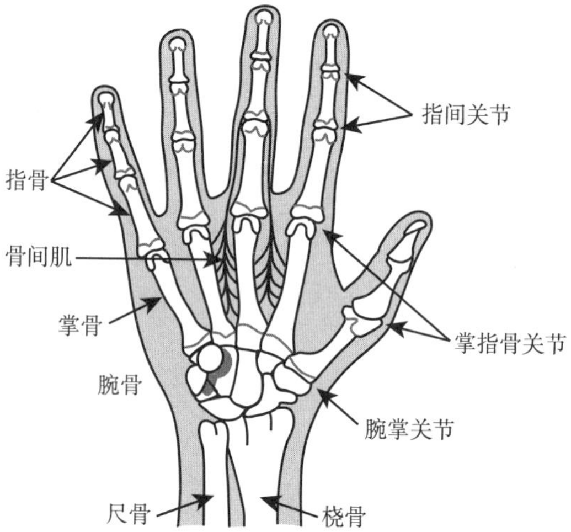

图 4-1　右手的手掌图显示了手指内在的骨间肌，每克组织包含多达 120 个肌梭

⊖ 本章中，手指（Finger）均指不包括拇指在内的其他手指，因为汉语中没有词语可以表达这个意思，所以在此做额外说明。——译者注

露西（非洲南方古猿）是化石记录中有关于古人类的为数不多的相对完整骨骼的例子之一。人类学家指出，露西最有价值的新能力是她握持、敲击和投掷石头的能力。黑猩猩只能从手下位投掷物体，但露西与黑猩猩不同，她的骨盆、臀大肌、肩膀（来自悬臂）、旋转的前臂和更好的抓握能力增强了她用手臂作战的能力，并能高速准确地投掷物体。露西不再需要依靠她的下颚和牙齿作为主要的攻击和防御手段[187]。

露西的下半身非常像人类［见第 3 章习题（8）］，但它的手和现代人类的手相比，更像猿类的手。她的拇指相对较短，无法完全伸到手掌上。图 4-1 展示了我们手部的一些特殊用途的骨骼和内在肌适应性，这些因素使其成为一种非常有用的器官。人手四根手指中的每一根都包含有三个关节，其中最靠近手掌的关节被称为掌指骨关节（Metacarpal-phalangeal Joint）[173]。它有两个自由度，能够在大约 30°的范围内内收或外展，也可以在大约 120°的范围内屈曲或伸展。人类手指的下两个关节是指间关节，这些是单自由度铰链接头，其运动范围约为 90°。

人类的拇指有着一种更复杂的机制。它相对较长，可以用对侧四个手指接触拇指的指尖。拇指总共依靠九块肌肉运动：四块源自前臂的外侧肌（Extrinsic Muscles）和五块更靠近内侧的肌肉。近端关节被称为腕掌关节（Carpometacarpal Joint），包含两个自由度。第一个自由度支持内收和外展，运动范围约为 90°。该旋转的轴线与手指定义的平面稍偏斜。手上最有力的肌肉来源于前臂，能使拇指的腕掌关节向其他手指弯曲。一些较小的内在肌肉赋予拇指与手指对向运动能力，例如强大的屈肌可以施加力，将物体夹在手指和拇指之间。拇指的下一个关节是掌指骨关节，它可以延伸以将拇指放置在手掌平面中，或者弯曲以使拇指的尖端通过大约 60°的角位移接近手掌。拇指的最后一个（远端）关节是一个称为指间关节的单自由度铰链关节，其运动范围约为 90°。

导致人类灵巧性的累积性进化革新——锁骨、指甲、肩膀和手腕的灵活性、骨盆的适应以及两足步态、指尖和拇指相对性——是由竞争压力驱动的，并产生了化石记录中最灵巧的灵长类手。露西的现代骨盆先于现代手出现，两者都是在类黑猩猩脑发生重大变化之前出现的。因此，可以合理地假设，所有这些新的交互变化朝着两足动物和灵活性双手的方向发展，促使更新种群的大脑来支持获取和区分材料、制造和使用工具的能力，并将这些技能应用于解决与生存和繁衍相关的问题。所有这些进化性发育都适应了特定范围下的环境物体质量、几何形状和力，这是由四肢中骨骼和肌肉的排列决定的。

生理学家[139,211]和工程师利用时间和运动的研究[68,67]分析了手的运动。这些研究通常根据应用的力量和精度来表征手的姿势。其中，力性抓握（Power Grasp）能够将物体包裹在手指和手掌之间，使手和物体牢固相连；精细抓握（Precision Grasp）将物体夹在指尖和拇指之间，以更充分地控制物体相对于手掌的移动。例如，Mark Cutkosky[68]通过观察机械师在制造环境中使用的抓握方式，创建了一个分类法（见图 4-2）。分类法的根节点是精度和力量之间的差异，但这些差异被进一步分解为七种精细抓握和九种力性抓握。力性抓握进一步被分为仅使用手力的可抓握方式（Prehensile Grasps）和依赖重力（或惯性）的非抓握方式（Nonprehensile Grasps）。图 4-2 展示了人类用手时的强烈偏好：手的形状偏向球形和圆柱形。这是人类进化的直接产物，在许多为人手使用而设计的物体中这也是一个明显偏好。

4.2　机械手的运动学创新

灵长类动物的手在几何形状、动作和感觉能力方面的细微创新，支撑了它们与物体交互的新方式。伴随骨盆、口腔结构和喉部的变化，智人进化出了一个新的大脑，能够组织所有这些新信息。我们认识到的许多独特的人类特征正是这种长期的共同进化的结果。如今，机器人系统可能也处于这种进化的关键阶段。

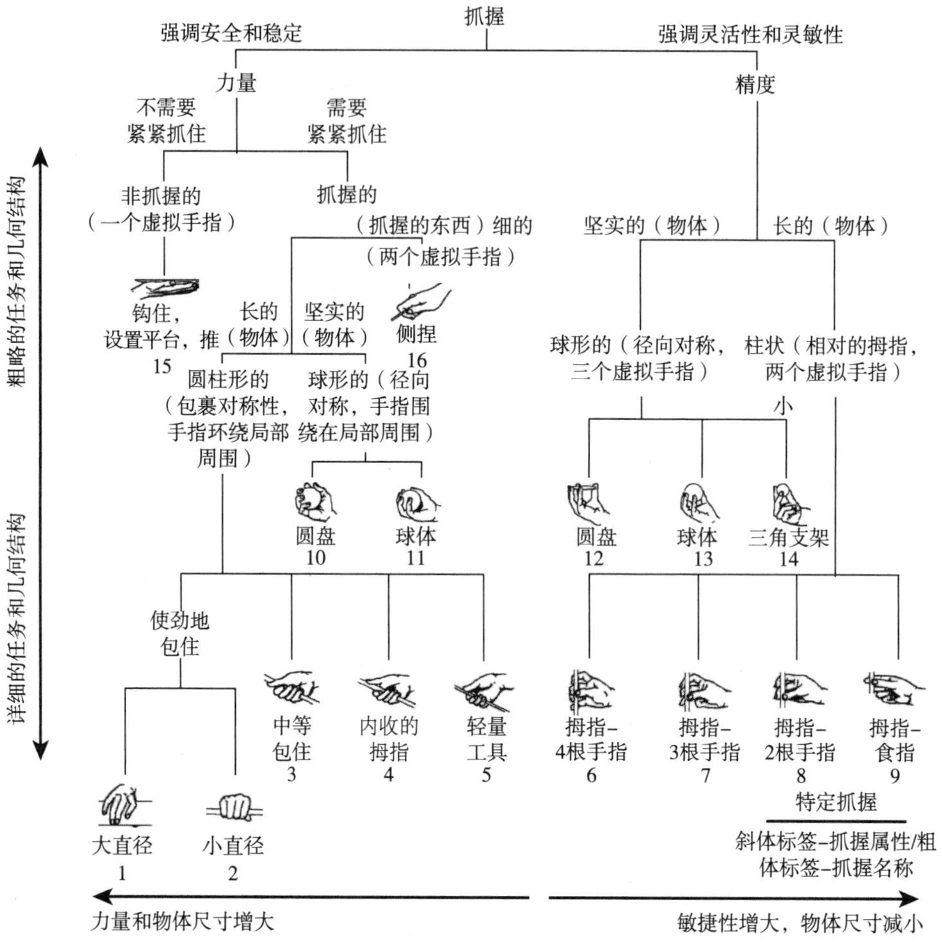

图 4-2　Cutkosky 的制造业抓握分类法（改编自文献［68］。经许可转载）

1961 年，海因里希·恩斯特（Heinrich Ernst）[79] 展示了一只计算机控制的机械手（见图 4-3），这只机械手可能是第一只使用传感器反馈，以发现并操纵木块的机械手。这只手总共有 30 个关节角和触觉传感器，用于接触压力的测量。恩斯特也演示了触觉探测过程以及抓握和堆叠木块的过程。

20 世纪 70 年代初，爱丁堡大学制造了一个名为弗雷迪的机器人（见图 4-4）。该项目的研究团队证明了使用仪器化的机械手可以实现自动化组装。在弗雷迪的工作空间中随机放置一组玩具车和船的木制零件，机器人对它们进行了定位和组装。弗雷迪利用计算机视觉技术将浅色零件与深色背景分离，并使用两种视图来识别和定位这些零件。场景中未被识别的零件被认为是桩（Pile），弗雷迪会抓住并移动桩的特征部分来将其分离。如果无法抓取，弗雷迪推动桩以改变其位置，并重新试着抓取。在检测到所有需要的零件并对其分类后，使用力反馈来按顺序组装玩具。

平行钳口夹持器（Parallel Jaw Gripper），是最古老、最常用的机械手。它由一个单自由度机构组成，该机构控制一对平行（或绕轴旋转的）钳口的开合，并形成夹紧运动。由于它非常简单且坚固，如今许多工业应用仍然会用到它。通常，人们可以针对自动化任务定制该机械手的外观或者该机械手指的几何形状。据估计，使用这种相对简单的设备可以完成 80%的自动化工业装配任务[105]。

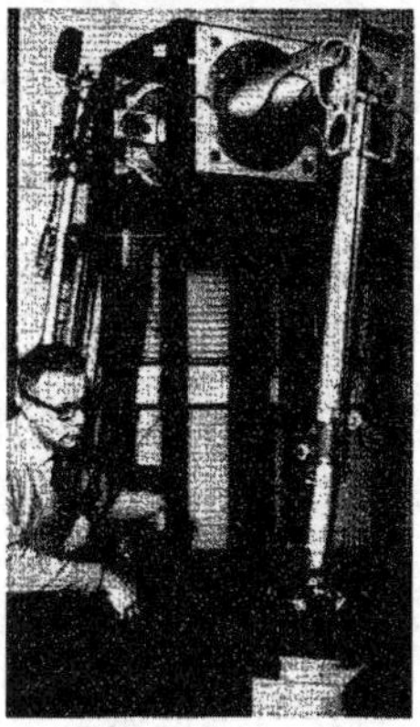

图 4-3　由麻省理工学院的海因里希·恩斯特在克劳德·香农（Claude Shannon）的指导下建造的计算机控制机械手的报纸照片

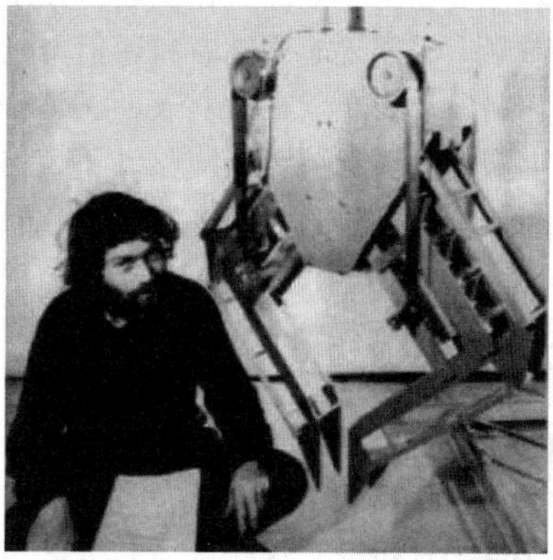

图 4-4　参与设计和建造弗雷迪的爱丁堡大学研究人员有 Pat Ambler、Harry Barrow、Chris Brown、Rod Burstall、Gregan Crawford、Robin Popplestone（如图所示）和 Stephen Salter

然而，每当生产线的重要结构失效，或者机械手需要兼容很多物体和任务时，这些简单的机械手的效率较低。相对于具有平行钳口夹持器的机械手，被抓握的物体几乎没有（或没有）多余的活动性。所以，必须在手臂上使用更多自由度的机构来完成精细的装配运动。这样，在一些任务几何结构中，系统的性能可能对电动机精度的限制和传感器反馈的误差敏感，这里的误差无法使用现有的精细电动机控制来校正。

1977 年，哈那富萨和浅田[101] 提出了一种平面三指手（Planar Three-fingered Hand）设计的概念，以改善鲁棒性和不确定性，从而对被抓取物体进行更好的运动控制。图 4-5 是哈那富萨机械手抓取物体的示意图。三个单自由度手指围绕物体对称放置，相距 120°，以形成平面式抓握。步进电动机通过螺旋弹簧沿径向驱动触点。力源与弹簧的串联组合提供了被动弹性和力感知。弹簧的形变（反映了接触位置的法向力）由螺旋弹簧内部的电位计测量，接触辊消除了夹持力的切向分量。为了抓取具有平面形状的物体，系统使用视觉系统提取物体轮廓[36]，并采用平衡式抓取方式，以最小化弹簧中的势能 $\int F \cdot ds$，其中，F 是弹簧形变时产生的力，ds 是弹簧与物体贴合时的微分形变。这种方法针对感知和运动的误差鲁棒——手的被动弹性，可过滤掉较小误差。此外，通过步进电动机输入，被抓取物体的姿态在有限程度上保持可控。

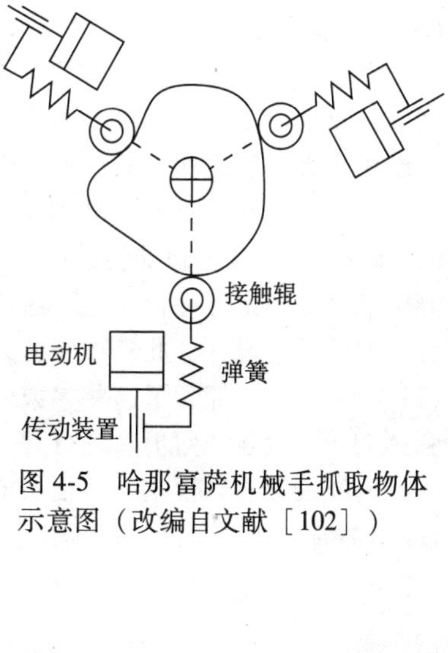

图 4-5　哈那富萨机械手抓取物体示意图（改编自文献［102］）

为了改进电动机控制性能，出现了利用多自由度机械手指来控制 $\mathbb{R}^3$ 中的接触位置和弹性的新设计。大多数设计采用了拟人化的几何结构——使用多根手指和一根能和手指相对的拇指。例如，1979 年，冈田[216,217] 开发了一种五个自由度的臂腕组合（Arm-wrist Combination），并结合了一只包含三根指、共十一自由度的手。冈田机械手

（见图 4-6）比其前身更拟人化，它的手指有四个自由度，拇指有三个自由度，因此，它可以实现常见的人类抓握基元，如包裹和捏。额外的指尖灵活性可支持主动的触觉探索。这种更复杂的运动学设计需要在封装方面进行创新，以求最大限度地减轻重量，也需要简化电力和通信电线的布线方式。冈田将电动机布置在机器人的主体中，并通过约 1.7 m 长的金属丝护套电缆驱动手，这也产生了显著的额外摩擦和弹性。混合位置-力矩控制（Hybrid Position-torque Control）是为手指设计的硬件实现方案，将相对触点对的位置控制和力控制相结合，以同时控制被抓握物体的位置和内部抓握力的大小。这只手可以抓握重量高达 5 N 的物体，并证实了拧紧螺纹轴上的螺母、将抓握的物体左右移动、旋转指挥棒和旋转球的能力。

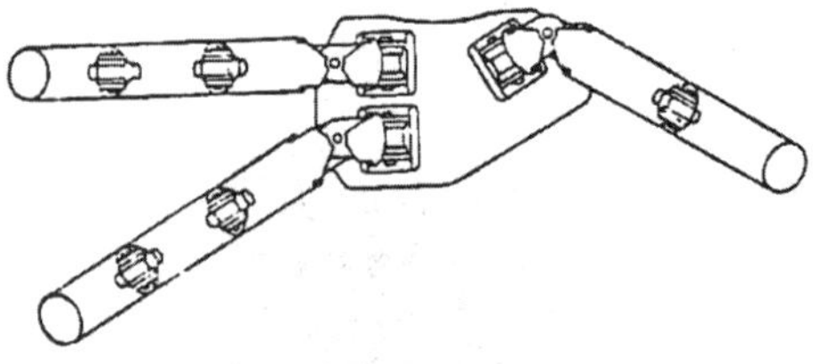

图 4-6　冈田机械手（改编自文献［217］，经许可转载）

封装、执行器和控制方面的改良工作提高了被抓取物体的移动性，但这种功能优势是以机械复杂性为代价的。这些设计的机械鲁棒性无法与较简单的平行钳口型机械手相比。积极稳步地开发新的驱动器、人工肌腱、传感器和控制器，以获得更可靠、更灵巧的手一直都是研究者们关注的焦点。

在 20 世纪 80 年代，许多研究机器人的学者专注于灵活性，考虑在不依赖于任何特定任务的前提下，如何直接应用优化技术来改善手部功能。例如，Lian 等人[173]开发了一种拟人的手，旨在复刻几种重要的人类动作和姿势，包括多种类型的相对动作（指尖、指侧和指掌）以及掌中的（圆柱形）和球形的力量抓握。Lian 等人的机械手的设计（见图 4-7）图形化地模拟了抓握动作，使用手的参数化运动学模型来探索支持这些运动的参数组合。由此设计产生的三指型手具有三个自由度的手指——具有两个平行的远端指间关节和一对相互正交的近端（掌指骨）关节轴，前者可在平面内屈伸，后者操作手指的内收与外展。拇指与之相似，只是近端关节相对于手掌倾斜 60°，而手指垂直于手掌。和以前一样，Lian 等人的机械手使用直流电动机和不锈钢护套电缆，通过测量电缆张力和关节位置来确定抓握力。

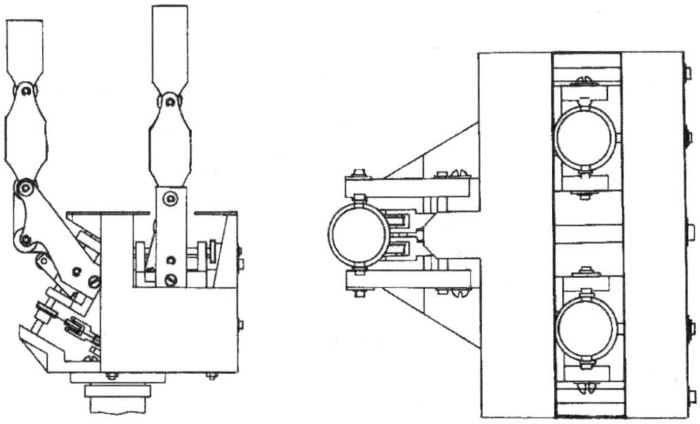

图 4-7　Lian 等人的机械手（改编自文献［173］）

图 4-8 所示机械手没有模仿人类的抓握姿势，而是采用了数字综合（Number Synthesis）[220] 来分析非传统的手部设计的移动性和连接性，并使用与参考对象相关的定量性能标准对不同设计进行排名。这项工作系统地列举了具有多达三个手指且每个手指多达三个自由度的候选设计。此外，研究人员使用连续参数定义了手指在手掌周围的位置和连杆长度（Link Length），探索了这些参数的一系列取值。每个候选对象都根据参考对象上的运动范围和预期指尖接触几何形态进行评分，以优化手部几何结构[252,249]。

研究人员总共模拟并评估了 600 多个候选设计。测试时，选择运动学参数，当手掌握持 1in 球体时，在其表面上最小化手指雅可比的条件数（见附录 A.8）。该设计还考虑了旨在改善力量抓握能力的特征。

由此产生的手部设计包括三个手指，每个手指有三个自由度（见图 4-8）。该设计是使用 $N+1$ 个肌腱的方案驱动的。其中，每个手指的三个关节由四根对抗性肌腱（Antagonistic Tendon）控制。该结构中，涂有聚四氟乙烯的肌腱穿过柔性导管，由安装在前臂上的 12 个电动机和齿轮系驱动。其位置控制回路（Position Control Loop）使用指尖附近肌腱张力、运动位置和速度的测量值来估计关节的位置和速度。通过在作用点附近感应肌腱张力，可以减轻摩擦和弹性的影响。这只手配备了半球形指尖测压元件，以准确测量接触力和位置。

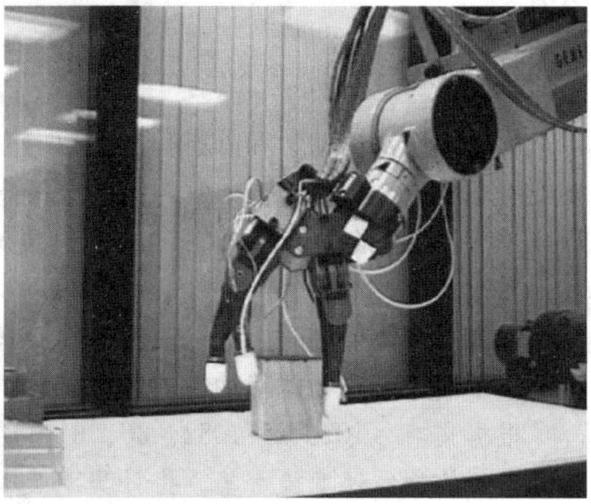

图 4-8　斯坦福大学喷气推进实验室的九个自由度手[250]，在五个自由度 GE P50 机器人手臂的末端配备了指尖测压元件

机器人手的运动学创新一直没有停歇。随着新材料、传感器和执行器技术以及强大的嵌入式计算平台的引入，人们成功地创造了更小、更轻、更快的机器人，这种综合方法正在迅速推进灵巧和拟人化机器人手的技术水平。例如，德国航空航天中心（Deutsches Zentrum für Luft-und Raumfahrt，DLR）设计了一系列机械手，应用于太空任务。图 4-9 中的 DLR Ⅱ 机械手由四个相同的手指组成，每个手指有四个关节，具有三个独立的自由度。由于交叉关节-肌腱耦合（Cross-joint Tendon Coupling），内侧和远端关节能够像人类手指那样耦合。加入了额外的手掌自由度后，整个装置共有 13 个自由度。手由位于远处的电动机驱动，该电动机能够在指尖施加约 30 N 的力，手本身（不包括驱动器）的重量约为 1.8 kg。

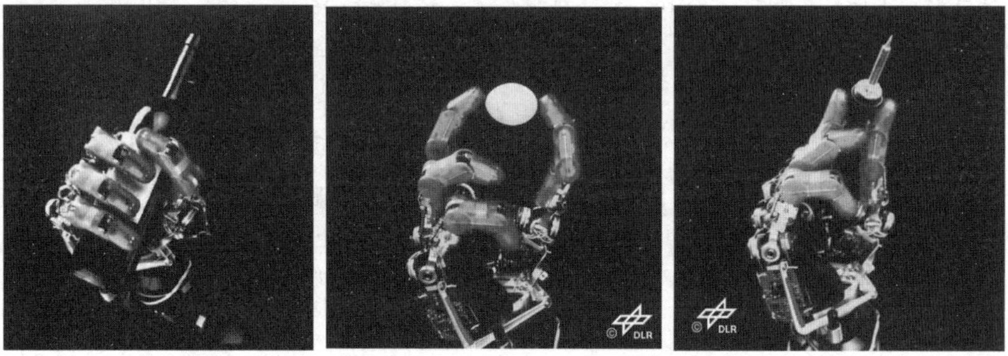

图 4-9　DLR Ⅱ 机械手（来源：德国航空航天中心，机器人与机电一体化研究所）

4.3　多接触系统的数学描述

目前为止，本章的侧重点是手部设计中的运动学创新，这些创新支持了包括人类在内的灵长类动物的重要技能，也为机器人创造了更好的手。本节将介绍接触系统的运动学基础，以描述接触如何通过环境表面传递广义的力和速度。我们将着重介绍可用于稳定握持物体的多接触系统（Multiple Contact System）。本节简要介绍了旋量理论（Screw Theory），它被用于研究接触如何限制物体的自由运动。本节还介绍了接触类型（Contact Type），并将

其纳入构建抓握雅可比（Grasp Jacobian）的系统性步骤⊖。然后我们将讨论支持抓握的形封闭和力封闭条件。本章末尾的例子展示了在给定接触类型和操纵任务的情况下如何求解抓握力。

4.3.1　旋量系统

旋量理论是运动学和静态分析的实用工具。有关接触和抓握的研究经常用到旋量理论。在旋量理论中，我们需要了解的第一个概念是速度旋量。

定义 4.1：速度旋量（Twist）　广义速度 $\boldsymbol{\nu}=[\boldsymbol{v}\ \boldsymbol{\omega}]^{\mathrm{T}}$，其中 $\boldsymbol{\nu}\in\mathbb{R}^6$ 表示平移速度 $\boldsymbol{v}\in\mathbb{R}^3$ 与角速度 $\omega\in\mathbb{R}^3$ 相连。

在考虑物体接触时，可以使用速度旋量来描述物体在不受接触约束的情况下的运动速度。

实例：平面抓握中物体移动性的速度旋量约束

根据文献［102，251，82，80，81，148，149］的类似分析，将 $\boldsymbol{V}$ 定义为一组不受接触约束限制的物体速度旋量集。将补集 $\overline{\boldsymbol{V}}$ 定义为一组受接触系统限制的物体速度旋量集。在这个框架下，有 $\boldsymbol{V}\cup\overline{\boldsymbol{V}}=\mathbb{R}^6$ 和 $\boldsymbol{V}\cap\overline{\boldsymbol{V}}=\varnothing$。为了使用含 n 种接触的系统来完全固定物体，我们需要

$$\{\boldsymbol{\nu}_1\cap\boldsymbol{\nu}_2\cap\cdots\cap\boldsymbol{\nu}_n\}=\{\varnothing\}\text{，并且有} \tag{4-1}$$

$$\{\bar{\boldsymbol{\nu}}_1\cup\bar{\boldsymbol{\nu}}_2\cup\cdots\cup\bar{\boldsymbol{\nu}}_n\}=\mathbb{R}^6 \tag{4-2}$$

式中，$\boldsymbol{\nu}_i$ 和 $\bar{\boldsymbol{\nu}}_i$ 分别表示从第 i 种接触导出的 $\boldsymbol{V}$ 和 $\overline{\boldsymbol{V}}$ 的元素。

图 4-10 展示了一个二维笛卡儿手-物体系统，我们将使用该系统来分析多重接触速度旋量约束对抓握物体移动性的影响[148,149]。在这个简单的平面系统中，物体的坐标系与世界坐标系保持平行（不允许物体旋转），手和物体都不能平移出平面（在 $\hat{z}$ 方向上）。因此，在这种情况下，我们考虑物体速度旋量 $\boldsymbol{\nu}_O=[v_x v_v]^{\mathrm{T}}\in\mathbb{R}^2$。标记为 1、2 和 3 的元素是长度可控的线性执行器。当把执行器组装到这个手-物体系统中时，执行器的长轴确定了每个执行器在 $\hat{x}-\hat{y}$ 平面的主动（可控）子集。在侧向上，执行器是被动的，可以沿着无致动和无摩擦的棱柱形关节自由滑动。目前，我们假设方形物体上的触点是魔术贴类型的，可以推拉物体。

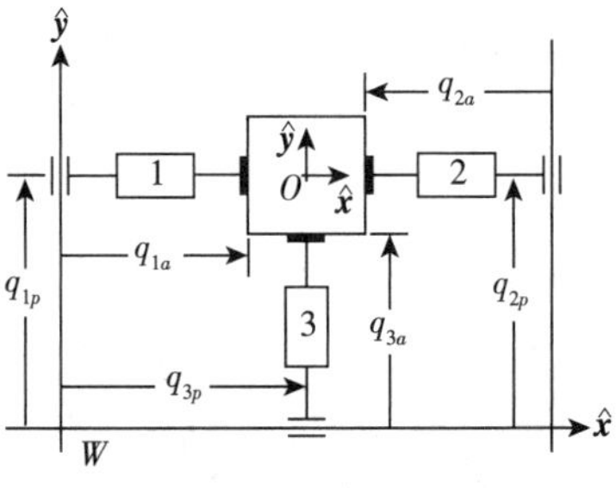

图 4-10　二维笛卡儿手-物体系统（改编自文献［148］）

仅考虑手指 1 的接触几何结构，我们发现物体速度旋量 $[v_x v_y]_O^{\mathrm{T}}$ 对应于机械手机构中主动和被动速度的组合：

$$\text{手指 1：}\begin{bmatrix}v_x\\v_y\end{bmatrix}_O=\begin{bmatrix}1\\0\end{bmatrix}_O\dot{q}_{1a}+\begin{bmatrix}0\\1\end{bmatrix}_O\dot{q}_{1p}$$
$$=\bar{\boldsymbol{\nu}}_1\dot{q}_{1a}+\boldsymbol{\nu}_1\dot{q}_{1p} \tag{4-3}$$

可以移动（和锁定）主动关节，它们与集合 $\overline{V}$ 有关，该变量描述了在机械手中如何限制物体的姿态（从而使得可控）。被动关节与集合 V 有关，表示物体不受接触限制的自由度。将手指 2 和 3 依据此关系列式，得

⊖　描述多触点和抓握系统的许多数学工具是第 3 章中介绍的更通用方法的特例版本。

$$\text{手指 2:}\begin{bmatrix} v_x \\ v_y \end{bmatrix}_O = \begin{bmatrix} -1 \\ 0 \end{bmatrix}_O \dot{q}_{2a} + \begin{bmatrix} 0 \\ 1 \end{bmatrix}_O \dot{q}_{2p} = \bar{\boldsymbol{v}}_2 \dot{q}_{2a} + \boldsymbol{v}_2 \dot{q}_{2p} \tag{4-4}$$

$$\text{手指 3:}\begin{bmatrix} v_x \\ v_y \end{bmatrix}_O = \begin{bmatrix} 0 \\ 1 \end{bmatrix}_O \dot{q}_{3a} + \begin{bmatrix} 1 \\ 0 \end{bmatrix}_O \dot{q}_{3p} = \bar{\boldsymbol{v}}_3 \dot{q}_{3a} + \boldsymbol{v}_3 \dot{q}_{3p} \tag{4-5}$$

分析不同接触组合对物体最终移动性的影响时可用式（4-1），例如仅用手指 1 和 2 时，有

$$\mathrm{V} = \bigcap_{i=1}^{2} \boldsymbol{v}_i = \begin{bmatrix} 0 \\ 1 \end{bmatrix} \cap \begin{bmatrix} 0 \\ 1 \end{bmatrix} = \begin{bmatrix} 0 \\ 1 \end{bmatrix}$$

因此，仅使用手指 1 和 2 并不能完全固定物体，它可以响应位于 $\hat{\boldsymbol{y}}$ 方向上的扰动而不受控制地移动。对于三根手指：

$$\mathrm{V} = \bigcap_{i=1}^{3} \boldsymbol{v}_i = \begin{bmatrix} 0 \\ 1 \end{bmatrix} \cap \begin{bmatrix} 0 \\ 1 \end{bmatrix} \cap \begin{bmatrix} 1 \\ 0 \end{bmatrix} = \varnothing$$

由此我们得出结论，当在适当的位置由执行器固定三个触点，且触点和物体保持接触时，物体被完全约束。此外，使用这种接触配置的可控物体速度空间是运动约束（由主动自由度定义）的并集。

$$\bar{\mathrm{V}} = \bigcup_{i=1}^{3} \bar{\boldsymbol{v}}_i = \begin{bmatrix} 1 \\ 0 \end{bmatrix} \cup \begin{bmatrix} -1 \\ 0 \end{bmatrix} \cup \begin{bmatrix} 0 \\ 1 \end{bmatrix} = \mathbb{R}^2$$

我们可以得出以下结论：当执行器固定到位时，这种平面接触（使用魔术贴式接触）几何结构将完全固定物体，并且物体在 (x,y) 平面中的位置是完全可控的。

4.3.2　抓握雅可比

图 4-10 中的魔术贴式接触不允许触点和物体之间发生任何相对运动。去除魔术贴，替换为图 4-11 所示的与局部表面法线一致的独立接触坐标系，可以将该分析推广到其他手部机构、接触类型以及物体表面的几何形状。按照惯例，我们指定接触坐标系的 $\hat{\boldsymbol{z}}_i$ 轴与内表面法线一致，选择 $\hat{\boldsymbol{x}}_i$ 轴作为与平面机构接触表面的切线，它与 $\dot{q}_{ip}$ 的正方向相同，选择 $\hat{\boldsymbol{y}}_i$ 轴，形成右手接触坐标系 $\boldsymbol{C}_i, i=1,3$。

在 4.3.3 节中，我们将看到，除了魔术贴这种接触类型以外，还有其他几种接触类型，它们可以传递不同组合的力和力矩，这些力和力矩在局部接触框架中均可方便地定义。对于图 4-10 中提出的魔术贴触点，依据图 4-11 中每个触点沿局部 $\hat{\boldsymbol{x}}_i$ 和 $\hat{\boldsymbol{z}}_i$ 轴作用的独立力，我们可以写出一个线性表达式，将二维物体的速度旋量 $\boldsymbol{v}_O = [v_x v_y]^{\mathrm{T}}$ 映射到接触坐标系的速度旋量 $\boldsymbol{v}_C = [v_{1x}\ v_{1z}\ v_{2x}\ v_{2z}\ v_{3x}\ v_{3z}]^{\mathrm{T}}$ 中。对于图 4-11 中的平面抓握，有

$$\begin{bmatrix} v_{1x} \\ v_{1z} \\ v_{2x} \\ v_{2z} \\ v_{3x} \\ v_{3z} \end{bmatrix}_C = \begin{bmatrix} 0 & 1 \\ 1 & 0 \\ 0 & 1 \\ -1 & 0 \\ 1 & 0 \\ 0 & 1 \end{bmatrix} \begin{bmatrix} v_x \\ v_y \end{bmatrix}_O \tag{4-6}$$

或者

$$\boldsymbol{v}_C = \boldsymbol{G}^{\mathrm{T}} \boldsymbol{v}_O \tag{4-7}$$

式中，$\boldsymbol{G}=[v_1 \bar{v}_1\ v_2\ \bar{v}_2\ v_3\ \bar{v}_3]$，称为抓握变换（Grip Transform）、抓握矩阵（Grip Matrix）[188] 或抓握雅可比（Grasp Jacobian）[251]）。假设物体运动时任何触点都没有分离，$\boldsymbol{G}^{\mathrm{T}}$ 将物体速度 $\boldsymbol{v}_O$ 映射到接触坐标系 $\boldsymbol{v}_C$ 中每个触点的对应速度上。在下文中，我们采用术语"抓握雅可比"描述矩阵 $\boldsymbol{G}$，以强调其与其他运动学雅可比映射的关系。

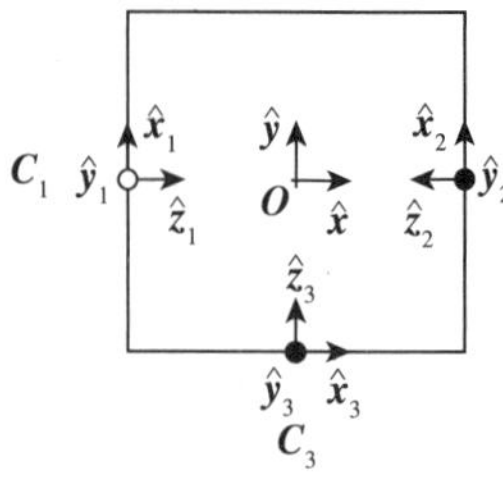

图 4-11　相对于局部表面法线定向的物体坐标系 $\boldsymbol{O}$ 和局部接触坐标系 $\boldsymbol{C}_i$，$i=1,3$

之所以接触行为能限制物体的运动，主要是由于施加在接触表面上的力。

定义 4.2：力旋量（Wrench）　广义力 $\boldsymbol{w}=[\boldsymbol{f}\ \boldsymbol{m}]^{\mathrm{T}}$，其中 $\boldsymbol{w}\in\mathbb{R}^6$ 是力 $\boldsymbol{f}\in\mathbb{R}^3$ 与力矩 $\boldsymbol{m}\in\mathbb{R}^3$ 的连接组合。

力旋量可以用于限制物体的自由运动。因此，速度旋量和力旋量形成了对接触表面质量和可控性的直接、互补的表示。此外，这些量的旋量表示方式引出了从触点传递到物体的功率的简明表达式。

定义 4.3：功率　力旋量和速度旋量的乘积 $\boldsymbol{w}^{\mathrm{T}}\boldsymbol{v}$ Nm/s 是产生功的速率或功率。

如果没有耗散损耗，则传输到物体的净功率等于接触产生的功率：

$$\boldsymbol{w}_O^{\mathrm{T}} \boldsymbol{v}_O = \boldsymbol{w}_C^{\mathrm{T}} \boldsymbol{v}_C$$

由于 $\boldsymbol{v}_C = \boldsymbol{G}^{\mathrm{T}} \boldsymbol{v}_O$［式（4-7）］，我们可以得到

$$\boldsymbol{w}_O^{\mathrm{T}} \boldsymbol{v}_O = \boldsymbol{w}_C^{\mathrm{T}} [\boldsymbol{G}^{\mathrm{T}} \boldsymbol{v}_O]$$

因此

$$\boldsymbol{w}_O^{\mathrm{T}} = \boldsymbol{w}_C^{\mathrm{T}} \boldsymbol{G}^{\mathrm{T}}$$

或者

$$\boldsymbol{w}_O = \boldsymbol{G} \boldsymbol{w}_C \tag{4-8}$$

与机械手的雅可比一样，抓握雅可比 $\boldsymbol{G}$ 表示了从接触坐标到物体坐标的瞬时速度和力的映射，如果触点滚动、滑动或断开，它会发生变化。此外，抓握的性能取决于维持抓握几何结构所必需的因素（内部载荷、接触摩擦）。

根据式（4-8），图 4-11 中平面速度映射的抓握雅可比也适用于从接触载荷 $\boldsymbol{\omega}_C=[f_{1x}\, f_{1z}\, f_{2x}\, f_{2z}\, f_{3x}\, f_{3z}]^{\mathrm{T}}$ 到作用在物体上的净旋力 $\boldsymbol{\omega}_O=[f_x\, f_y]^{\mathrm{T}}$ 的变换。

$$\begin{bmatrix} f_x \\ f_y \end{bmatrix}_O = \begin{bmatrix} 0 & 1 & 0 & -1 & 1 & 0 \\ 1 & 0 & 1 & 0 & 0 & 1 \end{bmatrix} \begin{bmatrix} f_{1x} \\ f_{1z} \\ f_{2x} \\ f_{2z} \\ f_{3x} \\ f_{3z} \end{bmatrix}_C \tag{4-9}$$

通常情况下，抓握雅可比的行数为 6，表示 $\boldsymbol{\omega}_O\in\mathbb{R}^6$，列数可以大到 $6N$，其中 N 是触点的数量。在实践中，列的数量由触点的数量和接触类型共同决定。

4.3.3 接触类型

图 4-11 中的接触坐标系可以表示比我们刚开始使用的魔术贴式接触更一般的接触力类型，甚至可以表示能推但不能拉的接触形式。表 4-1 根据接触表面的几何和材料特性列出了各种不同的剩余自由度和接触类型。其中限制性最小的是无摩擦点接触（表格底部），这种接触限制沿接触法线的（压力下的）平移，但保留了对象对之间其他五个自由/不受限制的自由度。

表 4-1　接触表面处的剩余自由度和接触类型（来源：文献［250］）

剩余自由度	接触类型	剩余自由度	接触类型
0	与魔术贴/胶水平面接触	3	有摩擦点接触，无摩擦平面接触
1	有摩擦线接触	4	无摩擦线接触
2	软手指接触（Soft Finger）	5	无摩擦点接触

在表 4-1 中，从下往上看，每种更细致的接触类型都去除了额外的自由度，直到“与魔术贴/胶水平面接触”，这类接触不允许触点和物体之间的相对运动。表 4-1 中的接触组合形成了接触系统，其中施加在每个接触点上的约束共同限制了物体的运动。

为了降低抓握规划的复杂性，Iberall[126] 观察到，人手经常利用拇指和手指的相对性，进而选择将一组指尖构成的接触，视为具有增强接触类型的单个虚拟（Virtual）手指。例如，在平面上没有摩擦力的一对离散指尖点接触，会在该平面上产生没有摩擦力的虚拟线接触。表 4-1 表明，这对接触将物体的相对移动性减少到四个自由度。

表 4-2 展示了使用局部接触坐标系的三种常见接触类型（表 4-1 中接触类型的子集）。根据文献［202，138］，每种接触类型支持的接触力旋量空间由选择矩阵 $\boldsymbol{H}^{\mathrm{T}}$ 的列空间中的一组力旋量定义。这些力旋量由沿着接触坐标系轴的独立的单位大小的力或者力矩确定，并按力（Effort）变量 λ 缩放。这种表示使得在表 4-2 的第四列中写出接触保持约束不等式变得简单。例如，无摩擦的点接触沿着表面法线传递力，为了保持接触处的压力（从而保持接触），λ_{fz} 必须大于等于零。同样，有摩擦的点接触也一样需要沿法线 $\hat{z}$ 方向的正的（压力）力，但也支持与接触表面相切的摩擦力（比如在 $\hat{x}$ 和 $\hat{y}$ 方向上）。这些力，即 $\mu\lambda_{fz}$，不能逾越库仑摩擦模型施加的限制，该模型要求净切向力的大小 $(\lambda_{fx}^2+\lambda_{fy}^2)^{1/2}$ 不超过摩擦系数和法向力大小的乘积 $\mu\lambda_{fz}$。

表 4-2 的最下面的一行描述了在接触力学方面类似于人类指尖上的柔性组织（Compliant Tissue）的软手指接触，该柔性组织通过变形以顺从环境中的曲面片。因此，这种接触类型还可以支持局部表面法线的力矩，这些力矩受到有限扭转摩擦系数 γ 和法向力 $\lambda_{mz} \leqslant \gamma\lambda_{fz}$ ㊀引起的约束。

4.3.4 广义抓握雅可比

C_i 的独立接触力旋量使用式（4-8）映射到物体坐标系，得到如下力旋量，该式由 λ_{Ci} 修改式（4-8）得到。

$$(\boldsymbol{w}_O)_i = \boldsymbol{G}_i \boldsymbol{w}_{Ci} = \boldsymbol{G}_i \boldsymbol{H}_i^{\mathrm{T}} \lambda_{Ci} \tag{4-10}$$

㊀ 软手指接触可以支持的力矩大小的约束也取决于切向力的大小[137,138]。表 4-2 使用了一个更简单、不太准确但仍然有用的模型。

表 4-2　三种常见接触类型

接触类型	几何结构	选择矩阵 H^T $w_C = H^T \lambda$	约束
无摩擦的点接触	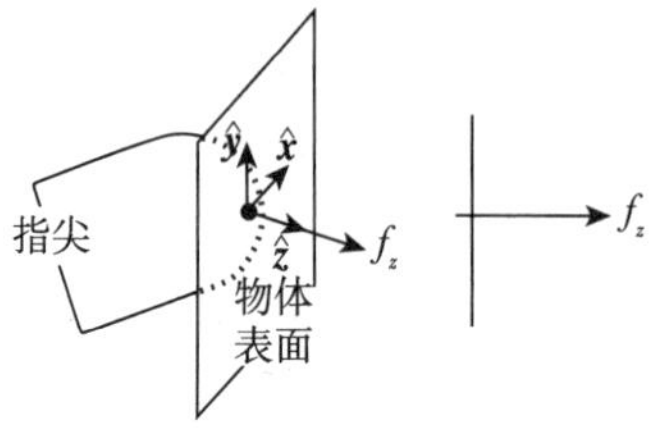	$w_C = \begin{bmatrix} 0 \\ 0 \\ 1 \\ 0 \\ 0 \\ 0 \end{bmatrix} [\lambda_{fz}]$	$\lambda_{fz} \geqslant 0$
有摩擦的点接触	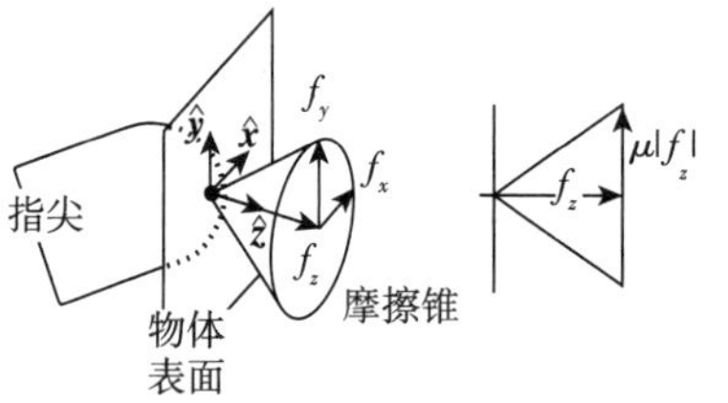	$w_C = \begin{bmatrix} 1 & 0 & 0 \\ 0 & 1 & 0 \\ 0 & 0 & 1 \\ 0 & 0 & 0 \\ 0 & 0 & 0 \\ 0 & 0 & 0 \end{bmatrix} \begin{bmatrix} \lambda_{fx} \\ \lambda_{fy} \\ \lambda_{fz} \end{bmatrix}$	$\lambda_{fz} \geqslant 0$ $[\lambda_{fx}^2 + \lambda_{fy}^2]^{1/2} \leqslant \mu\lambda_{fz}$
软手指接触	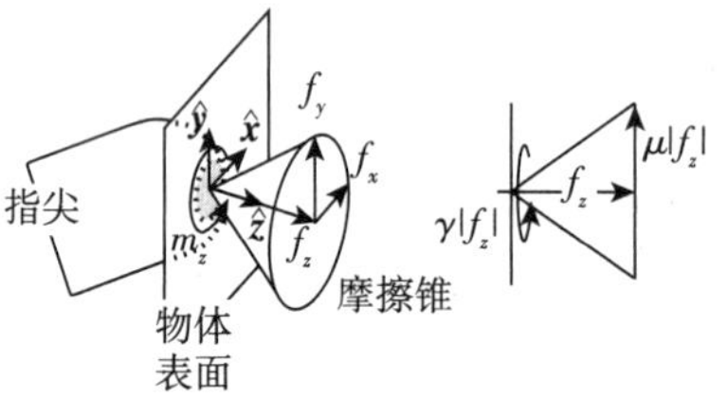	$w_C = \begin{bmatrix} 1 & 0 & 0 & 0 \\ 0 & 1 & 0 & 0 \\ 0 & 0 & 1 & 0 \\ 0 & 0 & 0 & 0 \\ 0 & 0 & 0 & 0 \\ 0 & 0 & 0 & 1 \end{bmatrix} \begin{bmatrix} \lambda_{fx} \\ \lambda_{fy} \\ \lambda_{fz} \\ \lambda_{mz} \end{bmatrix}$	$\lambda_{fz} \geqslant 0$ $[\lambda_{fx}^2 + \lambda_{fy}^2]^{1/2} \leqslant \mu\lambda_{fz}$ $\lambda_{mz} \leqslant \gamma\lambda_{fz}$

通过构造线性变换得到映射 $\boldsymbol{G}_i$，该线性变换将接触坐标系中的力旋量旋转到与物体坐标系对齐的坐标系中，然后将力旋量平移到物体坐标系的特定位置。将物体坐标变换为接触坐标 C_i 的旋转矩阵 $o\boldsymbol{R}_{Ci}$ 以块对角线形式给出，

$$\overline{\boldsymbol{R}}_i = \left[\begin{array}{c|c} o\boldsymbol{R}_{Ci} & \boldsymbol{0} \\ \hline \boldsymbol{0} & o\boldsymbol{R}_{Ci} \end{array}\right]$$

其将旋转独立地施加到接触力旋量的力分量和力矩分量上。

为了将结果从接触位置转换到物体坐标系上，注意到力旋量的力分量将映射到物体坐标系中的相同力，而接触坐标系中力矩需要与矢量积 $\boldsymbol{\rho}\times\boldsymbol{f}_{C_i}$ 相加，其中 $\boldsymbol{\rho}\in\mathbb{R}^3$ 是坐标系 C 相对于坐标系 O 的位置向量，

$$\boldsymbol{P}_i = \left[\begin{array}{ccc|ccc} 1 & 0 & 0 & 0 & 0 & 0 \\ 0 & 1 & 0 & 0 & 0 & 0 \\ 0 & 0 & 1 & 0 & 0 & 0 \\ \hline 0 & -\rho_z & \rho_y & 1 & 0 & 0 \\ \rho_z & 0 & -\rho_x & 0 & 1 & 0 \\ -\rho_y & \rho_x & 0 & 0 & 0 & 1 \end{array}\right] \tag{4-11}$$

该矩阵的上半部将接触力映射到物体坐标系中，下半部将接触力矩与物体坐标系中位置的接触力产生的力矩相加。$\boldsymbol{P}_i$ 的左下 3×3 部分是用于计算 $\boldsymbol{\rho}\times\boldsymbol{f}_{C_i}$ 叉积的矩阵形式。在给定接触配置、局部接触坐标系和单个接触类型的条件下，上式的最终结果是一种计算抓握雅可比

的几何方法：

$$(\boldsymbol{w}_O)_i=\boldsymbol{G}_i^*\boldsymbol{\lambda}_{Ci}$$

其中，

$$\boldsymbol{G}_i^*=\boldsymbol{P}_i\overline{\boldsymbol{R}}_i\boldsymbol{H}_i^{\mathrm{T}}$$

对于 n 个接触的抓握配置，抓握雅可比和力变量为

$$\boldsymbol{G}^*=[\boldsymbol{G}_1^*\cdots\boldsymbol{G}_n^*]$$

以及

$$\boldsymbol{\lambda}=[\boldsymbol{\lambda}_{C1}^{\mathrm{T}}\cdots\boldsymbol{\lambda}_{Cn}^{\mathrm{T}}]^{\mathrm{T}}$$

实例：二接触点的抓握雅可比

根据文献［251］中的分析，我们推导出图 4-12 中二接触点的平面抓握几何结构的抓握雅可比，并用它来求解满足摩擦约束的抓握力。抓握雅可比将 n 个接触的力旋量（在接触坐标系中）映射为物体坐标系中的净力旋量。左侧接触为点接触，存在摩擦 $\boldsymbol{\lambda}_{C_1}=[\lambda_1\lambda_2\lambda_3]^{\mathrm{T}}$，右侧接触为软手指接触，存在摩擦 $\boldsymbol{\lambda}_{C_2}=[\lambda_4\ \lambda_5\ \lambda_6\ \lambda_7]^{\mathrm{T}}$。参照表 4-2，有

$$\boldsymbol{H}_1^{\mathrm{T}}=\begin{bmatrix}1&0&0\\0&1&0\\0&0&1\\0&0&0\\0&0&0\\0&0&0\end{bmatrix}\quad \boldsymbol{\lambda}_1=\begin{bmatrix}\lambda_1\\\lambda_2\\\lambda_3\end{bmatrix}\quad \boldsymbol{H}_2^{\mathrm{T}}=\begin{bmatrix}1&0&0&0\\0&1&0&0\\0&0&1&0\\0&0&0&0\\0&0&0&0\\0&0&0&1\end{bmatrix}\quad \boldsymbol{\lambda}_2=\begin{bmatrix}\lambda_4\\\lambda_5\\\lambda_6\\\lambda_7\end{bmatrix}$$

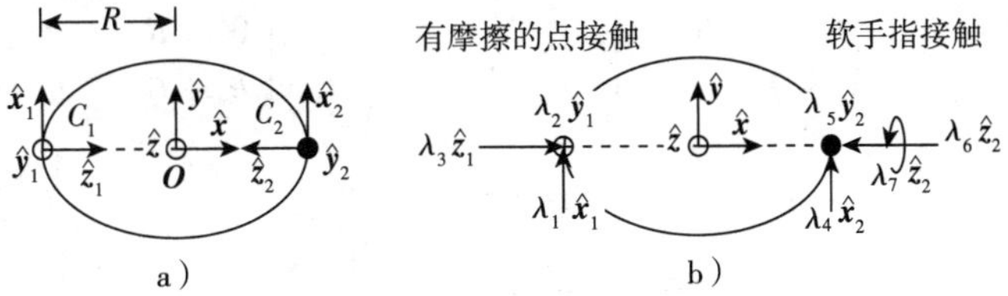

图 4-12　对椭球物体的抓握由两个触点组成。图 a 描述了一对接触坐标系相对于物体坐标系的几何结构。图 b 描述了与接触坐标系对齐的力 $\boldsymbol{\lambda}$ 的大小

局部接触坐标系必须旋转到与物体坐标系对齐的位置。在这个例子中，物体坐标系先围绕 $\hat{\boldsymbol{x}}_O$ 旋转 $\pi/2$，再围绕 $\hat{\boldsymbol{y}}_O$ 轴旋转 $\pi/2$，从而得到 C_1。

$$o\boldsymbol{R}_{C_1}=\mathrm{rot}(\hat{\boldsymbol{x}}_0,\pi/2)\,\mathrm{rot}(\hat{\boldsymbol{y}}_0,\pi/2)=\begin{bmatrix}0&0&1\\1&0&0\\0&1&0\end{bmatrix}$$

类似地，对象坐标系先围绕 $\hat{\boldsymbol{z}}_0$ 旋转 $\pi/2$，再围绕 $\hat{\boldsymbol{x}}_0$ 轴旋转 $\pi/2$，可旋转得到 C_2。

$$o\boldsymbol{R}_{C_2}=\mathrm{rot}(\hat{\boldsymbol{z}}_0,\pi/2)\,\mathrm{rot}(\hat{\boldsymbol{x}}_0,-\pi/2)=\begin{bmatrix}0&0&-1\\1&0&0\\0&-1&0\end{bmatrix}$$

旋转矩阵用于构建块对角线形式的变换矩阵，该矩阵独立地作用在接触力旋量的力和力矩分量：

$$
{}_O\overline{\boldsymbol{R}}_{C_1}\left[\begin{array}{ccc|ccc} 0 & 0 & 1 & & & \\ 1 & 0 & 0 & & \boldsymbol{0} & \\ 0 & 1 & 0 & & & \\ \hline & & & 0 & 0 & 1 \\ & \boldsymbol{0} & & 1 & 0 & 0 \\ & & & 0 & 1 & 0 \end{array}\right] \qquad {}_O\overline{\boldsymbol{R}}_{C_2}\left[\begin{array}{ccc|ccc} 0 & 0 & -1 & & & \\ 1 & 0 & 0 & & \boldsymbol{0} & \\ 0 & -1 & 0 & & & \\ \hline & & & 0 & 0 & -1 \\ & \boldsymbol{0} & & 1 & 0 & 0 \\ & & & 0 & -1 & 0 \end{array}\right]
$$

为了将力旋量从接触部位平移到对象坐标系中，由 $\boldsymbol{\rho}_{C_1}^O=[-R\quad 0\quad 0]^{\mathrm{T}}$ 和 $\boldsymbol{\rho}_{C_2}^O=[R\quad 0\quad 0]^{\mathrm{T}}$ 得到式（4-11）的值：

$$
\boldsymbol{P}_1=\begin{bmatrix} 1 & 0 & 0 & 0 & 0 & 0 \\ 0 & 1 & 0 & 0 & 0 & 0 \\ 0 & 0 & 1 & 0 & 0 & 0 \\ 0 & 0 & 0 & 1 & 0 & 0 \\ 0 & 0 & R & 0 & 1 & 0 \\ 0 & -R & 0 & 0 & 0 & 1 \end{bmatrix} \qquad \boldsymbol{P}_2=\begin{bmatrix} 1 & 0 & 0 & 0 & 0 & 0 \\ 0 & 1 & 0 & 0 & 0 & 0 \\ 0 & 0 & 1 & 0 & 0 & 0 \\ 0 & 0 & 0 & 1 & 0 & 0 \\ 0 & 0 & -R & 0 & 1 & 0 \\ 0 & R & 0 & 0 & 0 & 1 \end{bmatrix}
$$

作为这些变换的结果，我们可以将每个独立的接触力映射到物体坐标系的力旋量中：

$$
\boldsymbol{G}_1^*=\boldsymbol{P}_1\overline{\boldsymbol{R}}_1\boldsymbol{H}_1^{\mathrm{T}}=\begin{bmatrix} 0 & 0 & 1 \\ 1 & 0 & 0 \\ 0 & 1 & 0 \\ 0 & 0 & 0 \\ 0 & R & 0 \\ -R & 0 & 0 \end{bmatrix} \qquad \boldsymbol{G}_2^*=\boldsymbol{P}_2\overline{\boldsymbol{R}}_2\boldsymbol{H}_2^{\mathrm{T}}=\begin{bmatrix} 0 & 0 & -1 & 0 \\ 1 & 0 & 0 & 0 \\ 0 & -1 & 0 & 0 \\ 0 & 0 & 0 & -1 \\ 0 & R & 0 & 0 \\ R & 0 & 0 & 0 \end{bmatrix}
$$

因此

$$
\boldsymbol{w}_O=[\boldsymbol{G}_1^*\,\boldsymbol{G}_2^*]\begin{bmatrix} \lambda_{C_1} \\ \lambda_{C_2} \end{bmatrix}
$$

$$
\begin{bmatrix} f_x \\ f_y \\ f_z \\ m_x \\ m_y \\ m_z \end{bmatrix}_O=\begin{bmatrix} 0 & 0 & 1 & 0 & 0 & -1 & 0 \\ 1 & 0 & 0 & 1 & 0 & 0 & 0 \\ 0 & 1 & 0 & 0 & -1 & 0 & 0 \\ 0 & 0 & 0 & 0 & 0 & 0 & -1 \\ 0 & R & 0 & 0 & R & 0 & 0 \\ -R & 0 & 0 & R & 0 & 0 & 0 \end{bmatrix}\begin{bmatrix} \boldsymbol{\lambda}_1 \\ \boldsymbol{\lambda}_2 \\ \boldsymbol{\lambda}_3 \\ \boldsymbol{\lambda}_4 \\ \boldsymbol{\lambda}_5 \\ \boldsymbol{\lambda}_6 \\ \boldsymbol{\lambda}_7 \end{bmatrix}
$$

通常，$\boldsymbol{\lambda}_i$ 在接触坐标系中引起力旋量，这些力旋量通过抓握雅可比映射并累加在物体坐标系中形成力旋量（$\boldsymbol{w}_O$）。$\boldsymbol{G}$ 的第 i 列对应于独立力旋量，当相应的 $\boldsymbol{\lambda}_i=1$ 时，它独立作用于物体。例如，$\boldsymbol{G}$ 中的第三列是物体坐标系中的力旋量 $[1\,0\,0\,0\,0\,0]^{\mathrm{T}}$，对应于触点 C_1 中的 $\boldsymbol{\lambda}_3=1$。我们假设 $\boldsymbol{\lambda}$ 的每个分量都是独立可控的。如果在 $\boldsymbol{G}$ 的列空间中可以找到受接触类型约束的线

性组合 $\boldsymbol{\lambda}$，则可以将参考力旋量 $\boldsymbol{w}_{ref}$ 应用于物体。

4.3.5 抓握性能：形封闭和力封闭

固定接触几何结构在不考虑额外力的情况下固定物体（称为形封闭，Form Closure）的情况与接触系统实现黏弹性势阱的情况不同，后者使用变化的接触力抵抗干扰力（称为力封闭，Force Closure）。

Reuleaux[241] 最初将形封闭定义为“在该条件下，源于无摩擦接触时的接触力旋量，其正向组合能够抵抗扰动力。”由于假设接触是无摩擦的，该定义中引用的接触力仅由接触材料上的压力产生，并且力沿着局部表面法线方向。如果我们考虑刚性材料，我们可以完全根据物体速度旋量的限制来重写这个定义。

定义 4.4：形封闭　一种完全约束的条件，考虑物体和一组固定接触，不存在几何上与刚体假设相容的任意速度旋量（$\in \mathbb{R}^6$）。

在这些条件下，形封闭不依赖于内力或摩擦力来固定物体，因此，当分析力有困难的时候，可以考虑形封闭。例如，铣削操作对备用材料施加了很大的力，必须刚性固定这些材料才能获得精确的零件几何形状。形封闭的夹具可以提供高精度加工，直至材料达到屈服点，而不需要有使用夹具和护目镜时那么大的内力。理论结果已经确定出完全固定工件所需的夹具元件数量的界限。1875 年，Reuleaux 使用一阶分析表明，（非特例）物体需要至少四个无摩擦接触点才能在平面内封闭[241]。回转表面是个例外情况，不能通过任何数量的无摩擦接触点固定。1897 年，Somov[264] 使用相同的分析方法证明，在三维中形封闭需要至少 7 个无摩擦接触点。Mishra 等人[196] 在具有分段光滑轮廓的平面物体上确定了无摩擦接触点的上界为 6，而在空间情况下（除了 Reuleaux 的特例表面）确定了无摩擦接触点的上界为 12。特殊情况下（例子参见文献［242］），可以使用结合接触表面曲率的二阶分析来验证形封闭，这样可以使用更少的离散接触。

形封闭接触几何本质上是在物体周围建立了一个笼子，消除了物体相对于手的任何运动。然而，操作过程通常需要精确的相对运动，就比如旋转螺栓上的螺母。当手可以控制抓握力并施加摩擦力时，便有了更好的选择。表 4-1 中列出的几种接触类型，也包括了作用在接触位置的局部表面切线上的摩擦力。这些力通常取决于法向接触力的大小，也取决于构成手-物体系统的材料和表面纹理。为了利用这些特性，稳定的抓握解决方案依赖于力封闭特性，并关注于通过调整抓握力和接合摩擦力来实现对随机、有界力旋量扰动的适应性抓握。

定义 4.5：力封闭　如果存在符合接触型约束的接触坐标系力旋量 $\boldsymbol{\lambda}$ 的解，使得对任意相对物体坐标系的扰动力旋量 $\boldsymbol{w}_{dist}$ 满足 $\boldsymbol{G}\boldsymbol{\lambda}=-\boldsymbol{w}_{dist}$，则这种抓握配置是力封闭的。

当且仅当 $\boldsymbol{G}$ 是满射时[202]，抓握是力封闭的（并且是可稳定的），这要求不存在物体坐标系力旋量 $\boldsymbol{w}_O$，这意味着不能通过抓取雅可比矩阵映射接触力变量 $\boldsymbol{\lambda}$ 而产生物体坐标系的力旋量 $\boldsymbol{w}_O$。一般来说，映射是多对一的，在抓握雅可比 $\mathcal{N}(\boldsymbol{G})$（$\mathrm{rank}(\mathcal{N}(\boldsymbol{G}))\geqslant 1$）的零空间中反映了齐次解的连续性。同样在一般情况下，力封闭取决于手在 $\mathcal{N}(\boldsymbol{G})$ 范围内挤压物体的能力，以便根据需要缩放摩擦力。具有无摩擦接触点的力封闭抓握也是形封闭的。

换句话说，在包含 $\Sigma \boldsymbol{w}_i=\boldsymbol{0}$ 原点的物体力旋量空间的凸子集中，力封闭要求接触配置能够施加接触力。如果 $\mathrm{rank}(\mathcal{N}(\boldsymbol{G}))=k$，则该集合的包络可以以 k 种独立的方式缩放，从而适应任意的 $\boldsymbol{w}_{dist}$，同时满足摩擦接触约束。

实例：在力封闭抓握中求解力

假设图 4-12 中的抓握力必须支撑 0.1 kg 的物体，以抵抗在负 $\hat{\boldsymbol{y}}$ 方向上的重力载荷。这将需要物体坐标系中的正 $\hat{\boldsymbol{y}}$ 方向上的接触力之和约为 1.0 N。在这种情况下，图 4-12 中抓握的三维分析可以简化到物体坐标系的 $\hat{x}-\hat{y}$ 平面上，并产生 $\boldsymbol{w}_{\mathrm{dist}}=[0\quad -1\quad 0\quad 0\quad 0\quad 0]^{\mathrm{T}}$ 的接触力解。切向力的摩擦系数分别为 $\mu_1=0.2$ 和 $\mu_2=0.5$。

通常情况下，接触力旋量 $\boldsymbol{w}_C$ 满足 $\boldsymbol{w}_O=\boldsymbol{G}\boldsymbol{w}_C$ 的解，具有齐次解和特解两部分：

$$\boldsymbol{\lambda}=\boldsymbol{\lambda}_{\mathrm{p}}+k\boldsymbol{\lambda}_{\mathrm{h}} \tag{4-12}$$

特解是接触力指令 $\boldsymbol{\lambda}_{\mathrm{p}}$ 的一个矢量，它产生参考力旋量 $-\boldsymbol{w}_{\mathrm{dist}}$。在这种情况下，任务要求 $\lambda_1+\lambda_4=1.0$。为提供关于 $\hat{z}$ 轴的零净力矩，则有 $\lambda_1=\lambda_4=0.5$。然而，λ_1 和 λ_4 对应于切向力，并取决于法向力 λ_3 和 λ_6 的大小，以及各自的摩擦系数。在图 4-13 左侧，$\lambda_1\leqslant 0.2\lambda_3$ 要求 $\lambda_3\geqslant 2.5$。在图 4-13 右侧，$\lambda_4\leqslant 0.5\lambda_6$ 要求 $\lambda_6\geqslant 1.0$。静态平衡要求在 $\hat{x}$ 方向上的力的总和必须为零，因此 $\lambda_3=\lambda_6=2.5$。

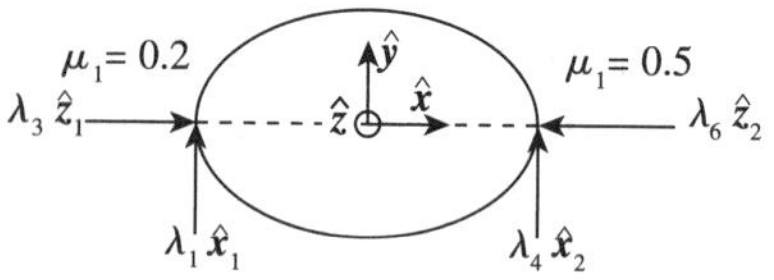

图 4-13　图 4-12 中三维抓握的平面投影

在式（4-12）中，$\boldsymbol{\lambda}_{\mathrm{h}}$ 是解的齐次解部分，描述了向物体施加零净力旋量的接触力之和。

$$\boldsymbol{G}\boldsymbol{\lambda}_{\mathrm{h}}=0$$

因此，在图 4-12 中，在 λ_3 和 λ_6 之间相向而夹的是零空间。

$$\boldsymbol{\lambda}_{\mathrm{h}}=[0\quad 0\quad k\quad 0\quad 0\quad k\quad 0]^{\mathrm{T}}:k\geqslant 2.5$$

在物体中产生（内部）压力，可以支撑所需的切向力——还有图 4-12 中所示的那个最初问题中的软指力矩 λ_7。

在力旋量空间中，围绕物体的平衡位姿抓握姿势支撑着一个凸起的六维超矩形体，可以控制该空间体以抵抗干扰，实现稳定抓握状态。可以通过挤压物体（增加 k）来缩放体积，从而扩大力旋量封闭的裕度。

为求解相互依赖的接触力系统，一个自然的选择是使用数学规划技术（Mathematical Programming Technique），在不等式约束系统中求出接触力[142,99]。在闭环架构中可以使用该技术，求出在有意外扰动时仍可实现稳定抓握的最小零空间抓握力。

习题

（1）**旋量空间：非线性向量空间。**对于描述所有速度和力的一个线性旋量空间，分别解释为什么速度旋量和力旋量不构成基向量。

（2）**物体移动性。**

1）图 4-10 在 $\mathbb{R}^2$ 中，抑制扰动并控制位置所需的魔术贴触点的最小数量是多少？

2）考虑无摩擦点接触的情况，分析图 4-11 中更一般系统的抓握稳定性。

- 三触点的抓握是否稳定和可控？证明你的答案。
- 可以抑制任意扰动 $\in\mathbb{R}^2$ 时，这种类型接触的最小接触点数量和特征是什么？提供分析以支持你的答案。

（3）**虚拟手指。**图 4-14a 和 b 的左侧展示了物体表面上的一对无摩擦点接触。这种接触几何结构有时被称为无摩擦线接触。图 4-14a 和 b 的右侧提出了一种虚拟手指（Virtual Finger，VF），位于触点 1 和 2 的中间。

如果两个接触系统中的每个接触力旋量 $[\lambda_{f_1}\lambda_{f_2}]^{\mathrm{T}}$ 都存在唯一的等效解 $[\lambda_{f_z}\lambda_{m_y}]^{\mathrm{T}}$，则虚拟手指等效于原始接触系统，反之亦然。

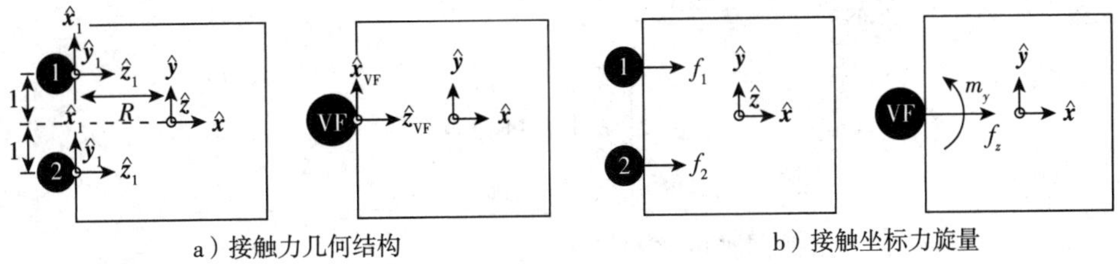

图 4-14　接触力几何结构和接触坐标力旋量

1）按照表 4-1，定义选择矩阵 $\boldsymbol{H}_1^{\mathrm{T}}$、$\boldsymbol{H}_2^{\mathrm{T}}$ 和 $\boldsymbol{H}_{\mathrm{VF}}^{\mathrm{T}}$。

2）根据图中几何结构，导出双触点系统的 $\boldsymbol{G}_{12}^*$ 和上述虚拟手指的 $\boldsymbol{G}_{\mathrm{VF}}^*$。

3）对任意接触力旋量的另一种表示，使用这些关系来描述作用力变量 $\boldsymbol{\lambda}_{1,2}$ 和 $\boldsymbol{\lambda}_{\mathrm{VF}}$ 之间的双向映射。

4）虚拟手指是否能完全且正确地表达原始的两触点系统？

（4）**求解平面抓握力：勺子上的两点接触。**在这种平面两点接触抓握几何结构中，接触类型是无摩擦点接触，如图 4-15 所示。所有的接触力都在 $\hat{x}-\hat{y}$ 平面内，并平行于 $\hat{y}_O$ 轴。在这种情况下，力旋量可以写成 $\boldsymbol{w}=[f_x f_v m_z]^{\mathrm{T}}$。

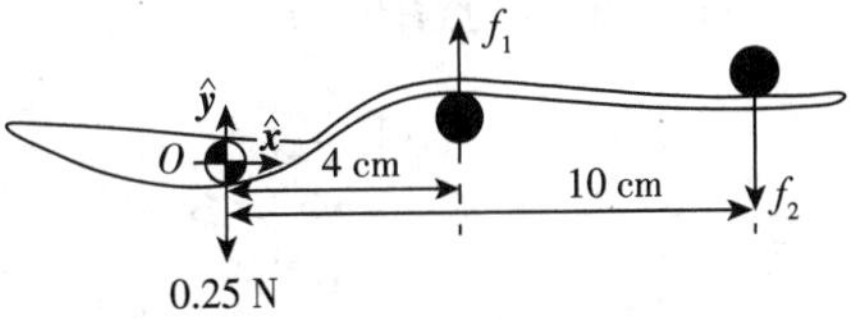

图 4-15　勺子上的两点接触

1）假设 $\|f_i\|=1$，写出抓握雅可比矩阵 $\boldsymbol{G}\in R^{3\times 2}$，使得 $\boldsymbol{w}=\boldsymbol{G}\begin{bmatrix}\lambda_{f1}\\ \lambda_{f2}\end{bmatrix}$。

2）写出该接触类型对 λ 施加的约束。

3）求解所需的 λ，使得力旋量 $\boldsymbol{w}=[0\quad 0.25\quad 0]^{\mathrm{T}}$ 可以以所示姿态支撑物体。

4）这种抓握是形封闭吗？请给出解释。

5）如果我们考虑有摩擦力的点接触情况，这种抓取是力封闭的吗？请给出解释。

（5）**求解平面抓握力：圆上的两点接触。**在半径 $R=0.025$ m 的圆形旋钮上实施两点接触抓握，如图 4-16 所示。触点为有摩擦点接触，接触力可控。假设只有 x-y 平面上的力，力旋量为

$$\boldsymbol{w}=\begin{bmatrix}f_x\\ f_y\\ m_z\end{bmatrix}$$

1）假设 $\|f_i\|=1$，写出抓握雅可比 $\boldsymbol{G}^*\in R^{3\times 4}$，使得

$$\boldsymbol{w}=\boldsymbol{G}^*\begin{bmatrix}\lambda_1\\ \lambda_2\\ \lambda_3\\ \lambda_4\end{bmatrix}$$

2）写出有摩擦的点接触对 $\boldsymbol{\lambda}$ 施加的约束。

3）将 0.5 N · m 的纯力矩施加到旋钮上 $\boldsymbol{w}=[0\ 0\ 0.5]^{\mathrm{T}}$，求解所需的 $\boldsymbol{\lambda}$。

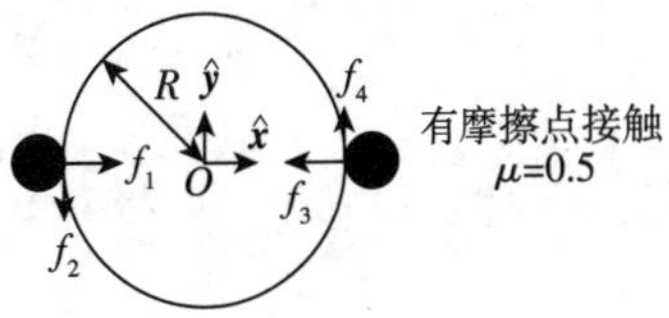

图 4-16　圆上的两点接触

（6）**求解平面抓握力：咖啡杯上的三点接触。**在咖啡杯上有三个无摩擦点接触，生成了相对于物体重心的物体坐标

系力旋量，如图 4-17 所示。

$$\boldsymbol{w}_i=\begin{bmatrix} f_x \\ f_y \\ m_z \end{bmatrix}_i \quad i=1,2,3$$

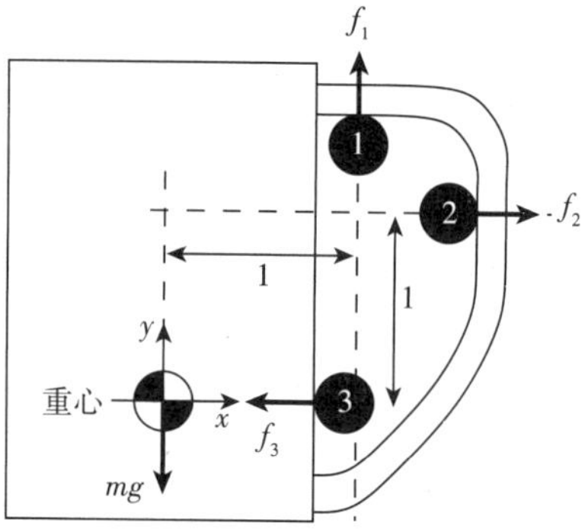

图 4-17 咖啡杯上的三点接触

1）假设 $\|\boldsymbol{f}_i\|=1$，写出抓握雅可比 $\boldsymbol{G}^*\in R^{3\times3}$，使得

$$\boldsymbol{w}=\boldsymbol{G}^*\begin{bmatrix} \lambda_1 \\ \lambda_2 \\ \lambda_3 \end{bmatrix}$$

2）写出在每个接触上为无摩擦点接触类型时对 $\boldsymbol{\lambda}$ 施加的约束。

3）求解（力封闭）解 $\boldsymbol{\lambda}$，使得

$$\begin{bmatrix} 0 \\ mg \\ 0 \end{bmatrix}=\boldsymbol{G}^*\begin{bmatrix} \lambda_1 \\ \lambda_2 \\ \lambda_3 \end{bmatrix}$$

4）是否存在其他抓握配置，比已有力封闭解有更少的无摩擦接触点？

（7）**求解平面抓握力：圆环上的三点接触**。在孔半径 $R=1$ 的圆环内侧，施加由内向外的平面三点接触，形成一种抓握几何结构，如图 4-18 所示。其中，顶部的两个触点是无摩擦触点，最底部的触点是有摩擦触点（$\mu=0.25$）。所有力都限制在 x-y 平面内，有力旋量

$$\boldsymbol{w}=\begin{bmatrix} f_x \\ f_y \\ m_z \end{bmatrix}$$

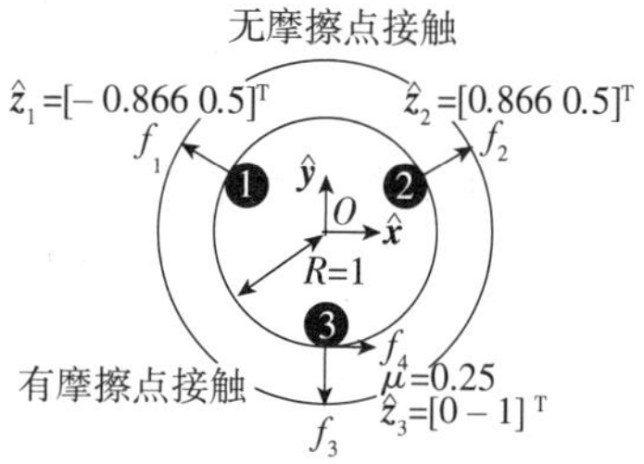

图 4-18 圆环上的三点接触

1）这种几何结构是形封闭的吗？请给出解释。

2）假设 $\|f_i\|=1$，写出抓握雅可比 $\boldsymbol{G}^*\in R^{3\times4}$，使得

$$\boldsymbol{w}=\boldsymbol{G}^*\begin{bmatrix} \lambda_1 \\ \lambda_2 \\ \lambda_3 \\ \lambda_4 \end{bmatrix}$$

3）写出该接触类型对 $\boldsymbol{\lambda}$ 施加的约束。

4）对物体施加力旋量 $[0\quad 0\quad 0.5]^{\mathrm{T}}$，求所需的最小 $\|\boldsymbol{\lambda}\|$ 的解。

5）该抓握几何结构是力封闭的吗？请给出解释。

（8）**设计一道题**。在第 4 章中，用你最喜欢的内容设计一道题。这个问题应该和已有的问题不同。进行简短的讨论和定量分析，开卷解决问题的时间不应超过 30 min。

铰接系统动力学

惯性系统的动力学分析描述了力如何作用在物体上而产生加速度。在桥梁和桁架等的刚性结构中，可以考虑弹性构件中挠度的时变模式和外部载荷产生的力的分布。在机器人结构中，我们通常会认为连杆是刚性的，并推导整个铰接结构上受运动学约束的力和加速度之间的关系。这些表达式可能很复杂，并且根据机械装置的运动学，它们可以耦合几个自由度的运动。

为更复杂机械装置（如机器人设备中的机构）写出运动控制方程已成为大量研究的主题。感兴趣的读者可以参考附录 B。在本章中，我们关注动力学知识如何支持仿真、机器人控制中的非线性和惯性耦合补偿，以及描述机器人性能的分析工具。

5.1 牛顿定律

著名的牛顿定律关注一个质点在 $\mathbb{R}^3$ 中的运动。

第一定律 除非受到外力的作用，否则粒子将保持恒定的直线运动状态（或静止）。换句话说，一个没有受到外力作用的质点将沿直线进行匀速运动（或静止）。第一定律隐含地将观察者添加到系统中——它要求观察者的完整运动状态是已知的（或者是非加速的）。观察者的这种参照系称为惯性坐标系。

第二定律 质点动量（$m\boldsymbol{v}$）的时间变化率与外力成正比，$\boldsymbol{f}=\frac{\mathrm{d}}{\mathrm{d}t}(m\boldsymbol{v})$。当物体的质量恒定时，第二定律引出了最常用的牛顿方程形式，$\boldsymbol{f}=\frac{\mathrm{d}}{\mathrm{d}t}(m\boldsymbol{v})=\mathrm{m}\boldsymbol{a}$。

第三定律 物体 B 对物体 A 施加作用力，将伴随一个大小相等、方向相反的反作用力，该力由物体 A 作用于物体 B。当多个物体在铰接机械结构中相互作用时，通过这一定律能得到重要结论。

牛顿的三个定律通过定义质点的动力学，为推导提供了起点。许多动力学系统采用旋转自由度。在这些情况下，用力矩代替力，用质量转动惯量描述关键惯性量，从而代替质量，重新改写牛顿定律。在这个牛顿定律的支持下，我们就可以以计算转矩方程（Computed-torque Equation）的形式写出运动动力学方程，用于描述单个旋转自由度构成的简单机构。

5.2 惯性张量

对于刚体，为了描述力矩如何产生角加速度，必须考虑围绕旋转中心的质量分布。在图 5-1 中，刚性平面片围绕坐标系 O 的 $\hat{z}$ 轴旋转，质点 m_k 是其上的一个元素。因此，当 $\omega\neq0$ 时，质量 m_k 描述了半径为 r_k 的圆形轨道。图 5-1 定义了两个额外的基向量 $\hat{\boldsymbol{r}}$ 和 $\hat{\boldsymbol{t}}$，分别与轨道的径向和切向对齐。

为了产生关于 O 的角加速度，围绕 $\hat{z}$ 轴施加一个力矩：

$$\boldsymbol{\tau}_k=\boldsymbol{r}\times\boldsymbol{f}=r_k\hat{\boldsymbol{r}}\times\frac{\mathrm{d}}{\mathrm{d}t}(m_k\boldsymbol{v}_k)=m_kr_k\left[\hat{\boldsymbol{r}}\times\frac{\mathrm{d}}{\mathrm{d}t}(\boldsymbol{v}_k)\right]$$

m_k 绕 O 旋转产生的速度是 $\boldsymbol{v}_k=(\omega\hat{\boldsymbol{z}}\times r_k\hat{\boldsymbol{r}})=(r_k\omega)\hat{\boldsymbol{t}}$，因此，$\boldsymbol{\tau}_k=(m_kr_k^2)\dot{\omega}\ \hat{\boldsymbol{z}}=J_k\dot{\omega}\hat{\boldsymbol{z}}$。在这里，$J_k=m_kr_k^2$ 描述了以 $\hat{\boldsymbol{z}}$ 轴为转动轴，绕坐标系 O 的原点公转时，若产生角加速度 $\dot{\omega}$，质量 m_k 需要的转矩 $\boldsymbol{\tau}_k$。整个平面片的转动惯量是所有 m_k 的总和：

$$\boldsymbol{\tau}=\left(\sum_k m_kr_k^2\right)\dot{\omega}=J\dot{\omega} \tag{5-1}$$

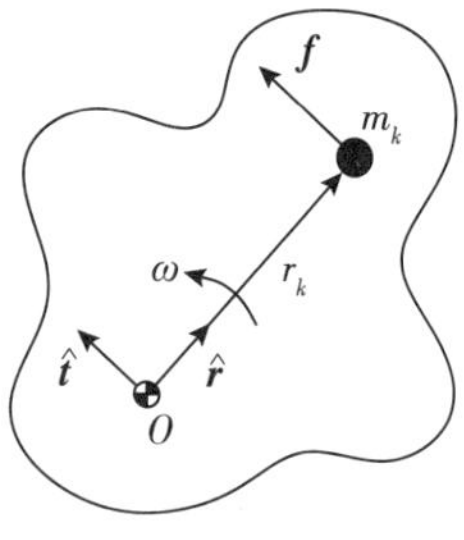

图 5-1　从构成一个平面片的质点集合中取出一个元素，坐标系 O 的 $\hat{\boldsymbol{z}}$ 轴垂直垂直纸面向外

惯性参数 $J(\mathrm{kg}\cdot\mathrm{m}^2)$ 是旋转系统的标量转动惯量，取决于相对于旋转中心的质量分布。式（5-1）将转矩与角加速度联系起来。这与牛顿第二定律 $\boldsymbol{f}=\frac{\mathrm{d}}{\mathrm{d}t}(m\boldsymbol{v})=m\boldsymbol{a}$ 中，将力与线加速度相联系的方式类似。与线性动量（$p=m\boldsymbol{v}$）相对应的是旋转系统中的角动量 $L=J\omega$。因此，可以以牛顿第二定律相同的形式写出欧拉方程：

$$\boldsymbol{\tau}=\frac{\mathrm{d}}{\mathrm{d}t}[J\omega]=J\ddot{\theta} \tag{5-2}$$

这样，类似于牛顿粒子，旋转物体维持角动量不变（并保持恒定的角速度状态），除非受到外部转矩的作用。

为了将这种分析推广到绕三个正交轴旋转的物体，需要构造惯性张量[⊖]。附录 B. 1 考虑了平面片的离散叠加（见图 B-1），并推导出三维物体关于任意轴 $\hat{\boldsymbol{a}}\in\mathbb{R}^3$ 的惯性张量，结果就是众所周知的 3×3 正定对称惯性张量：

$${}^A\boldsymbol{J}=\begin{bmatrix} J_{xx} & -J_{xy} & -J_{xz} \\ -J_{yx} & J_{yy} & -J_{yz} \\ -J_{zx} & -J_{zy} & J_{zz} \end{bmatrix} \tag{5-3}$$

式中，对角线元素 J_{xx}、J_{yy} 和 J_{zz} 是转动惯量，非对角线元素 J_{xy}、J_{xz} 和 J_{yz} 是惯量积。

$$\begin{aligned} {}^AJ_{xx}&=\iiint(y^2+z^2)\rho\ \mathrm{d}x\ \mathrm{d}y\ \mathrm{d}z \quad & {}^AJ_{yx}={}^AJ_{xy}&=\iiint(xy)\rho\ \mathrm{d}x\ \mathrm{d}y\ \mathrm{d}z \\ {}^AJ_{yy}&=\iiint(x^2+z^2)\rho\ \mathrm{d}x\ \mathrm{d}y\ \mathrm{d}z \quad & {}^AJ_{zx}={}^AJ_{xz}&=\iiint(xz)\rho\ \mathrm{d}x\ \mathrm{d}y\ \mathrm{d}z \\ {}^AJ_{zz}&=\iiint(x^2+y^2)\rho\ \mathrm{d}x\ \mathrm{d}y\ \mathrm{d}z \quad & {}^AJ_{zy}={}^AJ_{yz}&=\iiint(yz)\rho\ \mathrm{d}x\ \mathrm{d}y\ \mathrm{d}z \end{aligned} \tag{5-4}$$

实例：转动惯量

图 5-2 所示的长方体围绕坐标系 A 的 $\hat{\boldsymbol{x}}$、$\hat{\boldsymbol{y}}$、$\hat{\boldsymbol{z}}$ 轴旋转。

对于绕 $\hat{\boldsymbol{x}}$ 轴旋转的情况，有

$$\begin{aligned} {}^AJ_{xx}&=\int_0^h\int_0^l\int_0^w(y^2+z^2)\rho\mathrm{d}x\mathrm{d}y\mathrm{d}z=\int_0^h\int_0^l(y^2+z^2)w\rho\mathrm{d}y\mathrm{d}z \\ &=\int_0^h\left[\left(\frac{y^3}{3}+z^2y\right)\right]_0^l w\rho\mathrm{d}z=\int_0^h\left(\frac{l^3}{3}+z^2l\right)w\rho\mathrm{d}z \end{aligned}$$

⊖ 张量是一种描述向量之间关系的几何算子，与坐标系的任何特定选择无关。内（点）积和向量（叉）积是张量，惯性张量也是张量，它将转矩向量投影到加速度的向量空间。

$$=\left(\frac{l^3z}{3}+\frac{lz^3}{3}\right)\Bigg|_0^h(w\rho)=\left(\frac{l^3h}{3}+\frac{lh^3}{3}\right)w\rho$$

惯性张量的其他元素可以用类似的方式计算。由于长方体的质量是 $m=(lwh)\rho$，我们发现

$$^{A}\boldsymbol{J}=\begin{bmatrix}\frac{m}{3}(l^2+h^2) & -\frac{m}{4}wl & -\frac{m}{4}hw\\ -\frac{m}{4}wl & \frac{m}{3}(w^2+h^2) & -\frac{m}{4}hl\\ -\frac{m}{4}hw & -\frac{m}{4}hl & \frac{m}{3}(l^2+w^2)\end{bmatrix} \tag{5-5}$$

在图 5-2 中，质量分布在坐标系 A 的 $\hat{x}$ 轴、$\hat{y}$ 轴和 $\hat{z}$ 轴的一侧。像这样的偏心质量分布增加了惯性张量的大小（见附录 A.5），因此，与质量分布更对称的坐标系相比，需要更多的力矩来绕坐标系 A 的坐标轴加速物体。

此外，偏心质量分布导致张量在 $\hat{x}$、$\hat{y}$ 和 $\hat{z}$ 轴之间存在惯性非零积，发生惯性耦合。因此，给定任意坐标系 A，为产生一个仅围绕 $\hat{z}$ 轴的加速度（$\dot{\boldsymbol{\omega}}=[0\ 0\ 1]^{\mathrm{T}}$），则需要所有三个轴上的力矩。结合式（5-1）和式（B-4）很明显可以看出这一点：

$$\boldsymbol{\tau}=\begin{bmatrix}J_{xx} & -J_{xy} & -J_{xz}\\ -J_{yx} & J_{yy} & -J_{yz}\\ -J_{zx} & -J_{zy} & J_{zz}\end{bmatrix}\begin{bmatrix}0\\0\\1\end{bmatrix}=\begin{bmatrix}-J_{xz}\\ -J_{yz}\\ J_{zz}\end{bmatrix}$$

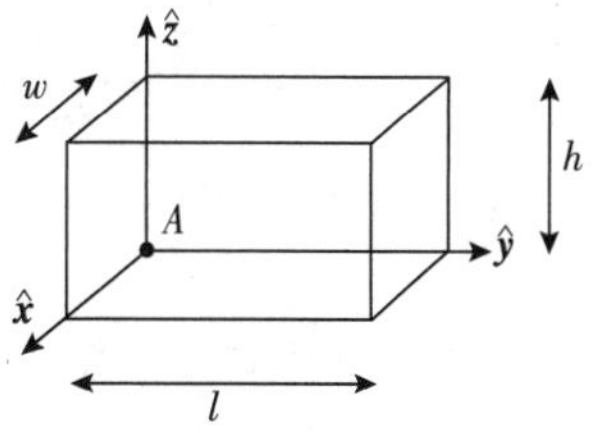

图 5-2　一个总质量为 m 的长方体绕坐标系 A 的 $\hat{x}$ 轴旋转

对于对称物体，当旋转轴平行于物体的对称轴且旋转中心与质心重合时，惯量张量被对角化，其幅值被最小化，从而实现了从转矩到加速度的高效且非耦合的转换。但是，机器人机构中的连杆通常不会围绕它们的质心旋转，也不会只围绕对称轴旋转。通常，对于机械装置中的一个连杆，一种方便的处理方式是，在反映其对称性的坐标系中计算惯性张量，然后再将结果转换到表示该装置运动约束的另一个坐标系。为此，我们需要一种方法来重新计算能反映坐标系 A 的平移和旋转的惯性张量。

5.2.1　平行轴定理

质心是物体质量对称分布的位置，在三维中，它是质量分布的平均位置。

在图 5-2 中，给出一个任意选择的坐标系 A，物体的质心定义为

$$\boldsymbol{r}_{\mathrm{cm}}=\frac{\sum m_i\boldsymbol{r}_i}{\sum m_i}$$

对于一个在质心 $^{CM}\boldsymbol{J}$ 处有已知惯性张量的物体，平行轴定理指出，在任何其他平行坐标系（相对于坐标系 CM 进行纯平移）上的惯性张量为

$$^{A}\boldsymbol{J}={}^{CM}\boldsymbol{J}+\begin{bmatrix}m(r_y^2+r_z^2) & -m(r_xr_y) & -m(r_xr_z)\\ -m(r_yr_x) & m(r_x^2+r_z^2) & -m(r_yr_z)\\ -m(r_zr_x) & -m(r_zr_y) & m(r_x^2+r_y^2)\end{bmatrix}$$

式中，$\boldsymbol{r}_{cm}=[r_x r_y r_z]$；$m$ 为物体的总质量。对 $^{CM}\boldsymbol{J}$ 的修正部分恰好是作用于一个质点的惯性张量，其大小等于物体的总质量，位置在 $\boldsymbol{r}_{cm}$ 处，如图 5-3 所示。

实例：平移旋转中心

在前面的例子中，坐标系 A 的坐标轴平行于物体的对称轴，但矩形物体的质心偏离于任意旋转轴[⊖]。

假设旋转中心现在平移到物体的质心，如图 5-4 所示。在 $r_x=w/2$、$r_y=l/2$、$r_z=h/2$ 处，平行轴定理成立：

$$
\begin{aligned}
{}^{CM}J_{zz} &= {}^{A}J_{zz}-m(r_x^2+r_y^2)\\
&=\frac{m}{3}(l^2+w^2)-\frac{m}{4}(l^2+w^2)\\
&=\frac{m}{12}(l^2+w^2)
\end{aligned}
$$

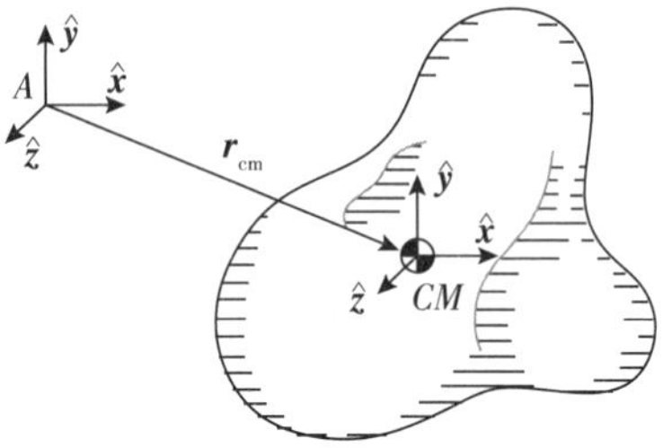

图 5-3　绕着穿过坐标系 A 原点的轴旋转的偏心质量分布

并且

$$
\begin{aligned}
{}^{CM}J_{xy} &= {}^{A}J_{xy}+m(r_x r_y)\\
&=-\frac{m}{4}(wl)+\frac{m}{4}(wl)=0
\end{aligned}
$$

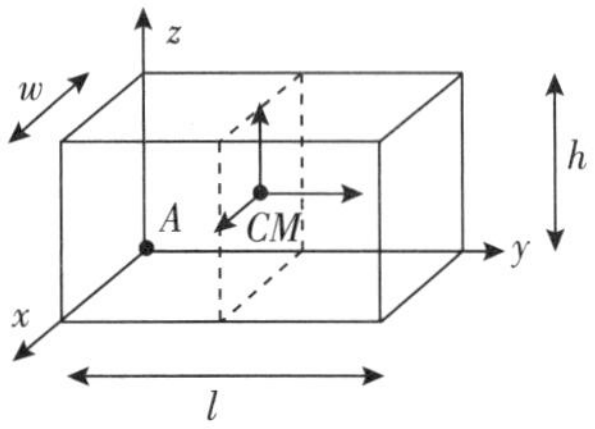

图 5-4　将旋转中心移动到质心

对惯性张量中其余四个唯一元素进行类似的计算，可以看出将旋转中心移动到质心的结果是惯性张量被对角化：

$$
{}^{CM}\boldsymbol{J}=\frac{m}{12}\begin{bmatrix} l^2+h^2 & 0 & 0\\ 0 & w^2+h^2 & 0\\ 0 & 0 & l^2+w^2\end{bmatrix}
$$

对角化的惯性张量是将坐标系 A 移动到质心的结果，它反映了坐标系与长方体对称轴的对齐性。坐标系 CM 方向的其他选择将会像以前一样产生偏心质量分布，并在张量中重新引入非零惯性积。

5.2.2　旋转惯性张量

旋转物体的角动量向量 $\boldsymbol{J\omega}$ 在坐标系旋转过程中守恒。因此

$$
\begin{aligned}
\boldsymbol{J}_1\boldsymbol{\omega}_1 &= {}_1\boldsymbol{R}_0(\boldsymbol{J}_0\boldsymbol{\omega}_0)={}_1\boldsymbol{R}_0\boldsymbol{J}_0({}_1\boldsymbol{R}_0^{\mathrm{T}}{}_1\boldsymbol{R}_0)\boldsymbol{\omega}_0\\
&=({}_1\boldsymbol{R}_0\boldsymbol{J}_{01}\boldsymbol{R}_0^{\mathrm{T}})\boldsymbol{\omega}_1
\end{aligned}
$$

新的惯性张量可以写成

$$
\boldsymbol{J}_1={}_1\boldsymbol{R}_0\boldsymbol{J}_{01}\boldsymbol{R}_0^{\mathrm{T}}
$$

本章习题（6）第 1 问提出了需要旋转惯性张量来解决的实例问题。

5.3　计算转矩方程

铰接机构的动力学以牛顿力学为基础，对于机器人来说，这些关系相当复杂。这种复杂

⊖　对于质量密度均匀的矩形，质心与其几何中心相同。

性源于所涉及的多个物体之间的相互作用，这些相互作用会影响速度沿运动链传播的方式，以及机构某个部分上的力的传播方式（会引起结构中其他部分的动量变化）。

有多种技术可以从系统描述中推导出机器人的动力学。附录 B 中介绍了两个重要的例子（牛顿-欧拉迭代和拉格朗日法）。它们描述了依赖于惯性装置运动状态的力和加速度之间的关系。

由此，以计算转矩方程的形式写出运动方程：

$$\boldsymbol{\tau}=\boldsymbol{M}(\boldsymbol{q})\ \ddot{\boldsymbol{q}}+\boldsymbol{V}(\boldsymbol{q},\dot{\boldsymbol{q}})+\boldsymbol{G}(\boldsymbol{q})+\boldsymbol{F} \tag{5-6}$$

对于一个 n 自由度的机器人，$\boldsymbol{q}$ 是 $n\times1$ 的配置变量向量，$\boldsymbol{\tau}$ 是相应的作用在自由度上的 $n\times1$ 维的力或转矩向量。$\boldsymbol{M}(\boldsymbol{q})$是依赖配置的广义惯性矩阵。它是 $n\times n$ 的正定对称矩阵（由它与质量或质量矩的物理关系确定），因此总是可逆的。$n\times1$ 向量 $\boldsymbol{V}(\boldsymbol{q},\dot{\boldsymbol{q}})$取决于位置 $\boldsymbol{q}$ 和速度$\dot{\boldsymbol{q}}$，表示向心力和科里奥利力（包含速度乘积项）。向量 $\boldsymbol{G}(\boldsymbol{q})$是一个 $n\times1$ 的重力和/或转矩向量。此外，实际系统可能受到摩擦力和接触力的影响。式（5-6）中的 $n\times1$ 向量 $\boldsymbol{F}$ 表示机构中这类力的力和力矩。式（5-6）有时被称为动态方程的状态空间形式，因为它是用状态变量（$\boldsymbol{q}$，$\dot{\boldsymbol{q}}$）写出的。

实例：罗杰眼睛的动力学模型

罗杰眼睛被建模为一个单旋转关节的动态模型，质点 m 位于长度为 l 的无质量连杆的末端（见图 5-5）。该动态模型是理想系统，质心位于质点处，由于它是无量纲的，所以转动惯量 $J_{\mathrm{cm}}=0$。因此，根据平行轴定理，连杆绕原点的转动惯量为 ml^2。围绕 $\hat{z}$ 轴（图 5-5 中未显示）的纯控制力矩由原点处的电动机提供。假设质量 m 受到沿 $\hat{x}$ 轴负方向的重力加速度（$-g$）的影响。可以使用建立弹簧-质量-阻尼器的动态运动方程（见 2.2 节）时相同的自由物体分析方法来分析这个简单的动态模型。在这种情况下，作用在眼睛上的所有力矩的总和等于对应角动量的时间变化率：

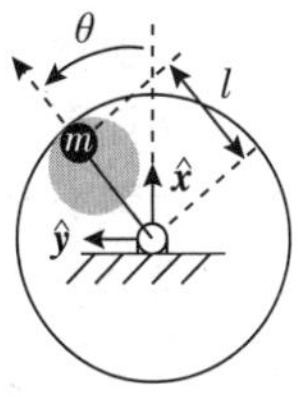

图 5-5　描述罗杰眼睛的单旋转关节的动态模型

$$\sum\tau=\frac{\mathrm{d}}{\mathrm{d}t}(J\dot{\theta})=(ml^2)\ \ddot{\theta}\ =\tau_{\mathrm{m}}+mgl\sin\theta$$

式中，τ_{m} 是电动机施加的转矩；$mgl\sin\theta$ 是质点上的重力转矩，是 θ 的函数。

重新排列各项得到罗杰眼睛的计算力矩方程：

$$\tau_{\mathrm{m}}=M\ddot{\theta}+G \tag{5-7}$$

式中，广义惯性量为标量 $M=ml^2$；由科里奥利力和向心力 $\boldsymbol{V}(\theta,\dot{\theta})$引起的力矩不存在，并且 $G=-mgl\sin\theta$。

附录 B 介绍了对一般机构推导多自由度动力学方程的两种方法，包括机器人中常见的并联链机构。第一种方法是前一个例子中使用的自由物体分析的系统性扩展，称为牛顿-欧拉迭代。第二种方法采用拉格朗日方程，它从系统的能量中直接推导出动力学。附录 B 还包括应用于 2R 平面操作端的技术的例子。

实例：罗杰手臂的动态模型

罗杰（见图 3-2）的两只手臂安装在移动平台的肩关节处。它的双臂是平面 2R 机构，质点 m_1 和 m_2 在两个无质量连杆 l_1 和 l_2 的末端，如图 5-6 所示。在本例中，我们将图 5-6 中的坐标系 O（肩关节）看作是一个固定于地面的惯性坐标系。此外，在这个实例中，我们考虑手臂没有与环境接触的情况。

在这种情况下，我们可以将附录 B.4.3 中推导出的控制动力学方程整理成状态空间形式，从而得到罗杰手臂的计算转矩方程：

$$\boldsymbol{\tau}=\boldsymbol{M}(\boldsymbol{\theta})\ddot{\boldsymbol{\theta}}+\boldsymbol{V}(\boldsymbol{\theta},\dot{\boldsymbol{\theta}})+\boldsymbol{G}(\boldsymbol{\theta}) \tag{5-8}$$

式中，

$$\boldsymbol{M}(\boldsymbol{\theta})=\begin{bmatrix} m_2l_2^2+2m_2l_1l_2c_2+(m_1+m_2)l_1^2 & m_2l_2^2+m_2l_1l_2c_2 \\ m_2l_2^2+m_2l_1l_2c_2 & m_2l_2^2 \end{bmatrix}(\mathrm{kg\cdot m^2})$$

$$\boldsymbol{V}(\boldsymbol{\theta},\dot{\boldsymbol{\theta}})=\begin{bmatrix} -m_2l_1l_2s_2(\dot{\theta}_2^2+2\dot{\theta}_1\dot{\theta}_2) \\ m_2l_1l_2s_2\dot{\theta}_1^2 \end{bmatrix}(\mathrm{N\cdot m})$$

$$\boldsymbol{G}(\boldsymbol{\theta})=\begin{bmatrix} -(m_1+m_2)l_1s_1g-m_2l_2s_{12}g \\ -m_2l_2s_{12}g \end{bmatrix}(\mathrm{N\cdot m})$$

与在前面的例子中考虑眼睛动态时我们的发现相比，这是一个稍微复杂的表达式。式（5-8）中的每一项都将力矩与多个自由度耦合起来。通常，由于操作端的运动状态，操作端的任意构型都会在两个关节上引入重力力矩，$\boldsymbol{V}(\boldsymbol{\theta},\dot{\boldsymbol{\theta}})$中的惯性载荷同样如此。广义惯性量用2×2矩阵的形式写出。因此，一般来说，要在手臂上获得特定的加速度，需要两个关节上的统一的转矩模式。

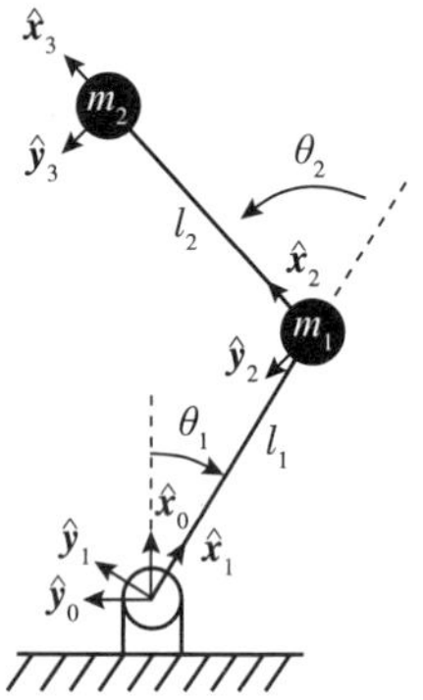

图5-6 相对于惯性肩坐标系 O 的罗杰手臂的动力学参数

惯性耦合的结果是：在单个配置变量中处理误差的电动机单元，将在其他配置变量中引起相关的加速度。这个例子说明，非线性和耦合动力学是规则而不是例外，特别是对于具有转动关节的机器人。

原则上，只要给定机器人的运动学描述和设备中的质量分布，就可以用附录B中介绍的技术描述机器人的整体动力学。然而，对于真实的机器人来说，闭式推导很复杂，因此通常采用数值方法。不管采用何种方法，一旦推导出动力学方程，就有许多方法可以用于增强对复杂机器人的理解和控制。

5.3.1 仿真

将转矩方程反过来，可以求解由关节力矩、惯性载荷、重力载荷和外部载荷共同作用下的机构净加速度。考虑运动状态$(\boldsymbol{q},\dot{\boldsymbol{q}})$，我们可以把所有这些力和力矩对加速度的净作用写成

$$\ddot{\boldsymbol{q}}=\boldsymbol{M}^{-1}(\boldsymbol{q})[\boldsymbol{\tau}-\boldsymbol{V}(\boldsymbol{q},\dot{\boldsymbol{q}})-\boldsymbol{G}(\boldsymbol{q})-\boldsymbol{F}] \tag{5-9}$$

可以用离散时间数值积分近似求解式（5-9）。给定合适的状态变量初始值，可以仿真预测未来状态。例如，随时间步进，估计加速度函数下的面积来确定速度的变化，计算速度曲线下的面积来估计位置变化。使用一个简单的欧拉积分器，我们发现

$$\begin{aligned}\ddot{\boldsymbol{q}}(t)&=\boldsymbol{M}^{-1}[\boldsymbol{\tau}-\boldsymbol{V}-\boldsymbol{G}-\boldsymbol{F}]\\ \dot{\boldsymbol{q}}(t+\Delta t)&=\dot{\boldsymbol{q}}(t)+\ddot{\boldsymbol{q}}(t)\Delta t\\ \boldsymbol{q}(t+\Delta t)&=\boldsymbol{q}(t)+\dot{\boldsymbol{q}}\Delta t+\frac{1}{2}\ddot{\boldsymbol{q}}(t)\Delta t^2\end{aligned} \tag{5-10}$$

可以使用更好的积分器，例如，使用高阶近似和非均匀时间步长。

5.3.2 前馈控制

2.2 节提出了一个用于机器人控制的简单运动单元，使用弹簧-质量-阻尼器来设计一个渐近稳定的系统，该系统近似于动物肌肉的一些黏弹性特性和控制肢体运动的底层运动神经元。将式（5-8）中的耦合非线性动力学应用于 2R 操作端，这意味着抑制单自由度中的误差会导致其他自由度中的误差。因此，这种耦合可以使 SMD 的典型二阶响应发生很大变化。在某种程度上，运动方程可以精确地捕捉机器人的动力学，它可以被用于补偿这些耦合项。

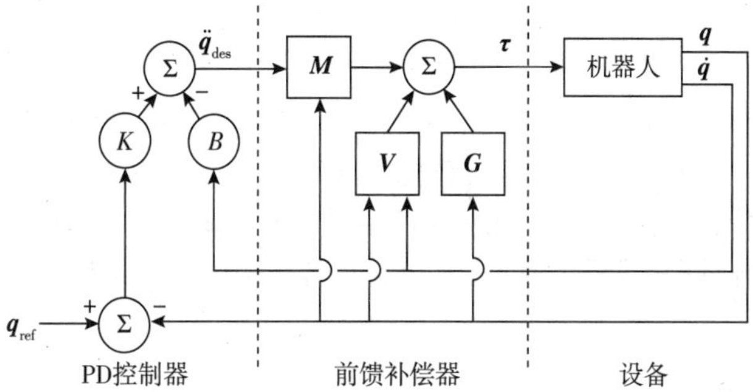

图 5-7 前馈补偿器对多自由度控制器进行线性化和解耦

图 5-7 中的前馈补偿器对 PD 控制器的输出进行缩放，以线性化和解耦被控对象中的自由度。在该情况中，设计 PD 控制器用于非耦合的单位质量（或质量矩，视情况而定）。因此，对于每个自由度，它都为这个参考设备 $\tilde{\boldsymbol{\tau}}_{com}=\boldsymbol{I}_n\ddot{\boldsymbol{q}}_{des}$ 产生一个力指令。

前馈补偿器通过修正期望加速度向量来为真实设备计算指令力/力矩：

$$\boldsymbol{\tau}_{com}=\boldsymbol{M}\ddot{\boldsymbol{q}}_{des}+\boldsymbol{V}+\boldsymbol{G} \tag{5-11}$$

受控设备的逆动力学模拟表达式为

$$\ddot{\boldsymbol{q}}_{act}=\boldsymbol{M}^{-1}[\boldsymbol{\tau}_{com}-\boldsymbol{V}-\boldsymbol{G}] \tag{5-12}$$

将式（5-11）代入式（5-12），得到恒等关系：

$$\ddot{\boldsymbol{q}}_{act}=\boldsymbol{M}^{-1}[(\boldsymbol{M}\ddot{\boldsymbol{q}}_{des}+\boldsymbol{V}+\boldsymbol{G})-\boldsymbol{V}-\boldsymbol{G}]=\ddot{\boldsymbol{q}}_{des}$$

因此，前馈补偿器与设备的组合创建了恒等系统。这样，通过计算抑制相邻自由度耦合影响所需的驱动模式，每个自由度的运动单元精确地抑制了误差，成为与典型二阶系统类似的系统。

5.3.3 动态可操作性椭球

$\dot{\boldsymbol{q}}\approx 0$ 且忽略重力引起的转矩时，计算转矩方程可简化为 $\boldsymbol{\tau}=\boldsymbol{M}\ddot{\boldsymbol{q}}$ 。在这种情况下，3.7 节和附录 A.6 中开发的线性分析工具，可以提供对多自由度铰接系统中施加的力和加速度之间的映射关系的深入理解。例如，广义惯量椭球用 $\boldsymbol{M}\boldsymbol{M}^{T}$ 的特征值和特征向量描述了施加的力矩 $\boldsymbol{\tau}$ 和加速度 $\ddot{\boldsymbol{\theta}}$ 之间的关系。这是线性分析的基础，描述了操作端的加速度如何依赖于其配置而发生变化[208]。

为了测量操作端动力学、重力、当前运动状态以及执行器性能的限制如何影响在笛卡儿空间⊖中产生末端加速度的能力，我们从速度关系 $\dot{\boldsymbol{r}}=\boldsymbol{J}\dot{\boldsymbol{q}}$ 入手，其中 $\boldsymbol{J}$ 是操作端雅可比矩阵。对时间微分得到

⊖ 在这个讨论中，我们假设操作端雅可比是方阵并且满秩。在文献［298，208，47］中的一般情况下，使用伪逆（见附录 A.9）进行处理。

$$\ddot{\boldsymbol{r}}=\boldsymbol{J}(\boldsymbol{q})\ddot{\boldsymbol{q}}+\dot{\boldsymbol{J}}(\boldsymbol{q},\dot{\boldsymbol{q}})\dot{\boldsymbol{q}}$$

用式（5-9）替换 $\ddot{\boldsymbol{q}}$ 表达式，额外载荷 $\boldsymbol{F}=0$，得到

$$\begin{aligned}\ddot{\boldsymbol{r}}&=\boldsymbol{J}[\boldsymbol{M}^{-1}(\boldsymbol{\tau}-\boldsymbol{V}-\boldsymbol{G})]+\dot{\boldsymbol{J}}\dot{\boldsymbol{q}}\\&=\boldsymbol{J}\boldsymbol{M}^{-1}\boldsymbol{\tau}+\dot{\boldsymbol{v}}_{\text{vel}}+\dot{\boldsymbol{v}}_{\text{grav}}\end{aligned}\tag{5-13}$$

式（5-13）去掉了对 $\boldsymbol{q}$ 和 $\dot{\boldsymbol{q}}$ 的显性依赖并引入了两个新的加速度项：

$$\dot{\boldsymbol{v}}_{\text{vel}}=-\boldsymbol{J}\boldsymbol{M}^{-1}\boldsymbol{V}+\dot{\boldsymbol{J}}\dot{\boldsymbol{q}}\tag{5-14}$$

$$\dot{\boldsymbol{v}}_{\text{grav}}=-\boldsymbol{J}\boldsymbol{M}^{-1}\boldsymbol{G}\tag{5-15}$$

$\dot{v}_{\text{vel}}$项包括离心力和科里奥利力，$\dot{v}_{\text{grav}}$项包括由重力引起的力。式（5-13）右侧的第一项依赖于转矩 $\boldsymbol{\tau}$，因此肢体产生加速度的能力直接取决于执行器的物理限制。如果我们遵循文献［47，245］中的公式并假设转矩限制是对称的，可得

$$-\tau_i^{\text{limit}}\leqslant\tau_i\leqslant+\tau_i^{\text{limit}},\quad i=1,n$$

则归一化的执行器转矩 $-1\leqslant\tilde{\boldsymbol{\tau}}\leqslant+1$ 可表示为

$$\tilde{\boldsymbol{\tau}}=\boldsymbol{L}^{-1}\boldsymbol{\tau}\tag{5-16}$$

式中，$\boldsymbol{L}=\text{diag}(\tau_1^{\text{limit}},\cdots,\tau_n^{\text{limit}})$。因此，容许转矩的集合是一个单位超立方体，用 $\|\tilde{\boldsymbol{\tau}}\|_\infty\leqslant1$ 定义。

将 $\boldsymbol{L}\tilde{\boldsymbol{\tau}}$ 代入式（5-13）中的 $\boldsymbol{\tau}$，可得

$$\begin{aligned}\ddot{\boldsymbol{r}}&=\boldsymbol{J}\boldsymbol{M}^{-1}\boldsymbol{L}\tilde{\boldsymbol{\tau}}+\dot{\boldsymbol{v}}_{\text{vel}}+\dot{\boldsymbol{v}}_{\text{grav}}\\&=\boldsymbol{J}\boldsymbol{M}^{-1}\boldsymbol{L}\tilde{\boldsymbol{\tau}}+\dot{\boldsymbol{v}}_{\text{bias}}\end{aligned}\tag{5-17}$$

式中，$\dot{\boldsymbol{v}}_{\text{bias}}$项解释了所有的速度和重力效应——也就是，当指令转矩为零时，系统中存在的所有加速度。

式（5-17）将由 $\|\tilde{\boldsymbol{\tau}}\|_\infty\leqslant1$ 定义的 n 维超立方体映射到 m 维加速度多面体[47]，该多面体定义了可行的末端执行器加速度的集合。图 5-8 展示了罗杰的加速度多面体，它描述了末端处加速的定向能力，以及肢体的完整动力学和执行器中转矩限制的对称模型。式（5-17）也可以用于对 n 维超球（$\tilde{\boldsymbol{\tau}}^{\mathrm{T}}\tilde{\boldsymbol{\tau}}\leqslant1$）实施目前熟悉的椭圆变形，将其转换到 m 维动态可操作性椭球上。在这种情况下，超球的表达式由惯性矩阵 $\boldsymbol{M}$、雅可比矩阵 $\boldsymbol{J}$ 和偏置加速度表示：

$$\tilde{\boldsymbol{\tau}}^{\mathrm{T}}\tilde{\boldsymbol{\tau}}=(\ddot{\boldsymbol{r}}-\dot{\boldsymbol{v}}_{\text{bias}})^{\mathrm{T}}([\boldsymbol{J}\boldsymbol{M}^{-1}\boldsymbol{L}]^{-1})^{\mathrm{T}}([\boldsymbol{J}\boldsymbol{M}^{-1}\boldsymbol{L}]^{-1})(\ddot{\boldsymbol{r}}-\dot{\boldsymbol{v}}_{\text{bias}})\leqslant1$$

Rosenstein[245] 观察到，由于 $\boldsymbol{M}$ 和 $\boldsymbol{L}$ 是对称的，这个表达式可以简化⊖为

$$(\ddot{\boldsymbol{r}}-\dot{\boldsymbol{v}}_{\text{bias}})^{\mathrm{T}}[\boldsymbol{J}^{-\mathrm{T}}\boldsymbol{M}\boldsymbol{L}^{-2}\boldsymbol{M}\boldsymbol{J}^{-1}](\ddot{\boldsymbol{r}}-\dot{\boldsymbol{v}}_{\text{bias}})\leqslant1\tag{5-18}$$

这样可得

$$(\ddot{\boldsymbol{r}}-\dot{\boldsymbol{v}}_{\text{bias}})(\ddot{\boldsymbol{r}}-\dot{\boldsymbol{v}}_{\text{bias}})^{\mathrm{T}}\in[\boldsymbol{J}\boldsymbol{M}^{-\mathrm{T}}\boldsymbol{L}^2\boldsymbol{M}^{-1}\boldsymbol{J}^{\mathrm{T}}]\tag{5-19}$$

式（5-19）定义了椭圆变形，它表征了通过肢体动力学从转矩到末端执行器加速度的映

⊖ $\boldsymbol{A}^{-\mathrm{T}}=(\boldsymbol{A}^{-1})^{\mathrm{T}}$，$\boldsymbol{A}^{-2}=\boldsymbol{A}^{-1}\boldsymbol{A}^{-1}$，并且对于对称矩阵有 $\boldsymbol{A}^{\mathrm{T}}=\boldsymbol{A}$。

射。Yoshikawa[298] 提出了本质上相同的公式（没有归一化转矩），并将椭圆映射称为动态可操作性椭球。他还提出了一种用于测量运动条件的标量条件度量：

$$\boldsymbol{\kappa}_{\mathrm{d}}(\boldsymbol{q},\dot{\boldsymbol{q}})=\sqrt{\det[\boldsymbol{J}(\boldsymbol{M}^{\mathrm{T}}\boldsymbol{M})^{-1}\boldsymbol{J}^{\mathrm{T}}]}$$

并将其称为动态可操控性度量[297,298]。

动态可操作性度量标准与动态可操作性椭球的体积，和由 $\|\boldsymbol{\tau}\|_{\infty}\leqslant 1$ 约束导出的笛卡儿空间中相应的加速度多面体的体积成正比。

实例：重力和罗杰

一个较小的、动力不足的罗杰（没有轮子），当它的手臂在 $\hat{\boldsymbol{x}}$ 和 $\hat{\boldsymbol{y}}$ 方向上全部伸展时，相对应的动态可操作性椭球如图 5-8 所示。横向延伸姿态也显示了动态椭球的主轴。黑色椭球表示由式（5-19）定义的机器人的无偏笛卡儿性能，红色椭球经过适当缩放以反映转矩限制，表示重力偏向的可操作性椭球。其中一个候选姿势的加速度多面体用绿色表示出。图 5-8 包含操作端中从一个给定的姿势开始并保持一致的转矩限制时，所有可能的加速度。

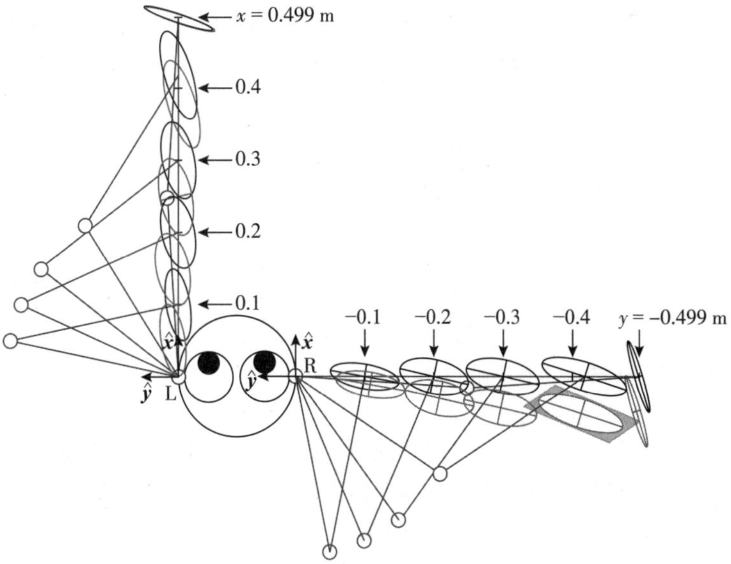

图 5-8　较小且动力明显不足的罗杰 2R 操作端（L 和 R）产生的动态可操作性椭球（$\boldsymbol{J}\boldsymbol{M}^{-2}\boldsymbol{J}^{\mathrm{T}}$），其中，$l_1=l_2=0.25$ m，$m_1=m_2=0.2$ kg，并且 $\boldsymbol{\tau}^{\mathrm{T}}\boldsymbol{\tau}\leqslant 0.005\ \mathrm{N}^2\cdot\mathrm{m}^2$。重力作用于负 $\hat{\boldsymbol{x}}$ 方向（见彩插）

当红色椭圆包含特定姿态的末端位置时，即执行器转矩可以产生的净末端加速度为 0 时，操作端可以支持候选姿态。当从所示的某些姿势中释放出来时，操作端将无法支撑重力负载。特别是，当机械臂的垂直延伸小于 $x=0.3$ m 或水平延伸大于 $y=-0.175$ m 时，不能静态地支撑机械臂的重量。

习题

（1）**旋转惯性张量**。相对于质心处的 x-y-z 坐标系，莱特飞行器的惯性矩阵如图 5-9 所示，其中 $\hat{\boldsymbol{x}}$ 轴为纵轴，$\hat{\boldsymbol{y}}$ 轴为横轴。

1）在给定惯性张量 $\boldsymbol{I}$ 的情况下，设计控制面来产生关于 x-y-z 轴的滚转-俯仰-偏航力矩，可能会产生什么样后果（也许是非计划内的）？

2）$\boldsymbol{I}$ 必须绕哪个轴旋转才能产生 $\boldsymbol{I}_{\mathrm{diag}}$？

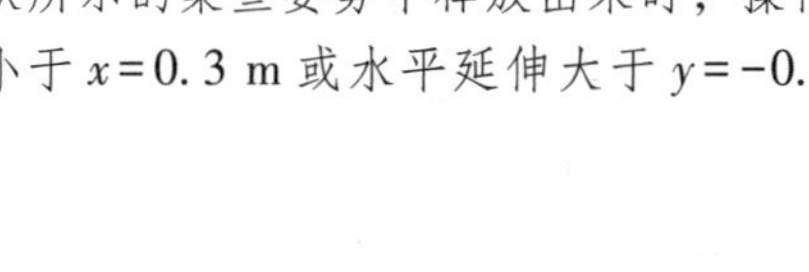

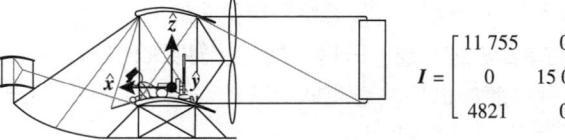

$$\boldsymbol{I}=\begin{bmatrix}11\,755 & 0 & 4821\\ 0 & 15\,000 & 0\\ 4821 & 0 & 23\,245\end{bmatrix}$$

图 5-9　莱特飞机器的惯性矩阵

3）为了对角化惯性张量，

所示的坐标系必须旋转多少角度（以弧度或度为单位）？

4）计算主转动惯量。

（2）**地球上的科里奥利力**。一辆质量为 2×10^4 kg 的机车在北纬 43°沿直线轨道以 40 m/s 向北行驶。从式（B-7）入手，计算轨道上横向力的大小和方向。

（3）**科里奥利效应**。一些历史学家认为，古斯塔夫·科里奥利（Gustave Coriolis，1792—1843 年）在 19 世纪早期，通过对拿破仑战争（约 1803—1815 年）期间大炮精度的观察，发现了科里奥利效应。该理论发现，射程更远的大炮会向右偏离。这个理论是正确的吗？

假设科里奥利在法国正北（北纬 45°）发射了一门大炮，炮弹在整个飞行过程中以未知的平均速度 V 飞行。此外，假设一门无膛线炮以 45°的发射角度发射。在平坦地形上发射时，平均射程为 5 km。并且在此范围内，圆形炮弹上方的湍流气流造成的横向偏差，使炮弹偏离 ±100 m，如图 5-10 所示。

1）确定产生 5 km 射程时的炮口初速度。

2）估计抛物弧上炮弹的飞行时间。

3）计算炮弹的最大高度。

4）计算科里奥利加速度。

5）科里奥利加速度作用下，炮弹如何出现偏转？

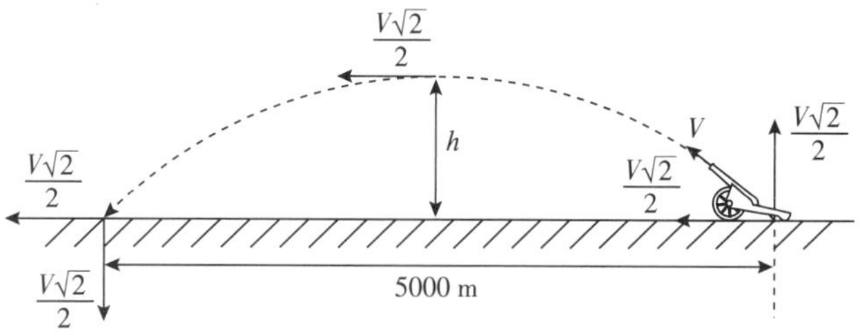

图 5-10　发射炮弹

6）拿破仑大炮理论作为发现科里奥利力的经验基础有多合理？

（4）**简单的开链机器：单自由度机械装置**。图 5-11 所示的机械装置附属于惯性系 0，并且每个连杆的末端仅受重力（mg）作用。假设质点无限小，每个连杆都是无质量的。

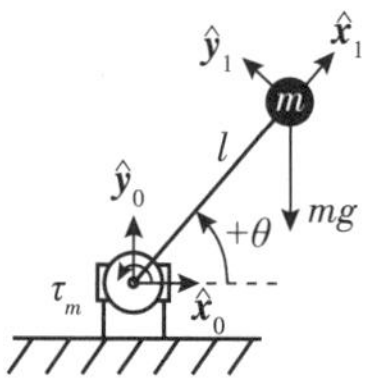

图 5-11　单自由度机械装置

1）推导出简单机构状态空间形式的运动方程，分别采用审视法、牛顿-欧拉方程、拉格朗日法。

2）绘制该构型的动态可操作性椭球（$JM^{-2}J^{T}$）。在同一张图上画出第二个椭球，说明重力偏差的影响。

3）绘制前馈动态补偿 PD 控制器（类似图 5-7）。确定计算转矩方程所需的项及其对状态反馈的依赖，并指定 PD 增益以产生临界阻尼响应。解释为什么前馈补偿可使系统线性化和解耦。

（5）**简单的开链机器：2P（笛卡儿）机械装置（见图 5-12）**。

1）推导出简单机构状态空间形式的运动方程，分别采用审视法、牛顿-欧拉方程、拉格朗日法。

2）绘制该构型的动态可操作性椭球（$JM^{-2}J^{T}$）。在同一张图上画出第二个椭球，说明重力偏差的影响。

3）绘制前馈动态补偿 PD 控制器（类似图 5-7）。确定计算转矩方程所需的项及其对状态反馈的依赖，并指定 PD 增益以产生临界阻尼响应。解释为什么前馈补偿可使系统线性化和解耦。

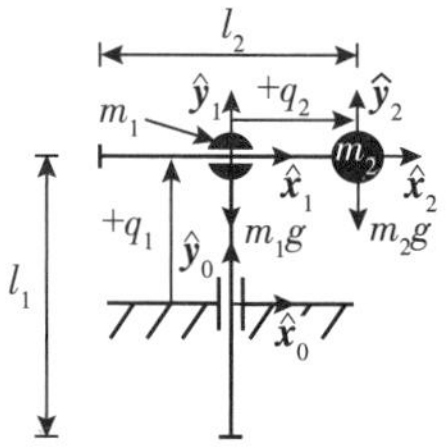

图 5-12　2P（笛卡儿）机械装置

（6）**简单的开链机器：PR 机械装置（见图 5-13）**。

1）推导出简单机构状态空间形式的运动方程，分别采用审视法、牛顿-欧拉方程、拉格朗日法。

2）绘制该构型的动态可操作性椭球（$JM^{-2}J^{T}$）。在同一张图上画出第二个椭球，说明重力偏差的影响。

3）绘制前馈动态补偿 PD 控制器（类似图 5-7）。确定计算转矩方程所需的项及其对状态反馈的依赖，并指定 PD 增益以产生临界阻尼响应。解释为什么前馈补偿可使系统线性化和解耦。

（7）**设计一道题**。用第 5 章中你最喜欢的内容设计一道题。这个问题应该不同于这里已有的问题。理想情况下，它应该基于本章的内容（也可以是前几章内容），并要求进行定量分析和简短讨论。开卷解答时间不应该超过 30 min。

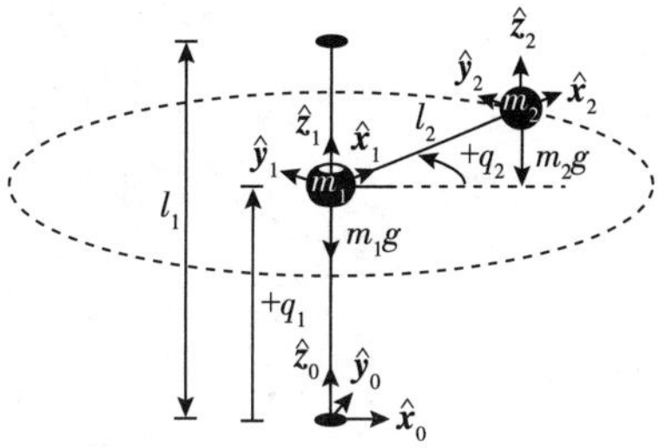

图 5-13　PR 机械装置

第三部分

感知、触觉传感器与信号处理

刺激和感觉：视觉和触觉的感知

来自环境的刺激可以激发目的性的运动，从而改变对这些刺激的获取。因此，动物和自主机器人有能力主动控制反馈的类型和质量，以顺应生存需求。

到目前为止，我们的讨论聚焦于个体如何根据自身的生理结构和感知能力来确定并调整运动策略和感知方式，并综合考虑了驱动、控制和运动动力学相关的底层问题。我们在本章中讨论的传感器和我们在下一章中将介绍的信号处理技术构成了整个认知架构的底层，该架构描述了机器人如何与世界（扩展）交互。

在本章中，我们介绍了视觉和触觉这两种主要的感知方式，它们对人类认知世界有重大贡献，并且在机器人领域中存在直接类比对象。目前为止，机器人领域中对应的视觉和触觉传感器仅能粗略地模拟动物系统中的反馈，但它们提供了对外部世界的重要且互补的接触式和非接触式感知。与本体感觉反馈一起，视觉和触觉传感器为日益发展的机器人认知主体奠定了基础。

这两种传感器的现有技术也有很大的不同。例如，人眼的某些部分与在计算机、手机和门铃中常见的摄像头相似。因此，在本章中，我们将不会关注摄像头本身，而是关注电磁信号如何传递受到交互影响的信息，以及如何构建一个实用、完整和交互式的视觉系统供机器人使用。

触觉反馈对人类的生存也至关重要。然而，触觉并不像视觉那样为人所熟知，它在与机器人领域中也不存在直接类比对象。因此，在简要介绍人类皮肤和肌肉中的感受器之后，我们将花一些时间研究常见的机器人触觉传感技术。在下一章中，我们将考虑如何处理来自这些设备的信号，以突出环境中的信息。

6.1 光

当处于激发态的原子弛豫到较低能量状态时，会产生光——能量差以光子的形式发出。黑体辐射器是理论物体，它吸收所有入射辐射并在由本体温度决定的波谱上释放电磁能量。从这样的物体辐射的净功率是发射和吸收功率之差，并且由斯特藩-玻耳兹曼定律确定：

$$P_{\text{net}} = A\sigma \in (T^4 - T_0^4) \tag{6-1}$$

式中，$A(\text{m}^2)$是物体的表面积，$T(\text{K})$是以开尔文为单位的物体绝对温度，$T_0(\text{K})$是环境的绝对温度，$0<\epsilon<1$ 是物体的辐射系数，$\sigma = 5.670\ 367\times10^{-8}\ \text{W}/(\text{m}^2\ \text{K}^4)$是斯特藩-玻耳兹曼常量。

太阳本质上是一个黑体辐射器，因此，太阳光的频谱是其表面温度的函数。在附近没有物质的情况下，太阳辐射的光能量均匀地分布在半径以光速增长的球体表面。因此，距点光源 R 距离处的光的能量密度与 $1/\text{R}^2$ 成正比。当太阳位于头顶直射时，它会向地球表面输送约 $1200\ \text{W}/\text{m}^2$ 的能量。

我们生存的环境处在具有不同频率含量和强度的电磁能量中，这些电磁能量源于黑体辐射器（如燃烧和白炽灯泡产生的发光产物）、萤火虫和光致发光浮游生物等（化学过程的副产品），以及其他人造设备（例如 LED 灯和激光器）。

6.1.1 图像形成

如果将电磁能量投影到感受区的离散阵列上来测量其空间分布，那么在离散阵列上电磁能量被转换为电信号以构成图像。图 6-1 所示的投影几何与图像形成过程描绘了一些光线离开光源并进入图像平面时的短暂经历过程。环境中的每个被照亮的物体都通过吸收、透射和反射入射辐射来成为二次光源。在从光源到图像平面的过程中，光从途中遇到的每个物体上获得几何和彩色伪影。

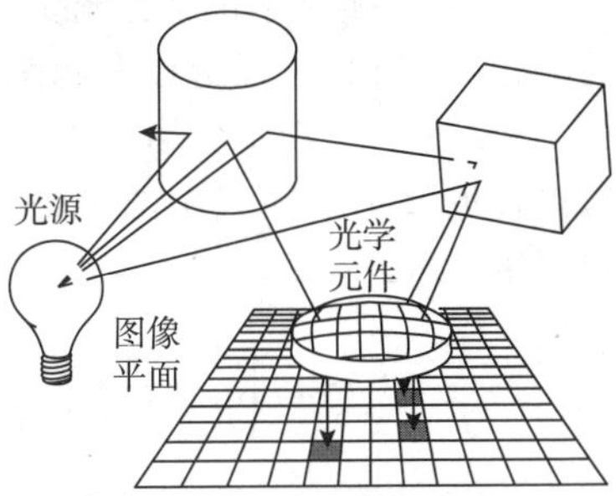

图 6-1 投影几何与图像形成

常用反射和/或折射光学元件来操纵光线的路径，两者都在生物系统中使用。结果是一种像素响应的空间分布，表达为在时间 t 时朝向相机凝视方向上光度函数的投影，其使用新数据以（典型的）每秒 30 图像帧的速率进行刷新。

3.5.1 节介绍了针孔相机的运动学特性，为分析立体视觉的相对灵敏度提供了基础。针孔投影成像几何在许多方面都是理想的。针孔相机可以在无限的景深上产生聚焦图像。也就是说，无论光源与摄影机的距离如何，光源都处于聚焦状态。然而，针孔只允许非常少量的电磁能量进入图像平面。因此，接收器必须非常灵敏。光学元件可用于收集光线，并使其在有限的景深内聚焦。与主动控制焦点的机制一起，光学器件可以显著增加针孔孔径的大小，从而收集更多的环境信号，同时仍然提供针孔图像中的所有信息。在本节中，我们将讨论折射光学元件（透镜），该元件用于收集光线并将光线聚焦到成像平面上。

斯涅尔定律（Snell's Law） 当光穿过具有不同光学性质的光学材料之间的界面时，光的路径会发生变化。例如，当我们检查浸没在水中的物体时，空气-水界面光学性质的差异会导致光线发生折射。我们大多数人都意识到，在这种情况下，水下的物体并不是它们出现的确切位置。当视线接近水面的法线时，这种效果就会减弱。事实上，我们观察到，方向的变化与表面法线和入射光线之间的夹角成比例。

光线是由耦合的、正交的电磁波组成的电磁能，并沿坡印亭矢量（Poynting Vector）的方向传播。光学材料的折射率是光在真空中的速度与在光学材料中的速度之比：

$$n=\frac{c}{v}=\sqrt{\frac{\epsilon\mu}{\epsilon_0\mu_0}} \tag{6-2}$$

式中，μ 是材料的磁导率（μ_0 是自由空间的磁导率），ϵ 是介电常数（ϵ_0 是自由空间的介电常数）。

当电磁波阵面从空气穿过光学界面进入折射率大于空气的材料时，光线会发生折射，使波阵面朝向光学界面的法线弯曲，如图 6-2 所示。该现象由斯涅尔定律表示为

$$\frac{\sin(\theta_i)}{\sin(\theta_t)}=\frac{n_t}{n_i} \tag{6-3}$$

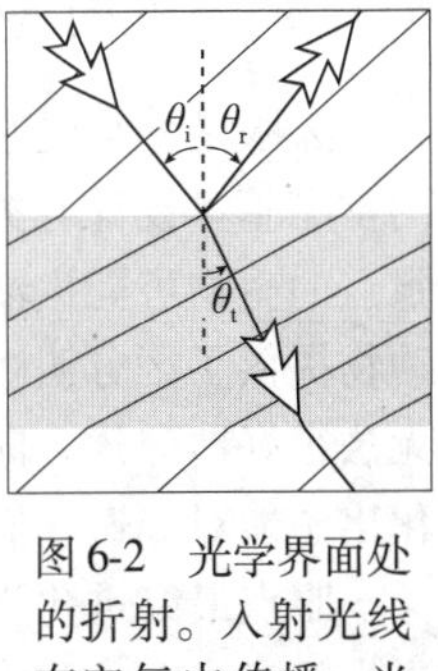

图 6-2 光学界面处的折射。入射光线在空气中传播，光学界面上有 $n>n_{air}$

式中，n_i 是入射光线穿过的介质的折射率，n_t 是折射光线穿过的媒介的折射率。透镜的几何结构和光学特性被设计为操纵光线的几何结构，以将这种能量聚焦到表示图像中。

高斯透镜公式 大多数透镜组合了成对的凸和/或凹球面，其曲率中心位于光轴上。按照惯例，如果曲率中心在透镜的右侧，则透镜的表面具有正半径，如果在左侧，则表面具有负半径。因此，在图 6-3 所示的双凸透镜中，R_1 为正，R_2 为负。

图 6-3 左侧入射的平行光线来自一个无限远的光源，并聚焦在透镜右侧距离 f（焦距）处。通过结合斯涅尔定律和透镜的几何形状，像这样的透镜在空气中的焦距（$n_{air}=1.0$），可以用下列公式表达：

$$\frac{1}{f}=(n-1)\left[\frac{1}{R_1}-\frac{1}{R_2}+\frac{(n-1)d}{nR_1R_2}\right] \quad (6\text{-}4)$$

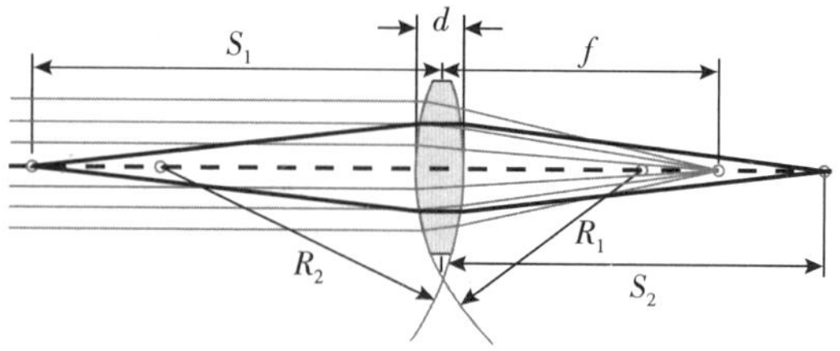

图 6-3 双凸透镜

式中，f 是焦距，$n>1$ 是透镜材料的折射率，d 是透镜在光轴上的厚度。当 d 与 R_1 和 R_2 相比较小时，可以使用薄透镜近似。

在这些条件下，式（6-4）可以简化为

$$\frac{1}{f}\approx(n-1)\left[\frac{1}{R_1}-\frac{1}{R_2}\right] \quad (6\text{-}5)$$

当无限远的光源从左侧接近时，来自光源的光线在到达透镜时会逐步发散，导致焦点进一步向右移动。图 6-3 也展示出了这种情况。

照相机的对焦机制能够改变镜头和焦平面之间的距离，使不同深度的物体聚焦。薄透镜方程[式(6-6)]描述了不同距离的物体将被聚焦的位置。

$$\frac{1}{S_1}+\frac{1}{S_2}=\frac{1}{f} \quad (6\text{-}6)$$

式中，S_1 是从透镜到物体的距离，S_2 是从透镜到成像位置的距离，f 是透镜的焦距。

如果物体被放置在 $f<S_1\leqslant\infty$ 处，则相应地，在距离 S_2 处的成像表面上将产生聚焦图像。从该位置的微小位移将导致图像散焦。在 $S_1=f$ 处的物体将聚焦在 $S_2=\infty$ 处。物体如果被放置在 $S_1<f$ 处，将产生不能聚焦在正 S_2 处的发散光线。

现代高性能相机利用了基于这些原理的光学器件，采用一些机械方法改变镜头与图像平面的距离，并且使用了一些物体对焦算法（可以最大限度地减少图像失真，并在低环境光水平下工作良好）。自然选择造就了多种具有眼睛的物种，为优化信号质量和提供保护，在某种扩展的反射阵列支持下，它们使用了相同的原理。

6.1.2 人眼的进化

人眼是一个复杂的器官。如今，不同物种眼睛的许多变化都与一种追溯到约 5.4 亿年前的常见基本设计有关。图 6-4 展示了人类眼睛进化的里程碑。那些具有产生光敏神经细胞的眼点的生物可能生活在地球上生命开始的浅海中。这些眼点类似于图 6-4a 中的结构，为古代动物提供了区分明暗的能力，或者可能检测若隐若现的捕食者何时遮挡光线。有眼点的生物无法很好地分辨方向，但它们可以区分昼夜，设定昼夜节律，随着时间的推移，它们甚至进化出了能对穿透它们所处的浅海中的电磁波做出选择性的反应的能力。

眼点最终进化为一种凹陷器官（见图 6-4b），并进一步进化为针孔眼（见图 6-4c），具有更强的聚焦能力和更高的方向灵敏度。这种眼睛可以对环境进行成像，并区分不同物体的形状和亮度。同期的鹦鹉螺是一种触角像鱿鱼的小型软体动物，它使用的是这种古老的眼睛。

如果没有透镜来收集光线，这些眼睛仍然相对较差，但有这种眼睛的动物现在可以凭借视觉狩猎，也可以在被狩猎时进行逃避。如图 6-4d 所示，专门的透明上皮细胞进化为覆盖凹陷的器官，以排除成像室中的污染物，它包含了特殊的玻璃体。这种液体产生了更大的折射率，并支持离开海洋进入陆地的那些动物的视觉。透明上皮细胞进化形成两层，中间有液体（房水）。光学性能再次增强，外部结构的机械韧性以及相关组织的代谢支持也得到了提升。最终，晶状体（见图 6-4e）和相关肌肉系统（见图 6-4f）进化出成像能力，使眼睛可以实现主动聚焦并控制进光量，其基本形式和功能在常见谱系的许多物种中复制。

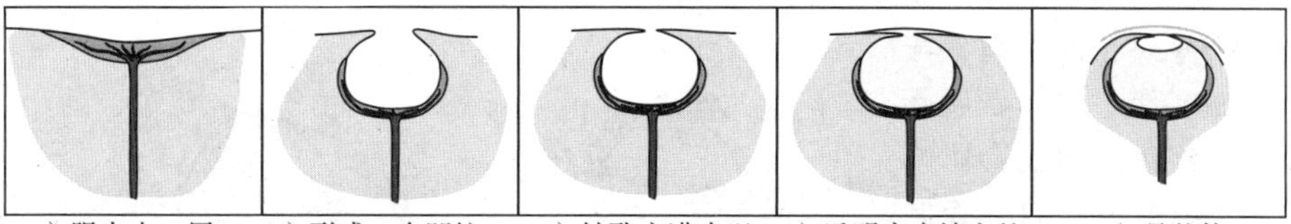

a）眼点由一层光敏细胞组成　b）形成一个凹坑，使原始视网膜对方向敏感　c）针孔充满水以产生更清晰的图像　d）透明房水填充的腔室，由透明角膜覆盖　e）晶状体

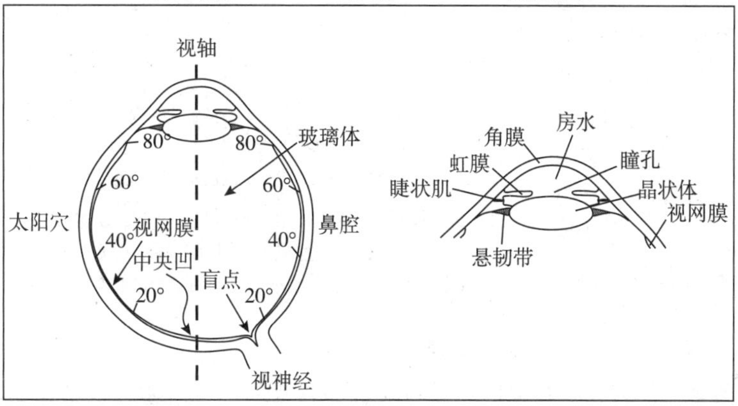

f）人眼发育出了独立虹膜、对焦肌肉系统和封闭在骨窝中的球形眼球

图 6-4　人类眼睛进化的里程碑（改编自文献［100］和文献［28］）

眼睛的感光表面被称为视网膜，在人类和一些动物的眼睛中，它由视杆和视锥感受器组成。视杆细胞对整体光强度更敏感，数量大约是视锥细胞的两倍。视锥细胞是能对红色、绿色和蓝色波长做出反应的特殊感受器。感受器的最大密度位置位于中央凹附近。整个阵列以并行方式进行图像捕捉和信号处理。视网膜上大约有 100×10^6 个感受器。当受到刺激时，它们会在相邻的视网膜细胞中产生脉冲。有大约 0.8×10^6 根神经纤维通过视神经离开眼球。

人类眼动神经解剖学　图 6-4f 是人眼的解剖示意图。它大致呈球形，直径约 2.4 cm，重量约 7.5 g[28]。眼球位于眼睛的骨质眼眶内，由一个较大的后腔组成，后腔中充满玻璃体，玻璃体是一种在胎儿发育早期形成的果冻状物质，并且从未被取代。玻璃体既有结构上的作用，也有光学上的作用。光通过眼球前腔的结构进入眼睛，睫状突产生的房水充满眼球前腔，并流过瞳孔，随后在那里被静脉系统吸收。它维持眼压，并将晶状体和角膜与循环系统连接起来。如果眼压调节不当，可能会导致青光眼等常见疾病。

眼睛的白色部分（巩膜）和脉络膜结构都具有结构性和光学性作用。在这种情况下，不透明度是重要的光学特性，这在一定程度上是通过脉络膜中的色素来实现的，这些色素可以阻挡杂散光照射到光敏视网膜上。色素沉着还包括虹膜中的颜色，这些颜色是根据地球上不同地方的环境光照条件进化而来的。虹膜包含围绕瞳孔的径向纤维和周向纤维。它们的行为就像一个由自主神经系统控制的膜片，用来遮挡入射光。

眼睛的晶状体通常大致呈球形，但由于悬吊韧带的张力而略微拉长。睫状肌在虹膜和晶状体之间形成一个环，当受到支配时，可以减少韧带的张力，从而通过减少焦距来改善对附近物体的聚焦[见式(6-5)]。睫状肌和虹膜控制着立体成像系统的内部参数。瞳孔光反射是一种闭环调节器，可根据环境光水平收缩或扩张虹膜。当一只眼睛暴露在不断变化的刺激下时，它会做出反应，而另一只眼睛也会有交感反应，即使它没有受到类似的刺激。这些反射反应通常用于测试完整的神经通路。

除了内在的睫状肌和虹膜外，还有一些外在的肌肉参与双眼视野的控制。图 6-5 展示了这种肌肉组织。斜视会影响晶状体的形状，并在自发控制下影响入射光的强度。此外，被称为调节反射的副交感神经反应通过初级视觉皮层参与反馈回路，以调节视觉系统的近场敏锐度。当物体靠近时，睫状肌会适当放松，凭借其被动弹性使两个晶状体丰满，双眼结构靠近物体对象，以减少复视，并将刺激保持在各自的中央凹附近，通过使用虹膜将瞳孔缩小到针孔大小（瞳孔收缩）来提高视力（见 3. 5 节）。

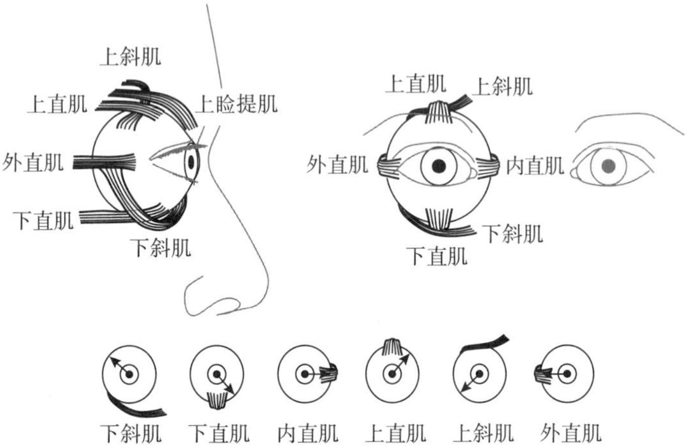

图 6-5　眼动神经系统的外部肌肉。眼动神经支配下斜肌、下直肌、内直肌，以及上直肌。滑车神经支配上斜肌，外展神经支配外直肌。底部的插图显示了由于肌肉的独有作用而导致的瞳孔移位

眼睛的变异　就结构而言，所有脊椎动物的眼睛都和我们相似。无脊椎动物的眼睛通常发育不良或为复眼，章鱼除外[84]。章鱼的大脑发育良好，进化出了一只更像我们的眼睛，有角膜、眼睑、虹膜和晶状体。这是因为章鱼的进化过程中发生了两次极其偶然的事件，通过截然不同的进化线路创造出本质上相同的设计。其他物种已经调整了眼睛的基本设计，以优化在特定环境和生态地位中的表现。例如，蜜蜂、鱼类、蝴蝶、鸟类和爬行动物都能看到颜色，但大多数哺乳动物都不能（灵长类动物除外）。这种对颜色的辨识似乎在很大程度上有助于生殖成功，或有助于区分食物中的花朵和水果。

更多关于脊椎动物眼睛基本设计的变化遍布于动物界。草食动物通常具有侧面（单眼）视觉系统，视野几乎没有重叠。他们更依赖更大的全景视野，而不是立体视觉。变色龙具有安装在独立可控“炮塔”上的眼睛，它能够进行侧面和前面观察配置。响尾蛇（一种捕食者）的眼睛朝向侧面，但也有前向的立体凹坑器官，这是一种没有晶状体的古老眼睛，可以选择性地响应红外辐射（热量）。它们使用凹陷器官来确定攻击方向，并使用视觉光谱来检测宽视场内的运动。

猎豹有一个宽阔、偏心的中央凹区域，横跨一条宽阔的水平带，可以推测这是为了在非洲平原上定位猎物。一些形式的视网膜变异对夜间活动的动物有用，它们能利用感受细胞的反射后表面捕捉到可能不被注意到的刺激，该刺激会通过感受细胞两次，因此能够被捕捉到。这就是鹿的眼睛会在汽车大灯前发光的原因，也是用闪光灯拍摄的人的照片通常会显示红眼的原因。许多种类的小鸟都会因体型而牺牲肌肉，因为它们小头骨的空间非常宝贵。例如，小型猫头鹰需要大眼睛才能在夜间狩猎，而一些物种在进化过程中没有能力在头骨内转动眼

睛以收集更多的光线。这些物种只能通过颈部的运动来引导它们的视线。自然界中最大的眼睛属于巨型乌贼，直径可达 15 in。

从道路或光滑水面等表面反射的光是水平偏振的，捕鱼鸟类利用了这一点。例如，翠鸟使用偏光镜过滤反射的眩光，以便更清楚地看到猎物。

6.1.3　光敏图像平面

在 20 世纪，人们开发了几种设备来模拟眼睛创建图像的能力，图像信号具有空间和时间内容，并可以被广播到其他地方观看，还可以被输入到计算视觉系统。研究人员使用集成 CMOS 图像捕获芯片[183]，设计了一种人类视网膜的模拟物。这些设备通过降低像素尺寸，变得快速、低功耗和紧凑，并且由于在现代手机和网络摄像头中的广泛使用而变得便宜。

固态电荷耦合器件（CCD）已经成为现代视频信号的代名词。然而，这并不是一种将光转化为电荷的方法；它是一个高速模拟移位寄存器。它允许模拟信号在时钟信号的控制下沿着固态电容元件链传输。为采样的模拟信号，CCD 实现了一种固态“桶桥”（Bucket Brigade）形式，这种形式相对功率效率高、速度快，并且没有以前方法常见的失真。

现代固态相机中的感光器可以检测从红外到紫外线的广泛频率，并且非常灵敏，这使它们在天文学中极具价值。哈勃太空望远镜使用 CCD 和消除随机热噪声的技术，在扩展的可见光谱中创建清晰的图像。通过将能对红色、绿色和蓝色波长形成选择性响应的像素平铺于图像平面，CCD 阵列能够创建彩色图像。每 2×2 平方像素使用滤波掩模创建一个红色、一个蓝色和两个绿色感受器。更昂贵的彩色成像设备使用三个 CCD 阵列（3CCD）和一个分光棱镜构成，分光棱镜可将白光分离为红色、绿色和蓝色成分。

6.2　触摸

触觉技术（Haptic）与触摸时的感觉有关。对于人类来说，触觉与各种中枢和外周神经系统相关，这些系统可以测量力、热变化、疼痛、加速度以及肌肉纤维和肌腱的拉伸程度。触觉信号源于各种各样的机械感受器，而这些感受器具有重叠的感受野（Receptive Field）。对于皮肤表面附近的组织来说，机械感受器的数量可能达到每立方厘米数百个。它们有助于我们对形状和材料（热导率、硬度、纹理）的感知，可提供反馈以帮助稳定握持，并感知与接触现象相关的各种其他感觉。我们的触感是由周围神经细胞的集体行为提供的。

6.2.1　皮肤的机械感受器

各种各样的专门细胞早已进化形成，用于测量肌肉骨骼系统的状态（本体感觉传感器）和外部刺激（外部感觉传感器）。其中，有一类特殊的机械感受器，它将机械能和热能转化为神经系统中的电信号，有助于产生触觉，如图 6-6 所示。机械感受器是一种特殊的外周神经细胞，可以检测与接触和运动有关的各种形式的应力。机械感受器的细胞膜产生尖峰（动作电位）的可能性与压力源的大小成正比。

图 6-6 中负责触觉的机械感受器集合根据其在（亚）皮肤组织中的深度进行感知。

内部感受器　一般来说，感觉-运动控制需要位置和力反馈。内部感受器测量身体各部分的相对位置，是一种被称为本体感觉的传感器模式。下面对这四种类型的感受器进行介绍[60,163]。

- 神经肌肉纺锤体（Neuromuscular Spindle），可感知肌肉纤维的拉伸程度。这些感受器为骨骼的反射性内聚（Reflexive Cohesion）提供反馈支持，并提供精确的运动控制。共有两种：一种可对高频响应，另一种可对低频和直流牵引响应。

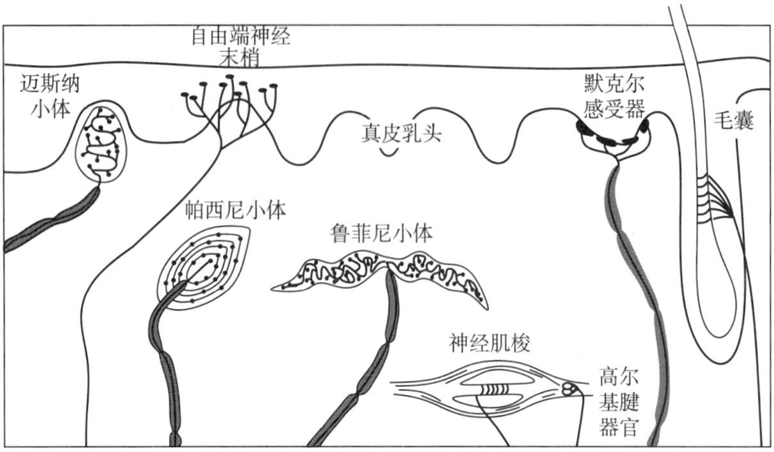

图 6-6　向体感皮层提供反馈信号的一些皮肤感觉神经元

- 高尔基腱器官（Golgi Tendon Organ），反应非常缓慢，通过测量肌腱-肌肉界面处肌肉纤维的拉伸程度，有助于控制肌肉张力。
- 身体关节中的关节面（Articular Surface），产生与极限位置、速度或韧带张力成比例的信号。这些感受器为关节的极限运动提供反馈。
- 鲁菲尼小体（Ruffini Corpuscle），在一定程度上起到热受体的作用，有助于运动力和加速度的感觉。

真皮感受器　在皮肤的表皮层下面，真皮包含两种类型的感受器[60]：

- 迈斯纳小体（Meissner Corpuscle），对轻触有反应。它们位于卷曲的乳头状肌层下方。这些结构是卵圆形的，主轴垂直于皮肤表面，包含与皮肤表面垂直和相切的神经纤维。迈斯纳小体是对特定高频信号的换能器。
- 帕西尼小体（Pacinian Corpuscle），（与肌内帕西尼型感受器不同）对加速机械位移的反应最好，而对恒速变形反应不足。这些传感器对压力非常敏感，但对方向不敏感，并且它们主要对振动刺激做出响应。

表皮感受器　表皮感受器提供了皮肤表面和外部世界之间相互作用的最直接证据。

- 毛发是毛囊的机械延伸。它测量由接触引起的毛囊变形。我们皮肤表面的毛发是身体中细胞分裂速率最高的部位。毛囊会产生新的细胞，并挤出延伸到表皮表面之外的发干。毛囊中的神经细胞检测发干的偏转，例如，当受环境接触或空气或流体流动抚动时。在一些动物身上，坚硬的毛发（胡须）充当接近传感器。附着在每个表皮毛囊上的是一束被称为竖毛肌的肌肉纤维，它使毛发直立，并使毛囊略高于周围皮肤（鸡皮疙瘩）。这是一种进化适应，使动物在防御姿态下看起来更大，或者通过用一层薄薄的静止空气隔离皮肤来给动物取暖。
- 默克尔盘（Merkel Disk），是一种具有大带宽的感觉受体，对压缩和剪切刺激敏感。相对于真皮乳头，它们位于皮肤表面上与小接触力相关的应力位置。
- 自由端神经纤维（Free-ended Nerve Fiber），对各种刺激做出反应，包括温度和疼痛。这些感受器根据其直径、传导速度、敏感性或阈值水平以及髓鞘的存在与否进行分类。髓鞘的存在增加了直径，并在神经纤维中诱导了不同的传导路径。随着直径的增加，阈值刺激会减少，输出信号的幅度和持续时间也会增加，信号的速度增加。A 型和 C 型自由端感受器在表皮中普遍存在。A 型直径相对较大，有髓鞘；而 C 型较小，数量较多，无髓鞘。

表 6-1 中的数据来源于文献［60,97,112,136,163］，总结了人手上感觉器官的总体表现。人手中各种传感器信号的相互作用产生了非常丰富多样的触觉。温度、压力和振动信号的所谓触摸混合[255] 能够区分湿的、粘的、油腻的、糖浆状的、糊状的、面团状的、黏性的、海绵状的或干的物质，并且可以估计硬度、质地、顺应性、尺寸、形状和曲率等特性[76,266]。运动对触觉图像的形成，以及有效利用触觉进行探索（文献［4,69,77,97,104,114,255］报道过）的积极探索策略的形成至关重要。

表 6-1　指尖上感觉信号的性能

频率响应	0~400 Hz（+甚高频）	信号传播	运动神经元 100 m/s
响应范围	0~100 $(g/mm)^2$		感觉神经元 2~80 m/s
敏感性	大约 0.2 $(g/mm)^2$		自主神经元 0.5~15 m/s
空间分辨率	1.8 mm		

6.2.2　机器人的触觉传感器

机器人触觉传感技术形形色色，包括简单的二态接触传感器和复杂的人工皮肤，后者在人机交互界面上提供复杂、宽频谱压力/拉力和热传导率信息。然而，与机器人一起使用的触觉系统相对于生物对应物来说是相当原始的，动物的触觉能力和机器人的触觉能力间存在着巨大差距。部分困难在于，对可分布在坚固、有弹性机器人“皮肤”上的小型传感器，我们的制造能力有限；这种皮肤要求易修复，几乎不需要电气连接；可放置，且其信号能够有效地传递互补形式的信息。

本节考察从接触中获得信息的一些创新想法，提供对触觉技术的历史概述。这是一个非常活跃的研究领域，我们专注于常用的换能器和设计概念。为得到更全面的综述，感兴趣的读者可参考文献［66,169,170］。

在为灵巧机器人指定常规使用的触觉传感器时，可行的接触传感器技术的几个特征很重要[103]。特定传感器的最大空间分辨率（Spatial Resolution）由其制造过程中允许的最大空间密度决定。触觉信号中可观察到的空间频率（Spatial Frequency）由传感器的分辨率来决定。一个典型的规范要求空间分辨率数量级大约在 1~2 mm，粗略地说，差不多是人手指尖上可由触觉分辨的最小两个分离点间距。时间带宽（Temporal Bandwidth）由数据采集速率决定，带宽要求取决于具体任务。例如，滑动检测或主动纹理分析需要相对高频的信号内容。传感器灵敏度（Sensitivity）测量传感器输出变化与输入变化的比率，传感器的动态范围是可检测的最小和最大信号值之差的对数。传感器中的磁滞效应导致其输出取决于最近的输入历史。对于周期性刺激的响应，图 6-6 中机械感受器的输出表现出相当程度的滞后。值得注意的是，机器人触觉传感器的滞后现象对机器人学家来说是非常具有挑战性的。机器人学家必须考虑布置触觉贴片的方法，并为传感器到控制器的电气连接腾出空间。访问传感器阵列所需的导线数量因所使用的技术和用于布置传感器贴片的方案不同而存在差异[130]。

二态接触开关　最直接的触觉传感器可能是二态接触开关。它已被广泛用于各种各样的应用场景：归航机器人中，用于为每个自由度提供参考零位；用作移动机器人的保险杠；或者，用于为提高接触位置和力观测精度而设置的空间阵列。例如，Raibert[238] 通过在锥形划分空间内布置二态接触传感器开发了一种触觉传感器，处理过程中使用局部超大规模集成电路来实现智能传感。分割出的单元如图 6-7 所示。锥形单元为每个连续开关产生一个递增的接触力阈值，在这种情况下，每个编码单元上接触压力以一个八位二进制字进行编码。Raibert 构建了一个原型芯片，使用 6×8 阵列共 48 个触觉单元，每个单元产生 4 位压力输出。全尺寸原型采用串行输入和输出数据，包含 200 个触觉单元，间距为 1 mm，仅由五根线驱动，分别用于电源、接地、时钟、数据输入和数据输出。

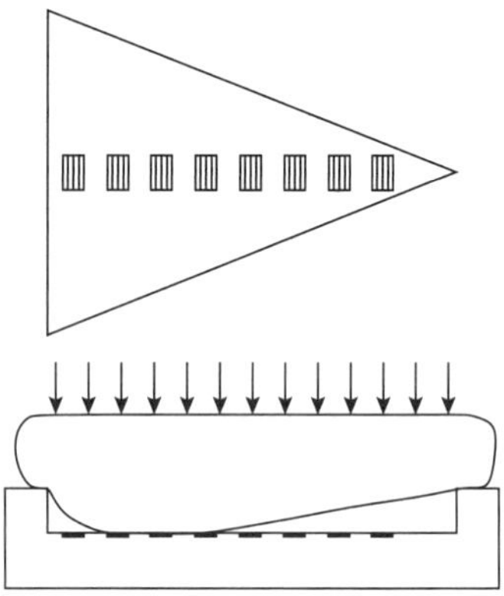

图 6-7　Raibert 的超大规模集成电路锥形触觉单元（改编自文献［238］）

载荷传感器　应变计是一种简单的机电设备，可根据机械应力（变形）改变电阻。它们是连接到机械构件上的电导体，底层结构元件中的弯曲会导致传感器元件中的小弯曲。随着应变计的弯曲，其横截面积的微小变化会使应变计的电阻率产生可测量的变化。给定关于结构元件的弹性模量和几何形状的知识，电阻的变化可以用来计算引起这些微小变形的力。将应变计用于估计桥梁和建筑物等大型结构的荷载，已经有很长一段历史了。

这个想法也被用于测量机器人手上的力[301]。可以配置多个应变计（六个或更多）来测量物体中的全六维应力状态——力和力矩各有三个分量。非常小版本的六轴载荷传感器已被制造成接触传感器（例如文献［73］）。它被融入半球形指尖以确定接触载荷[251,29,66]，并扩展应用于对接触法线进行估计。该技术可实现高精度的接触位置和力测量，具有良好的灵敏度和动态范围。然而，集成负载单元的代价可能相对较高，并且如果承受过大的载荷，它们可能发生塑性变形。

人们正在开发使用相同应变计技术的三轴载荷单元，用于触觉阵列。MEMS 制造技术已被用于构建具有三个（或更少）轴的硅载荷单元，这些单元足够小，可以嵌入弹性皮肤[281,18]。新兴的制造技术使如下情况变得可行：将许多这样的装置嵌入可模塑的弹性体中，来感应机器人结构、执行器、传动装置和覆盖物中的应力分布。

导电弹性体　导电弹性体已广泛用于触觉传感器的设计[16,69,103,105,141,238]。由于需要用柔顺层覆盖触觉系统[83]，因此使用导电橡胶、掺杂橡胶或导电泡沫作为皮肤保护和压力转换器是有优势的。这些材料在压缩时会产生可预测的电阻率变化。然而，目前可用的材料通常表现出滞后性，并且掺杂材料通常不是很坚固。此外，低灵敏度、噪声、漂移、长时间常数和低疲劳寿命是这些材料的问题。

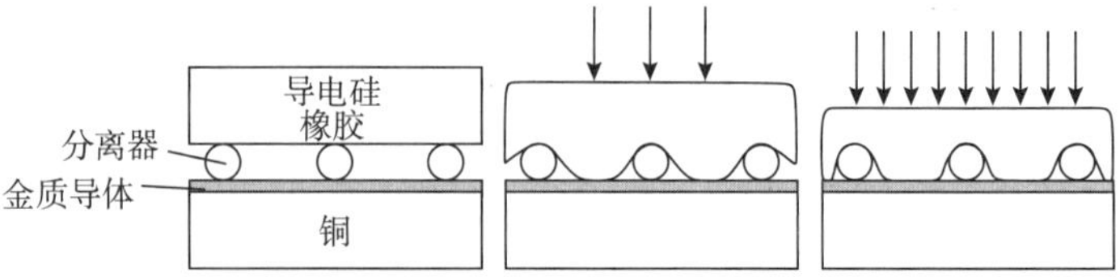

图 6-8　Hillis 弹性接触电阻传感器（改编自文献［114］）

Hillis[114] 提出图 6-8 所示的传感器解决了这些限制。该传感器采用了导电硅橡胶，负载下它们在分离器周围发生形变，与下面的导体接触。继续增加的接触压力增加了接触片的面积，从而降低了接触电阻。由于信号与硅树脂材料中的接触电阻而非点对点电阻成比例，因此可以设计不同的分离器，以针对不同应用而产生正确的灵敏度、分辨率和动态范围。Hillis 使用该技术构建了一个由 256 个触觉传感器组成的阵列，其空间分辨率约为 1 mm。使用包裹在直径小于 3 mm 电缆中的 32 根线，按行和列寻址 256 个触觉单元构成的 16×16 阵列。

光学技术　触觉传感器业已被设计为根据光学信号强度的改变来反映接触负载的形式。例如，由接触力引起的形变可用于遮挡光束[60,240]。这种传感器的灵敏度和动态范围可以通过改变传感器的机械性能而不改变光转导（Optical Transduction）来调整。这类传感器已有可用的商业系统[179]，并已被用于触觉图像研究[206]。

文献［19］采用了一种被称为“受阻的完全内部反射”的效应。这种效应可以通过俯视一杯冷水来说明。假设水上形成了冷凝水汽，银色的冷凝物会反射光线，该光线来自玻璃外的物体。只要它们与玻璃表面接触，接触越有力，接触的图像在原本银色的玻璃表面上就越突出。基于这种效应的触觉传感器如图 6-9 所示。

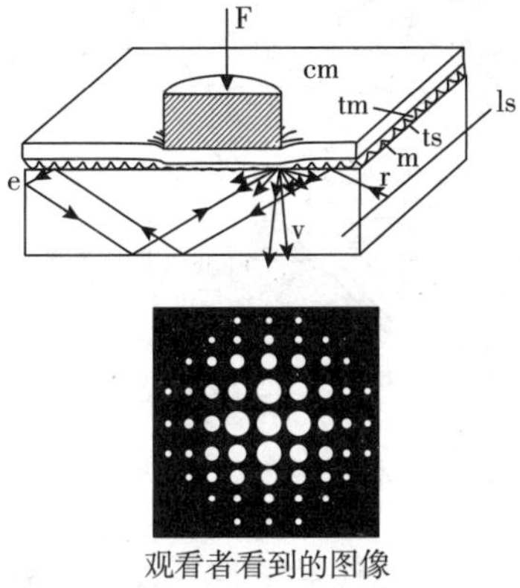

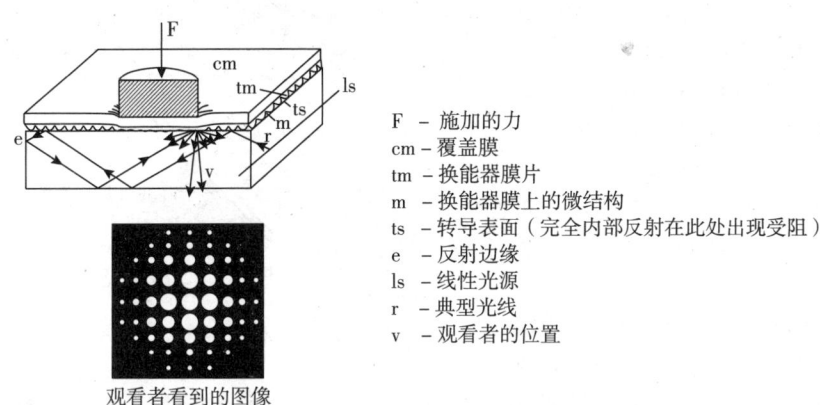

图 6-9　Boie 电容式触觉传感器[19]

图 6-9 中受光学系统几何形状的约束，横向光线被维持在光导中。然而，光导上表面的纹理材料可以对光进行漫反射，造成一些光通过底部表面逃逸。施加在转导膜上的压力使更多的纹理表面接触透明介质，在材料中产生受压状态的强度图像。这种触觉图像可以通过光学纤维从接触部位导出[20]。

通过观测可以直接由光纤构建触觉传感器：光纤弯曲几微米时，光纤中心的光强度会衰减。该效应的灵敏度取决于光学参数以及弯曲的曲率。这种效应可以应用于手套来测量手的姿势，以及触觉传感器中。在相关设计中，发射-接收对由聚合物光导分开，使得接收到的光强度与接触力成比例。

另一种基于光学弹性材料的双折射效应的光学传感器已经在实验室中进行了论证。这种效应被用于分析在平面部件中定位受横向载荷作用的集中应力。当受到机械应力时，这些材料中的应变会导致透射光的偏振强度发生改变。因此，这些材料中的内部应变可以用不同的光强编码。

电容式传感器　由电介质材料分隔的两个平行板之间的电容为 Ae/d，其中 A 为板面积，d 为板之间的距离，e 为电介质的介电常数。电容式传感器被设计为响应施加的力引起的电容变化。为了测量电容，进而测量接触载荷，可以使用非常精确的电流源并测量电压的时间变化率，那么电容 $C=Ae/d=(1/I)(\mathrm{d}V/\mathrm{d}t)$，或者使用载荷敏感电容器实现 RC 电路，将接触负载转换为信号频率来。

例如，图 6-10 说明了 Boie[35] 提出的一个概念，其中电介质也作为弹性元件而起作用，在负载下发生压缩（变化 d）。该概念在速度和抗噪声性方面优于导电弹性体。研究人员发现高空间密度的阵列有实现的可能[260]。另外也有人提出，传感器的电气和机械部件可以独立地设计。

磁性传感器　磁场的（相对）强度可以通过多种方式测量。例如，如果接触负载导致一对感应线圈的相对位置发生变化，则接触处的力将表现为动圈变压器输出电压的变化。Luo 等人[180] 和 Vranish[283] 已经证明了基于这些原理的触摸传感器的可行性。Luo 等人制造了一个由 256 个触觉单元组成的阵列，间距为 2.5 mm，表现出机械上鲁棒的优异线性、灵敏度和动态范围，具有低滞后和小的热漂移效应。

材料的磁性质也可以直接用于磁阻的和磁弹性的材料，这些材料在受压时会改变磁性。此外，电磁场物理学也可用于霍尔效应等现象。

集成的多模态接触传感　很少有机器人系统试图对图 6-6 中所示的皮肤机械感受器的感觉反馈范围进行仿真。一个早期的例外是文献［13,69］中报道的研究，如图 6-11 所示，其中体感信号内涵的几个组成部分被集成到一个激进的概念中用于机器人触觉传感。

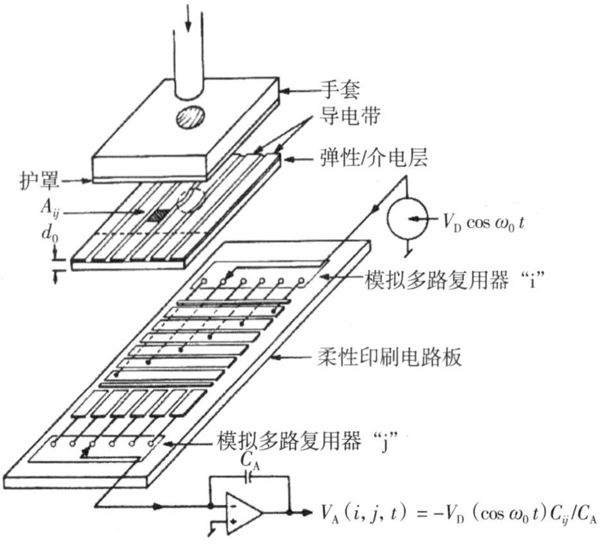

图 6-10　Boie 光学触觉传感器（改编自文献［35］）

图 6-11 描绘了一种复合结构，旨在提供大的带宽响应，并测量物体的相对热导率。传感器产生三个相互依赖的信号，其中两个来自聚偏二氟乙烯（PVF_2），一种同时具有压电和热电特性的材料。压电材料和热电材料分别产生输出电压来直接响应机械应力和热应力。图 6-11 中真皮聚偏二氟乙烯用于检测接触力。该结构的响应频率高达 500 Hz，受复合结构谐振频率的限制。然而，它对直流电作用力（DC Force）的响应并不好。真皮聚偏二氟乙烯顶部的导电橡胶被包括在内，用于添加该信号分量。

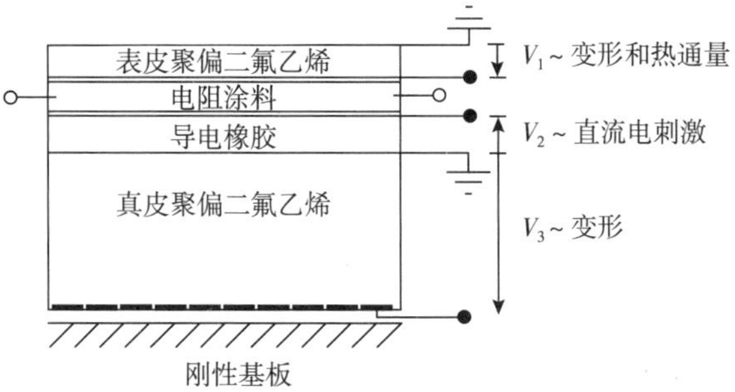

图 6-11　Dario 等的人造皮肤（改编自文献［69］）

结构中的一层电阻涂料用于向表皮聚偏二氟乙烯提供 37℃ 的参考温度。该层的信号输出取决于接触变形和通过表皮传导到环境中的热流的共同作用。来自绝热真皮聚偏二氟乙烯的信号有助于分解表皮信号中的耦合压电和撬电（Pryo-electric）响应。带有复杂耦合信号的集成传感器推动了多模态机器人触觉传感的突破。

习题

（1）**斯涅尔定律**。一只大蓝鹭发现一只青蛙坐在浅池塘的底部如图 6-12 所示。我们用斯涅尔定律来确定池塘表面的折射效应。

假设空气的折射率 $n_{air} = 1.0$，水的折射率 $n_{water} = 1.33$。此外，假设大蓝鹭能够估计其中央凹凝视的方向 $\phi = -\pi/4$ rad，并感知池塘有 30 cm 深。

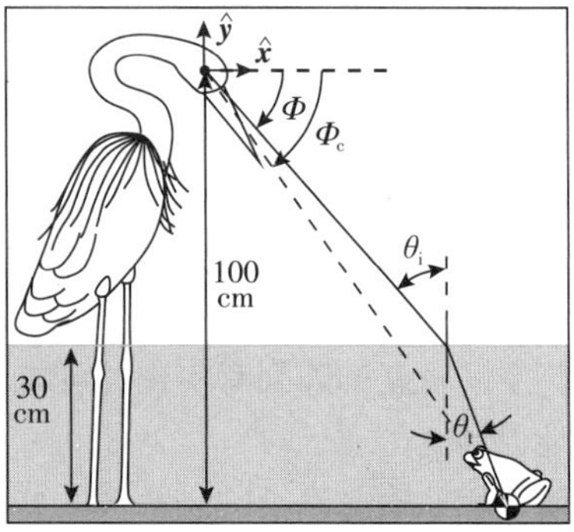

图 6-12　一只大蓝鹭发现一只青蛙坐在浅池塘的底部

1）使用斯涅尔定律和平面几何来计算校正后的笛卡儿朝向 Φ_c 的值，该值包含了空气-水界面处的折射，因此可以作为运动动作的更佳参考。

2）计算从青蛙的真实笛卡儿位置到其因折射而产生的视在位置的误差向量 $\epsilon=[\Delta x \Delta y \Delta \theta]^{T}$。

3）从青蛙的角度描述大蓝鹭的样子。

（2）**光学：薄透镜方程**。一个双凸薄透镜，参数为 $R_1=30$ mm 且 $R_2=-60$ mm，且由折射率 $n=1.5$ 的光学玻璃制成。

被摄物体聚焦在距离镜头中心 70 mm 的图像平面上。计算出这个物体距离相机的范围。

（3）**复合透镜：人眼**。角膜是一种相对固定的晶状体，它完成了大约三分之二的必要工作。晶状体可主动控制焦距，使远处的被摄者聚焦在视网膜上。人眼中的晶状体在无负荷情况下，其形状近似球形。通过悬吊韧带施加的肌肉力来对晶状体拉伸，以控制焦点。在本题中，需要使用薄透镜方程来理解透镜的弹性变形如何影响焦点。

考虑双凸薄透镜，具有正的 R_1 和负的 R_2，并且 $|R_1|=|R_2|$。透镜材料的折射率 $n=1.5$。我们将使用该模型来估计在有限景深上实现聚焦，透镜半径的范围，以了解人眼弹性透镜所需的变形量。

相对于眼睛产生聚焦图像的范围 S_1 绘制 R 参数，大致位于 2.4 cm，即人眼晶状体和视网膜中央凹之间的固定距离。

（4）**黑体辐射**。考虑人体与环境之间的辐射热传递。假设成年人的皮肤表面积 $A \approx 2\ \mathrm{m}^2$。此外，假设在 $T_0=293.15$ K 的环境中，皮肤的绝对温度 $T=306.15$ K，皮肤的热辐射系数 $\epsilon=1$。

1）计算暴露在这些条件下的人体，在 24 h 内因辐射热而损失的能量，并将结果的单位转换为 kcal（食物热量），以估计每天需要摄入多少热量来维持体温以抵御这种辐射热损失。

2）在 $T_0=310.15$ K 的环境温度下进行同样的计算。人体在 24 h 内必须通过呼吸/排汗来耗散多少辐射热负荷（单位为 kcal）？

（5）**设计一道题**。用第 6 章中你最喜欢的内容设计一道题。这个问题应该不同于这里已有的问题。理想情况下，它应该基于本章的材料（可能的话，也可以包括前几章）。它应该要求进行定量分析和简短讨论，开卷解答时间不应该超过 30 min。

第 7 章

The Developmental Organization of Robot Behavior

信号、信号处理与信息

人类和机器人可以利用内部和外部现象产生的时变信号来感知动态世界。本体感知信息描述了智能体的内部状态，例如执行机构温度、电池电量、前庭反馈和机器人身体的运动状态。外部感知信息来源于外部源，对人类来说，包括环境中的视觉、触觉、听觉以及嗅觉刺激。我们专注于外部环境的信息，这些信息为主动信息处理系统提供输入——这是整合感知、控制和决策的第一步。

在本章中，我们首先研究连续信号的采样过程，以了解它如何对人类和机器人造成信息失真，并分析信号处理算子如何影响所构建表示的频率内容。其次，我们展示一套信号处理工具，它们可以突出有用的信息，并减少噪声的影响。最后，我们介绍了作为感知前端的尺度不变信号处理，以解决多模态信息收集和领域通用问题。

7.1 连续信号采样

从环境中提取信息的第一步需要从连续的外部信号中采样数据。下面首先简要介绍傅里叶变换及其在确定信号频率成分中的应用。更完整的介绍见附录 A. 10. 2。

傅里叶变换定义了一种可逆映射——一个双射，从空间或时间函数到正弦基函数的加权和。视频是图像帧的时间索引流，每个图像帧捕获二维图像平面上的空间索引数据。傅里叶变换可以描述视频流中每个像素处的时间频率（rad/s）和图像平面中强度的空间频率（rad/m）。

一维空间信号 $g(x)$（例如，图像平面中的一行灰度值）到空间频域中信号的等效表示 $\boldsymbol{G}(\omega_x)$ 的傅里叶映射由式（7-1）定义。

$$\mathscr{F}[g(x)]=\boldsymbol{G}(\omega_x)=\int_{-\infty}^{\infty} g(x)\mathrm{e}^{-\mathrm{i}\omega_x x}\mathrm{d}x \tag{7-1}$$

式中，$\mathrm{i}=\sqrt{-1}$，$x(\mathrm{m})$ 是空间变量，$\omega_x(\mathrm{rad/m})$ 是相应的空间频率变量，$\omega_x x$ 以弧度为单位。式（7-1）中的指数项通过欧拉公式 $\mathrm{e}^{-\mathrm{i}\omega_x x}=\cos(\omega_x x)-\mathrm{i}\sin(\omega_x x)$ 表达正弦和余弦序列。可以将傅里叶变换视为在基函数 $\mathrm{e}^{-\mathrm{i}\omega_x x}$ 上函数 $g(x)$ 的投影，其中空间频率 $\omega_x\in[-\infty,\infty]$。频谱系数 $\boldsymbol{G}(\omega_x)$ 决定了正弦基函数在多大程度上解释了函数 $g(x)$ 的全局形状。

傅里叶逆变换写为

$$\mathcal{F}^{-1}[\boldsymbol{G}(\omega_x)]=g(x)=\int_{-\infty}^{\infty}\boldsymbol{G}(\omega_x)\mathrm{e}^{\mathrm{i}\omega_x x}\mathrm{d}\omega_x \tag{7-2}$$

实例：人声的频谱特性

人类声道的声学特征可以从声音产生的物理学中预测出来。为了产生共振，声道中多次反射的压力波之间必定存在一种相长干涉模式。声道近似由开放-闭合共振腔建模——一种一端开口的恒定直径管，将声压辐射到无限的环境中（见图 7-1）。

在图 7-1 中，直径管的封闭端向上反射入射压力波，空腔的开放端反射反向压力波，该压力波沿直径管向下传播，开闭腔中的共振意味着驻波的存在。在共振时，反射的压力波相长地结合在一起，在频率上产生驻波

$$F_n=\frac{(2n-1)}{4}\left(\frac{c}{L}\right)\ (\text{Hz})$$

式中，c(m/s)是填充空腔的气体中的声速，L(m)是开闭谐振器的长度。在输入信号的适当激励下，几种共振模式或共振峰将同时存在，每个 F_n 对应一个[⊖]。

当往返行程（闭合端到开放端再返回）的净相位变化是 2π 的整数倍时，驻波得到加强。当 $n=1$，$F_1=c/4L$ 时，在直径管的闭合端处的压力波的波峰在到达开口端时完成四分之一周期。开口端反射并反转压力波，并在相位的四分之一周期后，再次与源一起到达直径管的输入端。因此，该开放-闭合谐振器也称为四分之一波谐振器。谐振现象会放大谐振频率下的音调并衰减其他频率。

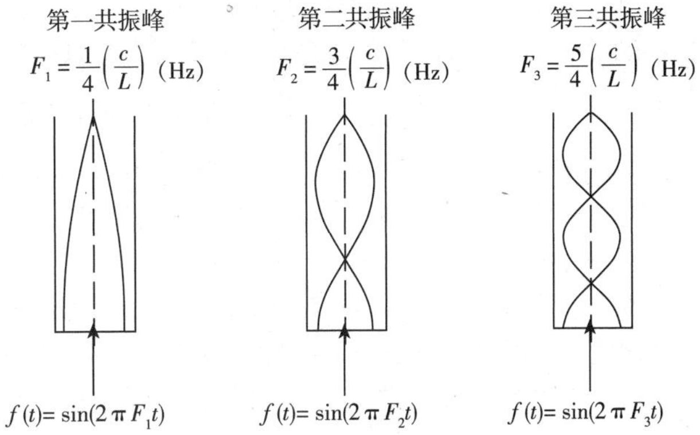

图 7-1　开闭四分之一波谐振腔

有一个正在说话的人，他的声道从声带到口腔的长度为 $L=17.5$ cm，空气中的声速为 $c=35\ 000$ cm/s。在这些条件下，式（7-3）预测前四个谐振频率（共振峰）为 $F_1=500$ Hz，$F_2=1500$ Hz，$F_3=2500$ Hz 和 $F_4=3500$ Hz。图 7-2 是使用傅里叶变换对来自人类受试者发出的短语“the rainbow passage”的非结构化语音样本进行计算机分析的结果。

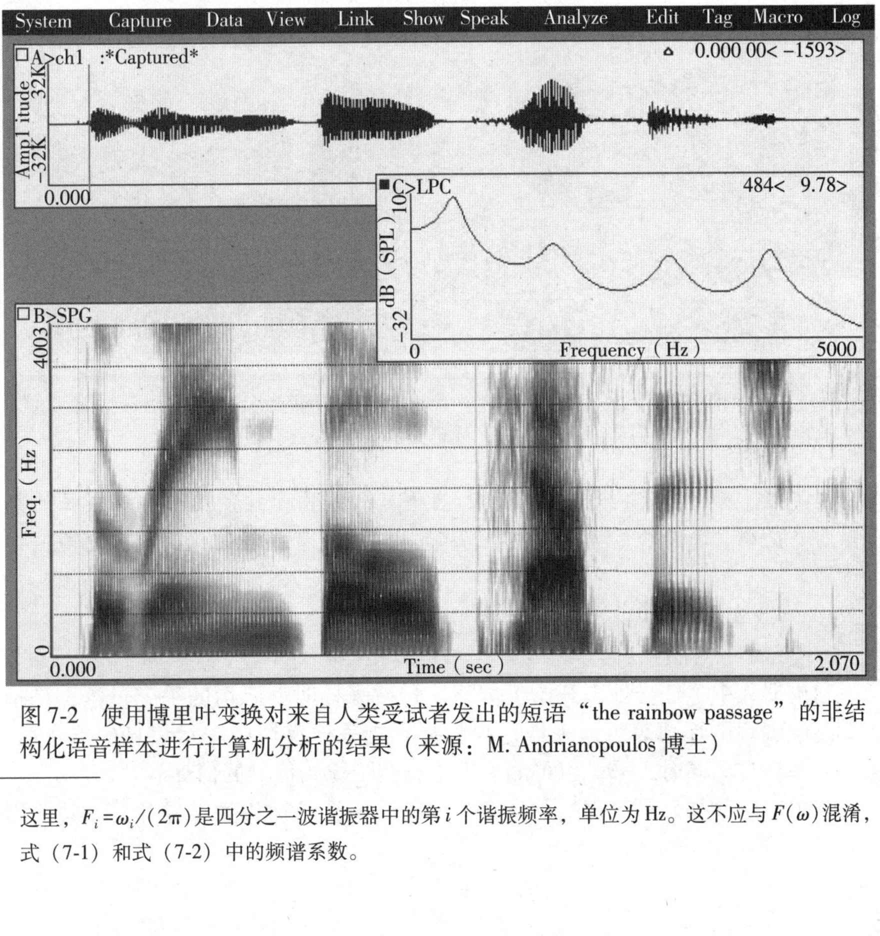

图 7-2　使用博里叶变换对来自人类受试者发出的短语“the rainbow passage”的非结构化语音样本进行计算机分析的结果（来源：M. Andrianopoulos 博士）

⊖　这里，$F_i=\omega_i/(2\pi)$是四分之一波谐振器中的第 i 个谐振频率，单位为 Hz。这不应与 $F(\omega)$混淆，后者表示式（7-1）和式（7-2）中的频谱系数。

图 7-2 的顶部面板显示了“the rainbow passage”记录的信号振幅与时间的关系。底部面板显示了信号频谱图，描绘了信号能量在频率和时间上的分布。

每个频率的信号功率与 $|F(\omega)|^2$ 成比例。然而，在实践中，各位置处的声压等级（Sound Pressure Level，SPL）是相关量，并且可以通过使用麦克风直接测量：

$$\mathrm{SPL} = 20\log_{10}(P/P_0)\,\mathrm{dB}$$

式中，P_0 是 0.000 02Pa 的标准参考压强，P 是听众所在位置的测量声压。图 7-2 中较小的插图包含语音样本的 SPL 随信号频率变化的曲线图。该语音样本包含许多不同的声音，因此，SPL 图中的峰值与使用四分之一波模型预测的前四个谐振频率大致一致。

图 7-3 显示了当源激励是延长的“a”元音时发生的情况。为了发出这种声音，受试者稍微张开嘴巴，使舌头变平。这导致插入 SPL 图中的前四个共振峰与开放-闭合谐振器模型预测的四个规则间隔的峰值发生显著偏移（见图 7-2）。

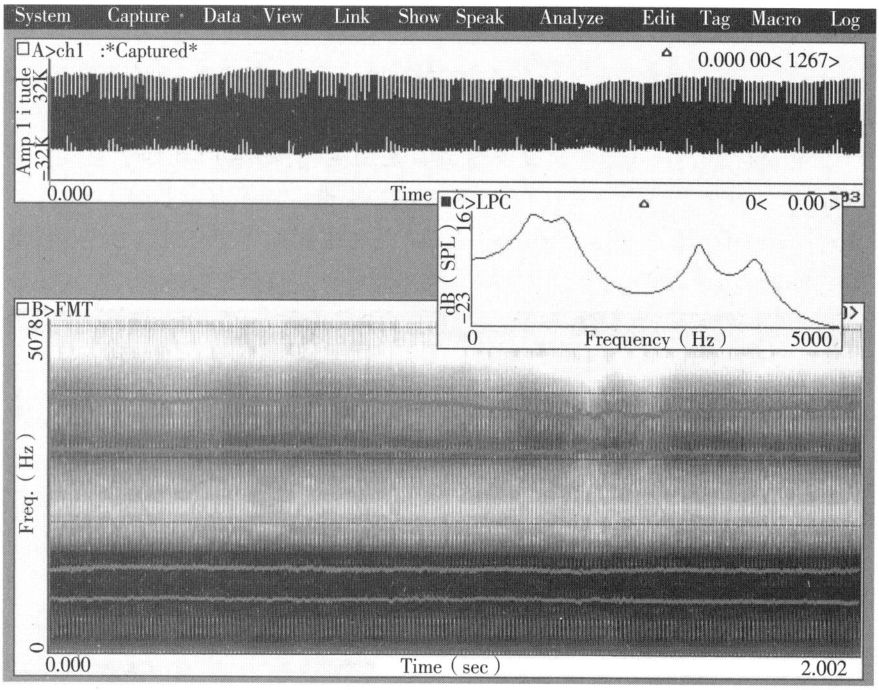

图 7-3 使用计算机语音实验室（Computerized Speech Lab）分析在发出长元音“a”时，作为频率函数的声压等级（来源：M. Andrianopoulos 博士）

这个想法可以用于分割连续语音，例如，在 F_1-F_2 平面上绘制前两个共振峰的频率[277]，可以用于识别非结构化语音中的元音（见图 7-4）。这种声音纹理的辨别能力随着高阶共振峰的考虑而增加。

采样定理

在动物和机器人中，信号处理开始于传感信号被采样时。所谓的采样过程，是指连续信号近似地由离散观测的形式表示。采样过程直接影响采样反馈中表示信息的忠实度。显然，采样会丢弃一些信息。同时，采样也可能引入不忠实于原始信号的信息。

狄拉克德尔塔函数是采样过程的一种数学抽象。该算子被称为奇异算子，其原因从其定义中看很明显：

$$\delta(x-\xi)=\begin{cases}\infty & x=\xi \\ 0 & \text{其他}\end{cases} \tag{7-3}$$

此外，此函数还具有以下两个重要性质：

$$\int_{-\epsilon}^{\epsilon}\delta(x)\,\mathrm{d}x=1,\epsilon>0$$

和

$$\int_{-\infty}^{\infty}g(\xi)\delta(x-\xi)\,\mathrm{d}\xi=g(x)$$

第一个性质是归一化，这样采样算子不会改变原始函数的尺度。第二个性质被称为筛选性质，因为它在位置 $x=\xi$ 精确地采样函数 $g(x)$ 的值。真实的传感器总是在空间和（或）时间的小邻域上使用一些积分，可以使用这个简单的模型来分析采样数据的重要特性。

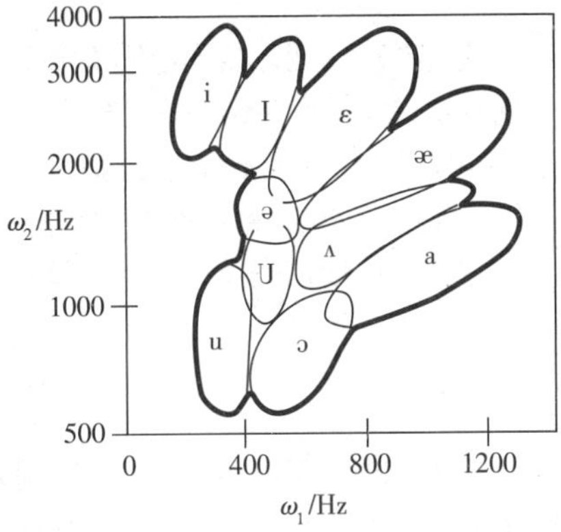

图 7-4　从男性、女性和儿童采样的 10 个元音的 F_1-F_2 图表（改编自文献［277］）

图 7-5 显示出两个空间函数：$g(x)$ 和 $f(x)$。$g(x)$ 是连续的空间函数，$f(x)$ 是由 x_0 分隔的狄拉克德尔塔算子构成的无限序列。这两个函数的乘积是原始 $g(x)$ 的采样近似：

$$h(x)=g(x)\sum_n\delta(x-nx_0)=\sum_n g(nx_0)\delta(x-nx_0)$$

根据卷积定理（见附录 A. 10. 2），我们知道这两个空间函数的乘积等价于它们的傅里叶变换对的卷积，所以如果

$$g(x)\xrightarrow{\mathscr{F}}G(\omega)$$

并且

$$f(x)=\sum_n\delta(x-nx_0)\xrightarrow{\mathscr{F}}\frac{1}{x_0}\sum_n\delta(\omega-\frac{n}{x_0})=F(\omega)$$

那么

$$H(\omega)=F(\omega)*G(\omega)$$

根据连续卷积的定义[见式(A-18)]，

$$\begin{aligned}H(\omega)&=\int_{-\infty}^{\infty}G(\alpha)F(\omega-\alpha)\,\mathrm{d}\alpha\\&=\int_{-\infty}^{\infty}G(\alpha)\left[\frac{1}{x_0}\sum_n\delta(\omega-\frac{2\pi n}{x_0}-\omega)\,\mathrm{d}\alpha\right]\\&=\frac{1}{x_0}\int_{-\infty}^{\infty}\sum_n G(\omega-\frac{2\pi n}{x_0})\delta(\omega-\alpha-\frac{2\pi n}{x_0})\,\mathrm{d}\alpha\\&=\frac{1}{x_0}\sum_n G(\omega-\frac{2\pi n}{x_0})\int_{-\infty}^{\infty}\delta(\omega-\alpha-\frac{2\pi n}{x_0})\,\mathrm{d}\alpha\end{aligned} \tag{7-4}$$

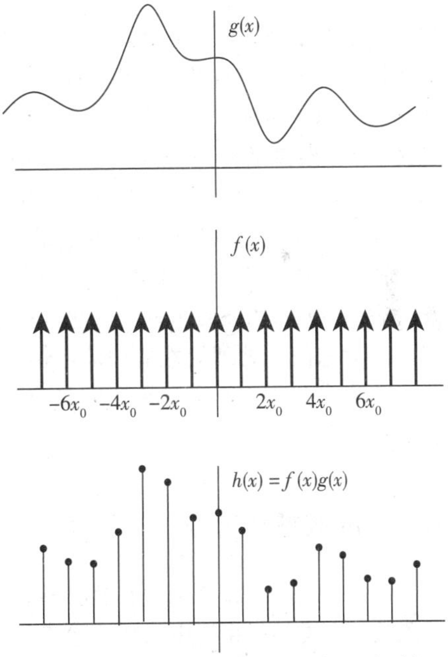

图 7-5　连续空间函数 $g(x)$ 由一系列规则间隔的狄拉克德尔塔函数 $f(x)$ 采样，以创建信号 $g(x)$ 的离散近似 $h(x)$

通过狄拉克德尔塔采样算子的性质，使得

$$H(\omega)=\frac{1}{x_0}\sum_n G\left(\omega-\frac{2\pi n}{x_0}\right) \tag{7-5}$$

式（7-5）指出，采样图像的频谱由以 $2\pi/x_0$（rad/m）频率间隔分布的原始信号频谱的多个副本组成（见图 7-6）——该间隔与采样间的空间距离成反比（见图 7-5），称为采样频率。大于采样频率一半（或 π/x_0）的 $G(\omega)$ 中的谱能量将在采样近似 $H(\omega)$ 内重叠。由此产生的信号失真被称为混叠，这是一种在重建图像中添加本不属于图像频带的 $g(x)$ 中高频能量的现象。

假设我们使用完美矩形带通滤波器 $R(\omega)$ 来提取 $H(\omega)$ 中重复频谱的单个副本，其中

$$R(\omega)=\begin{cases}1, 如果\ |\omega|<\pi/x_0\\0, 其他情况\end{cases}$$

图 7-6 显示了与采样和剪切副本 $R(\omega)H(\omega)$ 有关的重复频谱。对于带限信号（见图 7-6a），这产生了原始 $G(\omega)$ 的近似值，因此傅里叶逆变换 $\mathscr{F}^{-1}[R(\omega)H(\omega)]$ 是原始空间信号 $g(x)$ 的忠实再现。

图 7-6b 显示了采样频率不足的定性影响。在这种情况下，采样频率太小，无法分离 $H(\omega)$ 中重复频谱的单个副本，$R(\omega)H(\omega)$ 被相邻谱中的信息破坏。因此，$R(\omega)H(\omega)$ 中的一些信息是采样过程本身引起的伪影。采样定理直接来源于这些观察结果。

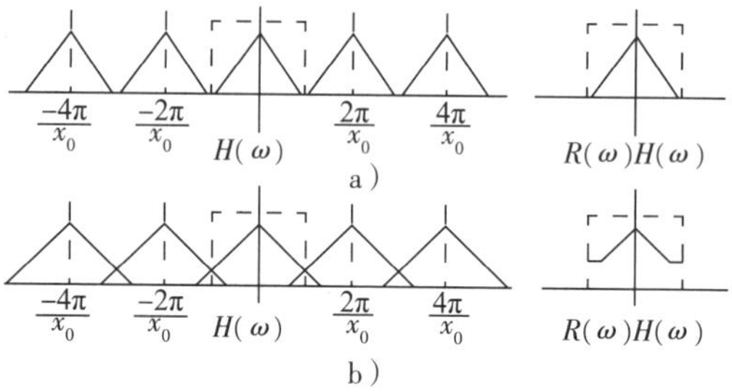

图 7-6　采样对重建的影响

定义 7.1：奈奎斯特采样定理　如果采样频率 $2\pi/x_0$(rad/m) 至少是 $g(x)$ 中最大频率的两倍，则可以从以规则间隔为 x_0(m) 的离散采样中完整地重构带限信号 $g(x)$。

该定理通常归因于哈里·奈奎斯特（Harry Nyquist，1928）的早期工作。1949 年，克劳德·香农（Claude Shannon）首次以这里给出的形式陈述了这一观点。基于采样定理，我们现在可以考虑信号处理的性能如何依赖信号的带宽，并设计用于将信息信号与噪声分离的滤波器。在集成解决方案中如果考虑与控制任务需求相关的问题，可以避免在采样反馈中引入虚假信息。

7.2　离散卷积算子

可以从与信号局部形状有关的特性中提取信号中有用的信息，它是独立的空间和时间变量的函数。人类神经系统中的视觉通路包括特殊的回路，它们用于识别定向边缘、运动、纹理和其他仅依赖于强度函数局部特性的特征。用于提取信号中局部形状信息的数学框架是卷积。

在下文中，函数 $g(\cdot)$ 表示空间和时间上连续环境信号的充分采样（完整）近似。这可以是一系列图像帧、声压等级或触觉力的观测历史。在不失一般性的情况下，我们将介绍低维空间信号背景下，处理这些信号的技术。

对于二维连续图像，编写卷积运算（见附录 A. 10. 2）

$$\begin{aligned}h(x,y)&=f(x,y)*g(x,y)\\&=\int_{-\infty}^{\infty}\int_{-\infty}^{\infty}f(u,v)g(x-u,y-v)\,\mathrm{d}u\mathrm{d}v\end{aligned}$$

式中，$*$ 表示卷积算子。使用离散运算符和信号时的等效操作为

$$h(x,y)=\sum_{i=-\alpha}^{+\alpha}\sum_{j=-\alpha}^{+\alpha}f(i+\alpha,j+\alpha)g(x+i,y+j) \tag{7-6}$$

我们假设算子 $f(x,y)$ 中的行数和列数相等且为奇数，因此其中心与 $g(x,y)$ 重合。

图 7-7 说明了卷积过程如何在图像 g 位于点 (x,y) 附近的子集上对齐算子 f，对该子集的 f 和 g 的逐像素乘积进行求和，并将结果存储在输出位置 $h(x,y)$ 处。从概念上讲，这种计算在所有 (x,y) 上并行进行，其中在 g 中定义了完整的形如 f 的邻域，在图像边界周围留下了未处理的图像数据区域。

在式（7-6）中指定参数 α 为对应于算子 f 的尺寸为 $(2\alpha+1)\times(2\alpha+1)$ 的核。例如，当 $\alpha=1$ 时，算子 $f(x,y)$ 是一个 3×3 矩阵，因此 $h(x,y)$ 仅依赖于 $g(x,y)$ 附近的 9 个像素的加权和。较大的内核由 g 的较大邻域数据支持。因此，f 的核大小直接影响 $h=f*g$ 响应对嵌入图像 g 中的空间信息的敏感程度。

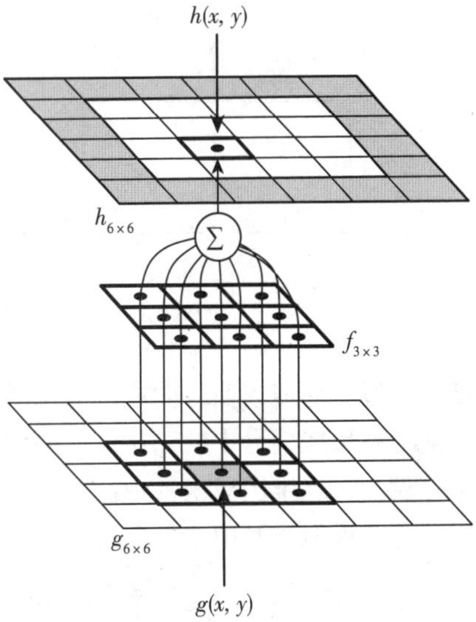

图 7-7　图像特征的局部计算

7.2.1　谱滤波

非正式地，函数 $h=f*g$ 表示函数 f 的形状与 g 的局部形状相关的程度。更正式地，傅里叶变换允许我们将卷积算子 f 视为谱滤波器。

考虑一维信号 $g(x)$ 和算子 $f(x)$。卷积定理（见附录 A. 10. 2）指出，空间域中的卷积等价于频域中的乘法[⊖]，即

$$\mathscr{F}[f(x)*g(x)]=F(\omega_x)G(\omega_x)$$

因此，在频域中，$F(\omega_x)$ 可以被视为应用于 $G(\omega_x)$ 的乘法加权掩码。这一观点提供了算子 $f(x)$ 作用于信号 $g(x)$ 时频率相关影响的一些见解。

低通滤波　如果图 7-8 中的一维矩形卷积滤波器 $f(x)$ 用于对定义在区间 $x\in[0,7]$ 上的信号 $g(x)$ 进行滤波。对于 $x\in[1,6]$ 的值，卷积计算 $h(x)=f(x)*g(x)=g(x-1)+g(x)+g(x+1)$。图 7-8 显示，$h(x)$ 具有 $g(x)$ 的大致形状，但抑制了信号中的快速变化，它是 $g(x)$ 的平滑版本。

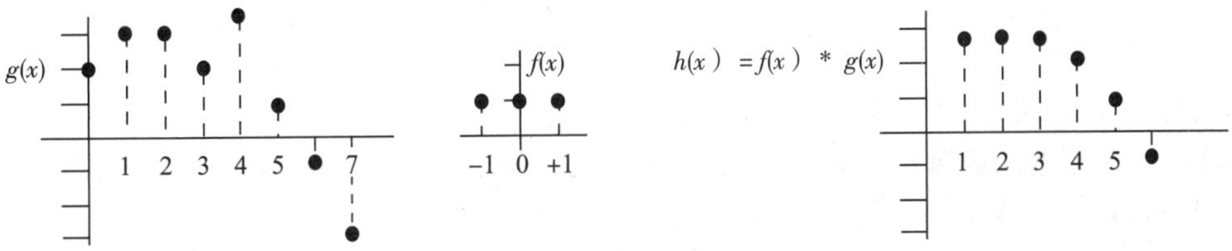

图 7-8　简单低通滤波器的性能

为了解发生这种情况的原因，我们考虑使用图 7-9 左侧所示的矩形函数 rect(x) 对 $f(x)$ 进行连续近似。作为卷积算子，用该函数在定义域 $x\in[-1/2,+1/2]$ 上计算出与信号的局部平均

⊖　反之亦然，频域中的卷积等效于空间域中的乘法。

值成比例的响应。rect(x)的傅里叶变换是 sinc$(\omega/2\pi)$函数（见表 A-1）。图 7-9 显示，低频处的频谱系数 $F(\omega_x)$接近 1，但高频处的频谱系数会迅速下降（并且可以反相）。因此，该卷积算子将衰减高频，同时允许低频相对无损地通过。由于其频谱敏感性，算子 $f(x)$是低通滤波器的一个例子。信号中的高频内容将被这样的算子消除——原始图像中的尖锐边缘将在滤波后的图像中被平滑，以强调低频带中的信息。

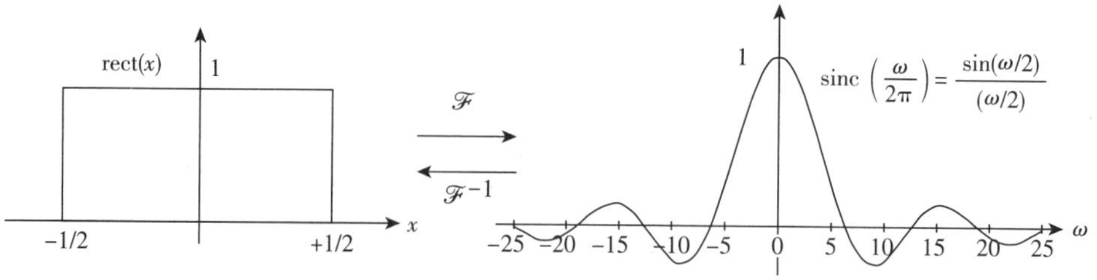

图 7-9　rect（x）函数的傅里叶变换（表现为低通滤波器）

高通滤波　环境表面方向或反射率的快速变化，或前景对象和背景之间的空间不连续性，都可能导致反馈信号中的“边缘”。图像函数 $g(x,y)$的陡峭程度可以通过计算其斜率来直接测量。例如，二维图像函数中位置(x,y)处的斜率为$\nabla g(x,y)=(\partial g/\partial x)\hat{\boldsymbol{x}}+(\partial g/\partial y)\hat{\boldsymbol{y}}$ 可以使用有限差分来近似，其中

$$\frac{\partial g(x,y)}{\partial x}\approx\frac{g(x+1,y)-g(x-1,y)}{2}\text{ 并且 }\frac{\partial g(x,y)}{\partial y}\approx\frac{g(x,y+1)-g(x,y-1)}{2}$$

如果$\nabla g=[h_x h_y]^{\mathrm{T}}$，其中 $h_x=f_x * g$ 和 $h_y=f_y * g$，上面的有限差分表达式意味着对方向梯度算子进行一种选择：

$$f_x=\begin{bmatrix}-\frac{1}{2} & 0 & \frac{1}{2}\end{bmatrix}\text{ 并且 }f_y=\begin{bmatrix}\frac{1}{2}\\ 0\\ -\frac{1}{2}\end{bmatrix}$$

在二维信号中，到处都可以计算∇g 的大小和方向：

$$|\nabla g(x,y)|=[h_x(x,y)^2+h_y(x,y)^2]^{1/2}\tag{7-7}$$

$$\phi(x,y)=\arctan\left(\frac{h_y(x,y)}{h_x(x,y)}\right)\tag{7-8}$$

梯度幅度［见式(7-7)］大于某个适当阈值的地方与信号中的边缘密切相关。基于有限差分梯度近似的、用于检测边缘的卷积算子的几个例子见表 7-1。这些算子构成了高通滤波器，通过放弃低频信息来强调信号中的高频内容。

表 7-1　梯度（一阶导数）算子

算子	f_1	f_2	算子	f_1	f_2
罗伯茨 (Roberts)	$\begin{bmatrix}0 & 1\\ -1 & 0\end{bmatrix}$	$\begin{bmatrix}1 & 0\\ 0 & -1\end{bmatrix}$	索贝尔 (Sobel)	$\begin{bmatrix}-1 & 0 & 1\\ -2 & 0 & 2\\ -1 & 0 & 1\end{bmatrix}$	$\begin{bmatrix}1 & 2 & 1\\ 0 & 0 & 0\\ -1 & -2 & -1\end{bmatrix}$
普雷维特 (Prewit)	$\begin{bmatrix}-1 & 0 & 1\\ -1 & 0 & 1\\ -1 & 0 & 1\end{bmatrix}$	$\begin{bmatrix}1 & 1 & 1\\ 0 & 0 & 0\\ -1 & -1 & -1\end{bmatrix}$			

7.2.2 弗雷和陈的信号分解算子

1977 年，弗雷（Frei）和陈（Chen）考虑了一组使用 3×3 核定义的九个独立卷积算子[88,12]。

$$\underset{f_0}{\begin{bmatrix}1&1&1\\1&1&1\\1&1&1\end{bmatrix}}\begin{matrix}\underset{f_1}{\begin{bmatrix}-1&-\sqrt{2}&-1\\0&0&0\\1&\sqrt{2}&1\end{bmatrix}}\underset{f_3}{\begin{bmatrix}0&-1&\sqrt{2}\\1&0&-1\\-\sqrt{2}&1&0\end{bmatrix}}\underset{f_5}{\begin{bmatrix}0&1&0\\-1&0&-1\\0&1&0\end{bmatrix}}\underset{f_7}{\begin{bmatrix}1&-2&1\\-2&4&-2\\1&-2&1\end{bmatrix}}\\\underset{f_2}{\begin{bmatrix}-1&0&1\\-\sqrt{2}&0&\sqrt{2}\\-1&0&1\end{bmatrix}}\underset{f_4}{\begin{bmatrix}\sqrt{2}&-1&0\\-1&0&1\\0&1&-\sqrt{2}\end{bmatrix}}\underset{f_6}{\begin{bmatrix}-1&0&1\\0&0&0\\1&0&-1\end{bmatrix}}\underset{f_8}{\begin{bmatrix}-2&1&-2\\1&4&1\\-2&1&-2\end{bmatrix}}\end{matrix} \tag{7-9}$$

这些算子中的任何一对的弗罗贝尼乌斯内积㊀为零，验证了弗雷-陈算子形成了图像平面的 3×3 邻域中信号的独立基。

在图像中的每个(x,y)位置，响应图像的九维向量 $h(x,y)$，其元素定义为 $h_k=f_k * g$，$k\in[0,8]$，表示 $g(x,y)$周围邻域中信号的局部形状。

响应的能量与 $h(x,y)$的大小成比例。类边算子（Edge-like Operators）f_1 和 f_2 的响应能量是（$h^2(x,y)+h^2(x,y)$）$^{1/2}$。为了确定像素(x,y)是否可能是边缘，弗雷-陈边缘检测器[88] 将边缘响应能量与所有 9 个弗雷-陈基算子上的总响应能量进行比较。

图 7-10 绘制了两个假设响应向量 $\boldsymbol{h}(x_1,y_1)$和 $\boldsymbol{h}(x_2,y_2)$。响应 $\boldsymbol{h}(x_1,y_1)$具有比 $\boldsymbol{h}(x_2,y_2)$明显更多的总能量以及更多的类边缘能量。然而，$\boldsymbol{h}(x_2,y_2)$中的能量分布严重集中在响应向量的 h_1 和 h_2 元素中，而响应 $\boldsymbol{h}(x_1,y_1)$中的能量没有这样。如果我们仅根据对算子 f_1 和 f_2 的响应强度来标记边缘（见图 7-10a），我们就会错误地得出结论，$\boldsymbol{h}(x_1,y_1)$是比 $\boldsymbol{h}(x_2,y_2)$更好的边缘的例子。

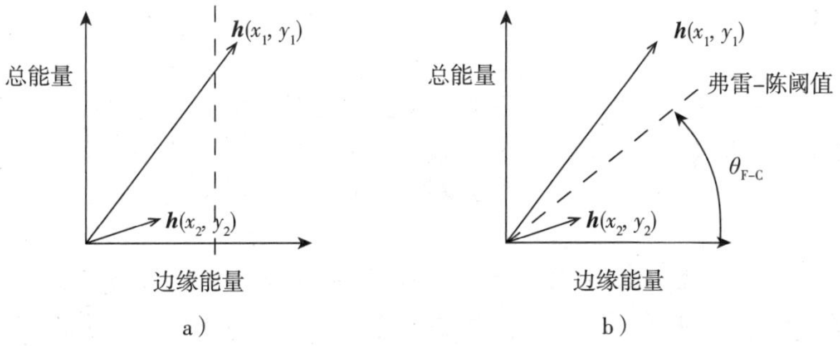

图 7-10　一个边缘的明显外观依赖于强度表面的整体形状，而不只是其一阶导数的大小

弗雷和陈提出了一个角度阈值 $\theta_{\text{F-C}}$（见图 7-10b），因此如果

$$\arctan\left(\frac{\text{总能量}}{\text{边缘能量}}\right)<\theta_{\text{F-C}}$$

㊀ 弗罗贝尼乌斯内积定义为 $\boldsymbol{A}:\boldsymbol{B}=\text{trace}(\boldsymbol{A}\boldsymbol{B}^{\text{T}})=\text{trace}(\boldsymbol{A}^{\text{T}}\boldsymbol{B})$。

则 $h(x,y)$ 中的信息支持将位于 (x,y) 处的像素标记为边缘。

像这样基于外观的测量比仅基于梯度幅值的测量更稳健。与单个算子相比，多个信号处理滤波器的响应模式具有的有用信息更多。然而，弗雷-陈边缘检测器受限于 3×3 弗雷-陈核空间的表达能力。在 7.3 节中，该方法被扩展到包括更全面信号算子的家族。

7.2.3　噪声、微分和微分几何

在现实中，所有信号都在一定程度上受到噪声的影响，这属于随机过程，通常是高频的干扰。微分算子的输出，如边缘检测器，对噪声特别敏感。出于这个原因，大多数边缘算子将抑制噪声的低通特性与检测导数的高通滤波相结合。例如，表 7-1 中的 Prewit f_1 算子将水平方向上的有限差分梯度计算与垂直方向上的低通滤波（使用 $\mathrm{rect}(x)$ 函数）相结合。然而，有用的信息是有限频带的，即限制在截止 ω_{cutoff} 以下的较低空间或时间频带内。ω_{cutoff} 以上的部分信号可能收到混叠或噪声影响。

考虑一个可微分的一维低通滤波器 $f(x)$，其设计用于抑制一维信号 $g(x)$ 中高于适当截止值的信号频率。简单地写为

$$\frac{\mathrm{d}(f*g)}{\mathrm{d}x}=\frac{\mathrm{d}f}{\mathrm{d}x}*g=f_x*g \tag{7-10}$$

因此，与其用低通滤波器对信号 g 进行平滑，然后再进行另一次卷积来对结果进行微分，不如将信号 g 与 f_x 卷积一次，就可以获得完全相同的结果。带限一维信号的差分结构可以表示为使用有限差分算子估计的信号导数的向量：

$$[g \quad g_x \quad g_{xx} \quad \cdots]\approx[g \quad (f_x*g) \quad (f_{xx}*g) \quad \cdots]$$

任意阶数 N 称为 N-节。其结果是一系列独立的响应，这些响应捕捉信号的微分几何（或形状）。这个思想可以扩展到更高维度上来处理信号。例如，在计算机视觉中，二维图像函数 $g(x,y)$ 的 2 阶 N 节是向量

$$[g \quad g_x \quad g_y \quad g_{xx} \quad g_{xy} \quad g_{yy}]$$

在构建信号结构的域一般性表示中，微分结构具有重要意义。

实例：边缘锐化

许多情况下，尖锐几何特征可以在图像平面上呈现强度渐变。透镜中的光学像差、热效应和空气中的漫射颗粒（雾）可能会使边缘散焦。单独的梯度信息可以用于检测边缘，但是在某些情况下，会损失精度。在宽范围的边缘强度上，一种提高精度的方法是使用二阶导数信息来估计边缘的精确中心。

图 7-11a 表示离散信号 $g(x)$ 中模糊边缘的图像。假设在 $g(x)$ 中对边进行分类完全取决于梯度 $g_x(x)\approx f_x*g(x)$，特别是取决于梯度大小超过阈值的情况，$|g_x|>\tau$。图 7-11b 显示了 $g_x(x)$ 与有限差分梯度算子 $f_x=[-1/2 \quad 0 \quad 1/2]$ 卷积的结果。为 τ 选择一个相对较小的值，可用于检测弱边缘和强边缘。然而，强边将在几个像素上出现。在图 7-11b 中，相对较低的阈值会创建七个相邻的边标签。

我们可以在不牺牲检测弱边缘能力的情况下，通过估计一维信号 $g(x)[g \quad g_x \quad g_{xx}]$ 并在二阶导数过零的地方寻找超过合适阈值的梯度，精确定位强边缘：

$$|g_x|>\tau$$
$$g_{xx}\approx f_x*g_x=0$$

图 7-11c 显示了函数 $g(x)$ 的二阶导数。$g_{xx}(x)$ 中的过零点提供了以亚像素精度度量的边缘可视中心的实值估计。

同时使用一阶和二阶导数信息，可以精确地定位弱边缘和强边缘。通常，这种技术用于二维计算机视觉应用中，使用 3×3 拉普拉斯算子来近似图像海森阵的对角元素之和。在这种情况下：

$$\nabla^2 g(x,y)=\frac{\mathrm{d}^2 g}{\mathrm{d}x^2}+\frac{\mathrm{d}^2 g}{\mathrm{d}y^2}\approx L_{xy} * g(x,y)$$

其中定义了拉普拉斯算子

$$L_{xy}=\begin{bmatrix} 0 & -1 & 0 \\ -1 & 4 & -1 \\ 0 & -1 & 0 \end{bmatrix} \tag{7-11}$$

本章习题（3）第 2 问要求读者使用图像函数上的有限差分来推导这个算子。

下一节探讨一类信号处理算子的参数族，它们支持降噪，并在大范围空间和时间尺度上揭示差分结构。

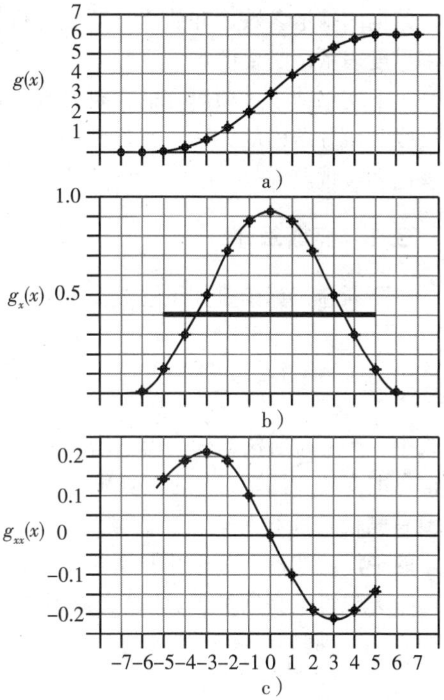

图 7-11　可以通过识别强度函数中的拐点来锐化信号中的边缘

7.3　信号中的结构与因果关系

一般来说，一个智能体关注的环境尺度（几何和惯性）的频谱是由具身^⊖智能体的尺度（运动学和动力学）决定的。在人类决策者使用的全抽象频谱中，尺度很重要。例如，语言学家描述了一个基本的讲述层次，用它可以在尺度（树和森林）上有效地交流类别原型。最常见的是，说话中的基本层次类别，其成员很容易识别，具有共同的物理和功能属性，并引发一致的反应[71]。基本层次类别在类之间具有最大的区别，在类内具有最大的信息量。它们增强了推理能力，并提供了支持新问题领域的原型关联[302]。

这些观察支持一种分层认知框架，其中尺度是确定适当层次粒度和抽象的一个因素。计算机视觉研究人员已经提出一些重要概念，它们考虑了视觉图像中尺度对信息的影响。当在长距离和短距离观察时，采样的光度函数的形状具有共同的结构，尽管这种结构的尺度差异很大。在前景中突出的附近物体，随着它们向地平线远离，在一段时间内通常仍然可以被识别。在采样分辨率的限制下，在投影亮度函数中区分物体的特征会跨尺度地保留下来。

1983 年，Witkin[294] 引入了尺度空间一词，并开发了一种系统的方法来关联不同尺度的信号表示和结构。Koenderink[151] 提出在图像函数 $g(x,y,\sigma)$ 中添加一个尺度参数，并使用该表示来检测多尺度图像函数中的差异结构。以这种方式扩展图像函数描述的一个重要结果是，与光度函数中的关键点（极值、脊点、角点、斑点）相关的拓扑事件可以稳健地计算，并形

⊖ 在这里，我们将“具身”一词概括为包括字面身体的扩展，比如那些由显微镜、望远镜、轮子、杠杆和飞机提供的扩展。

成结构信息理论的一个方便的基元集合。Koenderick 还提出将不同尺度上的高斯导数算子组合，形成图像几何的更明确的描述符[151]。Lindeberg 和 ter Haar Romeny[177] 将尺度描述为采样数据的基本参数，并认为从环境可行的跨全频谱视角来看，对智能体理解和控制交互来说，多尺度表示是必要的。

下文总结了这项研究的主要发现，包括介绍高斯核，这是一种确定一般信号的局部固有尺度和微分结构的方法。我们将使用文献［175］中报告的结果和图像来综述该框架的基本理论和实现。

7.3.1　高斯算子

高斯卷积算子是如下连续高斯函数的离散近似

$$f_\sigma(x)=\frac{1}{\sqrt{2\pi}\sigma}\mathrm{e}^{-x^2/2\sigma^2} \tag{7-12}$$

式中，σ 是高斯核的标准差。增加 σ 会扩张函数，从而使滤波器响应得到信号中更大邻域内信息的支持。图 7-12a 的左侧显示了三个尺度上的连续高斯算子。$f_\sigma(x)$ 中较小的 σ 值对应于图右侧较高带宽（较宽）的频谱 $F_\sigma(\omega)$。因此，高斯卷积算子表现为低通滤波器——抑制噪声的平滑滤波器，其截止频率与 σ 成反比。

无限可微高斯算子 $f_\sigma(x)$ 支持平滑和噪声抑制，并提供了一种方便的方法来计算任意阶次的 N-节。例如，在 σ 指定的尺度上结合微分和平滑的一阶和二阶导数高斯算子被写成

$$f'_\sigma(x)=\frac{-x}{\sqrt{2\pi}\sigma^3}e^{-x^2/2\sigma^2} \tag{7-13}$$

$$f''_\sigma(x)=\frac{1}{\sqrt{2\pi}}\left[\frac{x^2}{\sigma^5}-\frac{1}{\sigma^3}\right]e^{-x^2/2\sigma^2} \tag{7-14}$$

图 7-12b 和 c 显示了在 a 中的相同三个尺度下高斯算子的一阶和二阶导数。这些函数是我们在 7.2.1 节中看到的关于尺度参数的有限差分算子的推广。图 7-12b 中高斯的一阶导数是对称奇函数，并且表现得像边缘检测器；图 7-12c 中的二阶导数表现为类似于式（7-11）中引入的拉普拉斯算子的一维版本。然而，使用高斯尺度空间算子实现拉普拉斯算子会产生依赖于 σ 的带通特性。

信号中的深层结构由跨尺度维持的信息组成。为了估计信号的微分几何，一系列卷积算子必须在不引入虚假信息的情况下正确地抑制细粒度细节。如果结果正确，则它们是 N-节中的一系列派生信号，这些信号描述了跨尺度信号的拓扑结构。Koenderick 在他的因果关系要求[151] 中捕捉到了这一性质。因果关系要求大尺度结构支持小尺度结构，例如，对大尺度边缘算子的强响应支持对较小尺度边缘算子的期望：它与信号 $g(x,y,\sigma)$ 中的较大特征一致。Lindeberg 和 ter Haar Romeny 使用这些参数来说明：作为生成尺度空间的一种手段，高斯核在所有候选者中是唯一的[177]。

7.3.2　高斯金字塔：斑块

空间各向同性高斯导数滤波器均匀地处理空间和尺度变量，这一特性被称为均匀性。它们支持视觉信号中的特征检测，对传感器的平移和旋转、观看距离（尺度）和强度变换具有鲁棒性。一般来说，这类信号算子可以用于检测信号中的重要关键点。

式（7-10）为（此处略作改写）

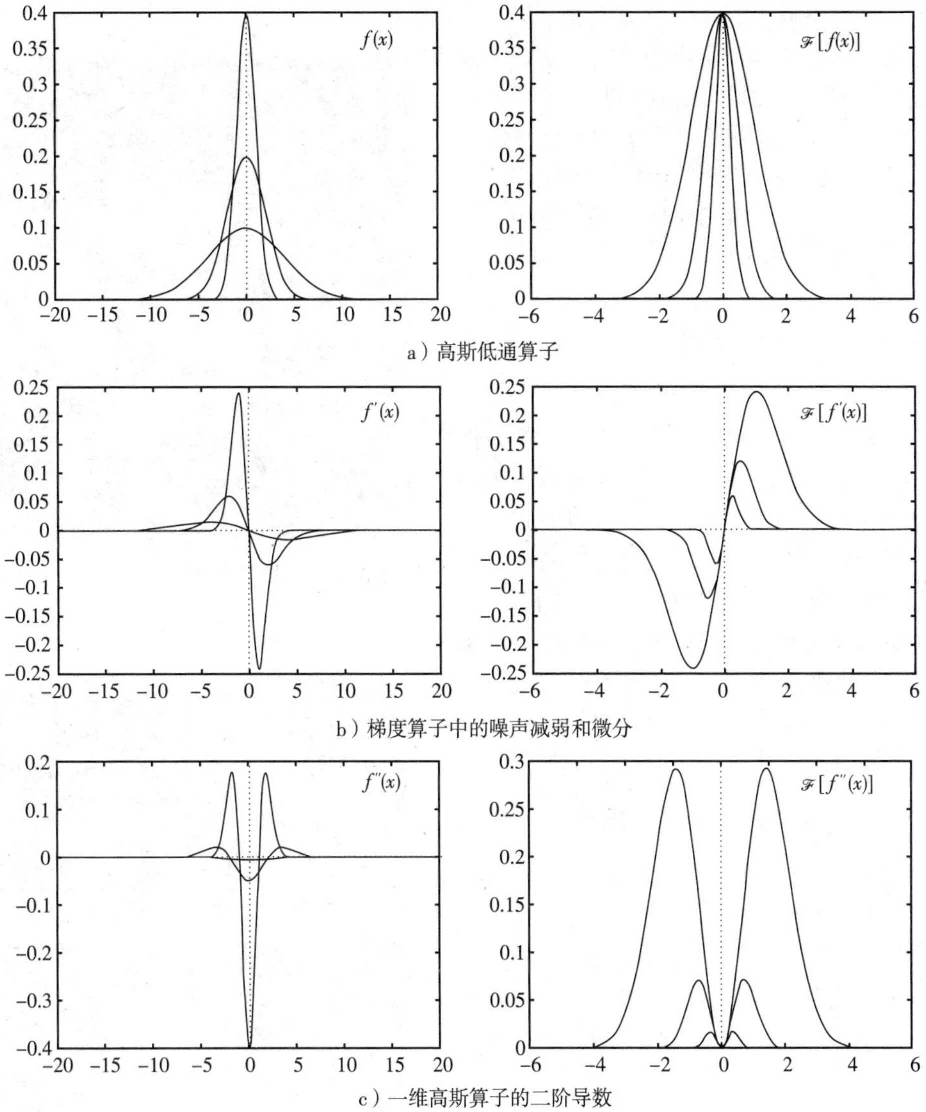

图 7-12　一维傅里叶变换对，高斯算子在三个尺度上的导数 $\sigma=1,2,4$

$$\frac{\mathrm{d}^n g_\sigma}{\mathrm{d}x^n}\approx\frac{\mathrm{d}^n f_\sigma}{\mathrm{d}x^n}*g=\frac{\mathrm{d}^n}{\mathrm{d}x^n}(f_\sigma*g)$$

可以通过将固定尺度微分算子($\mathrm{d}^n/\mathrm{d}x^n$)应用于原始信号($f_\sigma*g$)的模糊版本，来平滑和微分信号——以取决于尺度 σ 的方式有效地对 g 进行下采样。当 f_σ 表示尺度相关的高斯核时，这一思想引出了尺度空间在高斯金字塔方面的实用概念化。

考虑向日葵地的图片（见图 7-13），其中 $g(x,y,\sigma)$ 的二阶导数（曲率）的极值是信号结构的重要来源。在二维中，高斯低通滤波器被写成

$$f(x,y,\sigma)=\frac{1}{2\pi\sigma^2}\mathrm{e}^{\frac{-(x^2+y^2)}{2\sigma^2}} \tag{7-15}$$

算子 $f(x,y,\sigma)$ 以与 $1/\sigma^2$ 成正比的因子降低图像中的整体对比度。因此，为了跨尺度比较响

应，必须将每个响应乘以与 σ^2 成比例的因子来归一化。

尺度空间中的 N 层金字塔是使用高斯模糊算子[见式(7-15)]中的指数值序列 $\sigma=2^t$ 配置的，其中 $t=0$，$N-1$。图 7-14 显示了为向日葵地计算的尺度归一化高斯－拉普拉斯（Laplacian of Gaussian，LoG）金字塔中的三个层次，其中 L_{xy} 是拉普拉斯算子[见式(7-11)]：

$$\nabla^2 g(x,y)=\left(\frac{\partial^2 g}{\partial x^2}+\frac{\partial^2 g}{\partial y^2}\right)$$
$$\approx L_{xy}*[\sigma^2 f(x,y,\sigma)*g(x,y)]$$

对于每个像素，使归一化 LoG 响应最大化的尺度称为该像素的固有尺度 σ_{int}。固有尺度描述了信号在 $g(x,y)$ 周围的圆形邻域中的形状，半径 $r=\sqrt{2}\sigma_{\text{int}}$。整个高斯金字塔上的尺度归一化 LoG 响应按大小排序，并按降序呈现。文献［175］中报告的关于向日葵地的结果渲染后放于原始图像旁边，如图 7-15 所示。它捕捉到了图像中对所有向日葵而言共同的结构形式，从前景一直到背景。

图 7-13　向日葵地的图片（经许可转载自文献［175］）

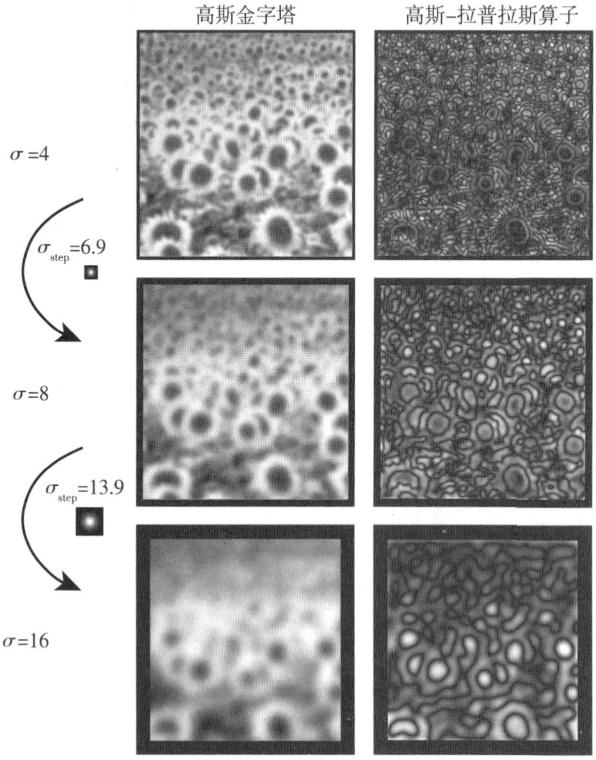

图 7-14　向日葵地图像的高斯金字塔的一部分

7.3.3　多尺度边缘、脊线和角点

除了斑块，其他多尺度微分不变量也可以使用多尺度高斯导数的组合来定义。文献［175］引入了微分不变量来捕捉视觉图像中的边缘、脊线和角点。

定向边缘　在 7.2.3 节中，用于检测边缘的算法涉及在二阶导数响应中找到过零点，这些零点与显著梯度（一阶导数）位置相重合：

$$\nabla^2 g(x,y)=0$$
$$|\nabla g|>\tau$$

Lindeberg 提供了这种方法的一个变体，它是在尺度上推广的。所提出的多尺度微分不变量使用一对定向高斯导数算子确立了一些二阶和三阶导数的属性。他引入了一个称为估算坐标系（Gauge Coordinate）的局部正交坐标系(u,v)，该坐标系以平行于位置(x,y)处梯度方向的 v 轴为方向。为此，将多尺度高斯梯度算子旋转 $\phi(x,y)=\arctan(g_y/g_x)$。根据这个定义 g_v 总是正的，并且横向一阶导数 g_u 为零。以这种方式引导高斯算子，简化了边缘特征在其微分结构方面的定义。

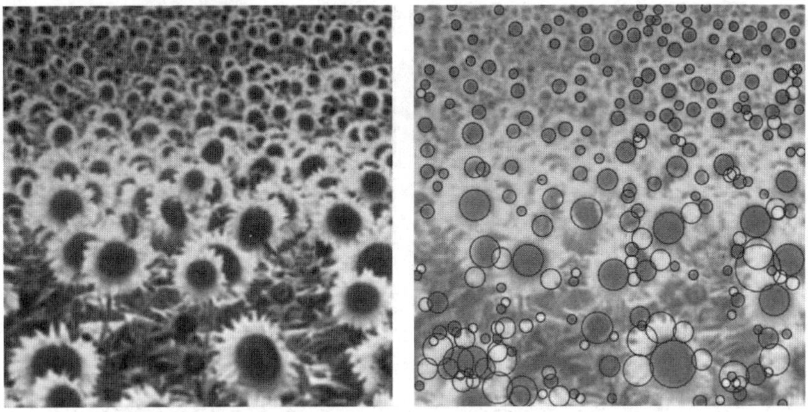

图 7-15　尺度归一化高斯-拉普拉斯金字塔中，前 200 个尺度空间斑块响应（经许可转载自文献［175］）

在文献［175］提出的方法中，在符合差分响应模式的地方，边缘被定位到亚采样精度：

$$\begin{aligned} g_{vv} &= 0 \\ g_{vvv} &< 0 \end{aligned} \tag{7-16}$$

与物体边界相对应的大多数锐边结构同时存在于许多尺度上。图 7-16a 显示了高斯金字塔中的三个图像，以及在三个不同尺度上与式（7-16）一致的相应定向边缘响应。

脊线　用于脊线检测的估算坐标(p,q)利用亮度函数的局部主曲率来定向一帧，使得图像海森阵中非对角线项 $g_{pq}=g_{qp}=0$。脊线是与最大主曲率同向的极值，我们将其与方向 p 对齐，可得

$$g_p = 0$$
$$g_{pp} < 0 \text{ 并且 } |g_{pp}| \geqslant |g_{qq}|$$

图 7-16b 中的成对图像显示了在三种不同尺度下这种脊线检测器的响应。

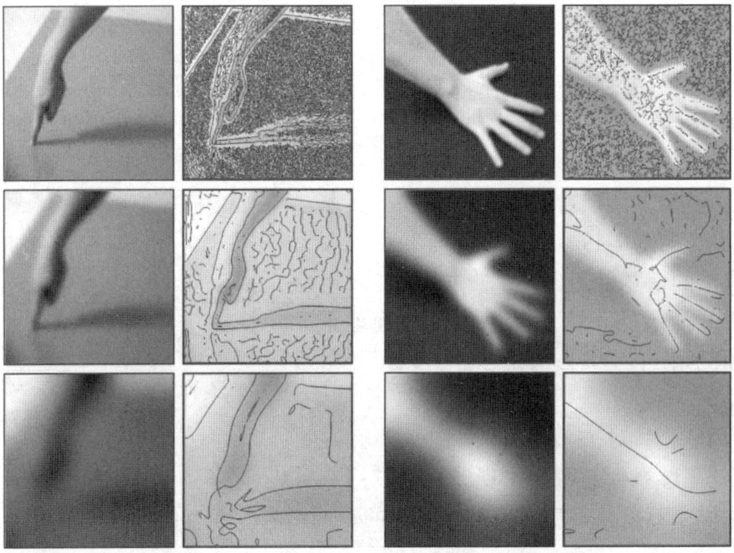

a）　b）

图 7-16　σ 分别为 1.0、16.0 和 256.0 时报告的边缘和脊线（经许可转载自文献［175］）

图 7-17 显示了自动尺度选择来检测边缘和脊线不变量的结果。

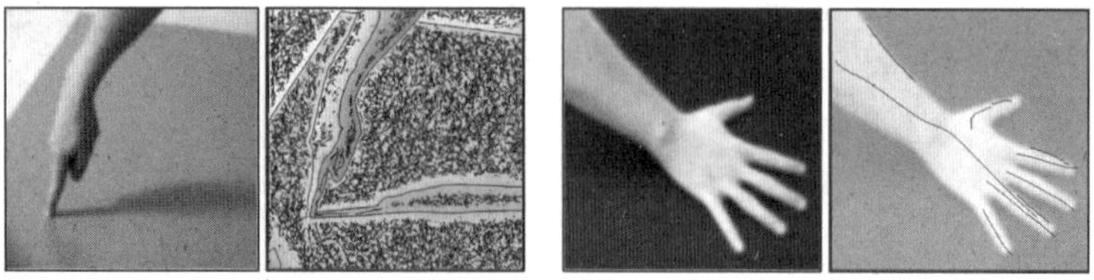

图 7-17　自动尺度选择来检测边缘（图 a）和脊线（图 b）不变量的结果（经许可转载自文献［175］）

结果表明，这些特征在大空间维度上、跨大小尺度进行延伸，并（跨尺度地）连接成连续的多尺度实体。

角点　Lindeberg 还提出了一种用于角点的特征检测器，该检测器使用微分几何来最大化

$$g_v g_{uu} = g_x^2 g_{yy} + g_y^2 g_{xx} - 2 g_x g_y g_{xy}$$

图 7-18 显示了自动尺度选择来检测角点不变量的结果。在这个渲染图中，可以看到角点特征的几个例子，其中在多个尺度上同时检测到强响应，因此增强了环境在该位置提供角点的信度。

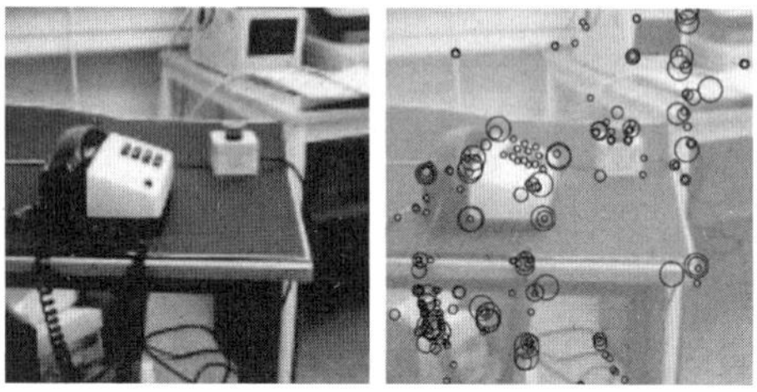

图 7-18　自动尺度选择来检测角点不变量的结果（经许可转载自文献［175］）

尺度空间中的斑块、边缘、脊线和角点与图像中的兴趣点高度相关。此外，斑块和边缘可直接推广应用于诸如触觉力传感的时空信号。这些特征可以作为路标，在多个信号中建立对应关系，并用于恢复可靠的环境几何，可用于识别熟悉的场景并与之交互。

习题

（1）**人声的频谱特性**。卢西亚诺·帕瓦罗蒂是一位著名的歌剧男高音，他被记录到以基频约 698.456 Hz 达到 F5（中音 C 上方的第二个 F）。如果他在表演前用氦气填充肺部，他会达到的基频是多少？

（2）**混叠**。一个方波信号 $f(t)$，$g(t)$ 表示其基频，如虚线所示（见图 7-19）。

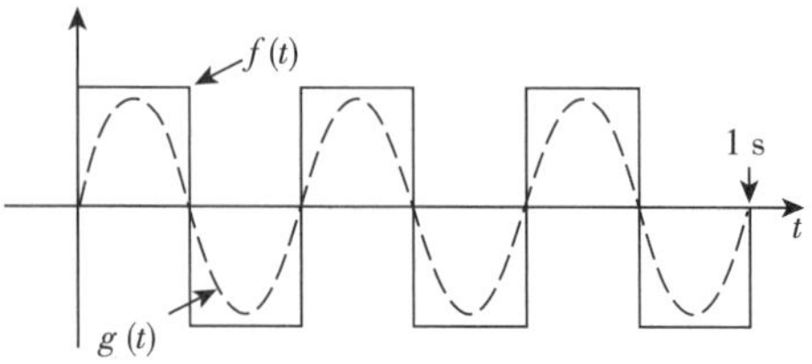

图 7-19　混叠

1）方波 $f(t)$ 的带宽是多少？

2）考虑虚线所示的正弦函数。为了准确地重建这个函数，最小采样频率必须是多少？以每秒采样数给出答案。

3）如果以该频率对方波 $f(t)$ 采样，那么在 3 Hz 时 $f(t)$ 的傅里叶系数是否会出现混叠效应？

4）如果采样率不足，重建方波时对混叠的预期影响，你有何评述？

（3）**卷积**。

1）证明对于任意两个函数 f 和 g，有 $f * g' = (f * g)'$。

2）说明拉普拉斯算子近似图像函数的二阶导数。

使用有限差分推导 7. 2. 3 节中出现的拉普拉斯算子。

（4）**弗雷-陈：基于外观的基元**。证明弗雷-陈算子是 3×3 图像区域的正交表示。

（5）**设计一道题**。用第 7 章中你最喜欢的内容设计一道题。这个问题应该不同于这里已有的问题。理想情况下，它应该基于本章的材料（可能的话，也可以包括前几章）。它应该要求进行定量分析和简短讨论，开卷解答时间不应该超过 30 min。

第四部分

感觉运动发育

第 8 章

The Developmental Organization of Robot Behavior

婴儿神经发育组织

人类的基因组决定了智人的一切特征，包括体型、感知和运动器官，以及从外周传感器到脊髓、脑干、小脑、中脑，再到中枢神经系统最高级的组成部分——大脑皮层的嵌入式处理层次结构，这也是新生儿转变为成年人所必经的重要生长和成熟过程。随着时间的推移，人类的身体会产生生物化学变化和神经变化，这些变化会对人类的形态和计算能力产生深远影响，并改变人类与环境的关系。所有的这些发育机制都会使人类个体获得适应地球生活的身体和认知能力，从而形成了具身认知发育系统。该认知发育系统包括了重要的身体条件和感知技能，以及支持进行关键决策和控制的知识。

在本章中，我们将回顾当代人类大脑的进化过程，并着重关注皮层控制层次结构在指导人类行为和塑造人类的综合感官和运动体验方面所发挥的作用。本章还将继续回顾人类新生儿的神经组织，它可靠地引导着婴儿在出生后第一年内实现感觉运动发育的里程碑。

8.1 人类大脑的进化

经过数百万年的进化，我们的祖先逐渐发展出将刺激与反应联系起来的机制。这种机制的最简单的形式是，来自外周感受器的信号通过神经突触来支配一组称为运动单元的肌肉细胞。随着许多此类映射的进化，出现了由高度相互连接的神经细胞群组成的突出神经节。在细长的背侧神经管中的此类神经节组织，在中枢神经系统中产生了高度特化的器官。具有这种背侧神经管的动物（如鱼类、爬行类、鸟类和哺乳类）称为脊索动物。这些动物利用神经管在空间和时间上将感知与行动联系起来。脊椎动物的背侧神经管是脊髓的胚胎，随着胚胎的发育，神经管逐渐分化而形成脊髓，然后又进化出一个围绕脊髓的骨脊，以保护脊髓。细长的脊髓接收来自背侧神经根的体感输入，并通过腹侧神经根产生运动输出（见图 8-1）。

背腹侧组织是神经系统空间特化的早期形式。躯体感觉器将外部刺激、肌肉牵引、肌腱和韧带张力等信息传入脊髓，而运动神经则将反射动作传回肌肉。随着时间的推移，由特化细胞组成的密集脑干形成于神经节的一端（因此定义为神经节的前端）（见图 8-2），分为后脑、中脑和前脑。前脑最初专门处理嗅觉信息。然而在高等动物中，前脑完成了大部分的早期感觉处理工作（见图 8-2 中的爬行动物大脑）。中脑参与感觉信息的处理，而后脑专门管理复杂的运动系统。

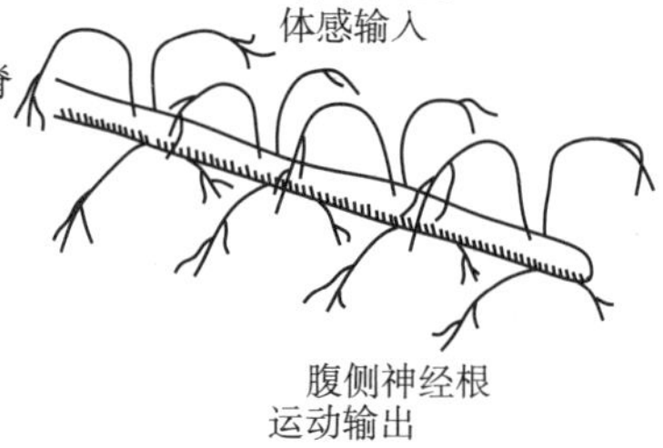

图 8-1 脊髓的输入和输出

小脑的发育是为了在日益敏捷的哺乳动物身体中平滑和协调运动系统。哺乳动物中枢神经系统的最高级形式是大脑，它包括大脑皮层（或简称皮层），这是一个专门用于解释和整合丰富多彩的感觉信号并启动连续运动行为的器官。学习（小脑和大脑）行为的进化过程叠加在自主神经控制之上，这样的进化过程一直从早期的哺乳动物和灵长类动物持续到人类（见图 8-2）。在人类大脑中，这些新结构主导着中枢神经系统的老结构。大脑皮层的层次结构扩展了神经控制结构的时间范围，并从传感器和非结构化环境中创造出日益稳定的情境反馈。在认知组织的经济性方面，不断提高的感知复杂度和运动敏锐度，以及对微妙环境的强大记忆和区分能力的价值，表明人类在新皮层中消耗高达 20% 的静态新陈代谢是合理的。

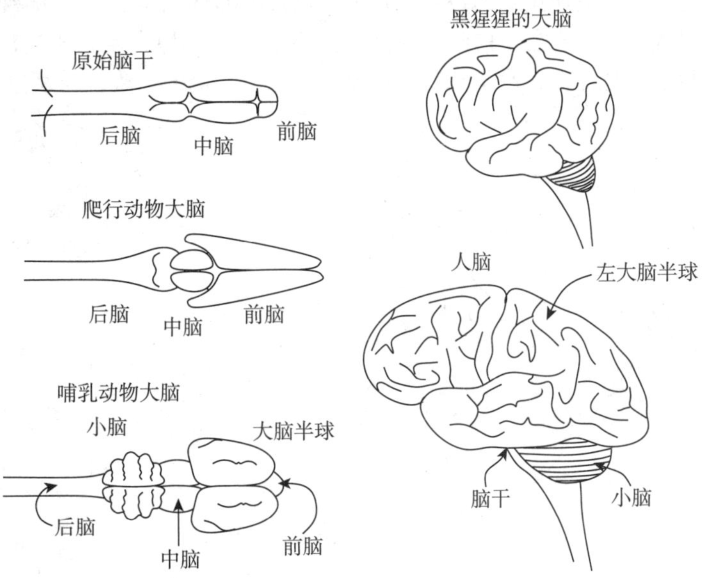

图 8-2　人类大脑的进化

8.2　新皮层的层次结构

皮层是由高度相互关联的神经元组成的特别密集的组织。这种结构形成了大脑半球的外层，通常称为灰质。它高度卷曲，以便在有限的颅骨体积内最大化该层的表面积。灰质展开后，2 mm 厚的皮层组织片的面积约为 0.3 m^2[110]。

所有来自外周的信号均要流入或流出大脑皮层。大约一百万根神经纤维通过视觉神经，穿过皮层下结构[㊀]到达初级视觉皮层。另外还有一百万根神经纤维从脊髓上升，将本体感觉和触觉刺激从外围传递到体感皮层，约 30 000 根神经纤维将听觉信息传递到初级听觉皮层。

大脑皮层中每平方毫米约有 10 万个神经元；保守估计，皮层中总共有 300 亿个神经元。假设每个细胞只有 1000 个突触，那么通过反向计算可以得出，大约有 30 兆个突触构成了大脑皮层的联想记忆。这样一个系统的容量是巨大的。Jeff Hawkins[110] 在 *On Intelligence*（《关于智能》）一书中指出，大脑皮层组织对一个存储模式序列的前向模型进行计算并预测下一步会发生什么。该书认为，大脑作为联想记忆的巨大能力来自一个简单的复制结构，这个结构对于理解大脑皮层的功能非常重要。在厚度为 2 mm 的大脑皮层上，存在着一个常见的六层柱状结构，用于上升（编码）和下降（解码）投射。这种相对简单的结构构成了大脑皮层计算的基本单位[200]。

在卷曲的大脑皮层下方，存在着较大体积的白质，为新陈代谢提供支持，并包含从一个皮质区域到另一个皮质区域的相对较长的轴突投射。有一大类因细胞体的形状而得名的锥形神经元遍布整个中枢神经系统，重要的是，在柱状皮层结构的顶层，它们将数英里长的轴突投射到其他皮层区域。

可以通过追踪锥形系统功能区之间的神经投射来了解大脑皮层中的数据流。大脑皮层由多个功能区组成，这些功能区保留了信号的空间特性，空间特性反映了智能体本身以及外部世界的几何形状。例如，皮肤上的机械感受器会投射神经纤维，通过背侧神经根进入脊髓（见图 8-1），这些信息沿着脊髓上行，通过中脑结构到达丘脑。外周感觉信息从丘脑投射到

㊀ 皮层下结构（如丘脑、基底神经节、杏仁核和海马体）通过分流传入的视觉、听觉和体感信号以及控制传出的运动指令，发挥着重要作用。

大脑半球的躯体感觉皮层区域（见图 8-3）。躯体感觉皮层（S1 区）是外周传感器的分布映射，其中皮层组织的数量反映了外周传感器的密度，手、脚和消化道在躯体感觉皮层中受到极大关注。皮层上的映射保留了身体的拓扑结构，如图 8-3 所示。传感过程向大脑皮层横向投射，这样左大脑半球就能接收来自身体右侧的刺激，反之亦然。

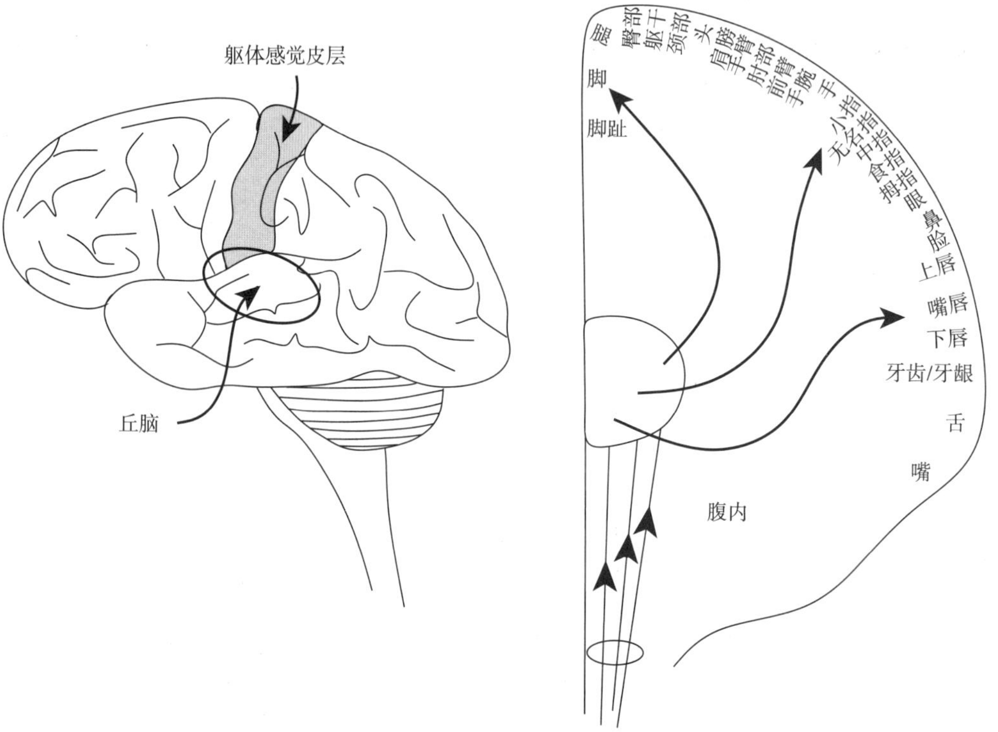

图 8-3 皮层上的映射保留了身体的拓扑结构

同样的组织在视觉通路中也很明显。视网膜上的视杆和视锥细胞立即投射到一层相互连接的神经元上，这层神经元对来自小而密集的视网膜感受器的信号进行局部计算。经过这种预处理后，视觉信息沿着细长的神经节传导，并以视神经的形式离开视网膜。视神经投射到丘脑后部的皮质核（由相互连接的细胞体组成的区域），被称为外侧膝状核（Lateral Geniculate Nucleus，LGN）。这里的细胞也代表了视野的视网膜视位图，该图以扭曲的方式反映了显著性。在这种情况下，视网膜的眼窝或光学中心占据了该图。从这里，视觉信息被投射到视觉皮层（V1 区域），如图 8-4 所示。皮层和皮层前神经元群高度专业化，擅长从视觉场景中提取重要信息。有些神经元能有效地分离特定方向的边缘（或剧烈的强度变化）。另一些则能够检测到感受野中的运动，或者专门将左右图像之间的差异解释为视觉场景中的深度。视觉信息的抽象是有层次的，最高层次是物体层次和更全面的场景。

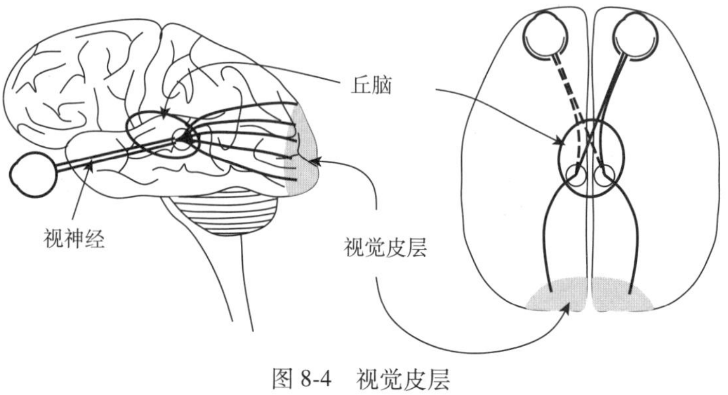

图 8-4 视觉皮层

在文献［192］中，17 世纪爱尔兰物理学家 Robert Boyle 描述了一位骑士遭遇了头骨凹陷骨折，导致一侧身体瘫痪，直到当地理发师将他凹陷的头骨抬高才恢复。Boyle 认为这意味着大脑皮层中有一个专门负责四肢运动的区域。运动皮层（见图 8-5）是肌肉骨骼系统的地形图。在基底神经节的影响下，神经过程从运动皮层通过丘脑投射到脊髓，最终到达激活肌肉细胞的运动单元。当然，上面的描述过于简单化了。一个单独的自主运动实际上涉及大量肌肉活动的协同作用，并且这些协同作用对动态和几何限制以及任务的环境都很敏感。运动皮层与小脑和基底神经节相互连接。运动皮层产生的一些输出几乎可以直接传递到脊髓。精确的单个手指运动就是皮层肌肉控制的一个例子。运动皮层的主要作用是支配较低层次的运动子系统，它是层次化运动组织的一个元素，涵盖从低层次的反射弧直到长期的、慎思的运动规划。

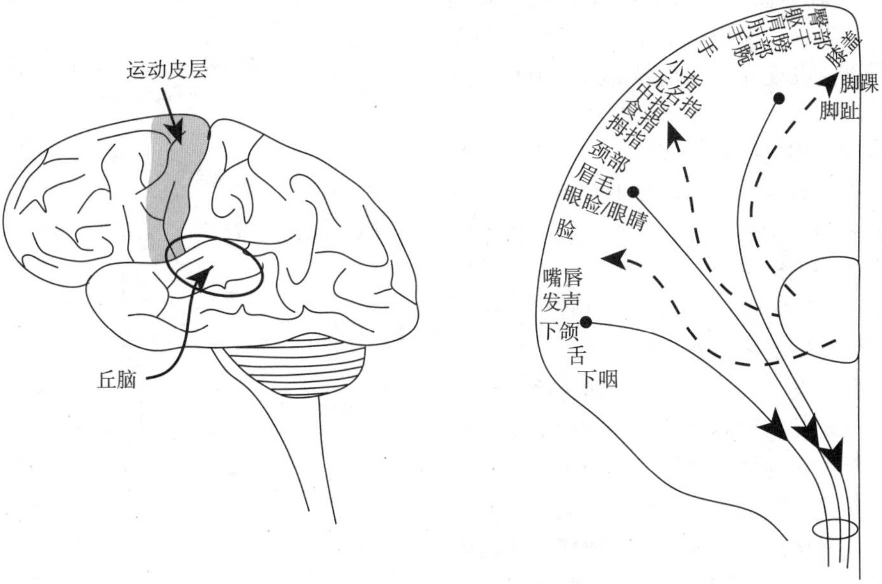

图 8-5　运动皮层

图 8-6 是大脑皮层信息流动的示意图。来自感觉器官的信号投射到初级皮层区域，在该区域，信号被重新编码并传递到次级皮层区域。来自其他感觉和运动源的信息在大脑皮质联合区进行组合。人们对这些关联区域的了解较少。也许是在这里，个体的累积经验，如获得的感官和运动专门知识，以及关于风险和回报的决策，会影响与环境相互作用的运动过程。

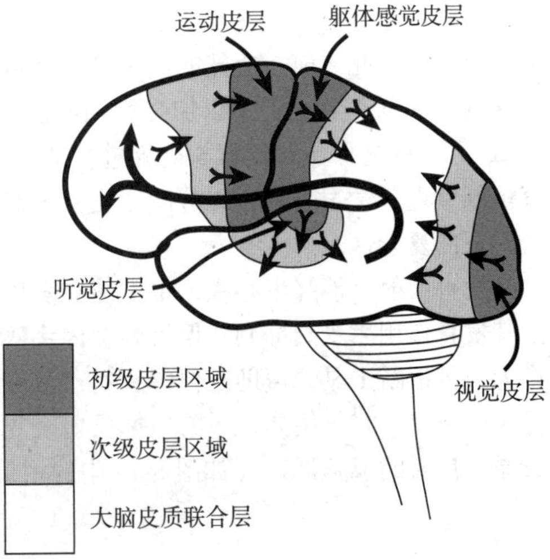

图 8-6　大脑皮层信息流动的示意图

我们对神经解剖学的理解表明，在大脑结构中，来自传感器和记忆中的信息与运动活动分级耦合。图 8-7 概括了这一观点。在一个极端情况中，像退缩反应这样的传感器-运动映射会在神经系统中产生最快的反应时间。运动控制层次结构的这一端被整合在人类神经解剖结构中，分布于脊髓、脑干和小脑。更高层次的大脑皮层控制通路会对训练做出反应，并不断重新评估反馈。信息处理层级中的每个新层都会对输入刺激进行重新编码，以检测为决策提供信息和稳定决策的特征。

8.3　神经发育组织

婴儿在出生前就在子宫内度过了 37～42 周。他肌肉无力，活动范围受到严重限制。婴儿在子宫内一直非常忙碌。神经、感觉和运动系统在细胞水平上分化，这些发育中的本能反应为出生后锻炼僵硬的关节和强化肌肉做准备，以协调肢体、保护新生儿，并提供各种经验来引导新生儿建立对这世界的认知模型。这些本能反应在人出生前、出生时和出生后的很长一段时间内都发挥着发育的作用。绝大多数的身体、神经和认知发育都发生在出生后，此时的生长和与环境的相互作用将人类基因组中编码的潜能表现出来。

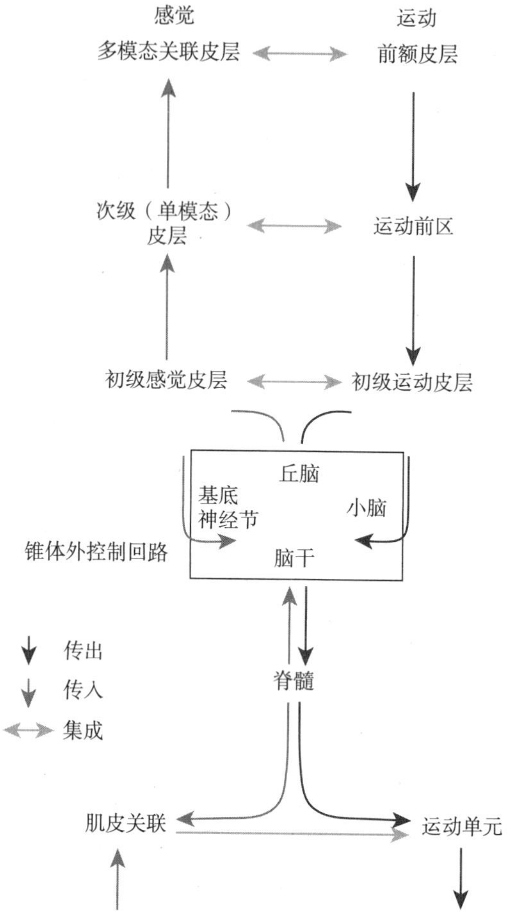

图 8-7　人类行为中感觉和运动组织的层次结构（见彩插）

新生儿⊖在数百万年的进化过程中，体型和体重、骨骼硬度和骨骼几何形状、力量以及感官敏锐度都发生了显著变化，而这些变化都是由与生俱来的与世界互动和探索的欲望所驱动的。在新生儿的神经系统中存在许多刺激-反应弧，这些弧的边缘反射有助于新生儿的生存和正常代谢功能。这些反射处理新生儿内脏功能和植物功能，保护新生儿的感觉和运动器官，控制他们的吞咽和呼吸，这通常是在无意识下完成的[28]。发育反射也可以通过让新生儿做好学习的准备，来引导刺激-反应行为的分层组合。这是更复杂的后天行为的基石。例如，初级踏步反射（见 8.3.2 节）在新生儿出生时就已存在，但直到 1 年以后才具备稳定行走的能力。在此之前，成熟的机制抑制了行走能力的发展，而将重点放在前庭反应和姿势稳定性（见 8.3.4 节）上，以加强腿对身体的重量的支撑，并为学习平衡提供一个发育环境。Piaget[227] 将这种能够延长与世界进行某些类型互动的模式称为“初级循环反应”。因此，发育机制管理着学习过程，以分阶段交互地获取知识，从而避免了“扁平化学习问题”在最坏情况下的复杂性。

发育反射可能终生存在，也可能在发挥其作用后因抑制或细胞死亡而消失。反射虽在发挥其发育作用后受到抑制，但可能会因疾病或创伤而再次出现。临床神经学家利用反射再现作为一种诊断工具，帮助定位中枢神经系统的病变。其他发育反射则转变为原始刺激-反应行为的成熟形式。例如，手的抓握反射（见 8.3.2 节）会随着时间的推移不断发育，并演变成原始反射的成熟形式（如图 8-18 中的钳握动作）。这两种发育和适应机制都依赖于原始的

⊖　指出生后 28 天以内的婴儿。

感觉运动行为（或原始的“预适应”行为[42]），并在此基础上构建其他运动技能。

本章的内容来自许多资料，其中的原则主要来自文献［165,74,87］。本章还将对这些文献中引用的许多发育反射根据它们的发生和持续性进行分类，给出导致它们出现的条件和随后导致它们被抑制的条件。本章最后描述了伴随这些发育产物的几个认知里程碑。

8.3.1　肢体反射

许多反射性反应助力于生物体的正常功能，它们是生物动力学系统㊀的固件部分。保护是一个核心的问题。例如，人类的屈肌退缩反射（其神经解剖学原理在第 2 章中讨论）由肢体在疼痛刺激下的屈曲和退缩构成。具体表现为：当手指接触到高温物体时，手和手臂会迅速缩回；当脚底受到疼痛刺激时，踝关节、膝关节和髋关节会弯曲。听觉和视觉刺激也会触发这种反射性触觉反应。**镫骨声学反射**支配附着在中耳镫骨上的镫骨肌（人体中最小的肌肉），以对巨大的噪声做出反应。足够振幅（80~90 dB）的噪声会导致肌肉收缩，保护中耳免受过度刺激。在说话前，这些反射也会活跃，以减弱对自己声音的反应。**眼球运动反射**可引起瞳孔反应，使虹膜扩张或收缩，从而控制射入视网膜的光线强度。颈部疼痛会使同侧（同一侧）瞳孔放大，这种反应被称为纤毛螺旋体扩张。**眼轮匝肌反射**会在疼痛时引起用力闭眼，并且视觉隐现或角膜接触会引发防御性眨眼。

其他反射与生物体的植物性需求有关。例如，许多内脏反射系统与控制食物和废物的流动有关。

咽部反射　又称吞咽反射，是将食物推入胃内的复杂行为的一部分。食物被推到口腔后部，在那里引发咽部吞咽。它包括一个蠕动波，将食物向下推移，同时保护呼吸道。

呕吐反射　这种食管反射会收缩喉咙后部，从而防止物体进入喉咙，除非是在正常吞咽过程中，以帮助防止窒息。

排泄反射　肛门括约肌收缩反射和排尿反射分别参与固体和液体废物的排出。

新生儿一出产道，就必须开始一生的呼吸任务。

喉反射　喉反射是保护性呼吸反射之一。在喉部、气管和支气管受到刺激时，它能关闭声带，进而关闭气道。

喷嚏反射　位于鼻腔或咽部的受体引发深吸气，然后爆发性呼气。这是对刺激的一种反应，包括光敏喷嚏反射（对强光的反应），大约每四个人中就有一个人会有这种反射。

存在一系列定向反射行为，它们既能将注意力导向刺激，又能以特定方式配置传感器实现专注。因而可以提高对于新刺激——巨大噪声或者闪光的敏感性。例如，**听觉-眼动反射**会将眼睛转向产生尖锐声音的方向。定向反应将注意力引向新刺激的位置，包括改变初始反应，使其对新刺激更加敏感（例如，利用瞳孔放大来提高视觉对昏暗光线的视觉敏感性）。

有很多反射的例子助力于正常功能，但这些反射并不总是有助于发育本身。

8.3.2　脊髓和脑干介导的反射

人们普遍认为，原始反射有助于生物体锻炼有用的神经元通路，并为更高层次的行为提供基础，从而促进认知发育。在本节中，我们将回顾临床神经病学文献中经常引用的一些原始反射。

吸吮/觅食/舌头后缩反射是一系列相关反射的一部分，这些反射协调寻找食物并将其送

㊀　在控制理论中，这指一个受控的动力学系统。

入（或排出）口腔。觅食和吮吸反射在子宫内 24~28 周出现，在此阶段，它们会被饱腹感所抑制；在婴儿出生时就完全存在，在最初的 2 个月里，它们作用最强，到 3~4 个月时会被抑制。脸颊上的触觉刺激（觅食）、嘴唇表面的刺激（吮吸）和舌头上硬物的压力（回缩）都会触发它们。吸吮可以锻炼口腔肌肉，与舌头控制和吞咽相互作用，并抑制呕吐反射。如果这些进食反射保留时间过长，会影响正常的吞咽、语言和手部灵活性。像这样的原始反射会在患有老年痴呆症或脑外伤的成年患者身上重新出现。

莫罗反射如图 8-8 所示，这种反射有时被称为抱紧反射——属于一种惊恐反应，会使新生儿在惊恐中做出拥抱动作并哭泣，具体表现为双臂伸出，随着反应的增强，双臂会再次收回，做出紧抱的动作，并发出响亮的哭声。

为了引起莫罗反射，婴儿的头和肩膀需要被支撑着，双臂在胸前弯曲。从这个姿势开始，头和肩膀突然下垂几英寸，同时松开手臂。双臂会完全外展伸长，然后弯曲回缩。这种反射在子宫内 8~9 周时出现，并在出生时完全存在，在 16 周左右被掩盖/抑制。

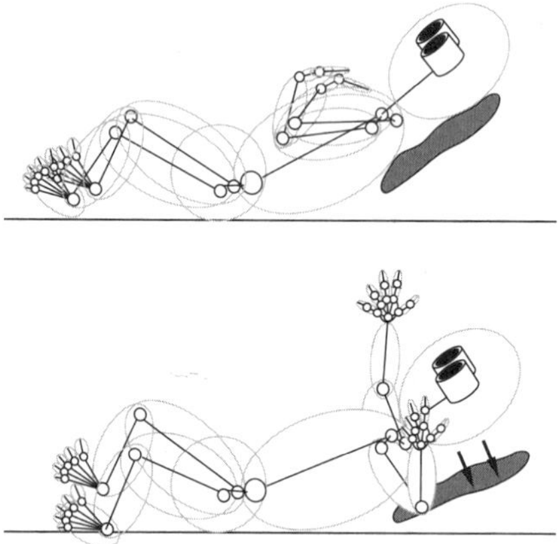

图 8-8　莫罗反射

子宫表现包括在听到突然的巨大声响时张开双臂和双腿，然后再合拢。无抑制的莫洛反应是由脑干（皮层下）活动引起的，约在 16 周时转变为成人惊吓反应——**施特劳斯反射**。施特劳斯反射调动大脑皮层更多的感知区域，对可能的触发刺激范围进行分类。

手掌抓握反射（见图 8-9）对应脑干正下方的脊髓 C6 至 C8 节段。手掌或脚底的触觉刺激可引起手指或脚趾的同时弯曲。在手部，这种运动通常会引起有关触觉刺激源的力的闭合（见 4.3 节）。在子宫内约 11 周时出现，并在出生后持续 2~3 个月；然而，其分化形式（单指反射）可持续到 10 个月大。这些动作参与单指与拇指的对抗，在其达到最高峰时，婴儿可通过手掌的抓握和牵引反应反射来支撑整个身体的重量。

由于手和口通过**巴布金反射**联系在一起，所以手掌反应也可以通过吸吮动作激活。大约 4~6 个月后，这种神经支配会逐渐被自主活动所掩盖。如果手掌抓握反射超过了正常的发育期，就会延迟手指单独运动和手口协调能力的发育，这可能导致吞咽困难和语言发育迟缓。钳握动作是手掌反射的成熟接替动作。它通常在婴儿出生后 36 周左右出现。

抚摸足外侧靠近足底区域（足跟）会唤起**足底反射**（见图 8-10），从而导致脚趾向外伸展。如果刺激指向脚掌，则可引起抓握反射。足底反射在子宫内 18 周出现，出生时完全存在，通常在出生后 6 个月左右被抑制。它产生了踢腿动作，增强了肌肉张力，提供前庭刺激，并协助分娩过程。此外，它还开启了神经通路的神经支配模式，这些神经通路日后被用于爬行、侧向爬行运动和手眼协调，并有助于将前庭反馈整合到运动控制中。

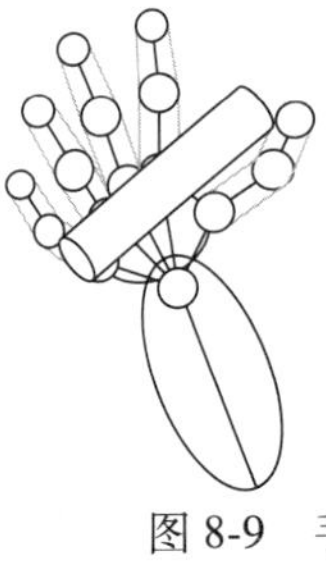

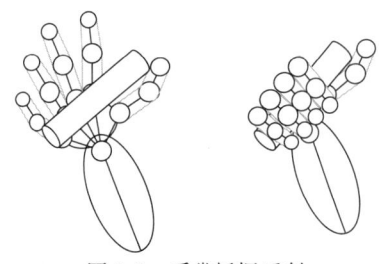

图 8-9　手掌抓握反射

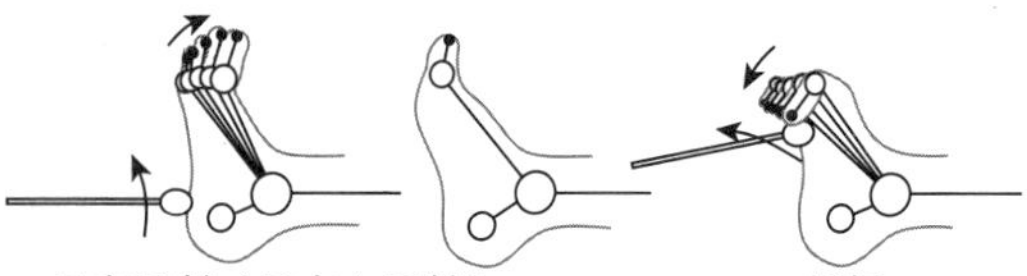

图 8-10　足底反射

图 8-11 中的**非对称性紧张性颈反射**（Asymmetric Tonic Neck Reflex，ATNR）是在头部转动时引发的，会导致同侧肢体的伸展和对侧肢体的弯曲。这种反射在子宫内 18 周左右出现，通常在出生后 6 个月左右被抑制。人们认为，ATNR 有利于婴儿出生时顺着产道向下移动；俯卧时有助于保持呼吸道通畅；将眼睛集中在伸出的手上，从而将婴儿的聚焦能力从大约 17 cm（出生时）延长到一臂之长。如果 ATNR 持续存在超过正常时期，它可能会阻碍在更大范围内集中注意力的能力，并导致偏好手脚的同侧运动，而不是爬行和行走所需的重要对侧协调模式。此外，它可能会抑制双臂操作，导致偏好手/眼/耳/腿的发育迟缓并导致视线在中线上的追踪能力差。

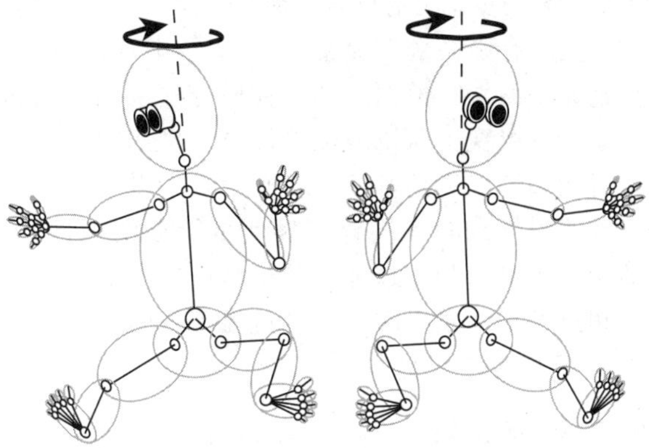

图 8-11　非对称性紧张性颈反射

图 8-12 中的**加兰特反射**是脊髓反射。它在子宫内 20 周出现，出生时就已存在，在出生后 3~9 个月时被抑制。当臀部受到触觉刺激时，它表现为同侧躯干弯曲，并在学习旋转和使用躯干运动进行爬行、匍匐和行走时发挥作用。如果保留时间过长，会导致行走时髋关节旋转不对称以及姿势和步态异常，还会影响**两栖反射**和**节段滚动反射**的发育。

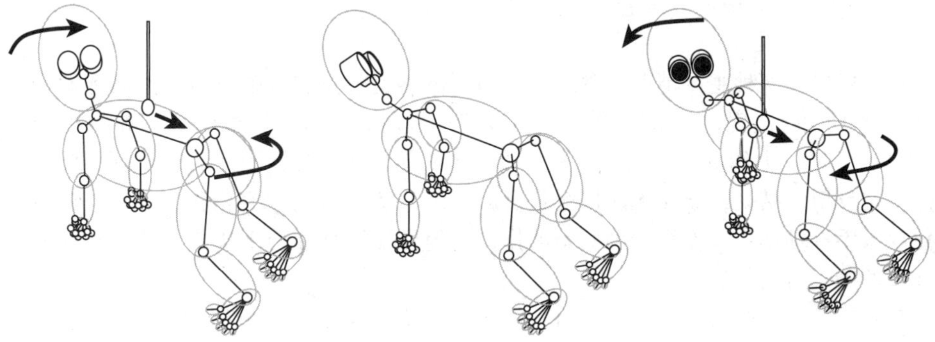

图 8-12　加兰特反射

放置反射由皮层下神经核（基底神经节）介导。当胫骨或前臂上出现接触时，肢体（手臂或腿部）会做出回缩、抬起和移位的响应。想象一下，你的胫骨撞到了路缘石时，放置反射会在激活期做出响应，你的脚会抬起，而后踩到路缘石的顶部。这种反应在子宫内约 9 个月时出现，在出生后约 6 个月通过抑制或整合而消失。

初级踏步反射是当脚底接触到支撑表面时触发的脊髓反射。踏步时，一个跨步后（脚趾附近）的腿部伸展，引起反射性的弯曲和髋关节前旋，然后腿部再次伸展，以期在步伐的前面脚后跟着地。其结果类似于侧向步进动作。在新生儿出生时，远在其准备好在无人看管的情况下行走之前，它就可以被激发出来，并在出生后 3~4 周消失。大约在 12~24 个月时，它作为成熟、综合步态的一个组成部分再次出现，并伴随着一系列辅助姿势反射。这个时候，幼儿特有的宽大步态会变窄，前进的速度也会提高，由于这种步态动力学不合适，所以该反射暂时消失。当腿部的长度、质量和力量在这一成长过程中再次有利时，反射会再次出现[272]。据推测，反射是完整的，但其在肢体中产生大振幅运动的能力受到影响，在这种情况下，其他姿势反射占主导地位。关于锻炼反射是有助于还是阻碍徒步行走的发育，还存在一些争议。一项研究认为，锻炼可以保留和加强大脑皮层中与运动相关的区域，从而使这些区域与脊髓步态反射更紧密地结合在一起[303]。

皮质脊髓系统在最初的5~7年中逐渐成熟。在婴儿成熟之前，原始反射明显，并可在临床上激发。然而，随着皮质脊髓系统的成熟，皮质系统在更大程度上影响了控制，许多原始反射变得难以或无法激发。例如，在3个月大的婴儿中，足底反射神经支配可产生正常的阳性巴宾斯基征。在6个月大以后，这种现象不会持续。然而，在成年后，由于外伤或痴呆导致的皮质脊髓病变可能会消除抑制通路，使原始的巴宾斯基征再次出现[28]。临床医生可以利用这些评估来帮助定位脑损伤并制定治疗计划。如果原始巴宾斯基征的保留超过了正常发育时期，则可能与空间问题、晕动病、视觉感知问题、排序能力差和时间感差有关。

8.3.3 桥反射

桥反射是一类特殊的反射，对感觉运动发育有重大影响。与原始反射（见8.3.2节）不同，桥反射在出生时并不存在，而且与在时间顺序中紧随其后出现的姿势反射（见8.3.4节）不同，桥反射在发育期之后也不会持续存在。

尺侧放松和桡侧放松反射是指为开启独立手指运动而存在的反射性支持。从手掌抓握构型开始，尺侧松开首先松开食指，随后引起相邻手指的级联式松开，相邻两侧食指也会相继松开，直至全部手指伸直。径向释放与此类似，从手指的小指一侧开始。这些动作大致在出生时出现，一直持续到4个月左右，此时这些动作会整合到手部的其他协调运动中。

牵拉反射可在两种主要情况下观察到，即本体感觉阶段和接触阶段。本体感觉阶段可在婴儿0~2个月大时出现，其特征是在拉动肩部伸展时，肩部、肘部、腕部和手指同时外展（整个肢体后撤）。大约2个月大时，婴儿会挥向视觉（和听觉）目标，而肩部伸展将触发本体感觉牵拉反射。结果，婴儿无法接触到目标。在3~5个月时，完全整合的牵拉反射会参与更成熟的张手挥动动作。作为一种原始动作，它的异常持续性会干扰自主伸手和抓握、物体操作和视觉探索时的传递。

接触阶段约在1个月大时出现，可持续3~5个月。当食指和拇指之间的手掌受到触觉刺激时，刺激物周围的手指会立即弯曲，随后手臂的关节也会弯曲（通过牵拉反应）。手指弯曲是抓握反射最早的形式。

回避反射可在婴儿出生后1个月左右出现，到6个月左右会消失或融入成熟的操作行为中。与引起手掌抓握反射所需的掌上深度压力不同，轻触远端指骨的背面可通过伸展和绑定手指引起手张开，手臂和手腕也会一起协调运动，最终将手放在脸旁，手掌朝前。手掌抓握反射和回避反射在婴儿一岁时会重叠，并可能发生冲突，导致婴儿交替地张开和合上放在脸旁的手，尤其是在兴奋时。回避反射也会参与从手中释放物品的动作。回避反射的残留部分可能会持续存在，并能在严重的压力条件下，从成年受试者身上激发出来。

眼头反射有时被称为“娃娃眼睛”响应。它包括对头部运动的共轭凝视稳定响应。即使头部在垂直和水平方向上移动，前庭-眼反射也能让眼睛保持盯住目标。它大约在出生后2周出现，并持续到3个月。

在朗道（Landau）姿势（俯卧，检查者的手从躯干下方支撑）下，婴儿会摆出“超人”姿势（见图8-13）。婴儿的头部将伸展到躯干平面之上，躯干和腿部将在重力作用下等距伸展。当婴儿的头部被向下推（进入弯曲状态）时，腿部也会反射性地向下弯曲，这种反应被称为**朗道反射**。如果松开头部，婴儿将恢复超人姿势。

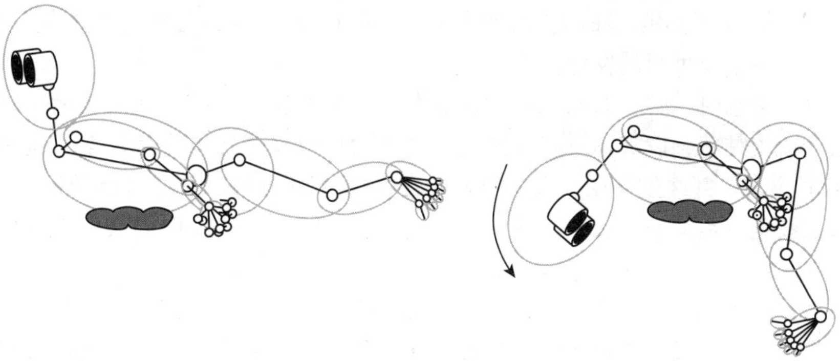

图 8-13　朗道反射

朗道反射出现在 3~10 个月之间，一直持续到 36 个月左右。它与迷路反射和脊髓反射有关，有助于良好的躯干和臀部肌肉伸展，以达到直立坐姿的目的。它对某些姿势反应有重要的抑制作用（见 8.3.4 节），可增强肌肉力量，并有助于前庭-眼运动技能的发育。

本能抓握反射是一种三步运动反应，可以完成主动抓握。该反应的定向阶段出现在婴儿 4~5 个月大时。它会使手掌朝向手上的刺激，手的桡侧受到刺激后，手会上翻；尺侧受到刺激后，手会内旋。大约在婴儿 6~7 个月大时，这种反射会推进手掌朝向刺激物。这种无意识抓握的残留可能会持续到成年，但一般来说，本能抓握在大约 10 个月大时被完全整合。这是最成熟的抓握反射；随后的操纵控制越来越多地通过大脑皮层、视觉和触觉进行。

图 8-14 中的对称紧张性颈反射（Symmetric Tonic Neck Reflex，STNR）创造了一种背部和手臂伸展的身体姿势，从而使上肢向前移动以承受重量。如果头部处于弯曲状态，则双手在视线前方被置于胸部的中线。该反射大约在婴儿出生后 6~9 个月出现，大约在 9~11 个月受到抑制。在此期间，它参与直立姿势和两足步态的早期发育。如果它被保留下来，会延迟手眼和游泳技能的发育，并通过抑制肢体的独立运动来阻碍爬行运动的发育。

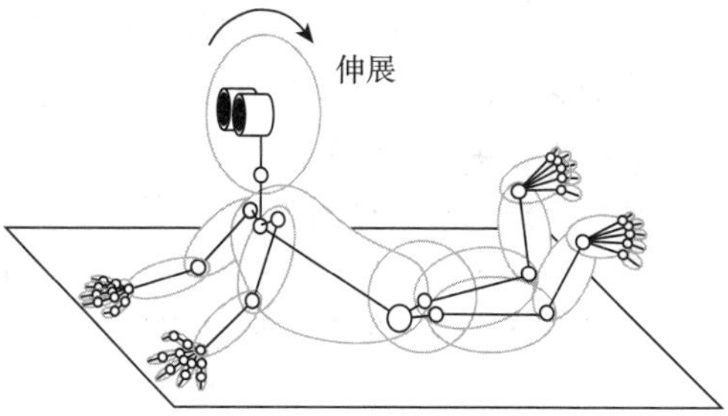

图 8-14　颈部伸展引发的对称紧张性颈反射

8.3.4　姿势反射

一些使用前庭反馈的原始反射有助于与平衡和稳定性相关的姿势控制的发育。前庭系统包括内耳、视觉、本体感觉（如 2.1.2 节和 6.1.2 节中的肌梭）和皮肤机械感受器，以提供运动反馈——通过视觉、惯性和重力的反馈去感知身体的空间姿态以及与地球的关系。例如，在中耳中，非常特殊的惯性结构提供了一种加速度计。位于内耳纤毛上的被称为耳石的小晶体，是特化细胞的一部分，可测量头部在重力场中的方位。人类婴儿感知运动期的大部分时间致力于将重力感整合到平衡和姿势稳定中。

迷路反射是对前庭信息的一系列原始反应，它由脑干调节，与头部姿势控制有关。它会产生一系列相关的姿势反射。**紧张性迷路前向反射**（Tonic Labyrinthine Reflex forward，TLRf）在子宫内出现，婴儿出生时就存在，在 4 个月左右消失。从俯卧姿势开始，它会使头部离开地面，这是使头部抵抗重力并稳定在垂直方向的第一步。它的“表亲”——紧张性迷路后向反射（TLR backward，TLRb）在出生时就出现，并在 6 周~3 年内逐渐受到抑制。TLRb 参与了终生持续存在的姿态反射的发育。

当婴儿直立悬挂时，脚底的触觉刺激会触发肌肉拉伸反射，通过共同收缩拮抗肌使腿部变硬。下肢变成支柱状，以支撑婴儿的体重，这种动作被称为**正向支撑反射**。这种反射在婴儿 3~4 个月时出现，并终生存在。大多数婴儿在 5~6 个月时可以支撑自己的体重，7 个月时可以弹跳。上肢也有类似的反应，这种反应与视觉和迷路性翻正反射以及朗道反射有强烈的相互作用。

翻正反射有时也称为“身体沿头”反射，即沿着头部指向的方向转动肩部和躯干。它对于将颈部结构恢复到名义上的前向配置非常重要，并且在从俯卧到仰卧的转换过程中起着重要作用。它在出生时就存在，通常在 4 个月大时可以观察到，此时它被整合到自主运动中。

另一对重要的头部翻正反射，通过不同传感器反馈的使用来区分，在任意身体姿势下，将头部转动到鼻子垂直、眼睛水平的姿势。**头部视性翻正反射**（Optical-Head Righting Reflex，OHRR），由视觉输入驱动，它在 2~3 个月大时出现并终生保持，对平衡和眼球运动控制非常重要。如果发育不全，会导致视觉跟踪能力差、晕动症和迷失方向。与此相关的**头部迷路性翻正反射**（Labyrinthine-Head Righting Reflex，LHRR）是头部视性翻正反射（OHRR）的对应反射。两者对平衡和视觉焦点的综合控制都至关重要。LHRR 也在出生后 2~3 个月出现并终生存在。

两栖反射是一种躯干运动（据认为已有相当悠久的历史），它支持两臂和两腿之间协调的不对称肢体运动。它在两栖动物出生后 4~6 个月出现并终生保持。在临床评估中，如果没有该反射，有时就表明未受抑制的原始反射（尤其是 ATNR）仍然存在，因此可以用来诊断发育异常。它对爬行、行走和奔跑至关重要。

节段滚动反射在婴儿 6 个月左右出现，并终生存在。这对协调的横向运动至关重要，如行走、跑步、跳跃和游泳。它还有助于婴儿翻身和坐起。

侧向支撑反射（见图 8-15）类似于下肢的正向支撑反射。它构成了一个保护性的、承重的手臂延伸，对于保护性支撑和独立坐起的能力至关重要。这种姿势反射出现在婴儿出生后 5~7 个月并终生保持完整，最初表现为前部支撑，后来表现为侧部支撑。

降落伞反射（见图 8-16）在婴儿出生后 8~9 个月出现，并终生存在。当婴儿从俯卧位向后翻转时，双臂对称地伸展，就像婴儿准备摔倒一样。这是对前庭输入的反应，并与莫罗反射和支撑反射相互作用，帮助支撑坐着的婴儿。它还有助于向坐姿过渡。

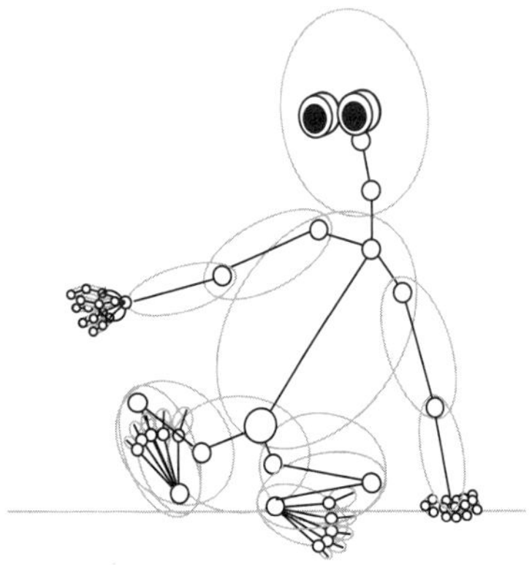

图 8-15 侧向支撑反射

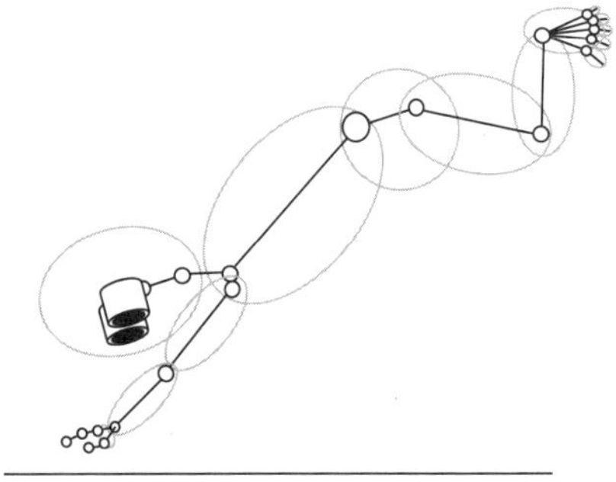

图 8-16 降落伞反射

8.3.5 成熟过程

在本节中，我们将描述一些由遗传因素和激素影响介导的成熟生长的早期机制，它们决定了神经系统的生长发育。

大脑发育和生理成熟 早期大脑含有干细胞，这些干细胞通过神经发生进行复制，并分化为神经元或神经胶质细胞的前体细胞（神经母细胞或神经胶质母细胞）。这两类细胞约占中枢神经系统（Central Nervous System，CNS）体积的一半，尽管胶质细胞的数量可能比神经元多，比例高达 50:1。妊娠 5 个月时婴儿约有 10 亿个神经元，出生时约有 1000 亿个神经元。人脑在出生时约占成人大脑重量的 25%，6 个月时这一比例约为 50%，2 岁时约为 75%，6 岁时约为 90%。中枢神经系统的发育是分阶段进行的，这些阶段相互叠加并相互作用。

神经元从神经管发出，形成大脑的不同部位。这一过程在出生时基本完成。它们分化形成特化神经元，并经历突触发生——神经元向邻近和更远处的神经元投射神经纤维和突触的过程。新突触的生长创造了一种超级连接，并有可能实现比最终成熟大脑更多的细胞间通信。出生后，这些神经元之间的连接会被删减和重新排列。这种修剪是在互动和经验的引导下进行的。细胞之间未使用的通路会萎缩并最终消失。

顾名思义，神经胶质细胞是神经系统的黏合剂，但它们的作用远不止于此。它们在发育早期引导神经元迁移，改变轴突和树突的生长，并在突触可塑性和突触发生中发挥作用。神经胶质细胞还积极参与突触传递，调节突触间隙中的神经递质。神经胶质细胞对神经元起着支持作用——它们保护神经元并提供结构支持，提供营养和氧气，吞噬死亡的神经元，并在神经过程周围形成绝缘的髓鞘。髓鞘是一种脂肪鞘，环绕在许多神经过程周围，是一种改变轴突传导信号能力的绝缘体。其效果是改变纤维的电阻率和电容，从而改变信息在大脑中传播的强度和时间。髓鞘化始于子宫内的妊娠晚期，并在头两年内迅速发育。其中，运动感觉神经根、脑干以及再生和生存所需的结构很早就开始了髓鞘化。前庭神经（参与平衡）是第一个髓鞘化的脑神经。这种情况发生在子宫内，这也表明平衡和姿势控制在子宫内开始发育。面神经与呼吸、吸吮、吞咽和嘴唇的协调运动有关，是第二个髓鞘化的脑神经。运动神经先于感觉神经髓鞘化。在婴儿出生后 3 个月时，前庭-眼反射会随着头部的运动而产生眼球的共轭运动，以帮助视觉追踪世界上的物体并纠正自运动。皮质脊髓束在出生后约 36 周开始髓鞘化，从近端到远端，从头到脚。最短的轴突最先髓鞘化，其次是上肢和躯干，最后是下肢（轴突最长）。

动物的发育机制有助于克服最坏情况下进行学习的复杂性。发育过程可以管理神经投射，从而调动感觉和运动资源。例如，伸手动作的运动学习是从近端到远端肌肉组织进行的，这是运动皮层髓鞘化模式的结果[23,22,24]，这对操作技能的发育有重要影响。在下半身肌肉组织和两足运动中也观察到同样的过程。此外，感觉和运动资源本身也会随着时间的推移而发生变化。新生儿的眼睛只能聚焦到大约 21 cm 的范围[169]。他们尚未发育成熟的视觉器官的敏锐度有限，对亮度和颜色的敏感度也受到影响。因此，新生儿的注意力最初集中在大的运动区域和强烈对比的特征上[114,260]。新生儿内耳的软骨在子宫内和最初几周内优先对低频做出反应，以避免听觉信号的全部复杂性和动态范围。一些研究人员观察到，新生儿中枢神经系统和外周神经系统的局限性也可能有助于引导新生儿的学习[213,78,288,70]。总之，这些特征有助于简化新生儿与世界的最初互动，从而使重要的行为和认知基础得以发育。

可塑性 大脑发育的许多方面由基因决定。然而，其他重要的方面具有可塑性并能够适应刺激。可塑性表现为某些皮质区域能够承担通常与其他区域相关的功能。神经脱落或损伤以及缺乏刺激都可能导致重新映射。例如，如果一个或两个传感器系统的几何形状发生变化，视觉和听觉皮层区域中拓扑排列的空间映射将发生改变并相互作用[146]。重新映射的机制结合了成熟的和经验的影响。在生命早期，当神经和突触的形成使新生儿大脑准备好以多种方式接受信息时，存在着更大的可塑性能力。反复受到刺激的通路在神经基质中被连接起来，而那些缺乏刺激的通路则萎缩、死亡或发生突触重排。这一过程在人的一生中以较低程度延续，例如，当专家技能通过实践和经验磨练时。

半球分化　大脑功能一般分布在两个半球，但似乎存在一定程度的半球分化。例如，幼儿的手偏向性通常在 2 岁前确立，脚的偏向性则在 5 岁前确立。此外，在 95%的右撇子中，语言是由左半球处理的，而只有 70%的左撇子的语言是由左半球处理的。这种分化大部分在出生时就已完成，但对于先天存在某种半球功能障碍的婴儿来说，可能会出现大量的可塑性补偿。在采用半球切除术（切除整个大脑半球）的严重癫痫发作疾病中，年轻患者可以凭借可塑性和神经元重组获得几乎完全正常的功能。在类人猿身上也证明了显著的可塑性重组[95]。

身体生长　身体生长会导致形状、比例和质量分布的变化，这会对随时间变化的相对强度重量比产生影响。较小的肢体会产生较小的终点位置误差，以应对运动输入的误差。因此，婴儿可能能够通过形态上的适应来减少因运动通路不成熟而产生的误差。遗传因素通过神经和激素活动间接影响生长速度。下丘脑分泌的荷尔蒙可调节人体生长激素的分泌，而生长需要的化学触发因素可加速或减缓大脑和身体的生长。在婴儿期和青春期，人类会经历巨大的生长高峰。不同器官和身体部位的生长速度不同，一般从头到脚（头-尾）和从躯干到外围（近-远）的生长由先到后。

8.4　婴儿第一年的发育和功能年表

婴儿体内有丰富的神经组织，并随着时间的推移而变化。图 8-17 展示了本章迄今为止所讨论的几种反射的出现和随后的抑制。原始反射的组合可用于创建基本的刺激-反应弧，包括用于姿势控制、平衡与敏捷权衡以及手眼协调的情境敏感策略。一般来说，这个序列从原始的反射开始，经过桥反射，然后进入终生持续的姿势反射。

发育过程的认知和行为结果因群体中个体的不同而异，反映了独特的经历。值得注意的是，物种共享的具身性——其形态、力量和感知敏锐度——将具有形形色色直接和情景历史经验的个体与世界的可迁移知识联系起来。

正如文献［165,74,87］所述，神经结构与功能之间的关系为婴儿出生后第一年的感觉运动发育提供了一个粗略的模型。图 8-18 提供了这一发育轨迹的概要。图 8-18 的右侧显示了婴儿在姿势稳定性和移动性方面的大运动功能的发育，左侧的发育子树则代表了婴儿在手部灵活性和抓握方面的精细运动技能。在出生后的第一年，这两个领域以重要的方式相互作用。

图 8-18 的右侧显示了一系列姿势稳定的活动。这个子树的反馈信息主要来自前庭、本体感觉和（后来的）视觉器官。大肌肉运动控制始于婴儿获得控制头部的能力。大约 2 个月时，婴儿学会将头抬离地面（像桅杆一样），使头部的垂直轴与重力保持一致。在这一过程中，婴儿需要学习并加强颈部和背部肌肉的力量，而这些肌肉的伸展能力还很弱。在最初的几周里，婴儿会使用视性和迷路性翻正反射，从俯卧姿势开始，这些反射与对称性紧张性颈反射相互作用，在大约 6 或 7 个月大时形成四足姿势。纯本体感觉的身体-头部翻正反射有助

于根据头部的角度旋转躯干。这样，婴儿就掌握了围绕身体轴线转动躯干和头部来摇移头部和眼睛的策略。所有这些行为都有助于稳定婴儿的坐姿和以后的站姿。

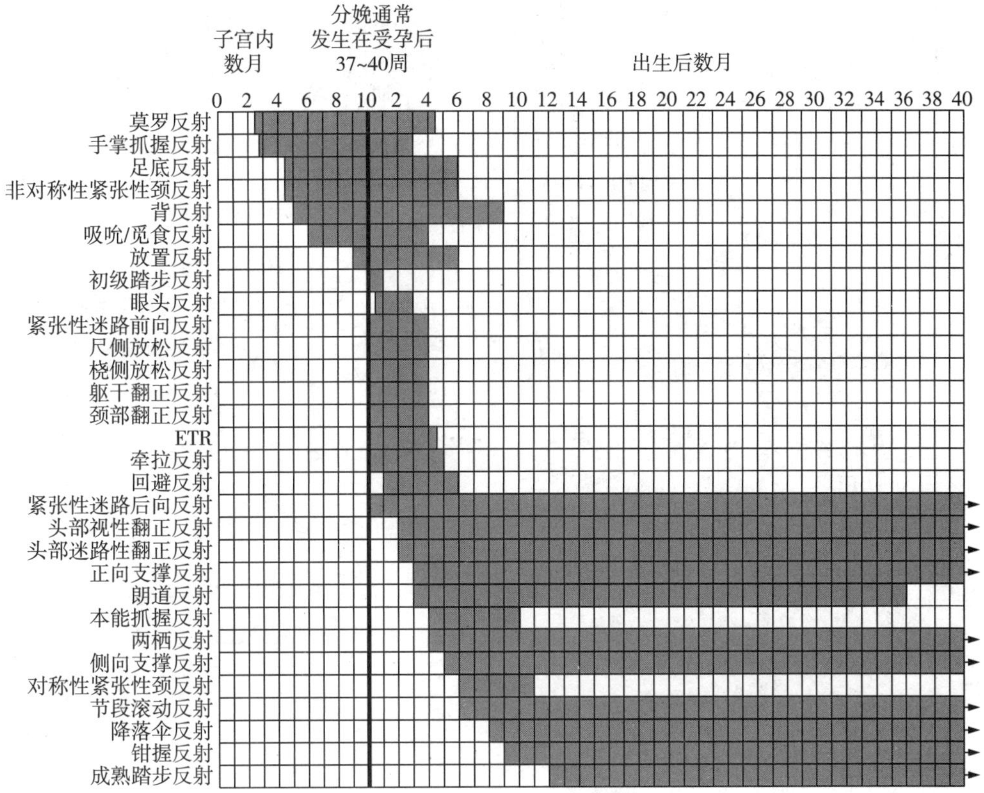

图 8-17　几种反射的出现和随后的抑制

注：正文中缺少对 ETR 的解释，这里很可能是指诱发性紧张反射（Elicited Tonic Response）。

图 8-18 左侧的发育子树展现了第一年中可抓握行为的里程碑。该轨迹以手的姿势和抓握结构来描述，但更准确的说法是，这些里程碑对后天习得手动技能以及协调良好的手、手臂和身体控制具有重要意义。手掌抓握反应和牵拉反应以及回避反应会使手臂产生一个轻扫动作，并将张开的手掌朝向物体，在那里，触觉刺激会引起手掌抓握反射以闭合手指，将物体夹在手指和手掌之间。非对称性紧张性颈反射加强了将视觉信号映射到手臂和手部姿势的神经通路。大约 6 个月大时，婴儿开始探索能解放双手的自主姿势动作，发育活动的爆发与发现可完成抓握和操作动作有关。生长和成熟的机制与这些反射共同促进大脑皮层的发育——从尺侧到桡侧，从近端到远端——从而发展手臂和手部的控制能力，最终达到一个极限，即用拇指和手指的尖端抓取物体，使被抓取的物体相对于手掌有很大的活动度。

其他的发育轨迹也在同时发生。早期，当婴儿成功地从俯卧姿势抬起头时，就开始通过捕捉目光和微笑与他人接触。在双手获得自由后不久（约 6~9 个月），婴儿开始做出指示性手势（如指向、给予、展示和挥手等）。在图 8-18 中的序列的末尾，婴儿会展示拿起触手可及的物品、将其送到嘴里、放到杯子里和堆叠的技能。熟练掌握这些拾放任务标志着语言学习的另一个发育爆发期，在这一阶段，词汇与使用这些新发现的感知和运动技能所积累的经验相联系。

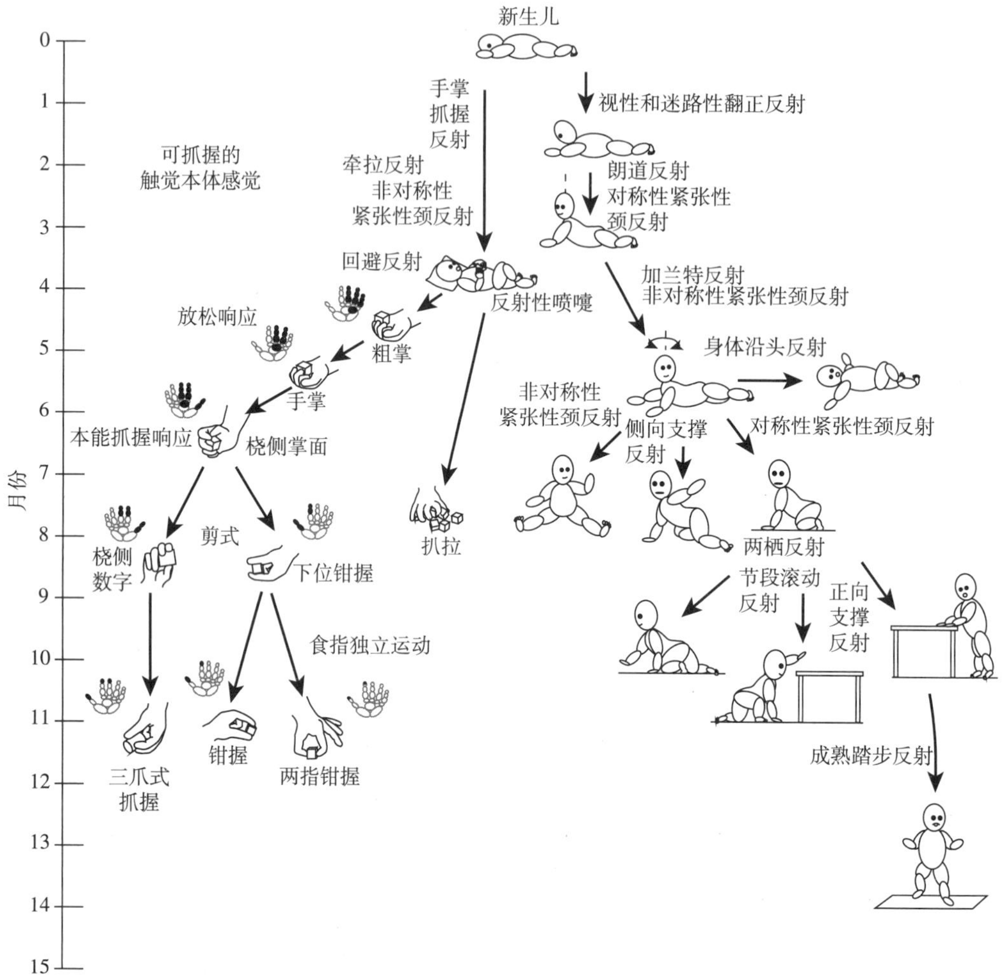

图 8-18 发育顺序——记录了前 12 个月中涉及姿势稳定性和手的使用的一些里程碑。右侧体现了大运动的发育。左侧描述了早期手部运动发育的一些里程碑

8.5 感官和认知里程碑

随着婴儿的发育，他们的感官能力、运动能力和认知能力会不断提高。这些能力可在临床上进行评估，并用于评价发育进度。与大多数机器人系统不同的是，婴儿的感官能力和运动能力是在第一年内发展起来的，与此同时，婴儿也在学习环境中有关动作、地点和事物的信息。因此，在对感知运动系统进行分析处理之前，我们不妨回顾一下信号的某些特征何时可以检测到，以及这些信号的信息抽象何时可以使用。

8.5.1 感官表现

触觉是互动的基本手段，对早期成长非常重要。觅食动作（Rooting）是由脸颊上的触觉驱动的一种关键的反射性摄食反应，8.3.2 节中讨论的许多反射部分是由触觉刺激触发的。咀嚼是触觉探索的一种形式——口腔在躯体感觉皮层中占有重要地位。婴儿经常将新物体放入口中然后看看它们。咀嚼行为也支持随后的言语行为。探索性的咀嚼行为通常在婴儿 6 个

月大时停止。

温度不是直接感知的，实际上是通过观察热流进入（热感）或流出（冷感）儿童身体的情况，并通过皮肤表皮层的自由端神经纤维观测。婴儿对冷的敏感度通常高于对热的敏感度。

疼痛通过分布在身体各处皮肤中的自由端神经纤维以及应变传感器（如高尔基肌腱器官和关节表面）传递到大脑，这些应变传感器发出关节中极端位置、速度或关节韧带张力的信号。婴儿对疼痛刺激的反应是心率和血压下降。

出生时婴儿的味觉相对发达。与白开水相比，婴儿更喜欢甜味的液体。对甜味的反应是脸部放松，对酸味的反应是嘴唇紧抿，对苦味的反应是面部扭曲，对咸味的反应是不高兴。

嗅觉与味觉有关。新生儿闻到香蕉味会微笑，闻到臭鸡蛋味会皱眉。他们能够对气味进行定位，并避开异味。母乳喂养的新生儿可通过气味识别母亲，而用奶瓶喂养的婴儿则更喜欢哺乳期妇女的气味，而不是非哺乳期妇女的气味。

婴儿的听觉对某些声音比对其他声音更敏感、反应更灵敏。与纯音相比，他们更喜欢复杂的频谱内容。3 个月大时，他们对人声有可靠的反应，可分辨出“ba”“ga”“ma”和“na”等声音，并可排除干扰声，包括其他语言的人声。照顾者应积极参与听觉训练，对婴儿说话的方式要有利于婴儿的听觉发育和语言接受能力。母语是指成人在与婴儿进行言语互动时本能地使用的音调较高的婴儿语，它包括提高的平均音调，以及夸张的前音、后音、重音和持续时间。

视觉是最不成熟的婴儿感觉器官。新生儿的眼部肌肉、视网膜和视神经发育不全，整体视力低下。新生儿出生时瞳孔不能完全扩张，控制晶状体弯曲的肌肉尚未完全发育，因此出生时的视力约为 20/200。因此，新生儿一开始会优先注意低空间频率，随着眼部肌肉的成熟，他们会对较高的空间频率做出反应。1 个月大时，他们会注意低带宽的黑白图像；3~5 个月大时，他们会对颜色做出反应，并开始注意视觉和自己的手。大约 6 个月大时，发育正常的婴儿的视力达到 20/100 左右，2 岁时接近成人的视力水平。

婴儿在出生后不久，运动敏感性和追踪能力就会得到发展。例如，约 3 周大的婴儿就能对隐约可见的物体产生眨眼反应。而且据认为，婴儿在 2~3 个月大时就能发现动态深度线索，并开始利用双眼，尽管共轭双眼运动仍相对不协调。与其他类型的视觉模式相比，新生儿跟踪人脸的时间更长，但他们从同样复杂的背景中分辨静态人脸的能力并不强。到 2~3 个月时，他们会对面部图案做出选择性反应，能认出自己的母亲，并能从照片中分辨出两个人。到 7 个月时，他们往往已懂得解读面部表情的情感内容，并能对喜怒哀乐的脸做出适当的反应。在 6~12 个月期间，婴儿对深度线索的敏感性在著名的“视觉悬崖”研究中得到了证明[93]；在爬行行为的发展过程中，婴儿即使在母亲的催促下也不愿意跨越明显的深度界限。

多模态感知是指将多模态感官信息与控制决策、地点和物体联系起来的能力。当传感器具有不同的空间敏锐度或不同的视角限制，多模态推理能带来稳健性。早在婴儿 1 个月大时就已开始形成多模态联想的能力。那时他们就开始辨认嘴里东西的形状——比如他们的奶嘴。到 4 个月大时，婴儿会将头部转向声音发出的方向，据说这时他们对听到的声音也会产生视觉期待。大约在同一时间，婴儿能把木块掉落砸在桌子上引起的视觉和声音联系起来，并把这种体验与在同样情况下对橡皮球的多模态感知区分开来。

8.5.2　感觉运动阶段的认知发育

发育序列不仅仅是对刺激和反应的简单描述，它还开启了获得经验表征的过程，影响未来的控制决策过程。在发展心理学中，有多种关于婴儿积累和使用背景知识的理论。例如，Piaget 提出，儿童大约在 7、8 岁时开始在与环境的互动中联想因果关系。根据这一理论，在这一年龄之前，儿童往往会将因果关系误认为万物有灵。然而，最近一项针对 7 个月大婴儿的研究表明，他们能理解行为（因）如何影响结果（果），即使他们错误地把能动性归于无生命的物体。

例如，“物体永存”（Object Permanence）是指推断先前观察到的物体是否一直存在的能力，即使该物体目前在传感器反馈中已无法检测到。这意味着物体的表征对尺度、形状、视角和遮挡的变化具有稳健性，并能预测与场景的交互如何改变人的感知——使隐藏的物体可被观察到，反之亦然。Spelke 等人[264] 的移动标尺研究表明，3 个月大的婴儿已经获得了对物体永久性的内隐理解和对重力的定性理解。Baillargeon[10] 报告了类似的结果，当时 3 个月大的婴儿似乎能在各种观看环境中识别物体，并认为物体会表现为刚体。此外，幼儿似乎确实能形成形状和面孔的原型。Quinn 等人[237] 发现，与猫一起生活的 3 个月大的幼儿注意狗的时间更长，这意味着他们对狗感到新奇，并表现出情景意识。

许多关于成人社会行为的理论都包含了一种心智理论，这种心智理论可用来推断人的心智状态。为了描述儿童从父母的示范中学习的能力，György Gergely[90] 提出，幼儿的模仿能力是目的论过程的产物。在 Gergely 的理论中，目的论一词指的是一个理性的主体，它提取了示范动作或行为的目标、手段和约束条件。为这一论断提供部分支持的研究发现，6 个月大的婴儿就能利用地标找到附近隐藏的物体，5~7 个月大的婴儿就能理解父母双手的动作通常是指向演示行为的目标。相关研究显示，婴儿在 7~10 个月大时开始对模态间的关系结构做出反应[297]，并形成对鸟类、飞机、动物和交通工具的分类[185,186]。Poulin-Dubois 等[234] 报告说，9 个月大的婴儿开始表现出对有生命物体和无生命物体的期望。2 岁的孩子在一定程度上可以进行航位推算，但如果没有直观的地标，7 岁的孩子就会感到困难。10 岁时，幼儿已能记住按路线行走所需的动作（左转、右转），并能把地标和（辅助）路线融为一体，还能辨别空间结构。

在下一章中，我们将探索一个描述发育型机器人的计算框架，该框架融合了本章介绍的许多人类发育的动机和机制。我们的目标是开发一种机器人，它能在代理环境系统中探索、学习，然后利用可控的交互模式。

习题

（1）**人类的原始反射**。下列结论是对还是错？简要说明。

1）咽部反射会关闭声带和气道。

2）因强光而打喷嚏，称为光敏喷嚏反射，是一种罕见的对强光的反应。

3）莫罗反射在人出生时就存在，并在人的一生中持续存在。

4）婴儿出生时大脑重量为成人大脑重量的 75%，5 岁时达到成人重量。

（2）**两足运动的反射支持**。一些发育性反射有助于获得与两足运动相关的技能。请指出至少三种这样的反射，并解释它们在两足运动中的作用。

（3）**精细运动控制**。哪些反射会导致婴儿无法学会握笔？

（4）**退化的反射**。你能找出相对现代人而言，对我们的祖先来说更重要的反射吗？

（5）**多功能的反射行为：ATNR**。据观察，非对称紧张性颈反射可能有助于学习手眼行为。请指出 ATNR 的另一个可能作用，并解释它如何发挥作用。

（6）**人群标准发育年表**。根据以下临床观察，确定所引起的反射，并估计儿童的年龄。

1）当您将手指穿过手掌的近端指关节时，婴儿会紧紧抓住您的手指。

2）当您将新生儿的头转向左侧时，孩子的左臂和左腿会伸展，右臂和右腿会弯曲。

3）当婴儿倒立（头朝下）时，他的胳膊和腿伸向地面。

4）如果抚摸婴儿的侧面，婴儿不会出现同侧躯干弯曲。

5）新生儿表现出身体翻正，但无法成功诱发初级踏步反射和正向支持反射。估计孩子的年龄。

6）一名儿童同时表现出尺骨放松和桡骨放松反应，以及身体和颈部翻正。估计孩子的年龄。

7）手掌抓握的动作已无法进行，但孩子尚未掌握抓握所需的食指和拇指的协调能力。估计多久后，孩子才能用言语要求使用奶嘴。

8）观察到一名儿童能可靠地做出降落伞反射和抓握动作，但令人吃惊的是，他仍然能做出强烈的 ATNR 反应。

- 估计该儿童的年龄。
- 找出可能会被 ATNR 意外的持续所破坏的一系列发育反射（降落伞反射和抓握反射除外）。
- 在接下来的大运动发育过程中，预计会产生哪些行为后果?

9）转变为反射性机器人控制。举出至少两个例子，说明可以为机器人（罗杰）实现哪些反射，以达到与婴儿的发育反射相同的有用/实用的目的。

10）反射运动回顾。在以下情景中，讨论可能引起和观察到的反射性反应，并解释其背后的原因：

- 在您附近有一声巨响。
- 您不小心直视太阳。
- 孩子绊倒。

（7）**设计一道题**。用第 8 章中你最喜欢的内容设计一道题。根据阅读材料写出问题和解决方案。通过比较、观察、简短讨论、分析和计算来解决问题，回答时间不应超过 30 min。

第9章

The Developmental Organization of Robot Behavior

发育学习中的实验计算框架

新生儿发育的临床观察表明，新生儿使用一系列已有的反射性神经结构与外部世界互动。虽然如此，对于新生儿（和有趣的机器人）来说，探索他们与周围非结构化世界可能的交互范围，是一个非常复杂的计算问题。与生物生长（形态学、生化和认知意义上的）相关的过程统称为成熟过程，这个过程会对新生儿向成人的转变过程产生深远影响。在人的一生中，没有什么时候比出生后的第一年更引人注目了。面对自然世界中不可知的复杂性，新生儿的基因组中的先天交互策略足以帮助他们迅速适应环境并生存下来。

第 8 章介绍的发育性反射集中在人体所提供的感觉和运动资源中相对较小的一部分，但是它是训练和综合性技能的基石，揭示了物种更多的潜在能力，并为更高级别的控制提供了更多的可能。在动物系统中，随着新的神经通路出现，肢体生长，肌肉增强，感官变得更加敏锐，背景控制知识深化，发育也将发生变化。

本章将介绍一个可以使用机器人系统来实现的计算框架，用于发育性学习的实验研究。这个框架中的概念来自第 8 章中对人类婴儿神经发育结构的讨论。我们考虑如何分配感觉和运动资源的成熟时间表，来有效地将具身理念（机器人设计者的意图）转换为可重复使用的层次性技能，以形成更高层次认知结构的基础。为此，我们引入了控制动作和反馈状态的组合基础，使用参数化的吸引子景观（Landscape of Attractor）[127] 作为代理，来模仿在婴儿行为中观察到的原生反应。我们提出了一种动作分类法，为从探索中学习提供结构，并引入一种使用记忆中的多模态关联的方法作为预期控制的概率参考，而后使用这些增强的多目标反应的序列组合来构建技能。

9.1 参数闭环反射

许多动物的新生儿动作基础是一层节段性和发育性反射，它将感觉和运动资源结合到与世界进行的闭环交互中。我们的机器人发育计算模型也是从低维反射开始的。考虑到对机器人感觉和运动资源的描述[117]，控制基础框架用于为由初级闭环控制器构成的一个全面集合提供一个离散的组合基础（事实上，是为每个可能的初级闭环关系）。与世界的初级闭环线性控制关系定义为：$\phi|_{\tau}^{\sigma} \in \{\Phi \times 2^{\Sigma} \times 2^{\mathcal{T}}\}$，其中 Φ 是一组势函数，2^{Σ} 是反馈特性的幂集合，$2^{\mathcal{T}}$ 是独立运动单元的幂集合。这些基元中的每一个都优化了机器人传感器的几何结构与内、外刺激源之间的特定关系。

9.1.1 势函数

标量势函数描述了如何将能量储存在弹性、电或引力场的几何结构中。标量势场中粒子所处位置的势能值表示粒子从这种构型中释放出来时所释放的能量。因此，势场的梯度定义了作用在粒子上的力。

第 2 章中弹簧-质量-阻尼器中的弹簧是一个在形变系统几何结构中存储能量的实例系统。在这种情况下，势函数是弹簧弹性形变中储存的累积能量。

$$\phi_K = \int \boldsymbol{F} \mathrm{d}\boldsymbol{s} = \int_0^x (Kx)\,\mathrm{d}x = \frac{1}{2}Kx^2 \tag{9-1}$$

当弹簧恢复原状时，能量就被释放出来。式（9-1）描述了一个简单的碗状二次函数，除了在原点，它在任意位置都是正值，而原点是唯一为零的地方。此外，在场中任何位置 ϕ 的梯度都是作用在质量上的力，它将使系统快速回到 $x=0$ 时的未形变状态。

$$\boldsymbol{F}_K = -\nabla\phi = -(Kx)\hat{\boldsymbol{x}} \tag{9-2}$$

这就是众所周知的胡克定律。如果系统中有耗能元件，则二次势场中的粒子是渐近稳定的，如 2.3 节中描述的 PD 控制器。因为它们的计算效率高且实现起来相对简单，所以它们启发许多研究人员提出了许多基于势场的运动控制器（例如文献［154,143,144,207,181,213,150,244,15,7,166,167］）。

势场在自适应运动控制的生物学理论中也得到了支持。例如，平衡点理论提出，将一组独立产生平衡的离散力场与肌肉的机械特性相结合，可以产生一种生成连续运动的方法，达到持续的平衡姿态[30,205]。这些想法已经被用于青蛙腿中的运动动作建模[94]。在本章中这些想法作为实现有目的运动的模块化基础[203,205]。

在渐近稳定系统中排除局部极小值的情况中，有一个有用的几何解释——特别地，渐近稳定系统从根本上取决于在其微分几何中捕捉到的势函数的形状。对于定义在域 $\boldsymbol{q}\in\mathbb{R}^n$ 上的多元势函数 $\phi(q_1,\cdots,q_n)$，势函数的临界点（Critical Point）是 $\phi(\boldsymbol{q})$ 梯度消失的位置。

$$\nabla\phi = \begin{bmatrix} \dfrac{\partial\phi}{\partial q_0} & \dfrac{\partial\phi}{\partial q_1} & \cdots & \dfrac{\partial\phi}{\partial q_n} \end{bmatrix} = \boldsymbol{0}$$

在势函数 ϕ 下的临界点的图像称为场的临界值。临界点的稳定性也取决于临界点的二阶（曲率）信息。对于多变量函数，曲率的一般描述是表达函数二阶导数 $\mathrm{d}^2\phi/\mathrm{d}\boldsymbol{q}^2$ 的海森矩阵。

$$\frac{\mathrm{d}^2\phi}{\mathrm{d}\boldsymbol{q}^2} = \begin{bmatrix} \dfrac{\partial^2\phi}{\partial q_1^2} & \dfrac{\partial^2\phi}{\partial q_1\partial q_2} & \cdots & \dfrac{\partial^2\phi}{\partial q_1\partial q_n} \\ \dfrac{\partial^2\phi}{\partial q_2\partial q_1} & \dfrac{\partial^2\phi}{\partial q_2^2} & \cdots & \dfrac{\partial^2\phi}{\partial q_2\partial q_n} \\ \vdots & \vdots & & \vdots \\ \dfrac{\partial^2\phi}{\partial q_n\partial q_1} & \dfrac{\partial^2\phi}{\partial q_n\partial q_2} & \cdots & \dfrac{\partial^2\phi}{\partial q_n^2} \end{bmatrix} \tag{9-3}$$

式（9-3）捕获势函数 $\phi(\boldsymbol{q})$ 的复合曲率。如果临界点的曲率也为零，即海森矩阵为零，则该临界点是退化（Degenerate）临界点。在这种情况下，临界点周围的邻域将形成一个局部的“高台”，其中系统的状态不可控。

图 9-1 说明了二维域中临界点周围的三种可控邻域，这些邻域可以通过临界点处的海森性质来区分。左边的 0 型临界点由一个正定的海森矩阵来区分（见附录 A.3），因此，ϕ 在此领域上是凸的，并且 $\phi(\boldsymbol{q})$ 上的梯度下降将会收敛到一个唯一的 0 型最小值，在这里它会抑制有界扰动。0 型临界点构成了场中的稳定不动点。

1 型临界点在某些方向上具有正曲率，在其他方向上则具有负曲率，对应于图 9-1 中间的鞍点。2 型临界点在所有方向上都有负曲率（海森矩阵是负定的）。因此，2 型临界点在势函数 ϕ 中是最大值。在梯度下降的情况下，1 型和 2 型临界点都不稳定，因为即使梯度消失，对 q_1 和 q_2 的微小扰动也会导致梯度非零，从而导致系统配置偏离临界点。从测量理论的角度来看，梯度消失的区域是一组测量零点的集合。

调和函数 域 $\boldsymbol{q}$ 内部具有约束边界（障碍边界）的系统中，二次势函数 ϕ 的贪婪特性得以保留。从概念上讲，凸的势函数 ϕ 可以被分割，这样梯度就可以绕着障碍边界流动而不是穿过它。一类满足拉普拉斯方程且称为保角变换的变换函数可以在不引入局部最小值的情况下实现这一目标。在 n 维中，拉普拉斯方程写成

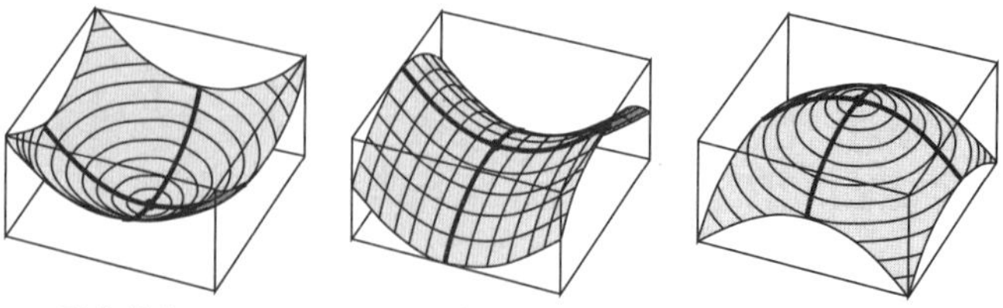

图 9-1 势函数 ϕ 中的临界点，由临界点上 ϕ 的曲率值来区分

$$\nabla^2\phi=\frac{\partial^2\phi}{\partial q_1^2}+\frac{\partial^2\phi}{\partial q_2^2}+\cdots+\frac{\partial^2\phi}{\partial q_n^2}=0 \tag{9-4}$$

并且要求海森矩阵的迹［式（9-3）中对角线元素的总和］为零。这些函数描述了许多依赖于最小能量配置的自然物理过程，例如肥皂膜的形状、层流和稳态导电介质中的温度和电压分布。附录 C 介绍了求解受到边界约束且位于闭区域内部的最小曲面式（9-4）的一种有效数值方法。

非正式地说，拉普拉斯方程的解是平滑函数，其曲率均匀分布在定义域内部。梯度流产生不相交的流线，这些流线远离障碍边界，避免了定义域内部出现局部最小值（和最大值），并且在目标处终止。式（9-4）说明了这为什么必须成立：在满足拉普拉斯约束的内部，如果式（9-4）右侧有任意一项为正，则在该侧一定存在其他负项与之达到平衡。因此，只有 1 型临界点（鞍点）可能存在于定义域内部。除了临界点处的测量零集外，定义域内部的每个坐标 $\boldsymbol{q}$ 都必须有一个方向是势函数的下降方向。

如果障碍边界处的势能值固定为 1.0，目标处的势能值固定为 0.0，那么定义域内部的调和势（Harmonic Potential）在形式上等于无规行走的命中概率，即从域内部的坐标 $\boldsymbol{q}$ 开始无规行走且达到目标之前遇到障碍边界的概率 $p(\boldsymbol{q})$[61]。因此，在标量调和势场下的梯度下降，可以将与已知障碍边界碰撞的概率降至最低。在只有部分障碍边界信息可用的情况下，这种方法会产生保守的策略，但是随着获取到有关障碍边界（和目标）的新信息，它可以有效地重新调整策略。在机器人技术文献［62,2,112,271,145,63,64,61,128,295］中可以找到许多使用调和函数进行路径控制的例子。

导航函数 Rimon、Whitcomb 和 Koditschek 给出，在某些域内，总是存在一些势函数，在其上对于几乎所有初始状态，梯度下降均可以到达目标（除了度量为零的集合）。在一系列的论文中，他们描述了一个势函数的性质来支持将势函数自身作为控制函数[244,243,292]. 他们称这样的函数为导航函数。这种势函数应该具有四个性质。

（1）**解析性**。解析函数 $\phi(\boldsymbol{q})$ 是无限可微的（C^∞ 连续），使得 $\boldsymbol{q}$ 无限趋近于 $\boldsymbol{q}_0$，$\boldsymbol{q}_0$ 的泰勒级数收敛到 $\phi(\boldsymbol{q})$。

（2）**极性**。极性函数产生的梯度（流线）终止于唯一的最小值。

（3）**莫尔斯性**。莫尔斯函数的等值曲线只能是单点、闭合曲线或者是在临界点连接的闭合曲线，也就是说莫尔斯函数不能包括退化的临界点，这些临界点的斜率和曲率同时为零（即稳定点），将会导致在 ϕ 的平台上系统可能达不到目标。

（4）**容许性**。机器人控制的势场要求在障碍边界处（以及配置空间内部子集中的其他任何地方）具有有界的力矩。

9.1.2　闭环动作

控制基元跟随标量势函数 $\phi(\sigma)$ 的梯度来为 n 个运动单元生成一系列参考值 $\boldsymbol{u}_\tau \in \mathbb{R}^n$ 来抑制误差。控制雅可比矩阵用于表示运动变量改变时的势能局部灵敏度。

$$\boldsymbol{J}_{\mathrm{c}}=\frac{\mathrm{d}\phi(\sigma)}{\mathrm{d}\boldsymbol{u}_\tau}=\left[\frac{\partial\phi(\sigma)}{\partial u_1}\ \frac{\partial\phi(\sigma)}{\partial u_2}\cdots\ \frac{\partial\phi(\sigma)}{\partial u_n}\right]_{1\times n} \tag{9-5}$$

式（9-5）中使用下标 c 来表示从标量势函数的偏导数中导出的控制雅可比矩阵，区别于操作端的雅可比矩阵。操作端的雅可比矩阵写为 $\boldsymbol{J}$（不带下标）。在下文中，下标 c 有时会用来标识派生出控制雅可比矩阵的势函数。

在当前运动学构型的邻域中，$\boldsymbol{J}_{\mathrm{c}}$ 定义了 $\mathbb{R}^n$ 的一个一维子集（梯度）和（$n-1$）维零空间，其中势能保持近似恒定。通过为底层运动单元生成新的设定点，$\phi(\sigma)$ 的梯度可被用于优化目标函数。

$$\Delta\boldsymbol{u}_\tau=\kappa\boldsymbol{J}_{\mathrm{c}}^{\#}(\phi_{\mathrm{ref}}-\phi(\sigma))$$

如果 $\phi_{\mathrm{ref}}=0$，则

$$\Delta\boldsymbol{u}_\tau=-\kappa\boldsymbol{J}_{\mathrm{c}}^{\#}\phi(\sigma) \tag{9-6}$$

式中，κ 是一个小的正步长；$\boldsymbol{J}_{\mathrm{c}}^{\#}$ 是 $\boldsymbol{J}_{\mathrm{c}}$ 的摩尔-彭罗斯（Moose-Penrose）右伪逆矩阵（见附录 A.9）。右伪逆矩阵产生式（9-6）最小化 $\|\Delta\boldsymbol{u}_\tau\|_2$ 的精确解。

9.1.3　参数化动作的分类

正如 9.1 节开头所提及的那样，控制基础中闭环动作数量的自由上限是集合 $A=\{\Phi\times 2^{\Sigma}\times 2^{\mathcal{T}}\}$ 的大小，其中 2^{Σ} 和 $2^{\mathcal{T}}$ 分别是感觉和运动资源的幂集合。因此，即使是相对简单的机器人和环境也会对应一个用于搜寻任务解的巨大空间。如果没有额外结构的帮助，控制基础框架将会使最先进的规划和机器学习算法不堪重负。

临床观察表明，新生儿使用相对较少的原始节段反射、节段间反射和发育反射，这些反射是通过成熟过程在神经学上组织起来的。在接下来的章节中，我们还将讨论为达到机器人系统自主学习，如何在控制基础上实现逻辑和发育组织。我们首先引入一种动作分类法，该分类法根据这些动作使用反馈 σ 的来源将动作集 A 划分为有意义的子集。

姿态动作

> 姿态变化是使手臂的运动和力量特征与任务相兼容的一种方法。
>
> ——S. L. Chiu[49]

姿态动作 $\phi|_\tau^\sigma$ 响应本体感觉反馈 $\sigma\in 2^{\Sigma_p}\subset 2^{\Sigma}$，用来优化机器人的运动条件，避免运动约束。在这种情况下，目标函数 $\phi(\sigma)$ 是运动（子）链配置变量 $\boldsymbol{q}$ 的函数，以便对目标函数采用梯度下降 $\mathrm{d}\phi/\mathrm{d}\boldsymbol{u}_\tau$ 进行逐步贪婪优化。与任务无关的姿态基元创造的运动可以提高感知敏锐度，增强运动性能并且避开运动约束的界限。

本书中引用了几种形式的姿态动作作为开发机器人身体能力的手段（见第 3 章和附录 A.8）。为将操作端几何形状和任务域相关联，标量条件指标已被用作设计工具[251]，并且作为标量目标函数来优化逆运动学解[50,147,171,172,209,296,299]。

实例：可操纵性反射

灵巧手是感觉器官，也是根据触觉反馈调整运动的执行器。通常，手接触到的环境表面

的位置和方向存在很大的不确定性。在这些情况下，探索用的手会得到多种配置的支持，这些配置在所有方向上都能很好地产生力和速度，以便于响应接触反馈。

在文献［98］中，各向同性条件被提出，作为运动控制的一个独立目标。它可以整合到各种任务和情景下，特别是那些支持触觉探索和依赖于被抓物体的移动性的任务和情景。图9-2展示了犹他州/麻省理工学院的灵巧机械手。这只手的每个手指都有四个自由度。这只手的指关节近似于人类手指的内收/外展，运动轴线与远端指关节垂直。指骨和指间关节的最后三个自由度在它们共享的平面上是冗余的，所有在这个平面上的每一个可到达的(x,y)坐标都有无数种关节角度配置可能性（见图3-24）。

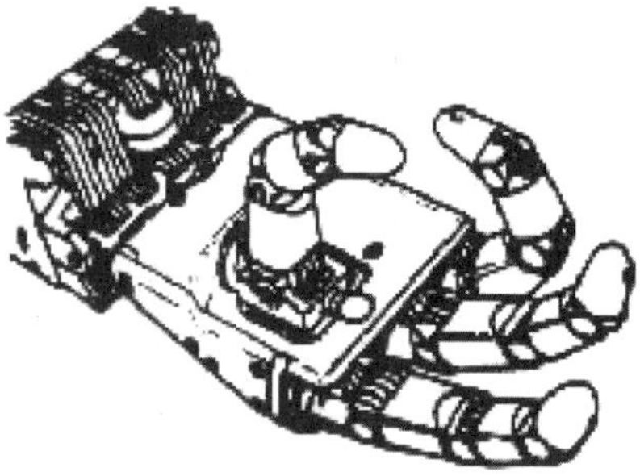

图9-2　犹他州/麻省理工学院的灵巧机械手

可操纵性反射的控制雅可比矩阵定义如下：

$$\boldsymbol{J}_{\mathrm{m}}=\frac{\mathrm{d}\phi_{\mathrm{m}}}{\mathrm{d}\boldsymbol{u}_{\tau}}=\frac{\mathrm{d}(-\sqrt{\det(\boldsymbol{J}\boldsymbol{J}^{\mathrm{T}})})}{\mathrm{d}\boldsymbol{\theta}}$$

式中，$\boldsymbol{J}$代表手指最后三个关节的操作端雅可比矩阵。控制雅可比矩阵$\boldsymbol{J}_{\mathrm{m}}$表示可操作性场关于这些关节角度的梯度，相应的姿态反射变成

$$\Delta\boldsymbol{\theta}=-\kappa\boldsymbol{J}_{\mathrm{m}}^{\#}\sqrt{\det(\boldsymbol{J}\boldsymbol{J}^{\mathrm{T}})} \tag{9-7}$$

这样的反射将$\boldsymbol{\sigma}$中的关节角度配置映射到$\boldsymbol{u}_{\tau}$中的微分关节角度运动。

图9-3展示了该手指的最后三个连杆所定义的平面在可达工作空间（忽略关节范围限制）中每个位置的可操作性势能。函数的等值线在图9-3a中，函数本身在图9-3b中，上面叠加了手指及其可达工作空间的示意图。在手指的可达工作空间内，图9-3b给出了由式（9-7）得到的若干指尖轨迹。轨迹开始于工作空间边界附近的局部最优可操作构型，终止于图中所示的手指姿态。

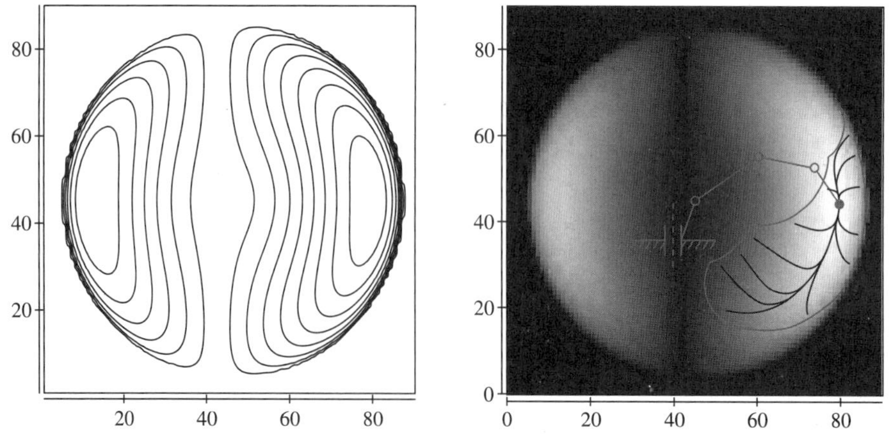

a）等值线

b）标量场$\phi(x,y)=\max_{\theta}\sqrt{\det(\boldsymbol{J}\boldsymbol{J}^{\mathrm{T}})}$和由式（9-7）生成的可达工作空间内的流线

图9-3　犹他州/麻省理工学院机械手指的最大可操纵性模型（见彩插）

通过配置来自同一串联或并联运动链的本体感觉传感器和执行器资源的不同组合，来创建新的相关姿态动作的实例。例如，文献［98］通过重新对相应的多自由度手臂定姿，证明

了可操作性反射可以在与固定工件接触中，调节犹他州/麻省理工学院的灵巧手的运动学配置。其他备选的姿态反射已经被用来优化笛卡儿精度或放大作用（见 3.7.2 节）、视觉敏锐度（见 3.7.3 节）和加速度（见 5.3.3 节）。这些度量场完全由肢体的几何结构和质量决定，并且捕获了具身系统的运动动力学的最佳点[107]。

跟踪动作　跟踪动作是利用来自外部刺激的反馈特征 $\sigma \in 2^{\Sigma ext} \subset 2^{\Sigma}$ 的一种闭环控制器 $\phi|_{\tau}^{\sigma}$。这些特征用于识别和定位目标和确定误差，这些误差通过跟随势函数 $\boldsymbol{J}_c = \partial\phi/\partial\boldsymbol{u}_{\tau}$ 的下降梯度来消除，如式（9-5）和式（9-6）所示。将控制状态与环境中观察到的特征联系起来，意味着跟踪动作的反馈状态建立了关于运行时环境的具体、可观察到的事实。

搜索动作　搜索动作从存储在存储器中的概率模型中采集目标样本，描述了原位动作的经验转移动态。如果 S 是传感器可检测到的所有交互状态的集合，则控制基础框架就会指定搜索动作 $\phi|_{\tau}^{\tilde{\sigma}}$，该动作从 $\Pr(\boldsymbol{u}_{\tau}|\boldsymbol{s},(\boldsymbol{s}' \in P(s)))$ 的分布中采样参考值 $\tilde{\sigma}$，其中 $\boldsymbol{s} \in S$ 是当前的多模态状态，$\boldsymbol{u}_{\tau}$ 是为执行器 $\boldsymbol{\tau}$ 定义的新设定点，这些执行器 $\boldsymbol{\tau}$ 可能会生成属于 S 的一个（子）目标划分 $P(S)$ 的输出状态 $\boldsymbol{s}'$。

最初，指导搜索动作的概率分布均匀地分布在执行器变量的取值上，并在多次交互过程中进行更新，以反映运行时环境下累积的长期统计信息。

搜索动作 $\phi|_{\tau}^{\tilde{\sigma}}$ 和跟踪动作 $\phi|_{\tau}^{\sigma}$ 是自然对应的。它们共同支持一个加强的搜索跟踪器，该搜索跟踪器利用背景知识在复杂的三维数据集中发现隐藏的信号，然后调节这些信号的值。例如，要在桌面上找到一个咖啡杯，可以使用搜索动作对桌面上曾经找到咖啡杯的地方进行目视检查。如果这个过程是成功的，并且成功地检测和定位到杯子，那么其他搜索动作可以预测杯子移动到哪里以及如何达到那里，从而使指尖触觉传感器收到来自杯子的信号。一系列成功的搜索动作改变了传感器的几何形状，以便发现世界中的新信息。新的信息可以指导额外的搜索动作，或者用于支持一系列跟踪动作。例如，在运送杯子时主动调节力锁合。

由多个姿态、搜索和跟踪动作组合而成的综合技能可以共同作为“搜索”的前置程序，将系统状态转移到能够学习新的目标技能的初始集合中。这样的框架依靠垂直转移来整合和重复使用蕴含在技能中的隐性知识。

9.1.4　协同表达：多目标控制

实际应用中，使用执行器变量 $\boldsymbol{u}_{\tau}$ 的分立集合产生的多个动作可以将命令叠加到运动单元上，依靠它们来抑制未建模的惯性或目标耦合引起的扰动。然而，即使在多个目标上共享执行器资源时，也有一种更有原则的方法，即使用零空间组合来保护动作不受到破坏性交互的影响。

在线性变换 $\Delta\phi = \boldsymbol{J}_c \Delta\boldsymbol{u}_{\tau}$ 中，冗余控制雅可比矩阵 $\boldsymbol{J}_c \in \mathbb{R}^{1\times n}$ 定义了 $\mathbb{R}^n$ 的一维子集（ϕ 关于 $\boldsymbol{u}_{\tau}$ 的梯度）和与梯度正交的 $(n-1)$ 维子空间。在附录 A.9 中，线性控制雅可比矩阵 $\boldsymbol{J}_c$ 的零化子（Annihilator）以线性算子 $[\boldsymbol{I}_n - \boldsymbol{J}_c^{\#}\boldsymbol{J}_c]$ 的形式给出，它定义了 $\boldsymbol{J}_c$ 的零空间，其中 $\boldsymbol{I}_n$ 是 $n\times n$ 的单位矩阵。因此，可以将下级控制动作的组合投影到 $\boldsymbol{J}_c$ 的零空间中，这些行动不会对上级控制势函数 ϕ 的值产生任何改变。

我们采用 Huber 等人提出的符号表示法[121,118,117]：如果 $c_1 = \phi_1|_{\tau}^{\sigma_1}$ 和 $c_2 = \phi_2|_{\tau}^{\sigma_2}$ 是使用相同执行器资源 $\boldsymbol{\tau}$ 的控制基础基元，那么 $c_2 \lhd c_1$ 指定 c_2 从属于 c_1（在 c_1 左侧），因此，参考值 $\boldsymbol{u}_{\tau}$ 随 c_2 的改变必须要投影到 c_1 的零空间中。

$$\begin{aligned}\Delta\boldsymbol{u}_{\tau} &= \boldsymbol{J}_1^{\#}\Delta\phi_1(\sigma_1) + \mathcal{N}_1(\boldsymbol{J}_2^{\#}\Delta\phi_2(\sigma_2)) \\ &= \boldsymbol{J}_1^{\#}\Delta\phi_1(\sigma_1) + [\boldsymbol{I} - \boldsymbol{J}_1^{\#}\boldsymbol{J}_1](\boldsymbol{J}_2^{\#}\Delta\phi_2(\sigma_2))\end{aligned} \tag{9-8}$$

式中，$\mathcal{N}_1=[\boldsymbol{I}-\boldsymbol{J}_1^{\#}\boldsymbol{J}_1]$表示控制器 c_1 的局部线性零空间。算子 $\triangleleft$ 称为服从算子，多目标控制器 $c_2 \triangleleft c_1$ 读作“c_2 服从 c_1”。

图 9-4 展示了势函数 ϕ_1 如何定义一个一维梯度和一个正交的$(n-1)$维零空间 $\mathcal{N}_1$，此处将其描述为势函数 ϕ_1 的局部水平集的正切。粒子在 $\mathcal{N}_1$ 中的位移对 ϕ_1 的值没有影响。

从 c_2 到 $\mathcal{N}_1$ 的投影动作保证了 c_2 不会对 c_1 造成破坏性的干扰（即它保证了 c_1 的渐近性质）。式（9-8）是当所有行动都来自独立的势场时的保守投影[174]。这种关系的一个版本可以在文献［208］中找到，它优化了所有下级目标的进展。

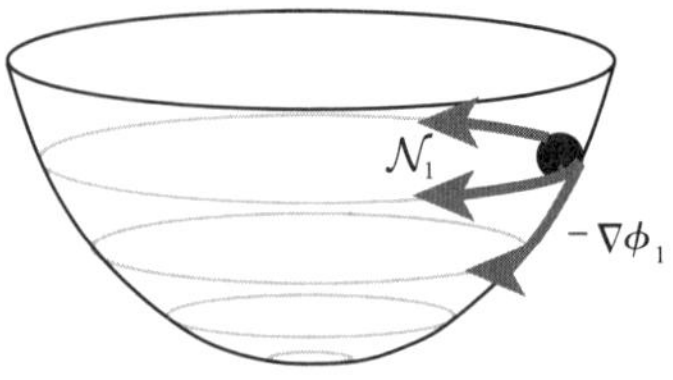

图 9-4　人工势能 ϕ_1 的梯度和零空间的几何解释

在足够冗余的系统中，零空间投影技术可以应用于任意数量的级联原始控制律，并且可以推广到使用不同执行器资源的控制器中（见附录 A.9）。图 9-5 展示了一个包含三个独立控制器 $c_3 \triangleleft c_2 \triangleleft c_1$ 的表达，以及它如何编译为级联的零空间投影。将次级控制器置于上级控制器之上，以垂直形式重写该控制表达式。这样的系统组成一个多目标控制参考并将其提交给底层运动单元。

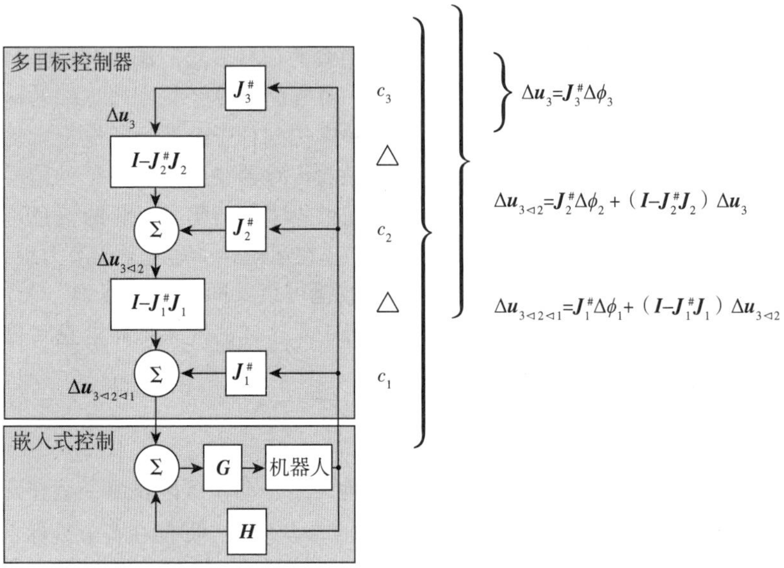

图 9-5　级联的零空间投影产生满足 $c_3 \triangleleft c_2 \triangleleft c_1$ 的多目标控制器

实例：人体手指运动的机制

图 9-6 的操作端类似于人类手指，没有指关节的外展（超出平面外）运动。弯曲和伸展指尖关节$(\theta_1,\theta_2,\theta_3)$会使得指尖在 x-y 平面的可达子集内移动。图 9-6 中的每个示例都展示了初始配置（浅灰色）和最终的关节角度配置（粗体黑色），其中操作端的末端位置为$(x,y)_{\text{ref}}$。

图 9-6a 展示了当最终参考姿态提交给底层运动单元时，这些单元对关节 θ_1、θ_2 和 θ_3 执行独立 PD 控制律时的响应。由此产生的手指轨迹完全由受控肢体的二阶动力学决定。图 9-6b 和图 9-6c 展示了两个控制基元的响应，每个基元向底层运动单元提交一系列 $\boldsymbol{\theta}$ 参考配置，从而控制操作端沿着笛卡儿势函数梯度下降时的路径。此时势函数为

$$\phi_{xy}=\boldsymbol{r}^{\mathrm{T}}\boldsymbol{r},\text{其中 }\boldsymbol{r}=\begin{bmatrix}(x_{\text{ref}}-x_{\text{act}})\\(y_{\text{ref}}-y_{\text{act}})\end{bmatrix} \tag{9-9}$$

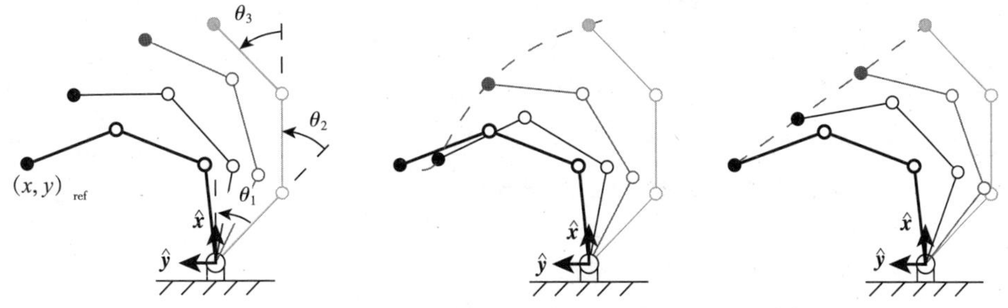

a）PD控制（二阶）手响应　　b）配置空间中的最速下降　　c）笛卡儿空间中的最速下降

图 9-6　对于相同的初始和最终配置，三种不同的控制响应

图 9-6b 描述的情况使用了梯度：

$$\boldsymbol{J}_{xy}=\frac{\mathrm{d}\phi_{xy}}{\mathrm{d}\boldsymbol{r}}\frac{\mathrm{d}\boldsymbol{r}}{\mathrm{d}\boldsymbol{\theta}}=\frac{\mathrm{d}\phi_{xy}}{\mathrm{d}\boldsymbol{\theta}}, \text{从而 } \Delta\boldsymbol{\theta}=-\kappa[\boldsymbol{J}_{xy}]^{\#}\phi_{xy}(\boldsymbol{r}) \tag{9-10}$$

在这种欠定（冗余）情况下，$\boldsymbol{J}_{xy}$ 的伪逆矩阵产生了目标末端位置的精确解，使得 $\|\Delta\boldsymbol{\theta}\|_2$ 最小化，它不遵循笛卡儿势函数的最速下降方向[见式(9-9)]。在实际轨迹和任务空间中直线路径之间有明显的差异。

为了精确地在笛卡儿势函数中沿着最陡的梯度下降，我们重新设计了控制动作：

$$\Delta\boldsymbol{\theta}=\left[\frac{d\boldsymbol{r}}{\mathrm{d}\boldsymbol{\theta}}\right]^{\#}\left[-\kappa\left[\frac{\mathrm{d}\phi_{xy}}{\mathrm{d}\boldsymbol{r}}\right]^{\#}\phi_{xy}(\boldsymbol{r})\right]\approx[-\kappa\boldsymbol{J}_{xy}^{\#}\phi_{xy}(\boldsymbol{r})]$$

从而

$$\boldsymbol{J}_{xy}^{\#}=\left[\frac{\mathrm{d}\boldsymbol{r}}{\mathrm{d}\boldsymbol{\theta}}\right]^{\#}\left[\frac{\mathrm{d}\phi_{xy}}{\mathrm{d}\boldsymbol{r}}\right]^{\#} \tag{9-11}$$

这种控制配置也产生了一个精确解，但这种设计的控制雅可比矩阵的伪逆矩阵会最小化 $\|\Delta\boldsymbol{r}\|_2$，产生了在图 9-6c 中的轨迹。

人手指的运动轨迹反映了手的整体生物力学结构——前臂肌肉在手中产生运动的方式，以及肌腱如何在近端关节和指骨中建立连接。这些机械适应性默认支持作为传感器和效应器多重作用的手的运动，以应对意想不到的接触和表面几何形状，并增强被抓物体的移动性和稳定性。

在机器人系统中，集成的生物力学结构提供的隐性支持可以在多目标控制框架中进行近似。Yoshikawa[298] 观察到，当操作小物体时，人类手指的姿态类似于优化标量可操作性度量场 $m=\sqrt{\det(\boldsymbol{J}\boldsymbol{J}^{\mathrm{T}})}$（见 9.1.3 节）的姿态，其中 $\boldsymbol{J}$ 是手指雅可比矩阵。这个度量是对条件椭球体体积的度量（见 3.7.2 节），场中的最大值通常对应于操作端能够在所有方向上同样好地产生力和速度的配置。

对于某些操纵器，如 9.1.3 节中的例子——犹他州/麻省理工学院灵巧手的手指，可操纵性度量本身可以用作导航函数。对于这些操纵器，可操作性目标函数可以用势函数㊀的形式

㊀　在控制雅可比矩阵的形式中，Yoshikawa[299] 定义的可操纵性度量被取消，这样使场中极值为最小值而不是最大值。

来表示：

$$\phi_m = -\sqrt{\det(\boldsymbol{J}\boldsymbol{J}^T)} \tag{9-12}$$

这个势函数产生了式（9.7）所示的闭环姿态控制器。这个控制器作用于犹他州/麻省理工学院灵巧手的手指后，出现的独立响应如图 9-3 所示。

图 9-7 展示了操作端在一个关节完全伸展和另一个关节完全弯曲的次优初始配置下启动的情况。在图 9-7a 所示的整个笛卡儿运动中，远端关节仍然保持强烈的外展。

为了描述出更类人的手指运动，Yoshikawa[298] 提出了一个基于可操纵性势能的姿态控制器（见 9.1.3 节），它服从于笛卡儿末端控制器：

$$\Delta\boldsymbol{\theta}=\boldsymbol{J}_{xy}^{\#}\Delta\phi_{xy}+[\boldsymbol{I}-\boldsymbol{J}_{xy}^{\#}\boldsymbol{J}_{xy}](\boldsymbol{J}_{m}^{\#}\Delta\phi_{m})$$

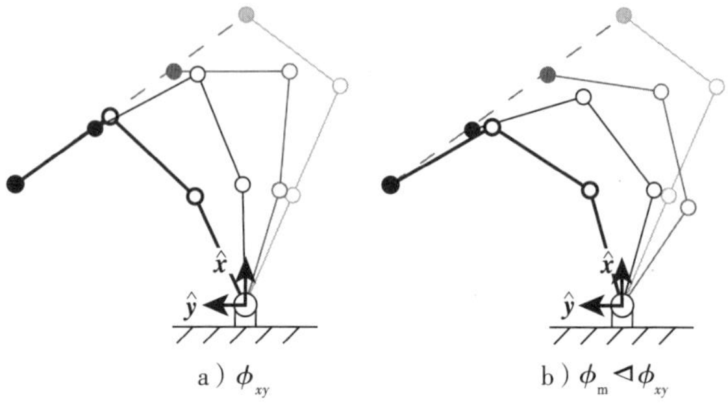

图 9-7 将基于可操作性索引的次级姿态动作投影到上级笛卡儿末端控制器的零空间中

并为这些初始和终点坐标产生图 9-7b 中的手指姿态。一般来说，手指的这些姿态更擅长在 x-y 平面上向各个方向产生力和速度，因此该姿态控制器包含了对人类手部的感知和运动功能至关重要的生物力学结构中所编码的一些隐性知识。

9.1.5 状态

影响控制任务解决方案质量的许多因素取决于有关感觉和运动资源的决策。要在非结构化环境中安全、高效地解决日常控制问题，就必须将外部环境中有用信息的特征与具身系统中的互补传感器几何相匹配。通常，很难或者不可能直接测量出解决方案安全性和质量所依赖的特性。在这种情况下，可以使用长时间的交互和观察来推断控制质量缺失（或隐藏）的影响。

在动力系统领域，文献［269］指出，使用等量（例如$[\phi(t),\phi(t-\tau),\phi(t-2\tau),\cdots,\phi(t-2n\tau)]$）的$(2n+1)$个延时观测周期足以表征一个 n 维动力系统的行为。在控制理论[1] 中有等价的结果。延时坐标（例如这些）也在信息论中出现，其中信号中的信息被编码为有限时间差分，近似时间 t 处信号的时间导数（见第 7 章）为

$$\left[y(t),\frac{(y(t)-y(t-\tau))}{\tau},\frac{(y(t)-2y(t-\tau)+y(t-2\tau))}{\tau^2},\cdots\right]$$

相图$(\phi,\dot{\phi})$中反馈的时间历程同样是系统动力学的如实反映。然而，构成受控感觉运动系统相图的坐标流表征了机器人与环境刺激之间的交互（通过视觉和触觉）。

控制基础中的状态是根据隶属度函数$\gamma(\phi,\dot{\phi})$来定义的，该函数以其最一般的形式对运行时环境中的非平稳、多模态刺激进行系统的时间响应分类，从而为主动感知和信息收集支撑一个统一的框架。接下来通过一个实例介绍该方法。

实例：抓取动力学的表示

Coelho[56,59,57,58,55] 使用斯坦福/喷气推进实验室的三指手，并从指尖负荷单元测量 R^3 中的接触力，来实验用于抓取的强化学习算法。在多接触抓取配置中，一对来自控制基础框架的闭环控制基元被分别用于最小化接触合力和合力矩。这些控制器习得的组合可以为大多数

物体几何保持局部最佳接触配置。Coelho 研究的控制决策可以重新分配接触资源，以找到更好的抓取方式。

图 9-8 展示了两接触力矩残差控制器的相图，该控制器使用不规则平面三角形来代表各种模型，这些模型由 Coelho 从使用真实机器人和三维物体的实验中获得。图 9-8a 展示了两接触力矩残差控制器从指示的一对特定面中获得触觉反馈时的情况。初始接触配置如图 9-8a 所示。力矩残差的势梯度驱使系统进入中间抓握配置 9-8b，并收敛到最终配置，其中势值的变化率 $\dot{\phi}_m$ 近似为零。由导致相同吸引子的状态所定义的区域称为吸引盆地——在该轨迹附近的状态被汇集到相同的平衡状态。我们说只要将一对触点放在这两个特定的表面上，不规则的三角形便以这种方式激活控制器。

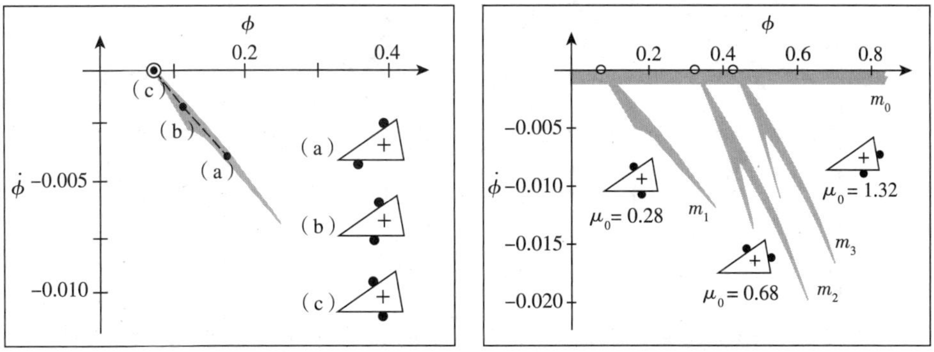

a）初始接触配置　　b）中间抓握配置

图 9-8　基于力矩残差控制梯度的双接触抓取的演变。图 a 表明三个中间的双触点几何形状正在走向最终的抓取配置，以及对于这对表面它们在相图上的 $(\phi, \dot{\phi})$ 坐标。图 b 描述了当考虑不同的平面对时，多个不同的吸引域（经许可转载自文献［59］）

单个控制器可能具有多个吸引盆地，以反映不规则三角形激活力矩残差控制器的所有方式，如图 9-8b 所示。图 9-8b 展示了三个这样的吸引域，对应于在三个面上两个触点的三种独特组合。两指抓握不规则平面三角形的状态是在四个独立的相图模型 $\{m_0, m_1, m_2, m_3\}$ 中隶属关系上的分布，其中模型 m_0 表示收敛（$\dot{\phi} \approx 0$），并且对所有渐近稳定的动作都是共有的。模型 m_1、m_2 和 m_3 概括了两接触力矩残差控制器和该物体的先验信息。

图 9-8 中的每一个吸引盆地都代表了一个对不断进化的抓取渐近质量的预测。因此，模型上的概率分布可以用来计算当 $t \to \infty$ 时未来平衡抓握配置的期望性能。例如，图 9-8 对每个模型在平衡抓取配置㊀中产生的内部抓取力，计算了所需的最小摩擦系数（μ_0）（假设点接触有摩擦），并通过模型上的概率分布进行加权，用于估计物体的隐性摩擦特性。

在 Coelho 的实验中，对于给定的闭环动作，每个 γ_i 都是一个布尔函数，断言 $\Pr(m_i | z_{1:k}) > \beta$，其中 β 反映了信度阈值，运行时观测值 $z_{1:k}$ 可能由模型 m_i 生成。鉴于这种新颖的状态定义，Coelho 证明了机器人学会分配执行器 $\tau \subseteq \{T, 1, 2\}$ 和指尖负荷单元 $\sigma \subseteq \{T, 1, 2\}$ 来测量接触位置和法线，以将抓握状态汇集到最优解的邻域内。

图 9-9 展示了在假设重抓取序列中控制要素的使用。Coelho[55] 用五个模型来解释观测。双接触点抓握的抓取状态是模型 m_0、m_1 和 m_2 上的概率分布；而三接触点抓握控制器则分布在模型 m_0、m_3 和 m_4 上。这个抓握任务的状态是这两个控制状态的组合。来自控制器 $\phi|_{T1}^{T1}$ 的

㊀ 文献［55］使用了一个带有不等式约束的数学规划问题来计算 μ_0。

观测生成状态[0 0 1 X X]（模型 m_2）并触发控制转移，转移到三触点抓取控制器 $\phi|_{T12}^{T12}$，生成[0 X X 1 0]（模型 m_3）。此状态开始，抓握策略取消接触#1 的分配并运行 $\phi|_{T2}^{T2}$ 生成状态[1 1 0 X X]（模型 m_0 和 m_1）。对于一个给定控制器，每次隶属模式发生变化时，决策过程中都有新的信息——在选择新的控制器之前不需要收敛。当控制器 $\phi|_{T12}^{T12}$ 同时识别模型 m_0 和 m_1 时，该策略终止，表示系统已经具有残差最小的吸引子。

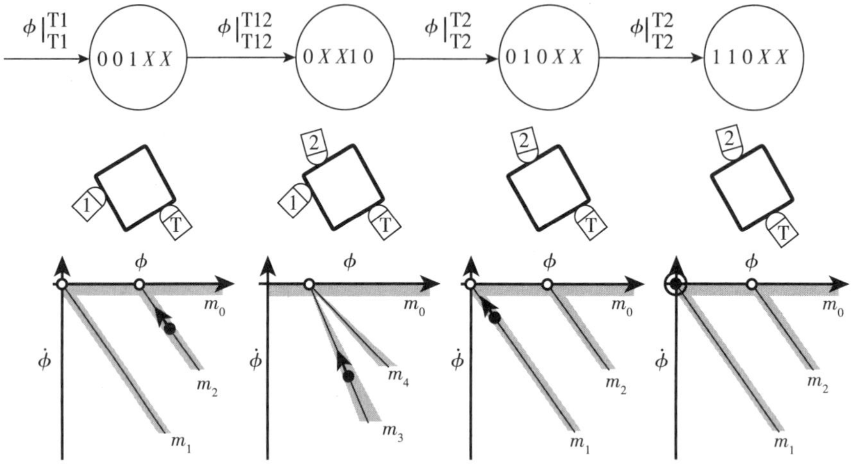

图 9-9 方形物体的模拟平面抓取。在模型 m_i（$i=0$，4）中，状态是隶属度的指示。X 表示未知，T 表示拇指，1 表示食指，2 表示中指

在一次演示中，Coelho 报告了 64 个模型，描述了应用于三个不同物体的双接触点和三接触点力矩残差控制器的响应。增强状态空间的结果显著减小了收敛到抓取所需的触觉探测的数量，显著提高了结果的渐近质量[59,55]。控制动作的集成避免了与每个动作的局部视角相关的挑战性问题，并将具有不完整状态的抓握视为优化手-物体交互的序列信息收集活动。

图 9-9 所示的策略将手的隐性属性纳入了抓握物体所涉及的感觉和运动子任务中。像食指和中指的左边还是右边这种信息，被转换为隐式（可操作的）形式，可以在不同但相关的情况下重复使用。Coelho 还证明了仅基于触觉反馈的历史，系统的状态就可以使用相同的变换结构来识别物体[55]。

隶属度函数还可以通过有效地降低状态表示的精度来管理复杂性，特别是在感觉运动发育的早期阶段。根据对人类新生儿的观察，感觉运动阶段通常侧重于由成熟时间表指导的低维行为。同样，“未成熟”机器人发育前沿的技能也可以通过在低维感觉运动空间中调节重要的控制状态开始，在掌握必要技能的前提下推进知识前沿。像这样的发育利用感知和运动资源上的约束系统来限制学习复杂性。

9.2 多模态吸引子景观

图 9-10 展示了一个势函数 ϕ_1，它定义在任务空间中连续坐标 $\boldsymbol{q}=[q_1\ \ q_2]$ 上。控制器 $c_1=\phi_1|_{\tau_1}^{\sigma_1}$ 定义了域的一个子集，称为吸引域㊀ R_1。其中传感器 σ_1 检测所需的多模态目标，势

㊀ 就我们的目的而言，吸引域（或吸引盆地）的内部实质上等同于图 9-8 和 9-9 所示相图中的灰色区域，这两个集都表示出特定控制器可以从环境中引发的全面交互。

函数 ϕ_1 对运动单元 τ_1 的运动敏感。一般来说，R_1 的形状取决于环境的几何，并随时间而变化。一维控制梯度 $-\nabla\phi_1$ 用互补的一维零空间 $\mathcal{N}_1$ 表示，它与 R_1 内部各处的梯度正交。

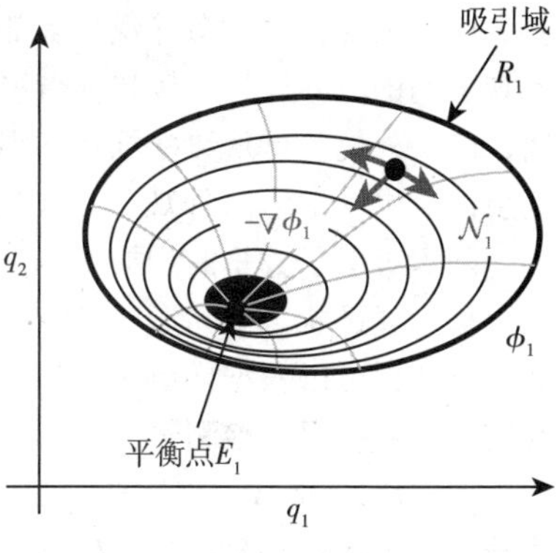

图 9-10　对应于控制器 c_1 的导航函数 ϕ_1，以及其吸引域 R_1 和平衡集 $E_1 \subset R_1$

当任务空间的坐标 $\boldsymbol{q}$ 位于域 R_1 的内部时，控制器 c_1 可以通过在 ϕ_1 上的梯度下降法，将任务空间坐标汇集[44] 到包含一个平衡不动点的集合 E_1 中。精确的时域响应取决于被控过程的基本动态性能，并且可能会持续到系统首次到达不动点的时间之后。在这种情况下，控制器主动抑制干扰，直到运动极限，并且限制任务空间坐标保持在集合 E_1 附近。鉴于此，控制器在这里等同于优化框架。

例如，拉格朗日乘数法[27] 使用 ϕ_1 这样的状态相关函数，来表示待优化的目标和优化必须服从的约束，优化方法中常用的目标函数本质上就是势函数。

控制器的响应使用 9.1.5 节引入的隶属度函数 γ_1 进行分类，其中 γ 是相图中模型上的概率分布函数，它总结了过去的经验。如前所述，隶属度函数用于识别环境在势函数 ϕ_1 中提供不动点的不同方式，从而识别它激活闭环反射的不同方式。隶属度函数的精度可以随着训练和探索时间的延长而提高，简单的隶属度函数可以在早期发育阶段提供关键结构。例如，在完全可观测的前提下，可以使用一个简单布尔隶属度函数来区分控制器，该控制器由环境中的刺激激活或抑制。

$$\gamma_1(\phi,\dot{\phi})=\begin{cases}\text{无参考}:\sigma\ \text{未被检测到}\rightarrow 0\\ \text{被激活}:\|\boldsymbol{J}_1\|\geqslant 0\rightarrow 1\end{cases}$$

可以用像这样的简单结构来显著地加速早期学习阶段。

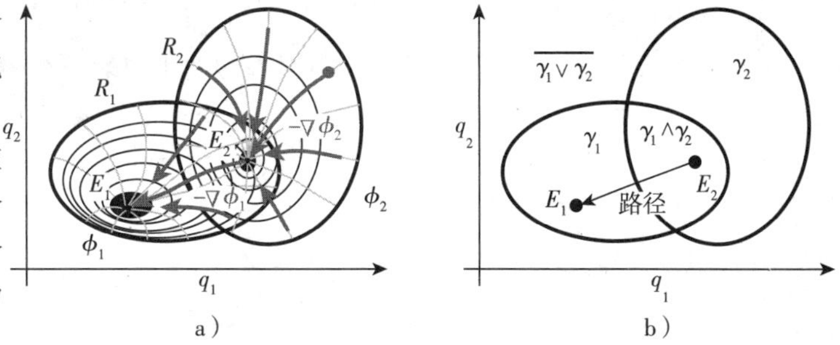

图 9-11　E_1 附近的吸引域可以通过序列控制进行扩展。可以配置 c_1 和 c_2 的序列组合，使得从 $R_1 \cup R_2$ 内部的所有状态均可接近最小的 E_1（见彩插）

当图 9-11 所示的第二个闭环动作共享域 $\boldsymbol{q}$ 时，系统的状态由多目标控制状态 $\boldsymbol{\gamma}=[\gamma_1\ \ \gamma_2]^{\mathrm{T}}$ 近似。图 9-11a 在 q_1-q_2 平面上将域划分为四个不相交的区域，展示了两个控制器的几何布置如何作为任务变量 $\boldsymbol{q}$ 的代理而起作用，其中 c_1 和 c_2 的组合可以以不同的方式影响系统的目标性能。图 9-11b 在图像中展示了 c_1 和 c_2 的相互作用。这对控制响应区分出环境场景的四个不同的多模态外观。术语“外观”（Aspect）参考了计算机视觉社区[232,231] 中的目标表示，用于描述建模视角对视觉表观的影响。这里将它推广为建模可控全体传感器几何对多模态控制交互[258,156,157,158,155,248,164] 的影响。该框架在控制器组合上使用隶属度函数的常规语言表示环境中的多模态可控性，并用于建模多个、耦合的动态系统的联合响应。

吸引子的相对几何诱导出一种称为概率外观转移图（Aspect Transition Graph，ATG）的序列结构。它支持一个数学框架（见 9.2.1 节），用于结果为部分随机和部分受决策者控制的情况下对决策进行建模。图 9-11b[㊀]是 ATG 的一个简单实例，用单条边表示在顶点 E_2 和 E_1 之间转移的跟踪动作。

一般来说，多模态外观只是部分能观的。要完全识别潜在的几何结构，就需要可预测的外观之间的转移历程。例如，当视觉几何被改变后，可以看到以前看不到的物体外观。类似地，广义外观支持从纯视觉状态到视觉和触觉状态的转移，以实现接触力和抓取。在本书的其余部分中，术语“外观”用作控制任务的多模态状态的同义词。

随着吸引子数量的增加，多目标控制状态的精度也随之增加。此外，吸引子的几何排列可以揭示通过状态空间形成路线图的转移结构。例如，在特定房间或物体所处的环境中，这样的路线图可以根据环境提供和任务所需的信号来优化当前的传感器几何。

实例：多目标视觉检测任务

Hart 和 Grupen[107] 提出了一个控制基础程序，该程序使用姿态、搜索和跟踪控制动作来构造一个读取条形码的序列技能。双臂机器人 Dexter（见图 9-12）包含两个来自巴莱特技术公司的 7 自由度的全臂操作端（Whole Arm Manipulator，WAM），每个全臂操作端包括两个 3 指 4 自由度的巴莱特手以及一个 2R 头部机构。来自机器人的反馈来自每个驱动自由度的关节角度位置、六个指尖接触载荷单元和安装在头部的一对索尼摄像头。Dexter 的任务是检查包裹并读取条形码，以便在大型配送中心对包裹进行运输。

这个双臂机器人的特点在于能够读取位于随机方向上的包裹条形码。在某些情况下，机器人需要一个操作包裹的应变措施来控制视角几何。在这种情况下，技能是用于优化对象视角几何的预编程顺序策略，机械手会使用控制基元和其他预配置技能。

ϕ_r：对于每个 Dexter 手臂，运动目标的姿态范围［见本章习题（4）］。

ϕ_c：$\mathbb{R}^3$ 中位置采样的搜索动作。给定视觉输入时，指尖载荷单元可能在这些位置上检测到触觉信号。

Φ_g：跟踪目标，涉及接触放置序列并强制跟踪基元实施抓取控制策略[55,233][㊁]。

ϕ_m：优化手臂的双手可操作性的姿态目标［见式（9.12）］。

ϕ_l：姿态定位控制器，使用 $\phi_l=-\sqrt{\det(\boldsymbol{J}\boldsymbol{J}^{\mathrm{T}})}$ 优化立体视觉敏锐度，其中 $\boldsymbol{J}$ 是立体重建雅可比（见 3.7.3 节）。

根据跟踪和姿态控制器的反馈状态表示条形码读取应用程序的状态，这些控制器使用了在相图中区分以下类别的隶属度函数：

$$\gamma_i(\phi,\dot{\phi})=\begin{cases}\text{无参考}:\sigma_i\ \text{未被检测到}\rightarrow 0\\ \text{瞬态}:\|\boldsymbol{J}_i\|>\in\rightarrow 1\\ \text{收敛}:\|\boldsymbol{J}_i\|\leqslant\in\rightarrow 2\end{cases}$$

图 9-12 左侧的程序用于修改传感器几何，以便在必要时提高视觉灵敏度，直到条形码可读。中间一列图片显示了 Dexter 执行视觉检测任务的几个快照[107]。在图 9-12a 中，Dexter 的姿态是他的初始姿态——机器人（不包括手）中的所有自由度都处于各自运动范围的中间位置，处于 ϕ_r 执行运动控制器的闭环输出范围内。

当 Dexter 处于初始姿态的时候，工作空间的视野是无遮挡的，使用图像差分技术可以区

㊀ 一般来说，该图等价于，在使用马尔可夫决策过程（Markov Decision Process，MDP）描述的离散时间随机系统中，计算最优策略所需的概率转移函数。这个内容将在 9.2.1 节中介绍。

㊁ 控制基础框架中的惯例是使用大写字母 Φ 将控制组合（并发或顺序）与反身/初级控制器区分开来。

分前景和背景像素。前景斑点作为跟踪控制器的参考，使刺激物位于每只眼睛的中央。该控制器在图 9-12 中没有标出，但它在整个任务中都在运行，以维持立体三角测量所需的条件，从而维持定位物体所需的条件。

根据笛卡儿斑点的反馈，将控制设定值提交给手臂控制器，控制器将指尖置于包裹表面附近，也即预期的接触力位置。这是使用基于势函数 ϕ_c 的搜索动作完成的，它将手放在以分布 Pr（接触丨前景斑点）采样出的位置。图 9-12b 中的传感器几何形状适合在一些指尖载荷单元上实现接触。从这个状态开始，使用抓取策略 Φ_g，使所有六个载荷单元发生接触，并进行分配，以便测量的接触力和力矩的总和最小，同时收敛到参考抓取力（见图 9-12c）。一旦实现了抓取，它将为所有后续动作，继续执行多目标控制配置中的上级控制任务，以确保在整个后续操作过程中维持抓取条件。

图 9-12d 展示了复合动作 $\phi_m \lhd \Phi_g$ 的结果，该动作在服从抓取控制约束条件下对双手手臂配置的可操控性进行了局部优化。在图 9-12d 和 e 之间，机器人执行 $\phi_m \lhd \phi_l \lhd \Phi_g$，其中手臂可操作性控制器从属于这样一种控制器，它降低双目可定位场的梯度（见 3.7.3 节），进而优化受 Φ_g 约束的视觉灵敏度。

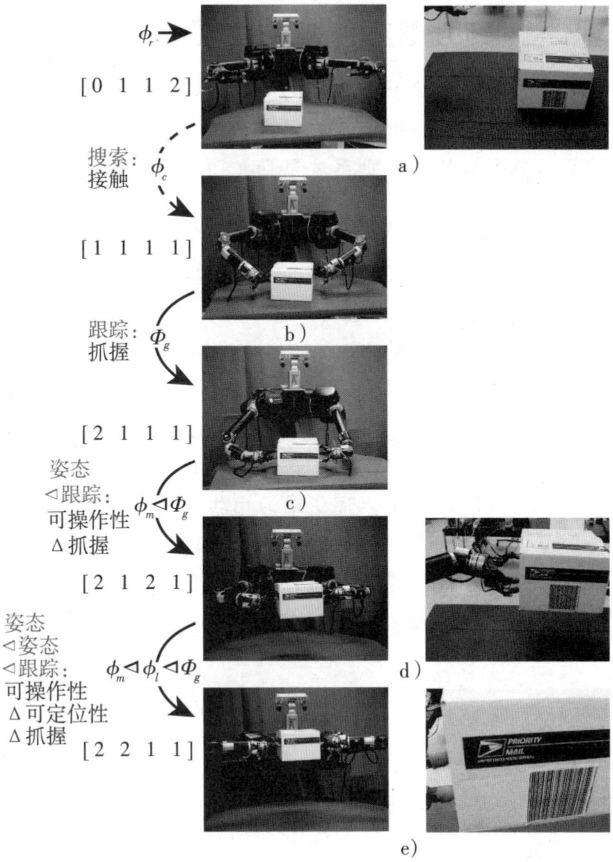

图 9-12　视觉检测序列遍历 $\mathcal{A}$ 中由 $[\gamma_g\gamma_l\gamma_m\gamma_r]$ 状态、姿态、跟踪和搜索动作定义的外观转移图，从而读取包裹上的条形码（见彩插）

图 9-12 最右边一列展示了机器人左侧摄像头的图像。图 9-12a 展示了 Dexter 的初始姿势，图 9-12d 描述了箱子被抓取并运输的场景；图 9-12e 展示了物体被移动到足以读取条形码的双目位置。该策略主要利用机器人的运动学特性——可操作性、运动范围和视觉可定位性——来解决任务。

正如在本案例研究中所展示的，控制基础应用的编程涉及设计一系列控制动作，这些控制动作利用感觉运动系统的隐性能力并将其转换为可动作的形式。在分层行为系统中，某种程度上“发育”指像这样根据嵌入式控制知识逐步积累策略，并且使用这些临时扩展的技能进行动作。

图 9-12 中的程序 Φ_{bcr}（条形码阅读器）能够鲁棒地响应条形码读取问题类中的各种实例——它对运行时条件的变化（如桌子高度、物体形状和初始位置）有很强的鲁棒性。此外，Φ_{bcr} 在内部处理这些偶发事件，并在状态反馈 $\gamma_{bcr} \in \{0,1,2\}$ 中总结所有这些活动，以便在调用此技能的应用程序中使用。

在下一节中，我们介绍了一个用于对 Φ_{bcr} 等行为学习最优控制组合的框架。我们讨论了如何使用半自主的、基于探索的学习过程来获取像 Φ_{bcr} 这样的隐性知识结构，并将其迁移到该类行为的新实例中。

9.2.1 吸引子景观中的强化学习

马尔可夫决策过程（Markov Decision Process，MDP）是一种适用于图 9-12 所示的这类序列决策过程的数学框架。如果系统当前状态 s_k 的知识，为从该状态选择最优控制动作 a_k^* 提供了足够多的状态，则系统是马尔可夫的。形式上，一个 MDP 是一个元组：

$$M=\langle S,A,\Psi,P,R\rangle \tag{9-13}$$

式中，S 是系统状态的集合，A 是动作的集合，$\Psi\subseteq S\times A$ 定义了特定状态上允许的动作子集，$P:S\times A\times S\to[0,1]$ 是状态 s_k 和动作 a_k^* 转移到状态 s_{k+1} 的概率，$R:S\times A\to\mathbb{R}$ 是将状态-动作对映射到实值奖励的函数[236]。

策略 $\pi(s,a)$ 是一个函数，它返回状态为 $s\in S$，选择动作 $a\in\Psi$ 的概率，以优化未来的奖励 R。强化学习的优点之一是不需要式（9-13）中转移策略 P 的先验知识来估计最优策略。相反，强化学习可以将这些转移概率直接编译为嵌入在策略中的隐性知识。由于 P 可以高效地迁移到其他任务中，强化学习也提供了一种通过显性估计 P 来积累显性知识的方法。

在本节的其余部分，我们描述了使用 Q 学习求解 MDP 最优解的一种特殊方法[288,289]。

贝尔曼方程 根据 Sutton 和 Barto[268] 的论述，策略 π 下状态 s 的值，记为 $V^{\pi}(s)$，是状态 s 执行策略 π 时未来折扣奖励的期望和，

$$V^{\pi}(s)=E_{\pi}\left\{\sum_{k=0}^{\infty}\gamma^{k}r_{t+k+1}\mid s_t=s\right\} \tag{9-14}$$

式中，$E\{\cdot\}$ 表示期望值，$0.0<\gamma\leqslant 1.0$ 表示每个决策的折扣因子，标量 r_t 为 t 时刻收到的奖励。

如果从式（9-14）中提出 $k=0$ 项，则

$$\begin{aligned}V^{\pi}(s)&=E_{\pi}\left\{r_{t+1}+\gamma\sum_{k=0}^{\infty}\gamma^{k}r_{t+k+2}\mid s_t=s\right\}\\&=\sum_{a}\pi(s,a)\sum_{s'}P_{ss'}^{a}\left[R_{ss'}^{a}+\gamma E_{\pi}\left\{\sum_{k=0}^{\infty}\gamma^{k}r_{t+k+2}\mid s_{t+1}=s'\right\}\right]\end{aligned}$$

式中，$\pi(s,a)$ 是固定策略，定义了从状态 s 中选择动作 a 的概率；$P_{ss'}^{a}$ 是 MDP 隐含的转移概率，即 $s\xrightarrow{a}s'$ 的概率；$R_{ss'}^{a}$ 是与这一转移相关的奖励。最后一个表达式的期望值恰好为 $V^{\pi}(s')$，所以

$$V^{\pi}(s)=\sum_{a}\pi(s,a)\sum_{s'}P_{ss'}^{a}\left[R_{ss'}^{a}+\gamma V^{\pi}(s')\right] \tag{9-15}$$

来自策略 $\pi(s,a)$ 的值函数与隐含的 MDP 交互以提供对所有可能策略的偏序。如果策略 π 比 π' 获得了更多回报，则对所有的 $s\in S$，有 $V^{\pi}(s)\geqslant V^{\pi'}(s)$。最优策略 π^* 产生了一个值函数 V^*，它优于所有其他可能的值函数，

$$V^*(s)=\max_{\pi}V^{\pi}(s)。$$

由于最优策略在每个状态下都能产生最大的值，因此可以在不参考 π^* 的情况下编写它：

$$V^*(s)=\max_{a}\sum_{s'}P_{ss'}^{a}\left[R_{ss'}^{a}+\gamma V^*(s')\right] \tag{9-16}$$

这被称为贝尔曼最优性条件（Bellman Optimality Condition）。该条件建立了状态 s 的值 $V^{\pi}(s)$ 与可能的后继状态的值 $V^{\pi}(s')$ 之间的一致性关系。贝尔曼条件要求一个状态的值必须是期望的下一个状态的折扣值与中途期望的一个奖励 $R(s,a)$ 之和。一旦得到了 $V^{*}(s)$ 的一个合适的估计，任何对 $V^{*}(s)$ 贪婪的策略都是最优策略。

数值迭代　从隐含 MDP 的完整知识中计算最优策略的一组算法称为动态规划（Dynamic Programming，DP）算法。在这个一般类中，强化学习（Reinforcement Learning，RL）算法[268] 的特点使它们成为实现发育系统的理想选择。

式（9-15）为使用数值迭代估计 $V^{\pi}(s)$ 提供了基础：

$$V_{k+1}(s)=\sum_{a}\pi(s,a)\sum_{s'}P_{ss'}^{a}\left[R_{ss'}^{a}+\gamma V_{k}(s')\right] \tag{9-17}$$

这种关系被用于当 $k\to\infty$ 时收敛到 V^{π} 值的迭代算法中[268]。通常，动态规划通过状态-动作空间进行迭代扫描，称为完全备份。然而，强化学习技术通常使用采样备份来估计 V^{π}（s）。如果机器人从随机的初始状态开始，并遵循固定的策略 π，同时累积与来自每个状态的平均折扣奖励有关的统计信息，那么当访问每个状态的次数趋近于无穷时，这些平均值将一致收敛到值函数 V^{π}。尽管采样探索时最优性保证有所降低，但这种类型的算法对于开发机器人很重要，因为它允许从状态和动作空间的区域中多次采样，而这些区域对于任务来说似乎是最富有成效的。无论采取何种实现方式，对收敛值函数的贪婪提升都构成了累积奖励的最优策略。

为了改进策略 $\pi(s,a)$，备份过程使用 $V(s)$ 贪婪上升的方法来探索预定行为以外的动作，并使用 $V^{\pi}(s)$ 的当前估计值来近似从该点开始坚持策略 π 的后续值。为了清楚地看到这一点，我们可以写出状态-动作形式的值递归，即质量函数（Quality Function）：

$$Q^{\pi}(s,a)=\sum_{s'}P_{ss'}^{a}\left[R_{ss'}^{a}+\gamma V_{k}(s')\right] \tag{9-18}$$

该策略通过评估是否存在 $\pi(s)$ 以外的动作 a 来适应探索，其中 $Q(s,a)>Q(s,\pi(s))$。如果存在，那么最好更改策略，以便在每次访问状态 s 时调用此新动作。新策略 π' 和 π 完全相同，只是在状态 s 中，它现在推荐新的动作 a。策略改进律[268] 保证了这样的过程将单调地趋向于最优策略。

另一个对值迭代的修改方式是专门检查相邻状态的质量：

$$Q(s,a)_{k+1}\leftarrow Q(s,a)_{k}+\alpha\left[r(s')+\gamma\max_{a}Q(s',a)_{k+1}-Q(s,a)_{k}\right] \tag{9-19}$$

式中，γ 还是折扣因子，它考虑了期望的未来回报。式（9-19）使用了一个新的参数 $\alpha<1$，它为相对于 $Q(s,a)_{k}$ 蕴含的已有经验的最近实验赋予适当的权重。Watkins[288,289] 指出，该算法在许多有用的问题中收敛到最优策略。将这一表达式以略微不同的形式改写，揭示了常用的 Q 学习备份方程：

$$Q(s,a)_{k+1}\leftarrow(1-\alpha)Q(s,a)_{k}+\alpha\left[r(s')+\gamma\max_{a}Q(s',a)_{k+1}\right] \tag{9-20}$$

9.2.2　技能

控制基础理论支持具身智能体与复杂牛顿环境之间受控交互的马尔可夫描述。它提供具身系统中的所有传感器-执行器组合，并通过适当的势函数提供了交互的所有闭环动作和状态。对于有趣的机器人和环境，这可以产生种类繁多的原始动作和状态。

强化学习[267] 是求解由控制基础衍生出的 MDP 的自然选择，因为它可以通过直接与域的探索交互中组成最优的动作序列。然而，依赖于随机探索的机器学习算法会受到维度诅咒（Curse Of Dimensionality）的影响[22]，即随着搜索空间维度的增加，发现高奖励值状态-动作组合的概率呈指数级下降。如果没有一个有效的发育组织架构，婴儿（或者有趣的机器人）可能花费他们一生中很大一部分时间去探索不会产生回报的行为。

从人类婴儿生命第一年的感觉、运动、学习（见第 8 章）中汲取的经验表明，婴儿的发育是由基因决定的。人类婴儿的这些成熟模式可以用 $\Psi \subset A$［见式（9-13）］表示，这是所有动作 A 的低维子集，可以从每个状态去执行。Ψ 可以定义状态-行动空间中的一个"小生态圈"，它可以被有效地探索，并且随着新技能的积累而进化。在一个发育前沿内获得的技能被添加到 A 中，作为前沿进展以支持更多的技能，从而获得层次化的技能。在可能的情况下快速地纳入更多的初级动作，有助于抑制增量学习的复杂性。$a \in \Psi$ 的隶属度函数可以用来为安全性、可达性、可控性和可学习性满足合适的逻辑条件，这些属性支持其他方面自主学习的智能体。

层次结构通过存储和重用成功的方案来降低 AI 系统中规划的计算开销。在许多相关情况下表现良好的一系列规划动作可以作为一个"宏"（macro）运算符存储在内存中，该运算符将一组初始条件（或先决条件）映射为输出（或后置条件）。好的宏被添加到规划器考虑的动作集合 A 中。虽然状态-动作空间的大小因此而增加，但在 $S \times A$ 中搜索解的额外成本被存储于宏的隐性知识的价值所补偿，从而消除了在每一种情况下都需要重新构造其适用序列的需要。这种有效的想法经常在规划器中使用，用于积累知识和平摊搜索成本[85,197,5,195,152,161,86,37,51,52]。

在发展心理学中，Piaget 用"图式"（Schema）一词来指代婴儿用来探索环境的一种宏[227,226]。他提出婴儿的发育是分阶段的，通过称为"适应"的过程来获得图式，从而组成行动序列以实现目标。图式既作为抽象的动作，又作为认知表征的基础。根据 Piaget 的观点，新的经验是通过同化（Assimilation）过程来解释的，在这个过程中世界的表征是通过这些图式的知识单元来组织的。因此，根据这种观点，婴儿能根据他们已有的知识来解释经验。

机器人学家还将图式作为用于表示有关物体和类别的常识的一种基于动作的表示方法。Arbib[6] 讨论了图式作为分层功能实体，可形成新的图式。Drescher[72] 在感觉运动系统中使用图式来表达经验因果关系。Holmes 和 Isbell[116] 对 Drescher 提出的图式给出了更通用的实现方法，即为图式发现和完善创建了合适的规则，并展示了它们与其他预测状态表达相比具有优势。

在涉及复杂的状态估计和高维控制的机器人应用中，计算问题促使人们采用分层架构。文献［3,11,123,134,164,194,215］中有许多实例，包括过程控制的体系结构、基于行为的系统、部分可观测系统中的规划器、聚焦于大运动（移动性）和精细运动（操作）能力的体系结构，以及下一代自主机器人系统的体系结构。这一挑战性问题仍然是一个活跃和开放的研究领域，发育系统提供了一个新的理论和实验视角。

本书最后一章阐述了如何利用控制基础来构建一个原生反射的模拟，采用它具身智能体可以发现序列技能——在 $S \times A$ 中的层次化、多模态的路线图。我们研究如何将知识编译成可操作的形式，用于帮助解决那些因没有必要的先决条件知识而无法解决的问题。我们的目标是启发技能的累积层次，并评估由此产生的隐性知识对解决未来问题的影响。

习题

（1）**临界点**。图 9-1 根据临界点邻域内势函数的海森性质区分了三种类型的临界点。

1）海森阵的什么性质与 0 型临界点周围的邻域有关？

2）调和函数中可以出现什么类型的临界点，这些类型的临界点在海森阵中是如何体现的？

3）什么样的临界点对应势函数中的不稳定不动点，决定临界点不稳定的海森函数的性质是什么？

（2）**导航函数：胡克定律**。论证二次势函数（胡克定律）是导航函数的命题成立或不成立。

（3）**导航函数：调和势**。讨论调和函数作为导航函数的限定条件。

（4）**导航函数：动作势范围**。考虑一个 3R 操作端，其中每个关节角度 θ_i 被限制在区间 $[-\pi/2,+\pi/2]$ 内。运动反射范围有助于避免关节范围限制，方法是将 $\theta_i=0$ 的偏差均匀分布在所有 3 个自由度上。

$$\phi_{\text{rom}}=-\sum_{i=1}^{3}\cos(\theta_i)=-\cos(\theta_1)-\cos(\theta_2)-\cos(\theta_3)$$

1）这个运动范围的势函数是否是一个导航函数？

2）写出控制雅可比 $\boldsymbol{J}_{\text{c}}$ 的表达式。

（5）**抓握接触控制**。考虑一个平面抓握问题，其中接触 i 在位置 θ_i 处产生的广义物体力（或力旋量）为

$$\boldsymbol{W}_i^{\text{T}}=[f_x\ f_y\ m_z]=[-\cos(\theta_i)\ \ -\sin(\theta_i)\ \ 0]$$

定义 N 个触点产生的力旋量残差 $\boldsymbol{\rho}=\sum_{i=1}^{N}\boldsymbol{w}_i$。考虑图 9-13 中圆形物体上的双接触系统（$N=2$）。

1）写出势函数 $\phi_w=\boldsymbol{\rho}^{\text{T}}\boldsymbol{\rho}$ 的闭式表达式，它表示（标量）力旋量残差的平方。

2）写出 $\phi_w(\theta')$，是在 $-\pi\leqslant\theta'<+\pi$ 上的导航函数，其中 $\theta'=(\theta_1-\theta_2)$。

3）写出力旋量残差的控制雅可比 $\boldsymbol{J}_{\text{c}}^{w}=\left[\dfrac{\partial\phi_w}{\partial\theta_1}\ \dfrac{\partial\phi_w}{\partial\theta_2}\right]$，使得 $\Delta\phi_w=\boldsymbol{J}_{\text{c}}^{w}\Delta\theta$

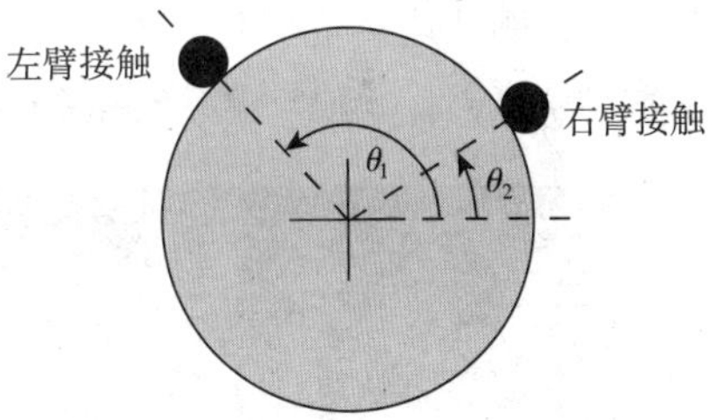

图 9-13　圆形物体上的双接触系统

4）推导右伪逆矩阵的闭式解

$$(\boldsymbol{J}_{\text{c}}^{w})^{\#}=(\boldsymbol{J}_{\text{c}}^{w})^{\text{T}}[\boldsymbol{J}_{\text{c}}^{w}(\boldsymbol{J}_{\text{c}}^{w})^{\text{T}}]^{-1}$$

5）对 θ_1 和 θ_2，写出定义微分运动的表达式，使力旋量残差势下降：

$$\Delta\boldsymbol{\theta}=(\boldsymbol{J}_{\text{c}}^{w})^{\#}\Delta\phi_w=-\kappa(\boldsymbol{J}_{\text{c}}^{w})^{\#}\phi_w$$

（6）**设计一道题**。用第 9 章中你最喜欢的内容设计一道。通过比较、观察、简短讨论、分析和计算来解决问题，开卷解答时间不应超过 30 min。

第 10 章
The Developmental Organization of Robot Behavior

案例研究：学习走路

大动作能力涉及全身运动，需要动用大肌肉群并对环境施加相对较大的力。大肌肉群动作能力是人类婴儿出生后头两年发育的重点，主要依靠成熟结构来组织协调运动行为。在这一时期，婴儿大脑中的原始反射和髓鞘化模式所产生的显著影响有助于克服感觉和运动的复杂性。其结果是一级又一级的平衡技能和肢体协调行为技能，这些技能有助于婴儿发展大尺度运动、运动的力量和范围、前庭和本体感觉反馈、身体动态、姿势稳定和移动方面的能力。图 8-18 显示了以上一些方面的能力的里程碑，这些里程碑展示了用于全身姿势控制的新技能。随着时间的推移，大运动技能在适应和同化过程中不断完善，以适应不同环境的要求——它们在整个儿童期和进入成年期过程中都会得到加强，并更充分地融入其他任务中。

本章最后讨论了 Huber 等人[121,122,120,118,119,117]进行的一系列实验，这些实验利用在人类婴儿身上观察到的发育组织原理，研究了与四足姿势稳定和运动相关的层次化技能。本案例研究强调了一个具身系统，该系统使用操作性条件和强化理论的计算模型来学习控制，并利用它在与世界交互过程中产生一些事件进一步学习。

10.1 四足机器人

图 10-1 中的四足机器人（Thing）是为了研究多足运动的发育学习技术而开发的。机器人坐标系刚性连接至平台的质心（COM）。图 10-2 中的坐标系的 $\hat{x}$ 轴定义了机器人的纵轴，$\hat{y}$ 轴指示横向，$\hat{z}$ 轴与世界坐标系的 $\hat{z}$ 轴平行。

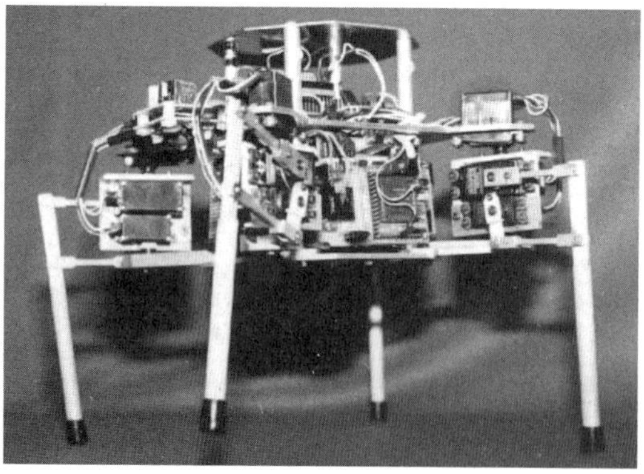

图 10-1　12 自由度四足机器人 Thing

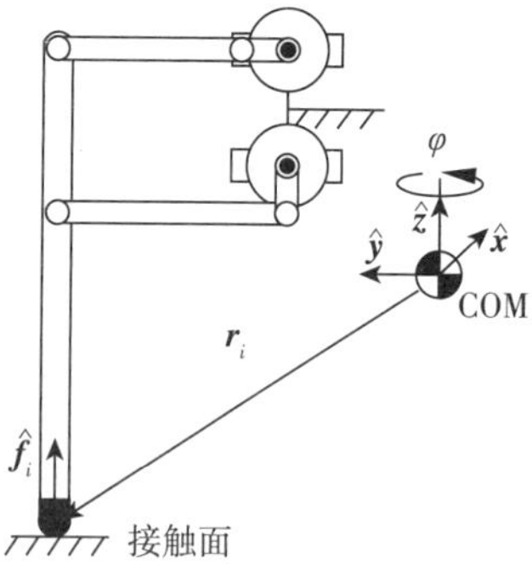

图 10-2　单腿与外部水平表面接触时，产生一个围绕平台质心的力矩

Thing 有四条腿 $\boldsymbol{l}_i$: $i=0,3$，每条腿都有三个独立的自由度 $[\theta_0\ \theta_1\ \theta_2]_i$，由小型伺服电动机驱动。这些角度由腿部的传感器测量，并利用正向运动学关系计算的每条腿在机器人坐标系中的笛卡儿末端位置 $\boldsymbol{r}_i \in \mathrm{R}^3$，$i=0,3$。通过测量腿部电动机的力矩来估算每条腿所承受的接触负载。电动机力矩的阈值用于识别当前支撑平台的腿。连续测量 Thing 的一系列支撑姿态

的步长，以估计其在世界坐标系中的姿态 $(\boldsymbol{r},\varphi)_{\mathrm{COM}}$，其中 φ 是绕世界坐标系 $\hat{z}$ 轴的偏航角。

Thing 使用前视红外接近探测器，该探测器发射红外光并观察环境表面的反射能量。Thing 周围约 20～25 cm 范围内的环境表面通常会反射足够的能量以被检测到。Thing 利用这一信息在世界坐标系中积累检测障碍物的模型用于运动控制。

10.2 控制器和控制组合

Thing 的运动技能采用了三类来自控制基础的闭环动作：①力矩残差控制器；②运动学调节控制器；③单一闭环路径控制器。

$\boldsymbol{\phi}_{\mathrm{m}}$：力矩残差控制器　力矩残差控制器是用于行走和抓取的一类重要控制器，可主动重新配置相互接触作用的几何形状，以最小化环境表面上（子）接触集产生的净力和力矩。Thing 执行的所有任务都要求机器人学会在地面上放置 3~4 个触点，这些触点定义了一个支撑多边形，并将其在 x-x 平面上的质量中心转移到这类多边形中的一个。在稳定状态之间过渡的副产品是机器人在平面上的位移 $(\Delta x,\Delta y,\Delta\theta)$ 的累积。在本例中，当机器人的脚固定着地并移动质心以达到零力矩点时，就会发生这种情况。由一系列基于 ϕ_{m} 的梯度下降的力矩残差控制器负责放置接触点。

对于 Thing，假设腿 $\boldsymbol{l}_i$ 和地面之间的接触是无摩擦的点接触（见表 4-2），该点接触在 Thing 腿的末端上产生沿+ $\hat{z}$ 方向的单位大小力 $\boldsymbol{f}_i$（见图 10-2），因此产生关于 COM 的力矩 $\boldsymbol{r}_i\times\boldsymbol{f}_i$。

二次矩残差为

$$\phi_{\mathrm{m}}=\boldsymbol{\rho}^{\mathrm{T}}\boldsymbol{\rho},\quad \text{其中 } \boldsymbol{\rho}=\sum_i(\boldsymbol{r}_i\times\boldsymbol{f}_i) \tag{10-1}$$

这是一个标量势函数，其目标是许多研究步态稳定性和抓握控制的方法的基础。例如，静态稳定姿态的支撑多边形内部零力矩点（Zero Moment Point，ZMP）[284] 与式（10-1）的最小值一致。由这些单位力推导出的 ϕ_{m} 最小值也均匀分布了接触力。

力矩控制的感觉资源模型是每条腿的末端与地平面之间的接触位置 $\boldsymbol{r}_i$，$\sum_{\mathrm{m}}=\{\boldsymbol{r}_0,\boldsymbol{r}_1,\boldsymbol{r}_2,\boldsymbol{r}_3\}$。不接触的支腿有 $\boldsymbol{f}_i=\boldsymbol{0}$，因此不影响 $\boldsymbol{\rho}$ 或 ϕ_{m}。式（10-1）中的二次势函数可以配置一个或多个触点，但是为了稳定步行平台，仅考虑 $n\geqslant 3$ 个触点。由于 Thing 有四条腿，因此有 $C_3^4+C_4^4=5$ 种可能的接触状态组合⊖，其可以根据力矩残差控制势 ϕ_{m} 进行优化。

力矩控制的执行器资源模型描述了所有执行器变量，这些变量可用来降低力矩残差 $\mathcal{T}_{\mathrm{m}}=\{\boldsymbol{r}_0,\boldsymbol{r}_1,\boldsymbol{r}_2,\boldsymbol{r}_3,(\boldsymbol{r},\varphi)_{\mathrm{COM}}\}$ 平方的梯度。然而，我们观察到，对于涉及腿 i、j 和 k 的三元组，矩残差仅取决于五个独立的执行器变量 $\{\boldsymbol{r}_i,\boldsymbol{r}_j,\boldsymbol{r}_k,(\boldsymbol{r},\varphi)_{\mathrm{COM}}\}$，它们有多种组合方式：

$$\sum_{k=1}^{5} C_k^5$$

对于（单一）四足姿态，力矩残差对所有六个独立执行器变量都很敏感，因此力矩残差控制器的唯一参数化总数为

⊖ 从 n 个元素的集合中一次选择 r 个元素的组合（也称为“n 选择 r”）计算如下（译者注：此处 C_r^n 中 n 和 r 位置与习惯表达相反）：

$$C_r^n=\frac{n!}{r!\,(n-r)!}$$

$$C_3^4\left[\sum_{k=1}^{5}C_k^5\right]+C_4^4\left[\sum_{k=1}^{6}C_k^6\right]=187$$

ϕ_k：运动学调节控制器　如果其他关注点（如稳定性和运动性）导致腿部接近运动极限，则可使用 ϕ_k 衍生的控制器调整多个肢体的姿势，使每个关节更接近其运动范围的中心。当应用于与地面接触的腿部时，该动作会使机器人躯体产生额外的位移，因此会对身体的平移和旋转以及运动范围产生影响。

Thing 的每条腿都可以受到二次运动范围（Range of Motion，ROM）的影响[⊖]：

$$\phi_k=\sum_{j=0}^{2}(\bar{\theta}_j-\theta_j)^2 \qquad (10\text{-}2)$$

式中，j 表示腿 $\boldsymbol{l}_i$ 的三个自由度，$\bar{\theta}_j$是关节 j 的中间设定点。该目标函数可以在机器人四条腿的任何子集上求和，并产生一个具有正定海森的势，该势满足导航函数的基本标准。

在这种情况下，Thing 的感觉资源模型由集合$\sum_k=\{\boldsymbol{l}_0,\boldsymbol{l}_1,\boldsymbol{l}_2,\boldsymbol{l}_3\}$ 中独立腿的关节角度配置［$\theta_0\ \theta_1\ \theta_2$］组成。因此，执行器资源的幂集 $\mathcal{P}(\sum_k)=\sum_{j=1}^{4}C_j^4=15$ 组合了单腿、双腿、三腿和四腿。

腿 $\boldsymbol{l}_i$ 的运动状态可以通过改变其末端位置来改变，也可以通过让其固定在地面上并改变 Thing 的位置 $\boldsymbol{r}_{\text{com}}$ 和/或方向 φ_{com} 的值来修改。因此，ROM 目标 ϕ_k 的执行器资源模型为 $\mathcal{T}_k=\{\boldsymbol{l}_0,\boldsymbol{l}_1,\boldsymbol{l}_2,\boldsymbol{l}_3,(\boldsymbol{r},\varphi)_{\text{COM}}\}$，运动调节控制器的总数为

$$\sum_{j=1}^{4}C_j^4\left[\sum_{l=1}^{j}C_l^j+\sum_{l=1}^{2}C_l^2\right]$$

式中，$\sum_{j=1}^{4}C_j^4$ 表示 15 个唯一的 σ_k，其运动状态通过本体感觉传感器测量。括号中的项表示用于优化 ROM 测量的执行器资源的唯一组合。括号中最左边的项是腿部执行器的组合数，括号中最右边的项是执行器变量 $(\boldsymbol{r},\varphi)_{\text{com}}$ 组合的数量。其结果是在运动调节控制器中产生了 110 种控制配置，即

$$\sum_{k=1}^{4}C_k^4\left[\sum_{l=1}^{4}C_l^k+3\right]=110$$

ϕ_p：单一闭环路径控制器　单一闭环路径控制器用于执行无碰撞的笛卡儿目标轨迹。势场 ϕ_p 是一个二维调和函数（见 9.1.1 节），定义在描述地平面的离散 (x,y) 占有栅格上。自由空间网格节点处的势使用附录 C 中介绍的数值松弛技术计算，以创建调和势场。当使用里程计和前视红外碰撞传感器组合发现障碍物时，将障碍物观测值添加到占位网格中。目标配置由外部程序或用户提供。人工势梯度定义了从每个自由空间网格节点到目标状态的无碰撞运动规划。如果没有目标可到达，则 ϕ_p 的内部处处收敛于障碍势，并且不存在梯度（因此也不存在路径）。

在 Huber 描述的控制设计中仅提供了一个（全身）ϕ_p 基元控制配置。然而，在发育的早期阶段，没有控制支持来执行生成的路径——姿势稳定、行走和改变方向的先决技能尚未存在。在这方面，路径控制基元类似于人类新生儿的步态反射：它在出生时就存在，但受到各

⊖ Huber 使用了可操纵性势［见式（9-12）］和关节运动范围约束的组合。我们在这里使用式（10-2）来引入一个有用的 ROM 势。

种机制的抑制，只有在获得并整合了支持性的先决技能后，才有可能在物理和计算两方面实现这一目标。

Huber 的发育方法包括在一系列自主学习实验中对运动技能进行层次化编程，以可重复使用的技能形式获得隐性知识。其目的是评估技能组成如何影响基于探索的学习表现。最初，可用资源的范围受到限制，基础技能由控制基础基元构建。之后，基元和习得技能的混合组合开拓发育前沿，构建持续探索的结构，重用习得的控制知识，并解决日益复杂的任务。

10.3　运动控制器

对于势 ϕ_m 和 ϕ_k，吸引子位置的初始大小的资源参数的数量决定，每个状态总共有 187+110=297 种可能的选择。如果我们假设二元控制反馈∈{!CONV,CONV}（如文献［118,117］中所提出的），则该控制设计可能潜在地产生 2^{297} 个状态，并且如果允许 k 路并发（见 9.1.4 节），那么动作的数量将以排列组合的总和为界[⊖]：

$$\sum_{i=1}^{k} P_i^{297} = P_1^{297} + P_2^{297} + \cdots + P_k^{297}$$

对于 $k=3$，可从 2^{297} 个状态中的每一个状态获得 26 022 249 个可能的并发动作！由此得到的 MDP 具有足够的表达能力来表示各种技能和任务，但是在如此大的状态-动作空间中通过随机探索找到这些解是极具挑战性的。幸运的是，许多状态是不可达或不可控的，应消除以保证安全探索。对状态-动作组合的发育约束可用于在逐项技能的基础上创建更小的搜索空间，从而支持自主和采样高效的强化学习。

姿态稳定的位置　Thing 可以执行四种独特的三脚支撑姿势。我们假设，在这四种情况中的每种情况下，机器人都可以选择将基于 ϕ_m 的力矩残差控制参考一次可应用到三条腿中的一条腿上。其效果是通过优化单条腿的位置来提高三脚支撑的静态稳定性。这种招募模型（Recruitment Model）产生了 12 个独立的力矩残差控制器，每一个用于四个独立三脚支撑中的三个可控支腿之一。

为了管理涉及四条独立腿的周期性步态，在此阶段将基于 ϕ_k 势的单一运动调节控制器纳入 Ψ 集。当脚的位置保持固定时，通过完全控制机器人的朝向 φ，来处理步态过程中出现的四条腿的中间姿态条件。12 个力矩残差控制器加上这个单一的运动调节控制器组成了一套 13 个独特的用于学习技能的基元控制器——约束传感和运动资源的范围会使机器人获得的奖励种类有所偏向，在这种特殊情况下，它会强调引起旋转的控制序列。在文献［117］报告的实验中，Huber 允许同时处理多达三个并发目标，可能导致 13 个基元控制器有 1885 种排列方式，即

$$P_1^{13} + P_2^{13} + P_3^{13} = 1885$$

聚合状态表达

为了评估四足机器人的功能条件，使用五个布尔隶属度函数 γ（见 9.2 节）概括 13 个控制基元的状态，其中一个表示四个独立的三角支撑中每一个姿态使用的力矩残差控制器的收

⊖　一次 n 个元素的集合中选择 r 排列为 $P_r^n = \dfrac{n!}{(n-r)!}$。

敛状态，而与用于明确这些条件的运动资源无关，还有一个表示运动调节目标的状态。Huber 使用 * 作为执行器资源的通配符，进而汇总独立动作的反馈状态。如果我们以 $\phi|_{*}^{\sigma}$ 的形式编写控制配置，并定义 $\gamma(\phi_{m}|_{*}^{\sigma})=\gamma(\phi_{m}|_{\tau i}^{\sigma})\vee\gamma(\phi_{m}|_{\tau j}^{\sigma})\vee\gamma(\phi_{m}|_{\tau k}^{\sigma})$——每个三脚支撑在三个备选 τ 资源上的析取，那么状态向量可以写为

$$[\gamma_0(\phi_M|_{*}^{012})\gamma_1(\phi_M|_{*}^{023})\gamma_2(\phi_M|_{*}^{123})\gamma_3(\phi_M|_{*}^{013})\gamma_4(\phi_K|_{\varphi}^{0123})] \tag{10-3}$$

由此产生 2^5 个状态，1885 个并发的基本动作中的每一个都可以从这些状态中选出。

稳定性和可行性约束　Huber[118,119] 以离散事件动态系统（Discrete Event Dynamic System, DEDS）的形式提出了动物原生神经结构的模拟。DEDS[219,239,263,153] 假定隐含系统的状态在一组离散事件中演化，其中一些事件的子集是可控的。在机器人系统中，离散事件系统用于安全性调节、运动动力学调节、保证实时约束和避免死锁[121,122,120,118,119]。约束表示为布尔公理，描述了受控系统中必须保留或排除的事件模式。这种方法大大降低了状态-动作空间的复杂性，消除了探索过程中的灾难性错误，并支持单次试验学习算法。

实例：运动技能的逻辑组织

为了保证 Thing 在学习过程中不会摔倒，Huber 要求在任何时候至少有一个力矩残差控制器是收敛的（产生稳定的姿态）。这一要求用描述四个不同力矩残差控制器收敛状态的四位逻辑析取来表示。考虑到式（10-3）中的状态定义，该规定可以写为

$$\gamma_0\vee\gamma_1\vee\gamma_2\vee\gamma_3 \tag{10-4}$$

这样的逻辑结构有效地减少了每个状态可采取的合法动作的数量。并发力矩残差控制器 $\phi_M|_0^{023}\lhd\phi_M|_2^{012}$ 可以潜在地修改产生状态［0 0 0 0 0］的所有五个谓词，其中式（10-4）的值为 FALSE。去除所有这些控制成分后，每个状态可采用的合法动作的数量将从 1885 减少到 157——可能需要大量探索才能凭经验发现这种逻辑结构。此外，通过避免可能需要大量外部重置的情况，像式（10-4）这样的观察约束可以支持自主探索。

Huber 使用了类似的逻辑表达式来捕捉这个腿式平台特有的运动学结构，从而使探索和系统识别更加高效。对于 Thing，我们观察到，当两个不同的三脚支撑共用一对腿时，存在相互排斥的稳定姿势（见图 10-3）。这一条件可以简洁地表示为控制平衡模式上的逻辑约束：

$$\neg(\gamma_0\wedge\gamma_2)\wedge\neg(\gamma_1\wedge\gamma_3) \tag{10-5}$$

这种运动学约束将可用状态的数量从 32 个减少到 16 个，每个状态平均有大约 50 个控制备选方案（从 157 个减少到 50 个）[117]。

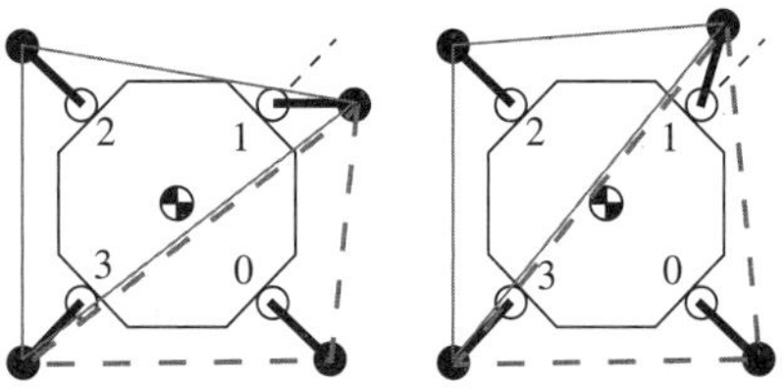

图 10-3　共用腿 1 和腿 3 的两个不同的三足姿势。由腿（$l_1l_2l_3$）和（$l_0l_1l_3$）组成的两个姿态中，每次只能有一个是稳定的

10.4　转向技能

基于机器人的旋转对称性，Thing 获得的第一项技能是累积航向变化的策略。机器人的形态和结构化控制设计非常适合学习转向步态⊖。奖励函数定义为与机器人朝向的正角度旋转量成正比：

⊖　本章使用不同于文献［117］中的术语，使用转向（Rotate）来描述最优的连续策略，而 Huber 称之为“转弯步态”。

$$R_k = \Delta\varphi = \varphi_k - \varphi_{k-1}$$

式中，索引 k 表示随着动作 a_k 收敛，机器人朝向 φ_k 的序列值。这样，在每次控制决策后，机器人都能立即获得奖励（可能是零或负）。

Q-learning 被用于受稳定性约束的旋转任务，来逼近最优值函数。对于每个状态-动作组合，在训练过程中（见 9.2.1 节）对该组合的值进行近似，并存储在一个查询表中。学习性能的可重复性非常高——在一次持续约 11 min 的单次、不间断尝试中，在多次独立实验的基础上计算出了相同的值函数。图 10-4 显示了转向技能的学习性能，图 10-5 显示了转向技能的迁移动态。32 个可观察状态中有 16 个是转向。位于中心循环中的四个状态构成了四足旋转步态——其他 12 个状态在探索过程中随机出现，并在条件允许的情况下，通过将系统恢复到中心循环，使策略在运行时对扰动呈现更强的鲁棒性。

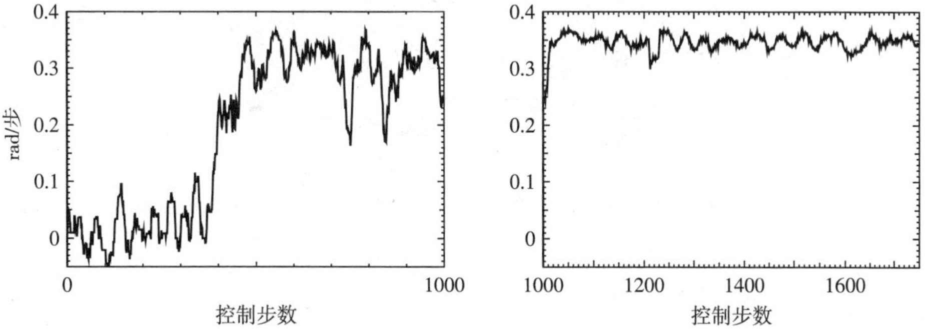

a）学习曲线　　b）贪婪性能

图 10-4　转向技能的学习性能

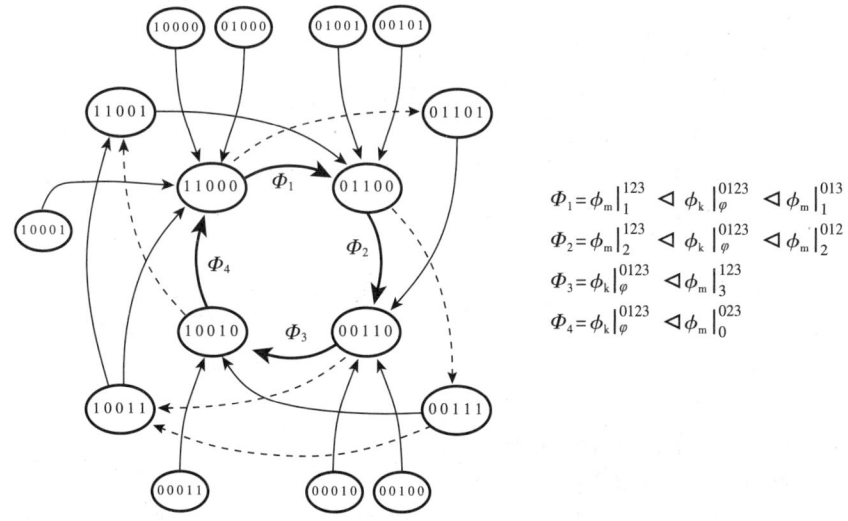

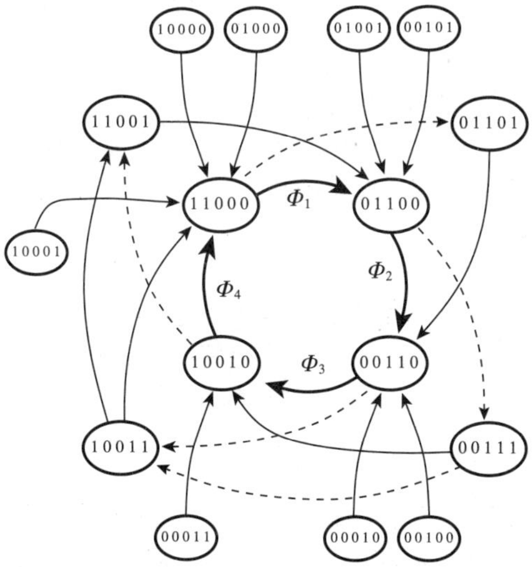

$$\Phi_1 = \phi_{\mathrm{m}}\big|_1^{123} \lhd \phi_{\mathrm{k}}\big|_{\varphi}^{0123} \lhd \phi_{\mathrm{m}}\big|_1^{013}$$
$$\Phi_2 = \phi_{\mathrm{m}}\big|_2^{123} \lhd \phi_{\mathrm{k}}\big|_{\varphi}^{0123} \lhd \phi_{\mathrm{m}}\big|_2^{012}$$
$$\Phi_3 = \phi_{\mathrm{k}}\big|_{\varphi}^{0123} \lhd \phi_{\mathrm{m}}\big|_3^{123}$$
$$\Phi_4 = \phi_{\mathrm{k}}\big|_{\varphi}^{0123} \lhd \phi_{\mathrm{m}}\big|_0^{023}$$

图 10-5　转向技能的迁移动态。在训练情况下，中心循环的迁移概率大于 95%

图 10-6 说明了逆时针转向的策略，显示了控制动作累积的腿部运动和净朝向变化。图 10-6 是图 10-5 的对偶图，节点上的动作和转移由状态表示中的事件触发。图 10-6 省略了图 10-5 中包含的用于动作 Φ_1 和 Φ_2 的从属第三级控制器。虽然它们经常出现在学习策略中，但它们很少相继发生。像转向这样的技能在某种程度上是对限制循环的纠错技能，具有可转

移性和可扩展性（例如，扩展到其他地形），因此为在世界累积认知表达中构建模块，它们是具有吸引力的候选技能。

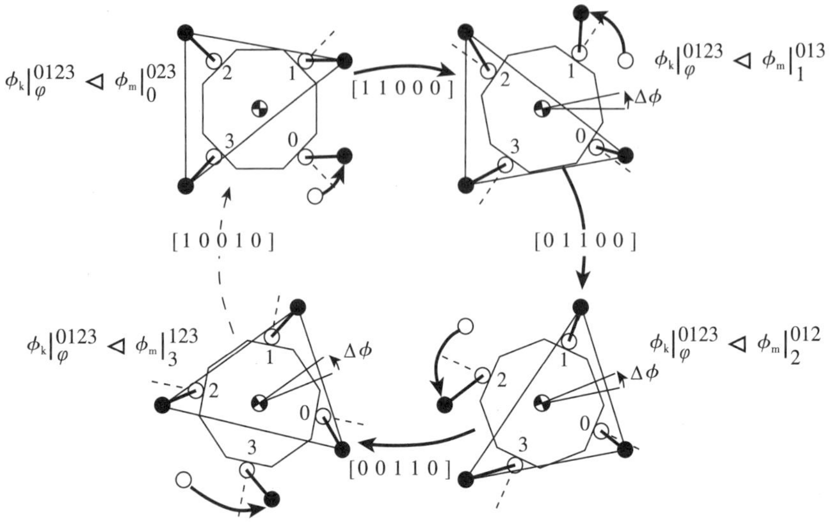

图 10-6　逆时针转向的策略，转向策略中的 0-1-2-3 支腿控制序列每周期累积约 45°

10.5　步进技能

步进（Step）技能[⊖]用于协调纵向步进步态，该步态沿平台初始朝向累积平移运动，同时在所有时刻始终保持至少有一个稳定的三脚支撑。为实现这一目标而定义的即时强化针对沿当前朝向的平移位移进行奖励：

$$R_k=\boldsymbol{h}^{\mathrm{T}}\boldsymbol{d}-|\varphi_k-\varphi_{k-1}|$$

式中，$\boldsymbol{h}^{\mathrm{T}}=[\cos(\varphi_{k-1})\sin(\varphi_{k-1})]$是当前朝向，$\boldsymbol{d}^{\mathrm{T}}=[(x_k-x_{k-1})(y_k-y_{k-1})]$是地平面中的平移位移。奖励中的第二项与转向技能的奖励函数相同，从而鼓励独立的旋转和平移技能。安全约束和运动限制仍与转向技能相同。

感觉运动招募（Sensorimotor Recruitment）　通过加入额外的运动调节控制器和纵向平移，资源模型扩展了转向中使用的模型，作为一个用于优化稳定姿态下运动范围的执行器[117]。MDP 中状态数$|S|$的上限为 2^8（高于转向的 2^5），并且在这种情况下，逻辑稳定性［见式（10-4）］和运动可行性［见式（10-5）］约束将这种设计的合法状态数限制为 72 个，并且在双路并发的情况下，每个状态平均有 257 个动作。与简单的转向技能相比，该设计的状态数约为其四倍，每个状态的平均动作数约为其五倍。

在重复实验中，获得的步进技能有两种变体——一种是近似恒定前向运动的周期性策略，另一种是前向速度随时间变化的更复杂的非周期性策略。周期性策略被认为优于非周期性策略，因为周期性策略以明显简单的方式产生了更均匀的平移进程。图 10-7 显示了步进技能的学习性能。在单次测试中，经过大约 3 h 的探索（大约 10 000 个控制步），平台实现了大约 0.0013 $\overline{\mathrm{m}}$/动作，其中 $\overline{\mathrm{m}}$是在 $\mathbb{R}^2$ 中机器人位移沿着当前朝向的投影。

⊖　这里，步进技能表示最优的顺序策略，Huber 称之为直线步态[117]。

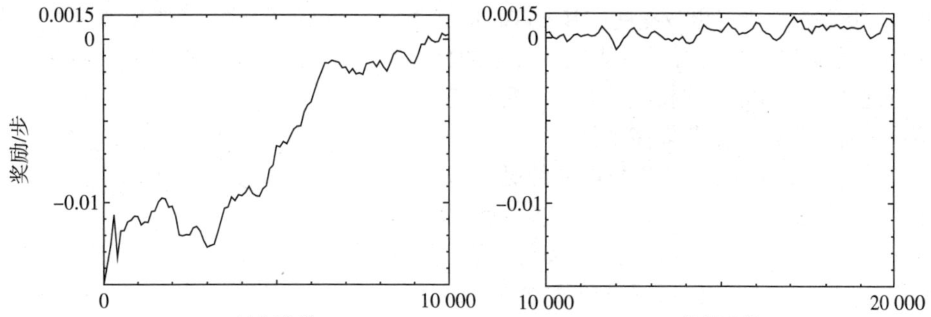

a）学习曲线　b）贪婪性能

图 10-7　步进技能的学习性能

10.6　层次化行走和导航技能

转向和步进代表了在保持稳定姿态的同时使机器人产生位移的协调运动模式。与参数化的初级动作一样，这些序列技能与具身系统的资源和形态直接相关。它们也是一种功能抽象，可将后续学习和问题解决与低层次移动性和稳定性的有关细节隔离开来。

行走技能[⊖]是控制基础基元与转向和步进技能的层次化组合。机器人附近的目标被定义为从机器人当前位置起的随机偏移。为了表示状态，将转向和步进的运行时状态添加到状态向量中，得到 2^{12} 个状态，每个状态平均有 231 个动作。行走的奖励函数偏向于减少目标间笛卡儿距离的动作序列。

$$r_k = d_{k-1} - d_k$$

式中，d_k 是在动作 k 收敛之后机器人和目标位置之间的 x-y 距离。

转向和步进技能对学习性能的相对影响是通过制定三个版本的学习问题来评估的：①单独的基元（基线）；②基元和转向技能；③同时具有转向和步进技能的基元。图 10-8 比较了三种行走技能的性能。

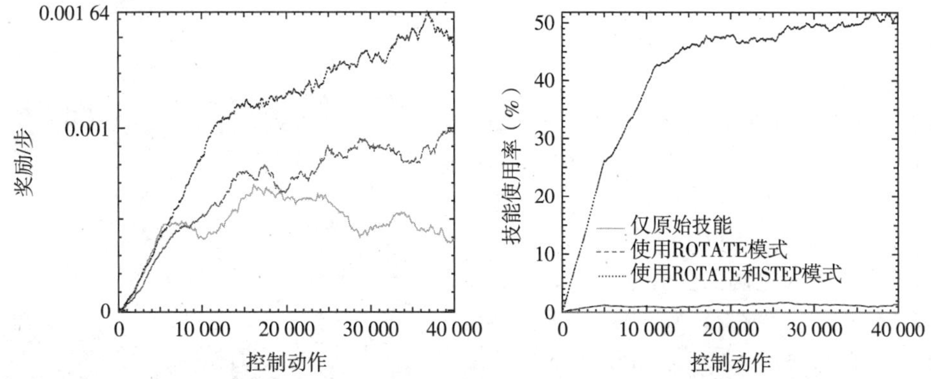

a）行走技能的学习性能在三种情况下的表现　b）在三种问题设计中，由转向和步进衍生出的动作相对于基元的百分比

图 10-8　三种行走技能的性能比较（见彩插）

⊖ 行走技能相当于 Huber 在文献［117］中提出的目标定向行走步态。

图 10-8b 显示，当行走技能使用基元和转向（情况 2，绿色）时，最终技能只有大约 2%的时间使用转向技能。然而，即使这种有限的使用，也能够管理平台出现的航向错误，与在仅使用基元动作的情况 1（红色）比显著提高了性能。当行走技能同时使用基元和转向技能与步进技能（情况 3，蓝色）时，超过 50%的时间选择了时间扩展技能作为最优操作，这表明转向和步进技能中的隐性知识得到了大量的重复使用，而基元的作用主要是将技能黏合在一起。

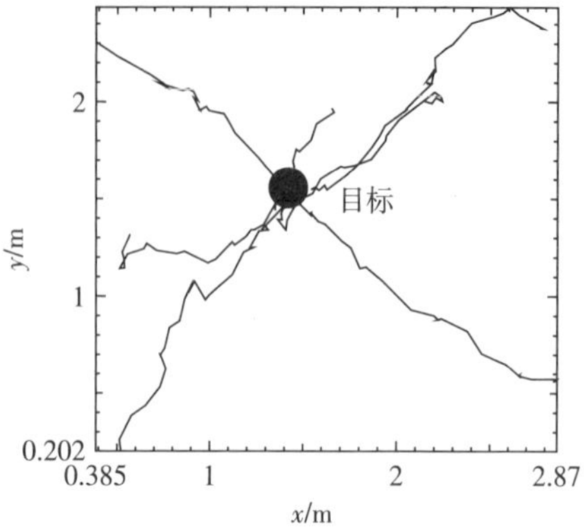

图 10-9　从各种初始位置到 $x=1.4$ m，$y=1.6$ m 处的轨迹。平台的最终朝向并未指定

图 10-9 展示了行走技能生成的几条轨迹，它们从周围初始位置开始并且初始方向是随机的。经过大约 10 000 个动作（大约 200 min 的训练）之后，两种较大问题设计的性能都超过了只使用初级动作的那种更简单的基础系统。此外，尽管情况 2 和情况 3（见图 10-8 中绿线和蓝线）的设计在大约 110 000 个动作（超过 36 h 的训练）后产生了大致相同的渐近性能，但较大问题的设计（情况 3）在训练初期具有显著的优势。然而，即使经过如此长时间的训练，情况 1（见图 10-8 中红线）的设计（只访问基元）也很难在行走技能上取得良好的表现。

Huber 在层次化行走技能实验的最后，手工构建了一个导航技能，该技能可以在起始状态和目标状态之间行走，两状态在障碍物位置事先未知的情况下保持有一定的距离。它结合了转向、步进和行走的版本来实现旋转和平移步态，同时还允许小范围的偏航角。它还包括 10. 2 节中介绍的路径控制基元，用于计算到达目标位置的无碰撞轨迹。导航在运行时检测环境边界，并将它们整合到空间上索引的占有栅格中。在此实现中，数值松弛技术计算出了新的边界，并以大约 5 Hz 的频率计算新的调和势。

图 10-10 展示了 Thing 的集成层次化运动控制器生成的行为[118]。导航技能采用一种简单的三状态监督策略，从右侧背景中的×移动到左侧背景中的×，并避开障碍物。随着时间的推移，环境的粗略几何图形出现在左侧的占有栅格中。只要在占有栅格的分辨率下存在路径，集成运动控制器就能解决许多此类迷宫问题[295]。在这种控制器层次结构中编码的控制知识，能够创建在平面控制学习方案中不存在的运动规划。每种技能中的偶发事件都可以在使用它们的所有任务中得到增强，并在需要时被激活，而无须在学习导航技能时就直接考虑这些偶发事件。

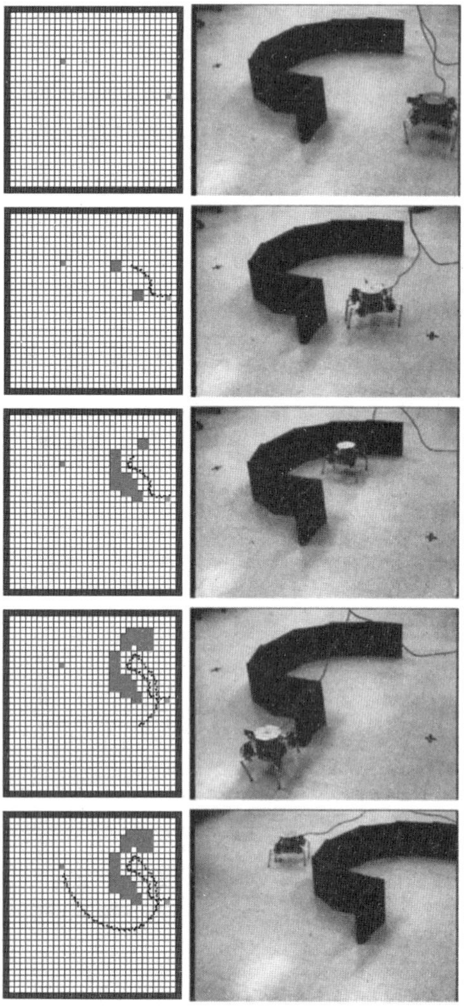

图 10-10　Thing 的集成层次化运动控制器生成的行为（见彩插）

10.7　发育性能：层次化大运动技能

本案例研究考察了早期发育的计算过程，其中包括一个原生控制堆栈（类似于脊髓反射），其由感觉和运动形态中编码的隐性知识引导，并在发育规则的约束下调动成熟智能体中的资源。实验数据支持的假设是：新生儿在其他自主学习架构中，利用这种结构获得层次化技能（即描述环境情况如何与具身智能体的运动机能相一致的隐性知识结构）。

为四足机器人（Thing）提供与环境闭环交互的组合基础（称为控制基础），并让它参与建立一个随时间扩展的控制技能库。数据显示，用于利用资源的成熟时间表和用于控制和抽象的递归基础（原生结构）是在高维系统中控制技能学习递增复杂度的有效手段。

层次化智能体的基础由一组原生的闭环动作 A 组成，这些动作是通过使用控制基础框架组合感觉、运动和计算资源枚举出来的。这组全面的潜在动作受到形态约束，从而产生一组探索动作 A_0。发育课程聚焦于在 $\Psi_{i+1} \subset A_i$ 上探索，以发现控制机器人与世界交互新方面的连续技能。获得这些可重复使用的技能后，将它们添加到 A_i 中，并用于创建新的发育前沿 Ψ，以建立新的技能，随着时间的推移扩展 A_{i+1} 的动作集。

图 10-11 是集成导航行为发育阶段的总结。每个阶段的结果都是一个新技能（下划线标出）。在第一阶段，新的转向技能是通过一组受限的初级动作和相关状态来学习的。凭借高度结构化的发育环境 Ψ_1，经过大约 11 min 的训练，该技能被可靠地掌握。设计中采用的大部分结构都被用来保证机器人能够自主探索而不会犯功能性错误——特别是，Thing 学会了行走而不会摔倒。在第二阶段，学习新的步进技能时使用了限制稍少的发育情境。步进组成基元沿着当前朝向前进。第三阶段被用来构建行走的技能，该技能协调转向和步进技能以及基础控制器，以创建四足步态，从而移动到附近的任意位置。一系列行走技能的性能表明，当先验控制知识存在时，学习算法能够成功地重用这些知识。最后，导航技能将路径控制器 ϕ_p 与行走技能整合在一起，执行一系列通过点，绕过障碍物并到达目标位置。

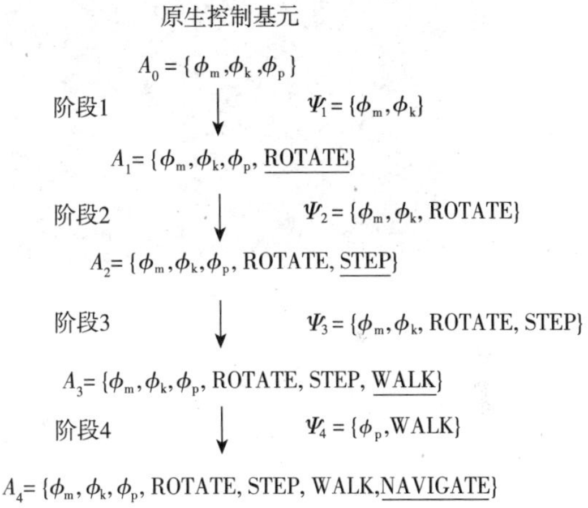

图 10-11　集成导航行为发育阶段的总结。在阶段 1，获取的转向策略在 11 min 内实现了 0.35 rad/action。在阶段 2 中，步进在 180 min 内实现了 1.3 mm/action，在阶段 3 中，行走在 480 min 内实现了 1.53 mm/action

事实证明涉及平坦地形的技能以及确保稳定性的约束都相当鲁棒。环境中的微小变化偶尔会在已掌握的技能中产生意想不到的变化，有时会访问由随机探索已生成的状态。如果是这种情况，那么学习到的策略可能会自行恢复。当环境变化较大时，这些偏差可能需要额外的学习。在随后的工作中，MacDonald[122,182] 测试了这样一个命题，即以这种形式表示的技能可以单调扩展，以应对这些偶发情况，而不会像许多基于行为的架构那样破坏已有技能。他发现本章所介绍技能的增量扩展，可以成功地迁移到分段水平的地形上。图 10-12 显示了 Thing 使用这种扩展的行走策略在这种地形上执行的一次遍历。

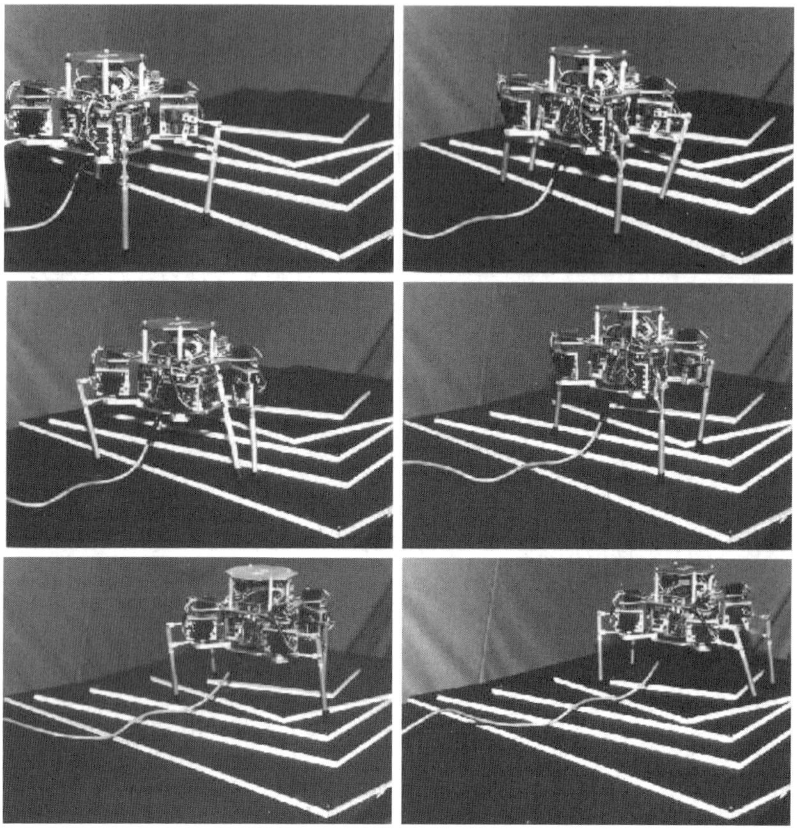

图 10-12 在不规则地形上行走的示范。台阶（白色）高 1 cm

附录 A 线性分析工具

A.1 线性代数

实数集 $\mathbb{R}$ 的元素张成（Span）欧几里得空间的一维线性子集。假设有两个这种集合 S_1 和 S_2 用于描述独立的一维空间，两个集合一起张成 $\mathbb{R}^2$（或为 $\mathbb{R}^2$ 形成基），这样 $\mathbb{R}^2$ 的每个元素都可以用集合 $S_1 \times S_2$ 中的一对唯一值来表示。如果用 $\hat{\boldsymbol{v}}_1$ 和 $\hat{\boldsymbol{v}}_2$ 表示 $\mathbb{R}^2$ 中由 S_1 和 S_2 派生的方向向量，则 $\mathbb{R}^2$ 的元素可以表示为 $\boldsymbol{a}=a_1\hat{\boldsymbol{v}}_1+a_2\hat{\boldsymbol{v}}_2$，其中，方向向量 $\hat{\boldsymbol{v}}_1$ 和 $\hat{\boldsymbol{v}}_2$ 在 $\mathbb{R}^2$ 中具有单位长度（或大小）（由变量上的“帽子”符号指示），并且向量 $\boldsymbol{a}$ 可以具有任意大小。向量的大小是向量的欧几里得长度，并以直接的方式推广到 $\mathbb{R}^n$。

定义 A.1：矢量幅值 向量 $\boldsymbol{a}=[a_1\ a_2 \cdots a_n] \in \mathbb{R}^n$ 的幅值为 $\|\boldsymbol{a}\|_2=(a_1^2+a_2^2+\cdots+a_n^2)^{\frac{1}{2}}$。具有单位幅值的向量称为单位向量。

定义 A.2：单位向量 单位向量 $\hat{\boldsymbol{a}}=[a_1/\|\boldsymbol{a}\|\ a_2/\|\boldsymbol{a}\| \cdots a_n/\|\boldsymbol{a}\|]$ 平行于向量 $\boldsymbol{a}$，且具有单位长度，即 $\|\hat{\boldsymbol{a}}\|=1$。

如果不可能从 $\hat{\boldsymbol{v}}_{j\neq i}$ 的加权组合生成 $\hat{\boldsymbol{v}}_i$，则基向量是线性无关的。定义 A.3 以另一种方式说明了这一要求。

定义 A.3：线性无关性 当且仅当 $a_1=a_2=\cdots=a_n=0$ 时，才有 $a_1\hat{\boldsymbol{v}}_1+a_2\hat{\boldsymbol{v}}_2+\cdots+a_n\hat{\boldsymbol{v}}_n=\boldsymbol{0}$。

向量空间可以有许多线性无关的基。然而，正如定义所表明的那样，每个向量空间所含有的无关基向量的数量等于向量空间的维数——要在欧几里得几何中测量距离，需要正交基。

按照惯例，我们将所有向量 $\boldsymbol{v}$ 表示为列向量，将它们的转置向量 $\boldsymbol{v}^{\mathrm{T}}$ 表示为行向量。然后，定义一个称为标量积的数学投影算子：

定义 A.4：标量积（点乘） 对于向量 $\boldsymbol{a},\boldsymbol{b} \in \mathbb{R}^n$，标量积写为

$$\boldsymbol{a} \cdot \boldsymbol{b}=\boldsymbol{a}^{\mathrm{T}}\boldsymbol{b}=a_1b_1+a_2b_2+\cdots+a_nb_n$$

定义 A.4 定义的标量投影在 $\mathbb{R}^n$ 中也有几何解释。

$$\boldsymbol{a} \cdot \boldsymbol{b}=\|\boldsymbol{a}\|\ \|\boldsymbol{b}\|\cos(\theta)$$

如果 $\boldsymbol{a}$ 和 $\boldsymbol{b}$ 均为单位长度，则内积的值为 $\hat{\boldsymbol{a}}$ 和 $\hat{\boldsymbol{b}}$ 之间夹角的余弦。

如果 $\boldsymbol{v}_i$ 具有单位长度且相互正交，则 $\boldsymbol{V}=[\hat{\boldsymbol{v}}_1\ \hat{\boldsymbol{v}}_2 \cdots\cdots \hat{\boldsymbol{v}}_n]$ 的列向量构成 $\mathbb{R}^n$ 的正交基集。

定义 A.5：正交性 对于向量 $\hat{\boldsymbol{v}}_i$，$\hat{\boldsymbol{v}}_j \in \mathbb{R}^n$，当且仅当 $\hat{\boldsymbol{v}}_i^{\mathrm{T}}\hat{\boldsymbol{v}}_j=0$ 时，$\hat{\boldsymbol{v}}_i$ 和 $\hat{\boldsymbol{v}}_j$ 是正交的。

定义 A.5 等价于要求 $\hat{\boldsymbol{v}}_i$ 不能投影到由 $\hat{\boldsymbol{v}}_j$ 张成的线性子空间上，其中 $\forall j\neq i$。

标量积有很多用途。在第 2、3 和 5 章中经常出现的一个量是矢量的平方大小，例如粒子的动能 $T=\dfrac{1}{2}m(\boldsymbol{v}^{\mathrm{T}}\boldsymbol{v})$，就是由粒子质量加权的粒子速度矢量的标量积。因此，动能是标量，

本身没有方向，而动量 $m\boldsymbol{v}$ 是矢量。功 $W=\int \boldsymbol{f}^{\mathrm{T}}\mathrm{d}\boldsymbol{s}$ 是一个重要的标量，由力和位移矢量的标量积的积分计算得到。

对杠杆一端施加力将产生转矩，转矩是我们在第 6 章中看到的另一种形式的矢量变换。在图 A-1 中，位于 x-y 平面中位置 $\boldsymbol{r}$ 的点 R 受到力 $\boldsymbol{f}$，该力围绕垂直于平面且穿过旋转中心 O 的轴产生转矩 $\boldsymbol{\tau}$，可以看出，$\boldsymbol{f}$ 的径向分量没有在旋转中心 O 周围产生转矩，因此只有垂直分量 $\boldsymbol{f}_{\perp}$ 才能产生转矩。我们可以看到，$\boldsymbol{f}$ 的在 $\hat{\boldsymbol{y}}$ 方向上的分量在与 $\boldsymbol{\tau}$ 相同的方向上产生了一个大小为 $f_y r_x$ 的转矩，$\boldsymbol{f}$ 的在 $\hat{\boldsymbol{x}}$ 方向上的分量产生了相反方向的转矩 $f_x r_y$。因此，净转矩可表示为 $\tau_z=f_y r_x - f_x r_y$。

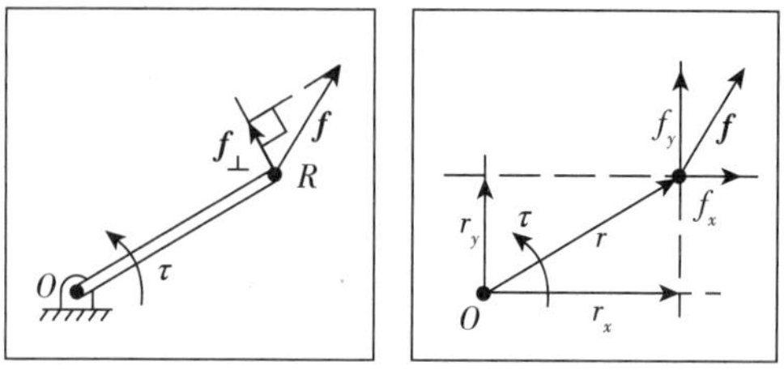

图 A-1 向量积的几何解释

转矩的下标为 z，因为它是从 x-y 平面中的向量导出的，并使粒子 R 绕过 O 的 $\hat{z}$ 轴旋转。和平面情况一样，这种几何直觉（Geometric Intuition）在三维空间中也成立，结果为

$$\tau_x=r_y f_z-r_z f_y$$
$$\tau_y=r_z f_x-r_x f_z$$
$$\tau_z=r_x f_y-r_y f_x$$

上述方程组可以用定义向量积（叉乘）的算子构成的矩阵乘积写出。注意，与标量积（点乘）不同，向量叉乘的结果是另一个向量：

$$\boldsymbol{\tau}=\begin{bmatrix}\tau_x\\ \tau_y\\ \tau_z\end{bmatrix}=\begin{bmatrix}0 & -r_z & r_y\\ r_z & 0 & -r_x\\ -r_y & r_x & 0\end{bmatrix}\begin{bmatrix}f_x\\ f_y\\ f_z\end{bmatrix}=\boldsymbol{r}\times\boldsymbol{f}$$

定义 A.6：向量积 $\mathbb{R}^3$ 中的向量积（叉乘）为

$$\boldsymbol{a}\times\boldsymbol{b}=\begin{bmatrix}0 & -a_3 & a_2\\ a_3 & 0 & -a_1\\ -a_2 & a_1 & 0\end{bmatrix}\begin{bmatrix}b_1\\ b_2\\ b_3\end{bmatrix}=\det\begin{bmatrix}\hat{\boldsymbol{i}} & \hat{\boldsymbol{j}} & \hat{\boldsymbol{k}}\\ a_1 & a_2 & a_3\\ b_1 & b_2 & b_3\end{bmatrix}$$

式中，$\hat{\boldsymbol{i}}$、$\hat{\boldsymbol{j}}$ 和 $\hat{\boldsymbol{k}}$ 分别是向量 $\boldsymbol{a}$ 和 $\boldsymbol{b}$ 的第一、第二和第三分量的单位基向量。两个非平行向量的叉乘产生了与两个原始向量相互正交的第三个向量——$\boldsymbol{a}\times\boldsymbol{b}=0$，这是确定 $\boldsymbol{a}$ 和 $\boldsymbol{b}$ 平行的充分条件。

另外，向量 $\boldsymbol{a}$ 和 $\boldsymbol{b}$ 的叉乘可以写成 $\boldsymbol{a}\times\boldsymbol{b}=(\|\boldsymbol{a}\|\,\|\boldsymbol{b}\|\sin\theta)\,\hat{\boldsymbol{n}}$，其中 θ 是在由向量 $\boldsymbol{a}$ 和 $\boldsymbol{b}$ 形成的平面中，两者之间测得的角度，$\hat{\boldsymbol{n}}$ 是垂直于该平面的单位法线。对于这个法线，有两个选择，分别是 $\hat{\boldsymbol{n}}$ 和 $-\hat{\boldsymbol{n}}$，其符号是通过使用坐标系的右手定则来确定的。右手坐标系服从涉及向量积的交换关系：

$$\hat{\boldsymbol{x}}\times\hat{\boldsymbol{y}}=\hat{\boldsymbol{z}}$$
$$\hat{\boldsymbol{y}}\times\hat{\boldsymbol{z}}=\hat{\boldsymbol{x}}$$
$$\hat{\boldsymbol{z}}\times\hat{\boldsymbol{x}}=\hat{\boldsymbol{y}}$$

向量积和标量积的乘法规则不是标量乘法规则的简单推广。向量运算符的一些重要定律

包括

$$\boldsymbol{a}\times(\boldsymbol{b}+\boldsymbol{c})=\boldsymbol{a}\times\boldsymbol{b}+\boldsymbol{a}\times\boldsymbol{c}$$
$$(\alpha\boldsymbol{a})\times\boldsymbol{b}=\alpha(\boldsymbol{a}\times\boldsymbol{b})$$
$$\boldsymbol{a}\cdot(\boldsymbol{b}\times\boldsymbol{c})=(\boldsymbol{a}\times\boldsymbol{b})\cdot\boldsymbol{c}$$
$$\boldsymbol{a}\times(\boldsymbol{b}\times\boldsymbol{c})=\boldsymbol{b}(\boldsymbol{a}\cdot\boldsymbol{c})-\boldsymbol{c}(\boldsymbol{a}\cdot\boldsymbol{b})$$
$$\boldsymbol{a}\times\boldsymbol{a}=0$$
$$\boldsymbol{a}\cdot(\boldsymbol{a}\times\boldsymbol{b})=0$$

外积将 $\mathbb{R}^n$ 中的两个向量映射为一个 $\mathbb{R}^{n\times n}$ 矩阵，有时称为两个向量的协方差。

定义 A.7：外积 对于给定的 $\boldsymbol{a}$，$\boldsymbol{b}\in\mathbb{R}^n$，有

$$\boldsymbol{a}\boldsymbol{b}^{\mathrm{T}}=\begin{bmatrix}a_1\\a_2\\\vdots\\a_n\end{bmatrix}\begin{bmatrix}b_2 & b_2 & \cdots & b_n\end{bmatrix}=\begin{bmatrix}a_1b_1 & a_1b_2 & \cdots & a_1b_n\\a_2b_1 & a_2b_2 & \cdots & a_2b_n\\\vdots & \vdots & \cdots & \vdots\\a_nb_1 & a_nb_2 & \cdots & a_nb_n\end{bmatrix} \tag{A-1}$$

A.2 矩阵的逆

方阵 $\boldsymbol{A}\in\mathbb{R}^{n\times n}$ 的行列式是矩阵条件的一个重要的标量度量。在第 3 章中，我们使用行列式来分析空间变换的运动学灵敏度。

定义 A.8：行列式

$$\det(\boldsymbol{A})=\sum_{j=1}^{n}a_{ij}\Delta_{ij}$$

式中，Δ_{ij} 是矩阵 $\boldsymbol{A}$ 的余子式。为了计算Δ_{ij}，我们通过从矩阵 $\boldsymbol{A}$ 中移除第 i 行和第 j 列来构造矩阵 $\boldsymbol{A}_{ij}$，得出

$$\Delta_{ij}=(-1)^{i+j}\det(\boldsymbol{A}_{ij})$$

定义 A.9：逆 方阵 $\boldsymbol{A}\in\mathbb{R}^{n\times n}$ 的逆可写成 $\boldsymbol{A}^{-1}$，这是由关系 $\boldsymbol{A}\boldsymbol{A}^{-1}=\boldsymbol{I}$ 定义的，其中 $\boldsymbol{I}$ 是 $n\times n$ 单位矩阵。

为了计算矩阵逆，定义 $\boldsymbol{A}$ 的余子式的 $n\times n$ 矩阵为

$$\operatorname{cof}(\boldsymbol{A})=\begin{bmatrix}\Delta_{11} & \Delta_{12} & \cdots & \Delta_{1n}\\\Delta_{21} & \Delta_{22} & \cdots & \Delta_{2n}\\\vdots & \vdots & \cdots & \vdots\\\Delta_{n1} & \Delta_{n2} & \cdots & \Delta_{nn}\end{bmatrix}$$

定义 $\boldsymbol{A}$ 的伴随矩阵为余子式矩阵的转置：

$$\operatorname{adj}(\boldsymbol{A})=(\operatorname{cof}(\boldsymbol{A}))^{\mathrm{T}}$$

现在，如果 $\det\boldsymbol{A}\neq0$，我们可以定义方阵唯一的逆：

$$\boldsymbol{A}^{-1}=\frac{1}{\det(\boldsymbol{A})}\operatorname{adj}(\boldsymbol{A})$$

A.3 有定性

矩阵的正/负定性是函数、机械和动力系统稳定性（包括采用反馈控制器的那些系统）

的重要性质的基础。

定义 A. 10：有定性性质 通过检验以下断言的有效性，建立了矩阵 $\boldsymbol{A}\in\mathbb{R}^{n\times n}$ 的有定性性质：

$$
\begin{array}{lll}
\text{正定} & \text{当且仅当}\boldsymbol{x}^{\mathrm{T}}\boldsymbol{A}\boldsymbol{x}>0 & \forall\boldsymbol{x}\neq 0\\
\text{半正定} & \text{当且仅当}\boldsymbol{x}^{\mathrm{T}}\boldsymbol{A}\boldsymbol{x}\geqslant 0 & \forall\boldsymbol{x}\neq 0\\
\text{负定} & \text{当且仅当}\boldsymbol{x}^{\mathrm{T}}\boldsymbol{A}\boldsymbol{x}<0 & \forall\boldsymbol{x}\neq 0\\
\text{半负定} & \text{当且仅当}\boldsymbol{x}^{\mathrm{T}}\boldsymbol{A}\boldsymbol{x}\leqslant 0 & \forall\boldsymbol{x}\neq 0
\end{array}
$$

下面的三个定理可以用来建立一个正方形矩阵 $\boldsymbol{A}$ 的有定性。在不失一般性的情况下，我们将只以适合于建立正定性的形式陈述这些定理。

定理 A. 3. 1 对称矩阵 $\boldsymbol{A}\in\mathbb{R}^{n\times n}$ 是正定的，当且仅当 $\boldsymbol{A}$ 的所有特征值都是正的。

西尔维斯特定理也可以用来判断正定性。我们将 $\boldsymbol{A}$ 的第 i 个主子式 $\boldsymbol{A}_i$ 定义为 $\boldsymbol{A}$ 的前 i 行和前 i 列形成的矩阵。

定理 A. 3. 2：西尔维斯特定理 对于对称矩阵 $\boldsymbol{A}\in\mathbb{R}^{n\times n}$，当且仅当 $\det\boldsymbol{A}_i>0$，$i=1,\cdots,n$，矩阵 $\boldsymbol{A}$ 是正定的。

非对称的方阵也可以是正定的。

定理 A. 3. 3 对于非对称方阵 $\boldsymbol{A}\in\mathbb{R}^{n\times n}$，当且仅当 $(\boldsymbol{A}+\boldsymbol{A}^{\mathrm{T}})/2$ 是正定的，矩阵 $\boldsymbol{A}$ 是正定的。

A. 4 海森矩阵

我们在之前的讨论中分析了补偿动力系统的行为。这类系统的一个有用的类比是将惯性系统在形式上看作势能面上滚动的粒子。实际系统的重要特征可以建立为这个表面的性质，包括它们的渐近稳定性。

可以通过考察函数的海森矩阵描述函数形状的某些方面。下面考虑定义在某个紧致域 $\boldsymbol{Q}\in\mathbb{R}^n$ 上的一个一般多变量非线性函数 $f(q_0,q_1,\cdots,q_n)$。

定义 A. 11 函数 $f(\cdot)$ 的海森矩阵 $\partial^2 f/\partial\boldsymbol{q}^2$ 由二阶偏导数矩阵定义：

$$
\frac{\partial^2 f}{\partial\boldsymbol{q}^2}=\begin{bmatrix}
\dfrac{\partial^2 f}{\partial q_1^2} & \dfrac{\partial^2 f}{\partial q_1\partial q_2} & \cdots & \dfrac{\partial^2 f}{\partial q_1\partial q_n}\\
\vdots & \vdots & \ddots & \vdots\\
\dfrac{\partial^2 f}{\partial q_n\partial q_1} & \dfrac{\partial^2 f}{\partial q_n\partial q_2} & \cdots & \dfrac{\partial^2 f}{\partial q_n^2}
\end{bmatrix}
$$

定义 A. 12：凸函数 如果海森矩阵在域 $\boldsymbol{Q}$ 上是半正定的，则函数 $f(\cdot)$ 在 $\boldsymbol{Q}$ 上是凸函数。

定义 A. 13：调和函数 如果海森矩阵（拉普拉斯矩阵）的迹等于零，即

$$
\nabla^2 f=\frac{\partial^2 f}{\partial q_0^2}+\frac{\partial^2 f}{\partial q_1^2}+\cdots+\frac{\partial^2 f}{\partial q_n^2}=0
$$

则函数 $f(\cdot)$ 是调和函数。

定义 A. 14：次调和函数 如果海森矩阵的迹是半负定的，即

$$
\nabla^2 f=\frac{\partial^2 f}{\partial q_0^2}+\frac{\partial^2 f}{\partial q_1^2}+\cdots+\frac{\partial^2 f}{\partial q_n^2}\leqslant 0
$$

则函数 $f(\cdot)$ 是次调和函数。

这些性质都意味着函数 $f(\cdot)$ 的贪婪下降（上升），最终都能在域中达到极值。在第 2 章和第 9 章中，我们看到，如这里所讨论的，函数形状的约束可以用来观察动力系统的状态随

着 $t\to\infty$如何变化。

A.5 矩阵范数

通常需要测量矩阵的向量之间的距离或表征它们的大小。距离度量有许多选择，它们在有效度量空间上均具备一些基本的性质。

定义 A.15：距离度量 有效距离度量可以是任何实值函数，满足

1) $\|\boldsymbol{A}\|\geqslant 0$
2) $\|\boldsymbol{A}\|=0$ 当且仅当 $\boldsymbol{A}=0$
3) $\|\alpha\boldsymbol{A}\|=|\alpha|\ \|\boldsymbol{A}\|$ $\qquad \|\boldsymbol{A}\|_{\infty}=\max_i\sum_{j=1}^{n}|a_{ij}|$
4) $\|\boldsymbol{A}+\boldsymbol{B}\|\leqslant\|\boldsymbol{A}\|+\|\boldsymbol{B}\|$
5) $\|\boldsymbol{AB}\|\leqslant\|\boldsymbol{A}\|\ \|\boldsymbol{B}\|$

例如，l_2 范数 $\|\boldsymbol{v}\|_2=\sqrt{x^2+y^2}$ 定义出的向量 $\boldsymbol{v}=[xy]\in\boldsymbol{R}^2$ 的大小，满足这些条件，矩阵的 l_∞ 范数 $\|\boldsymbol{A}\|$ 也满足这些条件。这两种选择都可以用于度量向量和线性变换中的距离。

A.6 二次型

通过考查输入集如何映射到输出集，可以描述线性变换 $\boldsymbol{y}=\boldsymbol{Ax}$。映射过程揭示了矩阵 $\boldsymbol{A}$ 如何将一个向量空间转换为另一个向量空间，并可用于确定 $\boldsymbol{x}$ 中的约束如何映射成 $\boldsymbol{y}$ 中的约束。例如，在第 3 章中，根据机器人姿态建立的线性运动学映射将力和精度从配置空间投影到笛卡儿空间，因此，机器人的线性运动学直接与机器人处理现实世界中任务的能力相关[208,298]。

为了将映射可视化，考虑输入向量 $\boldsymbol{x}\in\mathbb{R}^m$ 的集合 $\mathcal{U}$，其定义半径为 k 的（超）球体，满足 $\|\boldsymbol{x}\|^2=x_1^2+x_2^2+\cdots+x_m^2\leqslant k^2$。通过 $n\times m$ 变换 $\boldsymbol{A}$ 时，集合 $\mathcal{U}$ 在映射过程中变形，在输出空间中产生 n 维超椭球。

$$\boldsymbol{x}^{\mathrm{T}}\boldsymbol{x}=(\boldsymbol{A}^{-1}\boldsymbol{y})^{\mathrm{T}}(\boldsymbol{A}^{-1}\boldsymbol{y})=\boldsymbol{y}^{\mathrm{T}}[(\boldsymbol{A}^{-1})^{\mathrm{T}}\boldsymbol{A}^{-1}]\boldsymbol{y}=\boldsymbol{y}^{\mathrm{T}}(\boldsymbol{A}\boldsymbol{A}^{\mathrm{T}})^{-1}\boldsymbol{y}\leqslant k^2 \tag{A-2}$$

二次型 $\boldsymbol{y}^{\mathrm{T}}\boldsymbol{M}^{-1}\boldsymbol{y}$ 定义了一个超椭球集 $\varepsilon=\{\boldsymbol{y}\in\mathbb{R}^n \mid \boldsymbol{y}^{\mathrm{T}}\boldsymbol{M}^{-1}\boldsymbol{y}\leqslant k^2\}$，该超椭球集以正定对称矩阵 $\boldsymbol{M}^{-1}\in\mathbb{R}^{n\times n}$ 的原点为中心，这个椭球的形状揭示了线性变换的各向异性特征。

实例：绘制二次曲面

已知 $\boldsymbol{x}^{\mathrm{T}}\boldsymbol{x}=\boldsymbol{y}^{\mathrm{T}}\boldsymbol{M}^{-1}\boldsymbol{y}\leqslant k^2$，其中 $\boldsymbol{M}^{-1}=\begin{bmatrix}3/2 & -1/2\\ -1/2 & 3/2\end{bmatrix}$，由该二次型可得出输出椭圆的方程：

$$[y_1y_2]\begin{bmatrix}3/2 & -1/2\\ -1/2 & 3/2\end{bmatrix}\begin{bmatrix}y_1\\ y_2\end{bmatrix}=\frac{3}{2}y_1^2-y_1y_2+\frac{3}{2}y_2^2$$

输出集的主轴是通过求解 $\boldsymbol{M}^{-1}$ 的特征值$\{\lambda_1,\lambda_2\}$和特征向量$\{\hat{\boldsymbol{e}}_1,\hat{\boldsymbol{e}}_2\}$来计算的，其中单位长度的特征向量 $\hat{\boldsymbol{e}}_i$确定椭圆的方向，特征值 $\boldsymbol{\lambda}_i$ 确定相应轴的长度。$\boldsymbol{M}^{-1}$ 的特征值是通过求解特征多项式的根 $\boldsymbol{\lambda}$ 而得到的。

$$\det\begin{bmatrix}(3/2-\lambda) & -1/2\\ -1/2 & (3/2-\lambda)\end{bmatrix}=0 \tag{A-3}$$

$$(3/2-\lambda)(3/2-\lambda)-1/4=0$$

$$\lambda^2-3\lambda+2=0$$

$$\lambda_{1,2}=1,2$$

将所得特征值代入式（A-3），可求解输出空间中的相应方向以确定特征向量。

$$\text{对于 }\lambda_1=1,\begin{bmatrix}1/2 & -1/2\\ -1/2 & 1/2\end{bmatrix}\begin{bmatrix}y_1\\ y_2\end{bmatrix}=\begin{bmatrix}0\\ 0\end{bmatrix}\text{，因此 }\hat{\boldsymbol{e}}_1=\begin{bmatrix}\sqrt{2}/2\\ \sqrt{2}/2\end{bmatrix}$$

$$\text{对于 }\lambda_2=2,\begin{bmatrix}-1/2 & -1/2\\ -1/2 & -1/2\end{bmatrix}\begin{bmatrix}y_1\\ y_2\end{bmatrix}=\begin{bmatrix}0\\ 0\end{bmatrix}\text{，因此 }\hat{\boldsymbol{e}}_2=\begin{bmatrix}\sqrt{2}/2\\ -\sqrt{2}/2\end{bmatrix}$$

对角化矩阵 $\boldsymbol{M}^{-1}$ 表示以特征向量为基的二次型，其中输出集的元素写成 $\boldsymbol{y}=e_1\hat{\boldsymbol{e}}_1+e_2\hat{\boldsymbol{e}}_2$ 和 $\boldsymbol{e}=[e_1 \quad e_2]^{\mathrm{T}}$。

$$\boldsymbol{x}^{\mathrm{T}}\boldsymbol{x}=\boldsymbol{y}^{\mathrm{T}}\begin{bmatrix}3/2 & -1/2\\ -1/2 & 3/2\end{bmatrix}\boldsymbol{y}=\boldsymbol{e}^{\mathrm{T}}\begin{bmatrix}\lambda_1 & 0\\ 0 & \lambda_2\end{bmatrix}\boldsymbol{e}\leqslant k^2$$

集合 $\mathcal{E}=\{\boldsymbol{y}\mid \boldsymbol{y}^{\mathrm{T}}\boldsymbol{M}^{-1}\boldsymbol{y}\leqslant k^2\}$ 的边界由等式 $y=\lambda_1e_1^2+\lambda_2e_2^2=k^2$ 定义。因此，

$$\text{当 }e_2=0\text{ 时，}\lambda_1e_1^2=k^2, e_1=k/\sqrt{\lambda_1}$$
$$\text{当 }e_1=0\text{ 时，}\lambda_2e_2^2=k^2, e_2=k/\sqrt{\lambda_2}$$

对于 $k=1$，该椭球体如图 A-2 所示。

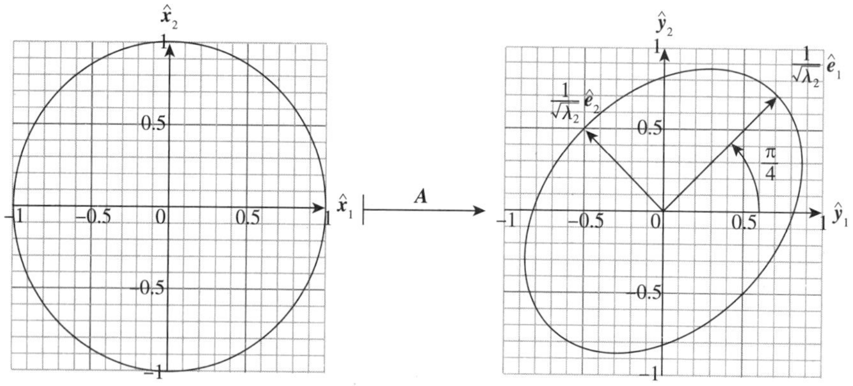

图 A-2　左边的输入集合 $\boldsymbol{x}\in\mathcal{U}$ 通过线性映射 $\boldsymbol{y}=\boldsymbol{A}\boldsymbol{x}$ 映射到右边的输出集合 $\boldsymbol{y}\in\mathcal{E}$

$\boldsymbol{M}^{-1}=(\boldsymbol{A}\boldsymbol{A}^{\mathrm{T}})^{-1}$ 的特征向量与 $\boldsymbol{M}$ 的特征向量等价。此外，如果 $\boldsymbol{M}^{-1}$ 的特征值为 (λ_1,λ_2)，则 $\boldsymbol{M}$ 的特征值为 $(\lambda_1^*=1/\lambda_1,\lambda_2^*=1/\lambda_2)$。这一观察结果具有一定的实际意义，因为它说明了不需要求逆矩阵 $\boldsymbol{M}$ 即可绘制二次型。因此，表示映射 $\boldsymbol{x}=\boldsymbol{A}\boldsymbol{y}$（见图 A-2）的二次型主轴的大小为在 $\hat{\boldsymbol{e}}_1$ 方向上的 $k/\sqrt{\lambda_1}=k\sqrt{\lambda_1^*}$ 以及 $\hat{\boldsymbol{e}}_2$ 方向上的 $k/\sqrt{\lambda_2}=k\sqrt{\lambda_2^*}$。

A.7 奇异值分解

奇异值分解（Singular Value Decomposition，SVD）提供了矩阵的最重要的分解方式[208]，并最直接地洞悉一般（非方形）线性变换的性质。我们考虑一般线性映射 $\boldsymbol{y}=\boldsymbol{A}\boldsymbol{x}$，它利用矩阵 $\boldsymbol{A}\in\mathbb{R}^{m\times n}$ 将输入空间 $\boldsymbol{x}\in\mathbb{R}^n$ 变换到输出空间 $\boldsymbol{y}\in\mathbb{R}^m$。构造的二次型 $\boldsymbol{A}^{\mathrm{T}}\boldsymbol{A}$ 是一个半正定矩阵，其特征值（$\det(\lambda\boldsymbol{I}_n-\boldsymbol{A}^{\mathrm{T}}\boldsymbol{A})=0$ 的解）大于或等于零。我们定义了 $\boldsymbol{A}$ 的奇异值 $\sigma_i=\sqrt{\lambda_i}$，按降序排列得出 $\sigma_1\geqslant\sigma_2\geqslant\cdots\geqslant\sigma_p\geqslant0$。矩阵 $\boldsymbol{A}$ 的秩 $k\leqslant p=\min(m,n)$，由非零奇异值的数量定义。

定义 A.16：SVD 对于$\boldsymbol{A}\in\mathbb{R}^{m\times n}$，存在正交矩阵$\boldsymbol{U}=[\boldsymbol{u}_1,\cdots,\boldsymbol{u}_m]\in\mathbb{R}^{m\times m}$、$\boldsymbol{V}=[\boldsymbol{v}_1,\cdots,\boldsymbol{v}_n]\in\mathbb{R}^{n\times n}$和$\boldsymbol{\Sigma}\in\mathbb{R}^{m\times n}$，满足

$$\boldsymbol{A}=\boldsymbol{U}\boldsymbol{\Sigma}\boldsymbol{V}^{\mathrm{T}}$$

有两种可能的情况需要考虑：①$m\geqslant n$，其中$\mathbb{R}^m$中的一些输出通常是不可得到的；②$m<n$，其中可能存在许多映射到相同输出的输入。这些情况产生以下两种对角矩阵：

$$\boldsymbol{\Sigma}=\left[\begin{array}{ccc}\sigma_1 & & \mathbf{0}\\ & \ddots & \\ \mathbf{0} & & \sigma_{p=n}\\ \hline & \mathbf{0} & \end{array}\right] \qquad \boldsymbol{\Sigma}=\left[\begin{array}{ccc|c}\sigma_1 & & \mathbf{0} & \\ & \ddots & & \mathbf{0}\\ \mathbf{0} & & \sigma_{p=m} & \end{array}\right]$$

$m\geqslant n$　　　　冗余的 $m<n$

对于给定的$\boldsymbol{\Sigma}$，存在有效计算正交矩阵$\boldsymbol{U}$和$\boldsymbol{V}$的方法[96]。由于$\boldsymbol{U}$和$\boldsymbol{V}$是正交的，它们满足

$$\boldsymbol{U}\boldsymbol{U}^{\mathrm{T}}=\boldsymbol{U}^{\mathrm{T}}\boldsymbol{U}=\boldsymbol{I}_m \text{ 和 } \boldsymbol{V}\boldsymbol{V}^{\mathrm{T}}=\boldsymbol{V}^{\mathrm{T}}\boldsymbol{V}=\boldsymbol{I}_n$$

根据 Nakamara[208] 和 Yoshikawa[298] 的论述，如果我们定义$\boldsymbol{y}^*=\boldsymbol{U}^{\mathrm{T}}\boldsymbol{y}$以及$\boldsymbol{x}^*=\boldsymbol{V}^{\mathrm{T}}\boldsymbol{x}$，那么我们可以重写原始变换$\boldsymbol{y}^*=\boldsymbol{\Sigma}\boldsymbol{x}^*$。这种形式清楚地表明，转换由三个步骤组成；从$\boldsymbol{x}$到$\boldsymbol{x}^*$的保持长度的旋转，从$\boldsymbol{x}^*$到$\boldsymbol{y}^*$的方向依赖的缩放$\sigma_i$，以及从$\boldsymbol{y}^*$到$\boldsymbol{y}$的另一个保持长度的旋转。

定义 A.17：张成空间和零空间 矩阵$\boldsymbol{A}$的奇异值分解提供了对变换的张成空间和零空间的简便定义。

1）$\mathcal{R}(\boldsymbol{A})=\mathrm{span}[\boldsymbol{u}_1,\cdots,\boldsymbol{u}_k]$，其中$\boldsymbol{u}_i\in\mathbb{R}^m$，$i=1$，$k$指矩阵$\boldsymbol{U}$的前$k$个列向量，定义了变换$\boldsymbol{A}$的奇异向量（主轴）。

2）$\mathcal{N}(\boldsymbol{A})=\mathrm{span}[\boldsymbol{v}_{k+1},\cdots,\boldsymbol{v}_n]$，其中$\boldsymbol{v}_i\in\mathbb{R}^n$，$i=k+1$，$n$是矩阵$\boldsymbol{V}$的最后$(n-k)$个列向量，为矩阵$\boldsymbol{A}$的零空间定义了正交基——不产生净输出的输入子空间（$\boldsymbol{y}$的解的齐次部分）。

在奇异值分解的基础上，可以很容易地计算矩阵$\boldsymbol{A}$的其他重要性质。

定义 A.18：行列式 奇异值的乘积是行列式，即$\det(\boldsymbol{A})=\prod_{i=1}^{p}\sigma_i$。

定义 A.19：条件数 矩阵$\boldsymbol{A}$的条件数是最大奇异值与最小奇异值的比值，即$\kappa=\sigma_1/\sigma_p$。

A.8 线性变换的标量条件度量

用于线性分析的工具包括许多标量度量，通过这些标量度量可以深入了解变换$\boldsymbol{y}=\boldsymbol{A}\boldsymbol{x}$的品质[298,208]。线性变换中品质的度量通常是根据它们的奇异值和奇异向量来描述的。条件椭球$(\boldsymbol{A}\boldsymbol{A}^{\mathrm{T}})$的主轴是$\boldsymbol{A}$的奇异向量，在这些方向上的放大程度与相应的奇异值成比例。A.7 节简要介绍了奇异值分解。然而，需要注意的是，$\boldsymbol{A}$的奇异向量是$\boldsymbol{A}\boldsymbol{A}^{\mathrm{T}}$的特征向量，而$\boldsymbol{A}$的奇异值是$\boldsymbol{A}\boldsymbol{A}^{\mathrm{T}}$特征值的平方根。概括地说，我们假设了椭球根据$\boldsymbol{A}$的奇异值$[\sigma_1\sigma_2\cdots\sigma_m]$（或$\boldsymbol{A}\boldsymbol{A}^{\mathrm{T}}$的特征值的平方根$[\sqrt{e_1}\sqrt{e_2}\cdots\sqrt{e_m}]$）以大小降序排列来表示的。

A.8.1 最小奇异值

较小的奇异值意味着相对较大的输入差异映射到输出空间中相对较小的差异。这种情况发生在平行于条件椭球短轴的方向上。$\boldsymbol{A}$的秩等于它所具有的非零奇异值的个数r。如果$r<m$，则变换是奇异的（已失去秩），且$\sigma_i=0$，$i>r$。输出对零奇异值方向的输入不敏感，在这

些方向上，即使输入无限变化，也会使得输出零变化。对线性变换的空间性能的一个度量是最小奇异值的大小 $\kappa_1(\boldsymbol{A})=\sigma_{\min}$，它可被认为是与奇异点的距离。

A.8.2 条件数

条件数 $1\leqslant\kappa_2(\boldsymbol{A})\leqslant\infty$，描述了如何通过线性变换放大输入空间中的误差。为了推导条件数，我们定义了一个估计 $\tilde{\boldsymbol{x}}$，它是 $\boldsymbol{x}=\boldsymbol{A}^{-1}\boldsymbol{y}$ 的近似解；那么我们可以写出 $\mathrm{d}\boldsymbol{y}=\boldsymbol{y}-\boldsymbol{A}\tilde{\boldsymbol{x}}$，使得 $\boldsymbol{x}-\tilde{\boldsymbol{x}}=\boldsymbol{A}^{-1}\mathrm{d}\boldsymbol{y}$。因此，

$$\|\boldsymbol{x}-\tilde{\boldsymbol{x}}\|=\|A^{-1}\mathrm{d}\boldsymbol{y}\|\leqslant\|\boldsymbol{A}^{-1}\|\ \|\mathrm{d}\boldsymbol{y}\|$$

由于 $\boldsymbol{y}=\boldsymbol{A}\boldsymbol{x}$，$\|\boldsymbol{y}\|\leqslant\|\boldsymbol{A}\|\ \|\boldsymbol{x}\|$ 且 $\|\boldsymbol{x}\|\geqslant\|\boldsymbol{y}\|/\|\boldsymbol{A}\|$，所以有

$$\begin{aligned}\frac{\|\boldsymbol{x}-\tilde{\boldsymbol{x}}\|}{\|\boldsymbol{x}\|}&\leqslant\frac{\|\boldsymbol{A}^{-1}\|\ \|\mathrm{d}\boldsymbol{y}\|}{\|\boldsymbol{y}\|/\|\boldsymbol{A}\|}\\&\leqslant\|\boldsymbol{A}\|\ \|\boldsymbol{A}^{-1}\|\ \frac{\|\mathrm{d}\boldsymbol{y}\|}{\|\boldsymbol{y}\|}\end{aligned}$$

并且

$$\frac{\|\mathrm{d}\boldsymbol{x}\|}{\|\boldsymbol{x}\|}=\kappa(A)\frac{\|\mathrm{d}\boldsymbol{y}\|}{\|\boldsymbol{y}\|}\qquad\kappa(A)=\|A\|\ \|A^{-1}\|$$

当 $\kappa_2=1$ 时，线性变换是各向同性的，$\boldsymbol{x}$ 中的小误差与 $\boldsymbol{y}$ 中的一致。当矩阵 $\boldsymbol{A}$ 接近奇异点时，$\kappa_2\to\infty$。

条件数等于 $\boldsymbol{A}$ 的最大奇异值和最小奇异值之比，因此描述了条件椭球的离心率（Eccentricity）。条件数的倒数在 0（奇异配置）和 1（各向同性配置）之间连续变化。

$$\frac{1}{\kappa}=\frac{\sigma_{\min}(\boldsymbol{A})}{\sigma_{\max}(\boldsymbol{A})}\tag{A-4}$$

A.8.3 体积

即使当矩阵 $\boldsymbol{A}$ 接近奇异点时，椭球体的体积也是可观的，但通常情况下，随着条件椭球体变得更接近球形（也就是说，当线性变换是各向同性的），体积会增加。当 $\boldsymbol{A}$ 是奇异的，体积为零。

奇异值的乘积可生成一个与椭球体积成比例的度量，该度量也可以由 $\boldsymbol{A}\boldsymbol{A}^{\mathrm{T}}$ 的行列式得到：

$$\kappa_3(\boldsymbol{A})=\prod_{i=1}^{m}\sigma_i=\sqrt{\det(\boldsymbol{A}\boldsymbol{A}^{\mathrm{T}})}$$

A.8.4 半径

几何均值是一个相关条件度量，由 $\kappa_4(\boldsymbol{A})=(\sigma_1\cdot\sigma_2\cdots\sigma_m)^{1/m}$ 定义。几何均值描述了体积与输出椭球相同的超球体的半径。

这种应用于线性运动学方程的分析可以用来强调具身机械系统的运动能力和局限性，包括力和速度的传递、设备对误差的精度和敏感性、产生加速度的能力以及惯性的影响。我们将在接下来的几个小节中研究这些特性。

实例：应用于罗杰手臂的标量条件度量

图 A-3 展示了这节介绍的标量条件度量，由 $\boldsymbol{J}\boldsymbol{J}^{\mathrm{T}}$ 特征值平方根的奇异值计算出，它们用于描述罗杰手臂。在图 A-3b、c、e 和 f 中，可达操作空间内映射为黑色的区域是奇异配置，最

大值是对应于各向同性配置的末端位置。这些度量定性上是等效的，主要区别在于它们在各向同性配置附近的灵敏度和计算消耗。图 A-3d 中的信息（即条件数）与图 A-3c 等价。

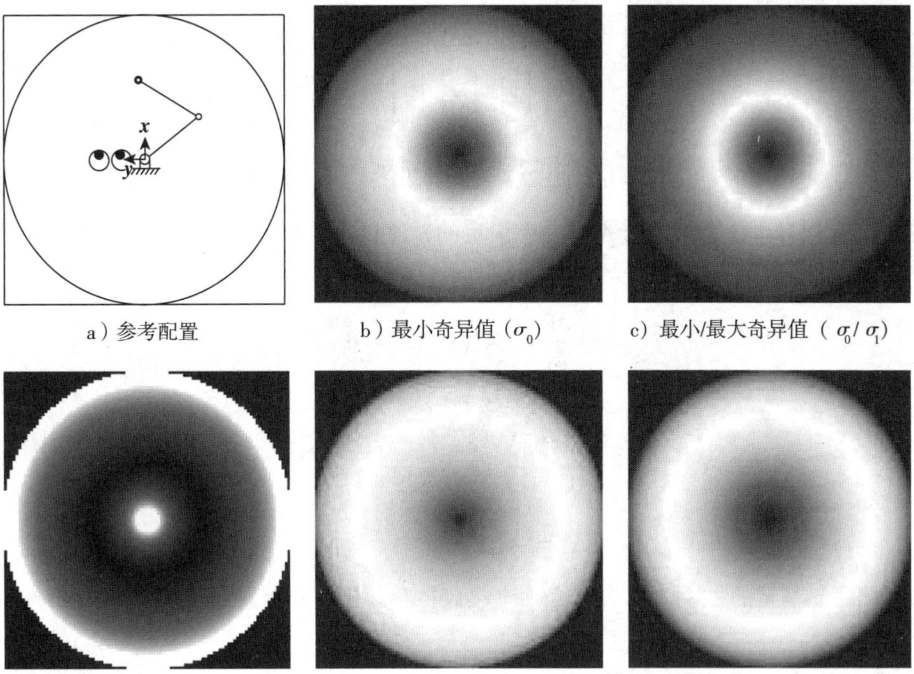

a）参考配置　b）最小奇异值（σ_0）　c）最小/最大奇异值（σ_0/σ_1）

d）条件数（σ_1/σ_0）　e）半径（$\sqrt{\sigma_0\sigma_1}$）　f）可操作度（$\sqrt{\det \boldsymbol{J}\boldsymbol{J}^{\mathrm{T}}}$）

图 A-3　罗杰平面 2R 手臂配置的标量运动条件度量。每个图展示了从黑色（最小）到白色（最大）的各个度量的范围

A.9　伪逆矩阵

给定两个矩阵，$\boldsymbol{A}\in\mathbb{R}^{m\times n}$ 和 $\boldsymbol{B}\in\mathbb{R}^{n\times m}$，彭罗斯条件[222] 用于定义 $\boldsymbol{B}$ 可以作为 $\boldsymbol{A}$ 的逆的条件。这些条件区分了强度递增的逆关系——广义逆（Generalized Inverse）、自反广义逆（Reflexive Generalized Inverse）和伪逆（Pseudoinverse）[208]。

$$
\begin{array}{lll}
1)\ \boldsymbol{ABA}=\boldsymbol{A} & \text{广义逆} & \boldsymbol{A}^{-}=\boldsymbol{B}\in\mathbb{R}^{n\times m} \\
2)\ \boldsymbol{BAB}=\boldsymbol{B} & \text{自反广义逆}\ (1,2) & \boldsymbol{A}_R^{-}=\boldsymbol{B}\in\mathbb{R}^{n\times m} \\
3)\ (\boldsymbol{AB})^{\mathrm{T}}=\boldsymbol{AB} & & \\
4)\ (\boldsymbol{BA})^{\mathrm{T}}=\boldsymbol{BA} & \text{伪逆}\ (1\text{–}4) & \boldsymbol{A}^{\#}=\boldsymbol{B}\in\mathbb{R}^{n\times m}
\end{array}
$$

广义逆和自反广义逆不是唯一的，它们代表了一系列可能的逆关系。然而，伪逆是从广义逆集合中选出的一个唯一的（最小二乘）元素。如果 S 表示一组逆映射，则 $S^{\#}\subset S_R^{-}\subset S^{-}$。

考虑 $\boldsymbol{y}=\boldsymbol{Ax}$，其中 $\boldsymbol{y}\in\mathbb{R}^m$，$\boldsymbol{A}\in\mathbb{R}^{m\times n}$，且 $\boldsymbol{x}\in\mathbb{R}^n$。对于这样的变换，$\boldsymbol{A}$ 的秩不能超过 $p=\min(m,n)$，并且 $\boldsymbol{A}$ 的伪逆（或摩尔-彭罗斯广义逆）适用于三种情况[209,140]。

1. 情况 1：$m>n$ 且 $\text{rank}(\boldsymbol{A})=n$

在这种情况下，$\boldsymbol{A}^{\mathrm{T}}\boldsymbol{A}\in\mathbb{R}^{n\times n}$ 是非奇异的，且通常不能得到任意输出 $\boldsymbol{y}$，因为系统表示为含有 n 个未知数(x_i)的 m 个方程组，因此是超定的。当矩阵 $\boldsymbol{A}$ 是标量 y 关于 n 个独立变量 $x_i\in\boldsymbol{x}$

的线性回归时，通常会出现这种情况。矩阵 $\boldsymbol{A}$ 是根据相关的 m 个观测值估计的，每个观测值都可能被噪声破坏，并且 m 相对于 n 可能非常大，在这种情况下，选择 $\boldsymbol{A}$ 的逆，可最小化二次输出误差：

$$\underset{m\times 1}{[\boldsymbol{y}]}=\underset{m\times n}{[\boldsymbol{A}]}\ \underset{n\times 1}{[\boldsymbol{x}]}$$

$$E=\frac{1}{2}(\boldsymbol{y}-\boldsymbol{Ax})^{\mathrm{T}}(\boldsymbol{y}-\boldsymbol{Ax})$$

这个二次型对于任意给定的 $\boldsymbol{A}$ 都是半正定的，所以平方误差的梯度下降定义了一个唯一的最小值，其中，

$$\frac{\partial E}{\partial \boldsymbol{x}}=-\boldsymbol{A}^{\mathrm{T}}(\boldsymbol{y}-\boldsymbol{Ax})=\boldsymbol{0}$$

$$\boldsymbol{A}^{\mathrm{T}}\boldsymbol{y}=\boldsymbol{A}^{\mathrm{T}}\boldsymbol{Ax}$$

$$\boldsymbol{x}=[\boldsymbol{A}^{\mathrm{T}}\boldsymbol{A}]^{-1}\boldsymbol{A}^{\mathrm{T}}\boldsymbol{y}=\boldsymbol{A}^{\#}\boldsymbol{y}$$

所以有

$$\boldsymbol{A}^{\#}=[\boldsymbol{A}^{\mathrm{T}}\boldsymbol{A}]^{-1}\boldsymbol{A}^{\mathrm{T}}(m>n) \tag{A-5}$$

式（A-5）是 $m\geqslant n$ 的左伪逆，并求解使原始超定系统的平方误差 $\|\boldsymbol{y}-\boldsymbol{Ax}\|_2$ 最小化的 $\boldsymbol{A}$ 的逆。

2. 情况 2：$m<n$ 且 $\mathrm{rank}(\boldsymbol{A})=m$

对于这种情况，$\boldsymbol{AA}^{\mathrm{T}}\in\mathbb{R}^{m\times m}$ 是非奇异的，且变换表示的约束方程太少，无法唯一地确定 n 个未知数。因此，变换是欠定且冗余的，有许多输入 $\boldsymbol{x}$ 映射到相同的 $\boldsymbol{y}$ 上：

$$\underset{m\times 1}{[\boldsymbol{y}]}=\underset{m\times n}{[\boldsymbol{A}]}\ \underset{n\times 1}{[\boldsymbol{x}]}$$

通过伪逆可得出该集合的满足约束优化问题的单个元素：

$$\text{最小化目标}:1/2(\boldsymbol{x}^{\mathrm{T}}\boldsymbol{x})$$

$$\text{受限条件}:\boldsymbol{y}-\boldsymbol{Ax}=0$$

为了解决这样一个问题，我们用拉格朗日乘子 $\boldsymbol{\lambda}$ 来公式化约束系统的拉格朗日方程：

$$\frac{1}{2}\boldsymbol{x}^{\mathrm{T}}\boldsymbol{x}+\boldsymbol{\lambda}^{\mathrm{T}}(\boldsymbol{y}-\boldsymbol{Ax})=0$$

根据文献［140］，解受到两个必要条件的约束。其一建立了最优性条件，由此得出

$$\frac{\mathrm{d}}{\mathrm{d}x}\left[\frac{1}{2}\boldsymbol{x}^{\mathrm{T}}\boldsymbol{x}+\boldsymbol{\lambda}^{\mathrm{T}}(\boldsymbol{y}-\boldsymbol{Ax})\right]=0$$

所以有

$$\boldsymbol{x}^{\mathrm{T}}-\boldsymbol{\lambda}^{\mathrm{T}}\boldsymbol{A}=0$$

$$\boldsymbol{x}^{\mathrm{T}}=\boldsymbol{\lambda}^{\mathrm{T}}\boldsymbol{A}\quad \text{或者}$$

$$\boldsymbol{x}=\boldsymbol{A}^{\mathrm{T}}\boldsymbol{\lambda} \tag{A-6}$$

第二个必要条件要求

$$\frac{\mathrm{d}}{\mathrm{d}\boldsymbol{\lambda}}\left[\frac{1}{2}\boldsymbol{x}^{\mathrm{T}}\boldsymbol{x}+\boldsymbol{\lambda}^{\mathrm{T}}(\boldsymbol{y}-\boldsymbol{A}\boldsymbol{x})\right](\boldsymbol{y}-\boldsymbol{A}\boldsymbol{x})=0$$

将式（A-6）的结果代入该表达式，得到

$$\boldsymbol{y}-\boldsymbol{A}\boldsymbol{A}^{\mathrm{T}}\boldsymbol{\lambda}=0$$

和

$$\boldsymbol{\lambda}=(\boldsymbol{A}\boldsymbol{A}^{\mathrm{T}})^{-1}\boldsymbol{y} \tag{A-7}$$

结合式（A-6）和式（A-7）的结果，得出最小二乘（最优）解：

$$\boldsymbol{x}=\boldsymbol{A}^{\mathrm{T}}(\boldsymbol{A}\boldsymbol{A}^{\mathrm{T}})^{-1}\boldsymbol{y}$$

由此可以写出欠定情况下 $\boldsymbol{A}$ 的伪逆：

$$\boldsymbol{A}^{\#}=\boldsymbol{A}^{\mathrm{T}}[\boldsymbol{A}\boldsymbol{A}^{\mathrm{T}}]^{-1}\quad(m<n) \tag{A-8}$$

式（A-8）是欠定系统中存在额外自由度时的右伪逆。它产生了使 $\|\boldsymbol{x}\|_2$ 最小化的精确解 $\boldsymbol{x}=\boldsymbol{A}^{\#}\boldsymbol{y}$。

3. 情况 3：$m=n$ 且 $\mathrm{rank}(\boldsymbol{A})=m$

当 $m=n$ 时，左伪逆和右伪逆都可简化为普通矩阵逆：

$$\boldsymbol{A}^{\#}=\boldsymbol{A}^{-1}\quad(m=n) \tag{A-9}$$

伪逆提供了一个通用框架，用于处理在不同环境中使用不同资源的问题，以及处理许多不同任务的问题，特别有趣的是它在具有额外自由度的机器人中的应用。在这种情况下，冗余可以用于处理并发控制设计中的多个同时目标。

给定非奇异雅可比矩阵 $\boldsymbol{J}\in\mathbb{R}^{m\times n}$，其中 m 是行数，n 是列数，且秩 $p=\min(m,n)$。当 $m<n$ 时，伪逆也可以用于定义由 $\mathcal{N}=(\boldsymbol{I}_n-\boldsymbol{J}^{\#}\boldsymbol{J})$ 定义的（$n-m$）维正交空间——$\mathcal{N}$ 是矩阵 $\boldsymbol{J}$ 的零化子（Annihilator），其中 $\boldsymbol{I}_n$ 是 $n\times n$ 的单位矩阵。我们可以通过计算内积来证明 $\boldsymbol{J}^{\#}$ 和 $(\boldsymbol{I}_n-\boldsymbol{J}^{\#}\boldsymbol{J})$ 是正交的，

$$\begin{aligned}(\boldsymbol{J}^{\#})^{\mathrm{T}}(\boldsymbol{I}_n-\boldsymbol{J}^{\#}\boldsymbol{J})&=\{(\boldsymbol{I}_n-\boldsymbol{J}^{\#}\boldsymbol{J})\boldsymbol{J}^{\#}\}^{\mathrm{T}}\\&=\{\boldsymbol{J}^{\#}-\boldsymbol{J}^{\#}\boldsymbol{J}\boldsymbol{J}^{\#}\}^{\mathrm{T}}\\&=0\end{aligned}$$

式中，$\boldsymbol{I}-\boldsymbol{J}^{\#}\boldsymbol{J}$ 是对称的，即 $[\boldsymbol{I}-\boldsymbol{J}^{\#}\boldsymbol{J}]=[\boldsymbol{I}-\boldsymbol{J}^{\#}\boldsymbol{J}]^{\mathrm{T}}$，并且根据彭罗斯条件，有 $\boldsymbol{J}^{\#}\boldsymbol{J}\boldsymbol{J}^{\#}=\boldsymbol{J}^{\#}$。因此，$(\boldsymbol{I}_n-\boldsymbol{J}^{\#}\boldsymbol{J})$ 定义了伪逆 $\boldsymbol{J}^{\#}$ 的正交线性零空间 $\mathcal{N}$。这一重要定义使我们能够在不干扰上级任务的情况下，考虑只存在于上级目标的零空间中的下级目标。

A.10 线性积分变换

变换是在集合之间执行映射的函数㊀。变换可以有多种形式。4.3 节介绍了将欧氏集合映射到其他欧氏集合的齐次变换。在本节中，我们将介绍另外两种线性变换，它们对方程的求解和/或操作产生了巨大影响，这些方程是感觉和运动系统研究的核心。

㊀ 映射可以将一个集合 X 的元素变换为另一个集合 Y 的元素，或者从集合 X 变换回本集合。

线性积分变换将映射方程从一个域变换到另一个域，以简化某些形式的分析和解释。它们改变了函数的表示方式，使方程中的重要结构变得清晰。表示的变化涉及将其映射（或投影）到正交基中。一般来说，积分变换形式如下：

$$F(u)=\int_{t_0}^{t_1}\Phi(t,u)f(t)\,\mathrm{d}t$$

这种映射使用核函数 $\Phi(t,u)$，将函数 $f(t)$ 转换成象函数 $F(u)$。一些重要的变换产生了定义明确的逆核函数来执行逆映射：

$$f(t)=\int_{u_0}^{u_1}\Phi^{-1}(u,t)F(u)\,\mathrm{d}u$$

我们将考虑具有可逆核的积分变换构成集合 $\{f(t)\}$ 和它的像 $\{F(u)\}$ 之间的双射映射。这些映射是一对一的。这意味着 $\{f(t)\}$ 的单个元素映射到 $\{F(u)\}$ 的单个元素。此外，双射在满足一对一单射的基础上，还覆盖了目标集，因为它们不会遗漏任何一个集合的任何元素，并且它们不会使目标域中的任何元素无法通过映射访问。因此，我们考虑的积分变换可以通过这些集合的（许多个）元素列出的变换对 $\{f(t)\}\leftrightarrow\{F(u)\}$ 来描述。

我们将介绍两个重要的双射积分变换。傅里叶变换将时域函数（信号）映射为复频率空间的复频谱系数，即对正弦基函数进行加权。这种转换使得在信号中查找和操作信息更加有效。拉普拉斯变换将微分函数（经常在动力/控制系统中遇到）映射为复频率 s 的多项式函数，其根可用于求解原始微分方程。

A. 10. 1 复数

复数 s 用来表示实-虚平面上的坐标。它可以用笛卡儿的形式表示：

$$s=\sigma+\mathrm{i}\omega \tag{A-10}$$

式中，$\sigma=\mathrm{Re}(s)$ 是 s 的实部，$\omega=\mathrm{Im}(s)$ 是 s 的虚部，$\mathrm{i}=\sqrt{-1}$。参数 σ 和 ω 是实数，i 被称为虚数，因为 $\sqrt{-1}$ 没有实数解。复数由其在二维复平面上的坐标 (σ,ω) 定义，其中横轴为 s 的实部 σ，纵轴为 s 的虚部 ω，如图 A-4 所示。

同样的概念可以用极坐标形式表示：

$$s=\rho\mathrm{e}^{\mathrm{i}\phi} \tag{A-11}$$

式中，$\rho=\sqrt{\sigma^2+\omega^2}$ 为 s 的幅值，$\phi=\arctan(\omega/\sigma)$ 为 s 的相位。

复数将一维实数线扩展到二维复平面。它们只有在实部和虚部相等时才相等。$s=\sigma+\mathrm{i}\omega$ 的共轭复数是 $s^*=\sigma-\mathrm{i}\omega$，复数的加减和它们在平面中的二维向量的加减处理一样。其他运算符（$*$，/，$\sqrt{\ }$）被定义为以合理的方式将常见的代数运算扩展到复平面——关系运算符不能自然地扩展到复平面。

纯虚数的幂用欧拉公式定义为

$$\mathrm{e}^{\mathrm{i}\theta}=\cos(\theta)+\mathrm{i}\sin(\theta) \tag{A-12}$$

因此，具有任意幂的复数是

$$\begin{aligned}\mathrm{e}^{\sigma+\mathrm{i}\omega}&=\mathrm{e}^{\sigma}\mathrm{e}^{\mathrm{i}\omega}\\&=\mathrm{e}^{\sigma}[\cos(\omega)+\mathrm{i}\sin(\omega)]\end{aligned}$$

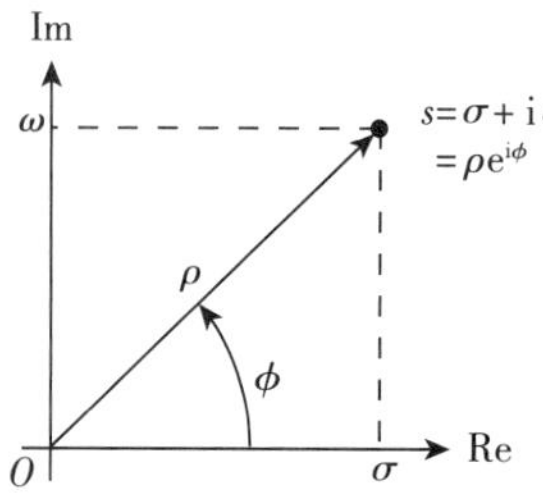

图 A-4 复平面

A. 10. 2 傅里叶变换

傅里叶变换通过将一个信号投影到无限的正弦基函数族中来

表示信号。它定义了从空间或时间函数到使其频率内容可显性表示的映射。例如，一维空间信号$f(x)$通过傅里叶变换映射到其频域等效信号：

$$\mathcal{F}[f(x)]=F(\omega_x)=\int_{-\infty}^{\infty}f(x)\mathrm{e}^{-\mathrm{i}(2\pi\omega_x x)}\mathrm{d}x \quad \text{(A-13)}$$

式中，x(m)为空间变量，ω_x(cycle/m)为相应的空间频率，因此$(2\pi\omega_x x)$以弧度为单位，$\mathrm{i}=\sqrt{-1}$。我们可以把傅里叶变换看作是函数$f(x)$到空间频率为$\omega_x\in[-\infty,\infty]$的基函数$\mathrm{e}^{-\mathrm{i}(2\pi\omega_x x)}$上的投影。谱系数$F(\omega_x)$确定了指数正弦基函数在多大程度上描述了函数$f(x)$的全局形状。

逆变换写为

$$\mathcal{F}^{-1}[F(\omega_x)]=f(x)=\int_{-\infty}^{\infty}F(\omega_x)\mathrm{e}^{\mathrm{i}(2\pi\omega_x x)}\mathrm{d}\omega_x \quad \text{(A-14)}$$

表A-1列出了几个傅里叶变换对，它们使计算常用函数的变换更加方便。该分析可以独立应用于函数正交的时间和空间维度。例如，在声学信号中，时变声波可以表示为具有适当相位的纯音（由特定频率的正弦和余弦的混合决定）的加权和。在这种情况下，$F(\omega_t)=\mathcal{F}[f(t)]$定义了频率分量的频谱系数，以“周期/秒”为度量单位。在计算机视觉中，信号由在图像平面上空间变化的光度函数组成。当采样间隔以像素（图像元素）为单位时，该变换发现空间频率$\omega=(\omega_x,\omega_y)$下正弦基的响应情况，以“周期/像素”为单位。在视频应用中，空间和时间变化都存在，$F(\omega)$以空间和时间频率描述正弦基函数的幅度和相位。

表A-1 傅里叶变换对

$F(\omega)=\mathcal{F}(f(x))=\int_{-\infty}^{\infty}f(x)\mathrm{e}^{-\mathrm{i}\omega x}\mathrm{d}x \quad \omega(\mathrm{rad/m})=2\pi u(\mathrm{cycle/m})$

名称	$f(x)$	$F(\omega)$
矩形函数	$\mathrm{rect}(x)=1 \quad -\frac{1}{2}<x<\frac{1}{2}$	$\mathrm{sinc}(\omega/2\pi)=\frac{\sin(\omega/2)}{\omega/2}$
三角函数	$\mathrm{tri}(x)=2\left(x+\frac{1}{2}\right) \quad -\frac{1}{2}<x<0$ $1-2(x) \quad 0<x<\frac{1}{2}$	$\mathrm{sinc}^2(\omega/2\pi)$
高斯函数	$\mathrm{e}^{-\alpha\lvert x\rvert}$ e^{-px^2}	$2\alpha/(\alpha^2+\omega^2)$ $\frac{1}{\sqrt{2p}}\mathrm{e}^{-\omega^2/4p}$
单位冲激函数	$\delta(x)$	1
梳状函数	$\sum_n\delta(x-nx_0)$	$\frac{1}{x_0}\sum_n\delta\left(\frac{\omega}{2\pi}-\frac{n}{x_0}\right)$
微分	$g^n(x)$	$(\mathrm{i}\omega)^nG(\omega)$
线性组合	$ag(x)+bh(x)$	$aG(\omega)+bH(\omega)$
比例	$f(ax)$	$\frac{1}{\lvert a\rvert}F\left(\frac{\omega}{a}\right)$

通过傅里叶变换，某些时空频率可以被分离，它们可以被放大或衰减以影响信号的外观，或者可以用来识别周期函数中的独特模式。傅里叶变换可以推广到多个正交空间维度（在图像分析中）和时空变量（在视频分析中）的情况。

在计算机视觉中，为适应图像平面上的两个空间变量写出相应变换。在二维中对应的定义为

$$\mathcal{F}[f(x,y)]=F(u,v)=\iint_{-\infty}^{\infty} f(x,y)\mathrm{e}^{-\mathrm{i}(2\pi(ux+vy))}\mathrm{d}x\mathrm{d}y \tag{A-15}$$

$$\mathcal{F}^{-1}[F(u,v)]=f(x,y)=\iint_{-\infty}^{\infty} F(u,v)\mathrm{e}^{\mathrm{i}(2\pi(ux+vy))}\mathrm{d}u\mathrm{d}v \tag{A-16}$$

将空间信号转换到频域为非常通用的空间频率滤波器提供了基础。

我们用两个重要的定理——位移定理和卷积定理，来总结对傅里叶变换的简要介绍，这两个定理在 7.1.1 节中证明是有用的，在这里我们分析采样对信号信息内容的影响。

位移定理 位移定理直接来源于傅里叶变换的定义。如果 $\mathcal{F}[f(x)]=\int_{-\infty}^{\infty} f(x)\mathrm{e}^{-\mathrm{i}(2\pi\omega_x x)}\mathrm{d}x$，则

$$\begin{aligned}\mathcal{F}[f(x-a)] &= \int_{-\infty}^{\infty} f(x-a)\mathrm{e}^{-\mathrm{i}(2\pi\omega_x x)}\mathrm{d}x\\ &= \int_{-\infty}^{\infty} f(x')\mathrm{e}^{-\mathrm{i}(2\pi\omega_x (x'+a))}\mathrm{d}x'\\ &= \mathrm{e}^{-\mathrm{i}(2\pi\omega_x a)}\int_{-\infty}^{\infty} f(x')\mathrm{e}^{-\mathrm{i}(2\pi\omega_x x')}\mathrm{d}x', \text{那么有}\end{aligned}$$

$$\mathcal{F}[f(x-a)]=\mathrm{e}^{-\mathrm{i}(2\pi\omega_x a)}\mathcal{F}(f(x)) \tag{A-17}$$

我们得出位移函数的傅里叶变换是原始函数傅里叶变换的加权版本。新的谱系数由一个依赖于空间频率 ω_x 的指数项加权。

卷积定理 两个函数 $f(x)$ 和 $g(x)$ 的卷积，写成 $f(x)*g(x)$，由积分定义：

$$h(x)=f(x)*g(x)=\int_{-\infty}^{\infty} f(\alpha)g(x-\alpha)\mathrm{d}\alpha \tag{A-18}$$

式中，α 是积分变量。结果 $h(x)$ 表示函数 $f(x)$ 和函数 $g(x)$ 的空间相关性，$h(x)$ 的原点移动到了 $\alpha=x$。卷积的一个重要性质在于它通过傅里叶变换进行映射的方式。

$$\begin{aligned}\mathcal{F}[f(x)*g(x)] &= \mathcal{F}[h(x)]\\ &= \mathcal{F}\left[\int_\alpha f(\alpha)g(x-\alpha)\mathrm{d}\alpha\right]\\ &= \int_x \left[\int_\alpha f(\alpha)g(x-\alpha)\mathrm{d}\alpha\right]\mathrm{e}^{-\mathrm{i}2\pi\omega_x x}\mathrm{d}x\\ &= \int_\alpha f(\alpha)\left[\int_x g(x-\alpha)\mathrm{e}^{-\mathrm{i}(2\pi\omega_x x)}\mathrm{d}x\right]\mathrm{d}\alpha, \text{根据位移定理}\\ &= \int_\alpha f(\alpha)\mathrm{e}^{-\mathrm{i}(2\pi\omega_x \alpha)}\mathrm{d}\alpha\int_x g(x)\mathrm{e}^{-\mathrm{i}(2\pi\omega_x x)}\mathrm{d}x, \text{因此}\end{aligned}$$

$$\mathcal{F}[f(x)*g(x)]=F(\omega_x)G(\omega_x) \tag{A-19}$$

这个结果通常被称为卷积定理，它表明在空间域中的卷积相当于在频域中的乘积。很容易证明，反之亦然，即频域的卷积相当于空间域的乘积。正如我们将看到的，这个结果意味着卷积算子本质上是谱滤波器，其带通特性由其傅里叶变换定义。

A.10.3 拉普拉斯变换

拉普拉斯变换是时域(t)和复频域(s)之间的线性双射，由一对互反的积分变换定义：

$$F(s)=\mathcal{L}[f(t)]=\int_0^{\infty}f(t)\mathrm{e}^{-st}\mathrm{d}t \qquad f(t)=\mathcal{L}^{-1}[F(s)]=\frac{1}{2\pi\mathrm{i}}\int_{\sigma-\mathrm{i}\infty}^{\sigma+\mathrm{i}\infty}F(s)\mathrm{e}^{st}\mathrm{d}s \tag{A-20}$$

对作为常系数线性微分方程解的函数$f(t)$，拉普拉斯变换$\mathcal{L}[f(t)]$收敛——这些函数可以进行拉普拉斯变换。$f(t)$的像$F(s)$是复频率变量s(rad/s)的函数，因此乘积st以rad为单位。拉普拉斯逆变换$\mathcal{L}^{-1}[\circ]$的表达式清楚地表明，$f(t)$被假定为指数项e^{st}的加权和。回想一下，对于$s=\sigma+\mathrm{i}\omega$，有

$$\mathrm{e}^{st}=\mathrm{e}^{(\sigma+\mathrm{i}\omega)t}=\mathrm{e}^{\sigma t}\mathrm{e}^{\mathrm{i}\omega t}=\mathrm{e}^{\sigma t}[\cos(\omega t)+\mathrm{i}\sin(\omega t)]$$

这样函数$f(t)$就可以以加权的、指数阻尼的奇偶正弦曲线的和的形式来表示。

实例：指数函数 $f(t)=\mathrm{e}^t$ 的拉普拉斯变换

在这种情况下，

$$F(s)=\int_0^{\infty}\mathrm{e}^t\mathrm{e}^{-st}\mathrm{d}t=\int_0^{\infty}\mathrm{e}^{(1-s)t}\mathrm{d}t=\frac{1}{1-s}\mathrm{e}^{(1-s)t}\Big|_0^{\infty}$$

如果我们假设$\mathrm{Re}(s)>1$，这样当$t\to\infty$时，$\mathrm{e}^{(1-s)t}\to 0$，则

$$F(s)=\frac{1}{1-s}\left[\mathrm{e}^{(1-s)\infty}-\mathrm{e}^{(1-s)0}\right]=\frac{1}{s-1}$$

因此，

$$\mathcal{L}[\mathrm{e}^t]=\frac{1}{s-1}$$

实例：单位阶跃函数 $f(t)=1$，$t\geqslant 0$ 的拉普拉斯变换

图 A-5 中的函数称为单位阶跃函数。它通常用于分析输入可以瞬间（在$t=0$时）改变的微分方程。例如当控制系统的参考输入发生变化时。

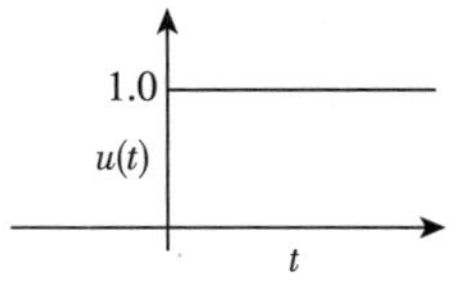

图 A-5 单位阶跃函数

单位阶跃函数的拉普拉斯变换为

$$F(s)=\mathcal{L}[u(t)]=\int_0^{\infty}\mathrm{e}^{-st}\mathrm{d}t=-\frac{1}{s}\mathrm{e}^{st}\Big|_0^{\infty}=\frac{1}{s}$$

表 A-2 包括在线性系统分析中经常用到的拉普拉斯变换对。

表 A-2 拉普拉斯变换对

名称	$f(t)$	$F(s)$	名称	$f(t)$	$F(s)$
单位脉冲	$\delta(t)$	1	正弦函数	$\sin at$	$\frac{a}{s^2+a^2}$
单位阶跃	$u(t)$	$\frac{1}{s}$	余弦函数	$\cos at$	$\frac{s}{s^2+a^2}$
单位斜坡	$tu(t)$	$\frac{1}{s^2}$	阻尼正弦	$\mathrm{e}^{-at}\sin\omega t$	$\frac{\omega}{(s+a)^2+\omega^2}$
阶单位斜坡	$t^n u(t)$	$\frac{n!}{s^{n+1}}$	阻尼余弦	$\mathrm{e}^{-at}\cos\omega t$	$\frac{s+a}{(s+a)^2+\omega^2}$
指数函数	e^{-at}	$\frac{1}{s+a}$	双曲正弦	$\sinh at$	$\frac{a}{s^2+a^2}$
斜坡指数	$\frac{1}{(n-1)!}t^{n-1}\mathrm{e}^{-at}$	$\frac{1}{(s+a)^n}$	双曲余弦	$\cosh at$	$\frac{s}{s^2+a^2}$

A.11 谐振子的时域响应

只考虑一类渐近稳定系统（那些有负实部根的）。在这种情况下，式（2-14）要么产生两个不同的根（当$\zeta \neq 1$时），要么产生一个重复的实根（当$\zeta=1$时）。

两个不同的根（$\zeta \neq 1$） 式（2-13）的两个不同根包括不同的实根($\zeta>1$)和复共轭根($\zeta<1$)两种情况，前者导致过阻尼响应，后者导致欠阻尼响应。在这两种情况下，时域解写成如下形式：

$$x(t)=A_0+A_1 e^{s_1 t}+A_2 e^{s_2 t}$$

通过在$x(t)$上指定三个边界条件得到时间区间［0，∞）内的全解，其中A_0、A_1和A_2为常数。例如，一般的边界条件可以用来描述一个系统，它在时间零点从位置x_0以速度$\dot{x}_0$释放，在x_∞处[1]回到平衡状态。在这些条件下，以未知系数写出三个约束方程：

$$x(0)=x_0=A_0+A_1+A_2$$
$$\dot{x}(0)=\dot{x}_0=s_1 A_1+s_2 A_2$$
$$x(\infty)=x_\infty=A_0$$

从而确定一个完整的时域解：

$$x(t)=x_\infty+\frac{(x_0-x_\infty)s_2-\dot{x}_0}{s_2-s_1}e^{s_1 t}+\frac{(x_0-x_\infty)s_1-\dot{x}_0}{s_1-s_2}e^{s_2 t} \tag{A-21}$$

重复实根（$\zeta=1$） 当$\zeta=1$时存在一种特殊情况，在这种情况下，二次特征方程产生重复实根，$s_1=s_2=-\omega_n$。我们可以假设解的形式是$x(t)=A_0+A_1 e^{-\omega_n t}$，这个解确实满足原微分方程，但是为解决所提出的一般边界条件集，它不能提供灵活性。相反，可以证明具有下述形式：

$$x(t)=A_0+(A_1+A_2 t)e^{-\omega_n t}$$

方程的所有解也满足原微分方程（见第2章习题3第2问）。

给定一般边界条件：系统在时间零点以速度$\dot{x}_0$从位置x_0释放，并在x_∞处返回平衡状态，以未知系数写出三个约束方程：

$$x(0)=x_0=A_0+A_1$$
$$\dot{x}(0)=\dot{x}_0=-\omega_n A_1+A_2$$
$$x(\infty)=x_\infty=A_0$$

从而确定了临界阻尼情况下的完整时域解：

$$x(t)=x_\infty+[(x_0-x_\infty)+(\dot{x}_0+(x_0-x_\infty)\omega_n)t]e^{-\omega_n t} \tag{A-22}$$

实例：弹簧-质量-阻尼器的时域响应

二阶响应产生四种性质不同的响应，这些响应取决于特征方程的根。为了了解这是如何发生的，考虑一个谐振子，其弹簧常数$K=1.0$ N/m，质量$m=2.0$ kg，可变阻尼器$B=2\zeta\sqrt{Km}$（Ns/m），其中ζ值在区间［0.0，2.0］中取值。这个例子考虑了系统在特定边界条

---

[1] 渐近稳定系统在$t=\infty$处的状态为平衡状态(x_∞,0)。我们使用$t=\infty$处的位置约束作为时域解的第三个边界条件。

件，$x_0=\dot{x}_0=0$ 和 $x_\infty=1$ 下的时域性能。

1. 情况 1：过阻尼（$\zeta>1$）

在这些边界条件下，式（A-21）化简为

$$x(t)=1-\frac{s_2}{s_2-s_1}e^{s_1t}-\frac{s_1}{s_1-s_2}e^{s_2t} \tag{A-23}$$

对于 $\zeta=2.0$，$B=4\sqrt{2}$，过阻尼条件导致了一对不同的实根 $s_{1,2}=-0.19,\ -2.64$。将这些根代入到方程（A-23），可以确定出图 A-6 中标记为 $\zeta=2.0$ 的曲线的过阻尼响应，绝对值最小的实根到达其渐近线的速度较慢，因此将支配系统的渐近行为。它产生相对缓慢的非振荡响应，反映了阻尼器的过度耗散影响。

因此，与 $\zeta=1$ 的配置相比，过阻尼控制配置需要相对较长时间收敛到平衡设定点。

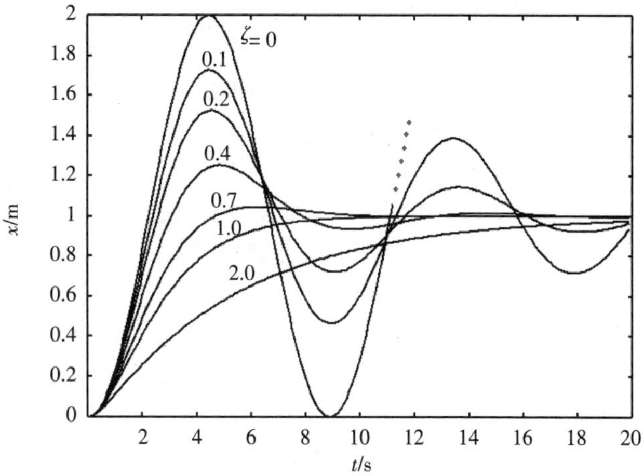

图 A-6 当边界条件为 $x_0=\dot{x}_0=0$ 和 $x_\infty=1.0$ 时，二阶 PD 位置控制器的响应是 $\zeta(K=1.0\ \text{N/m}, m=2.0\ \text{kg})$ 的函数

2. 情况 2：欠阻尼（$\zeta<1$）

当 $0\leqslant\zeta<1$ 时，根 s_1 和 s_2 是共轭复根：

$$s_{1,2}=\alpha\pm\beta i$$

式中，$\alpha=-\zeta\omega_n$，$\beta=\omega_n\sqrt{1-\zeta^2}$，并且 $i=\sqrt{-1}$。由于 $e^{i\omega t}=\cos(\omega t)+i\sin(\omega t)$，故这些根的虚部引起振荡，而实部引起振荡的振幅随时间呈指数衰减。这类系统是欠阻尼的，因为弹簧中的力支配了阻尼器中的耗散力。

将共轭复根代入式（A-23），我们得到

$$\begin{aligned} x(t)&=1-\frac{s_2}{s_2-s_1}e^{s_1t}-\frac{s_1}{s_1-s_2}e^{s_2t} \\ &=1+\frac{(\alpha-\beta i)}{2\beta i}e^{(\alpha+\beta i)t}-\frac{(\alpha+\beta i)}{2\beta i}e^{(\alpha-\beta i)t} \\ &=1+e^{\alpha t}\left[\frac{(\alpha-\beta i)}{2\beta i}e^{i\beta t}-\frac{(\alpha+\beta i)}{2\beta i}e^{-i\beta t}\right] \end{aligned}$$

代入欧拉公式（$e^{i\omega t}=\cos(\omega t)+i\sin(\omega t)$ 和 $e^{-i\omega t}=\cos(\omega t)-i\sin(\omega t)$），我们得到

$$x(t)=1+e^{\alpha t}\left[\frac{\alpha}{\beta}\sin(\beta t)-\cos(\beta t)\right]$$

这种类型的响应如图 A-6 中 $\zeta<1$ 的曲线所示。随着 $\zeta\to0$，行为的耗散性降低，直到 $\zeta=0$（当 $B=0$ 时），根是纯虚的，系统表现为好像一个理想的弹簧。在这个配置中，$x(t)$ 以固有频率 ω_n 发生恒定振幅的振荡，将势能转化为动能，然后再可逆地反向转化。

3. 情况 3：临界阻尼（$\zeta=1$）

在这些边界条件（$x_0=0, \dot{x}_0=0, x_\infty=1$）下计算式（A-22）的通解，有

$$x(t)=1-e^{-\omega_n t}-\omega_n t e^{-\omega_n t} \tag{A-24}$$

临界阻尼行为如图 A-6 中标记为 $\zeta=1$ 的曲线所示，它比过阻尼配置更快地接近零误差，但不振荡，因此对机器人控制应用来说，临界阻尼通常是设计目标。

随着 PD 控制参数的变化，会出现不稳定、无阻尼、欠阻尼、临界阻尼和过阻尼行为，由此而出现的系列进程，可以用另一种方式来可视化：将一对根视为 PD 控制器设计中控制参数（K 或 B）的函数，在实虚平面上使用根轨迹图将其绘制出来。通常，所讨论的参数为 K。例如，在第 2 章习题（7）第 1 问中，保持质量 m 和阻尼器 B 不变，并要求读者绘制出二阶系统的根，来得知互补弹簧常数 K 的选择。然而，测试参数也可以是 B，如下例所示。

实例：PD 控制系统的根轨迹图

在图 2-15 的条件下，图 A-7 绘制了式（2-13）的两个根（蓝色为 s_1，红色为 s_2）。

当 B 和 ζ 均为负时，所有 PD 控制配置的根在右半平面上（$\sigma=\mathrm{Re}(s)>0$），这些配置都不稳定，此时阻尼器 B 注入而不是耗散能量。

从图 A-7 的右侧开始，我们观察到一对不同的实（正）根 s_1 和 s_2，它们沿着实轴彼此接近，收敛成一个重复的（正）实根，然后分离形成复数共轭。

当共轭根位于虚轴上（$\mathrm{Re}(s)=0$）时，系统响应是无阻尼的且边缘稳定（或轨道稳定）。这种系统配置使系统围绕定点振荡同时能维持能量。当 B 从边缘稳定的配置继续增加时，它会产生一系列欠阻尼响应（$0.0\leqslant\zeta<1.0$），对应于$0\leqslant B<2.78$。当 B 增加到唯一的临界阻尼配置时，其中 $\zeta=1.0$（B 约为 2.78），有一对重复的（负）实根且系统是非振荡的。进一步增加 B 会使这对根再次沿着实轴彼此偏离。这些系统配置都是过阻尼的，而过阻尼可能对更大幅度的扰动不太敏感，其代价是更慢、更黏滞的行为。

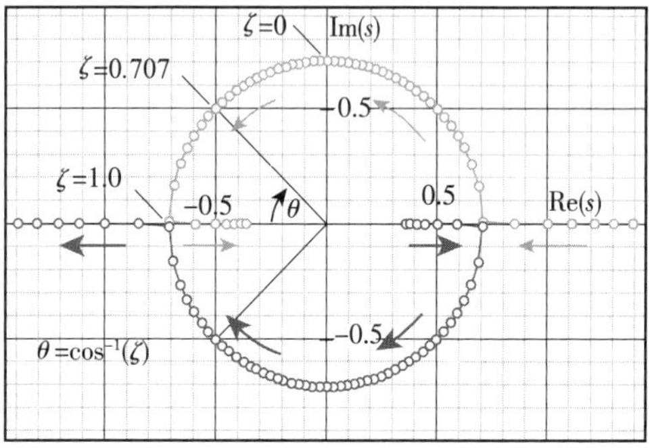

图 A-7 当 $K=1.0\ \mathrm{N\cdot m/rad}$，$I=2.0\ \mathrm{kg\cdot m^2}$ 及$-3.5\leqslant B\leqslant 3.5$ 时（对应于$-1.24\leqslant\zeta\leqslant1.24$），图 2-15 中连续响应的根轨迹（见彩插）

根轨迹允许设计人员定制控制参数，甚至包括额外的根来改变轨迹，从而塑造系统的行为。

A.11.1 频率相关的幅度和相位响应

考虑频率为 ω 的正弦输入的变换对（见表 A-2）：

$$\theta_{\mathrm{ref}}(t)=A\cos\omega t \quad \underset{\mathcal{L}^{-1}[\cdot]}{\overset{\mathcal{L}[\cdot]}{\rightleftarrows}} \quad \Theta_{\mathrm{ref}}(s)=\frac{As}{s^2+\omega^2}$$

如前所述，系统的输出是闭环传递函数与输入的乘积：

$$\Theta(s)=\left[\frac{\Theta(s)}{\Theta_{\mathrm{ref}}(s)}\right]\left[\frac{As}{s^2+\omega^2}\right]=\left[\frac{\Theta(s)}{\Theta_{\mathrm{ref}}(s)}\right]\left[\frac{As}{(s-\mathrm{i}\omega)(s+\mathrm{i}\omega)}\right] \tag{A-25}$$

我们看到强迫函数提供了一对纯虚共轭根 $s=\pm\mathrm{i}\omega$。因此，在正弦强迫函数作用下，闭环传递函数的部分分式展开是这样的：

$$\Theta(s)=\Theta_{\mathrm{cltf}}(s)+\frac{k_1}{s-\mathrm{i}\omega}+\frac{k_2}{s+\mathrm{i}\omega}$$

这些项的拉普拉斯逆变换得到时域响应，如 $k_1\mathrm{e}^{\mathrm{i}\omega t}$ 和 $k_2\mathrm{e}^{-\mathrm{i}\omega t}$。因此，二阶系统对正弦输入的响应也是相同频率的正弦[⊖]。

回到式（A-25），我们看到正弦响应的大小与强迫函数的振幅 A 和闭环传递函数中表示的增益成比例：

$$\frac{\Theta(s)}{\Theta_{\mathrm{ref}}(s)}=\frac{\omega_n^2}{s^2+2\zeta\omega_n s+\omega_n^2}=\frac{1}{(s/\omega_n)^2+2\zeta(s/\omega_n)+1} \tag{A-26}$$

CLTF（闭环传递函数）项对响应的影响可以通过在由强迫函数引入的根 $s=\pm\mathrm{i}\omega$ 处评估式（A-26）来确定：

$$\left.\frac{\Theta(s)}{\Theta_{\mathrm{ref}}(s)}\right|_{s=\mathrm{i}\omega}=\frac{1}{(\mathrm{i}\omega/\omega_n)^2+2\zeta(\mathrm{i}\omega/\omega_n)+1}$$

结果是一个具有相应幅度和相位的复数：

$$\left|\frac{\Theta(s)}{\Theta_{\mathrm{ref}}(s)}\right|_{s=\mathrm{i}\omega}=\frac{1}{[(1-(\omega/\omega_n)^2)^2+(2\zeta(\omega/\omega_n))^2]^{1/2}} \tag{A-27}$$

$$\phi(\omega)=-\arctan\left(\frac{2\zeta(\omega/\omega_n)}{1-(\omega/\omega_n)^2}\right) \tag{A-28}$$

图 A-8 绘制了不同驱动频率 ω 和阻尼比 ζ 值下谐振子的幅值和相位。注意在固有频率附近、幅度响应中的显著共振。事实上，当 $\zeta=0$ 时，理论上增益变成无穷大，因为无阻尼（$\zeta=0$）系统可以通过在谐振频率下泵入能量来破坏稳定，就像一个孩子通过摇晃来增加钟摆的幅度一样。

图 A-8a 显示，如果驱动频率很大，CLTF 项的增益渐近地趋于零，二阶系统跟踪这种参考函数的能力受到损害。系统的带宽是增益降至 $1/\sqrt{2}$ 的频率，对应于 CLTF 项的半功率或−3 dB 点。

使用此标准，图 A-8a 中的过阻尼和临界阻尼配置具有相对较小的带宽，欠阻尼配置增加带宽但以超调和振荡为代价。在图 A-8b 中，我们看到固有频率也确定了响应滞后于参考输入 90°的点。如果驱动频率超过固有频率，则响应渐近地趋于 180°的相位滞后。

A. 11. 2 刚度和阻抗

刚度是指由形变的改变引起的力的变化。对于线性弹簧，力的变化与挠度的变化之比为弹簧常数，$K=\Delta F/\Delta x$。传递函数将这一概念推广到线性微分系统，如弹簧-质量-阻尼器和随时间变化的位移函数。

例如，连续时间 SMD 的变换对［见式（2-12）］直接描述了刚度关系：

$$\frac{\widetilde{F}(s)}{X(s)}=s^2+2\zeta\omega_n s+\omega_n^2 \tag{A-29}$$

它可以写成等效的 SISO 滤波器的形式，如图 A-9a 所示。滤波器将输入位移转换为外部施加的力，它表示弹簧-质量-阻尼器的逆向动力学。SMD 的刚度是满足微分关系的时变函数。很明显，在这种情况下，时变变形将产生二阶力响应，因此，SMD 的刚度也是二阶现象。

⊖ 回忆一下，$\mathrm{e}^{\mathrm{i}\omega t}=\cos(\omega t)+\mathrm{i}\sin(\omega t)$，$\mathrm{e}^{-\mathrm{i}\omega t}=\cos(\omega t)-\mathrm{i}\sin(\omega t)$。

图 A-9b 中的倒数关系是描述 SMD 正向动力学模型的传递函数。它描述了外部输入力如何引起挠度变化。因此，正向动力学关系描述了弹簧-质量-阻尼器的柔性。

传递函数可用于描述如何通过 PD 运动单元将功率传输到环境。阻抗描述了电、机械、液压、热和化学系统中的能量如何从一种形式转换为另一种形式，这些系统由线性微分方程描述。在所有这些类型的系统中，功率被描述为势（Effort）变量和流（Flow）变量的乘积。例如，在电路中，势变量是电压（电动势），流变量是电流，电压和电流的乘积是功率。

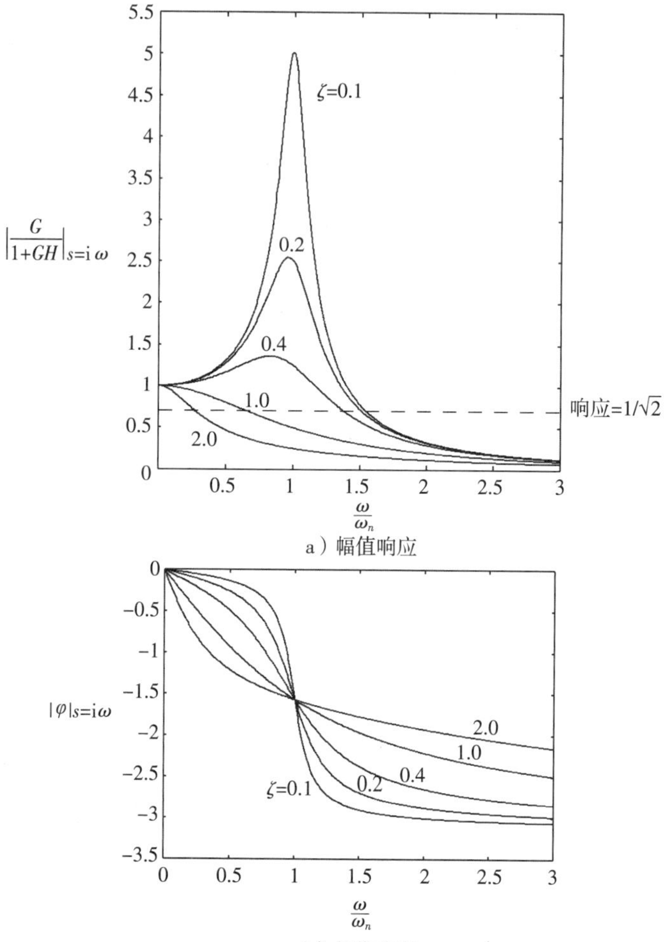

a）幅值响应

b）相位响应

图 A-8　二阶 SMD 位置控制器的幅值响应和相位响应，在 $s=\pm i\omega$ 时对不同 ζ 值评估

势变量与流变量之比描述了单位流量的广义阻力，称为阻抗。例如，在电流流过电阻（$V=IR$）的情况下，该电路的阻抗为 $V/I=R$。传递函数将电阻的概念推广到具有微分势/流关系的设备。例如，电容定义为 $i(t)=C(\mathrm{d}V(t)/\mathrm{d}t)$。应用拉普拉斯变换，我们得到 $I(s)=CsV(s)$，因此电容器的阻抗 $V(s)/I(s)$ 仅为 $1/Cs$。

为了描述机械系统的动力学，势变量是力，流变量是速度。使用同样的技术，我们可以将受控系统的机械阻抗描述为施力点处的力与速度之比。

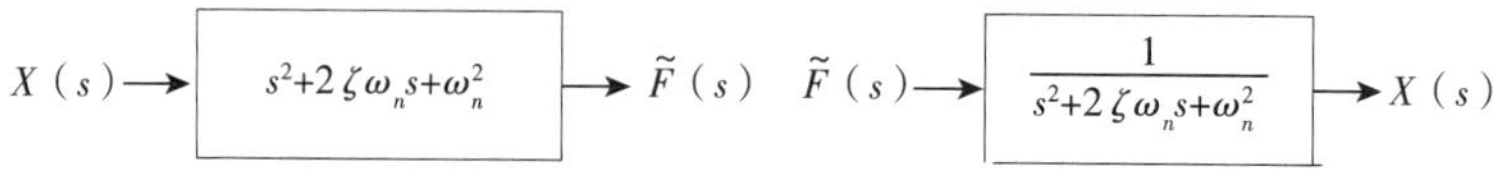

a）刚度的传递函数　　b）柔性的传递函数

图 A-9　描述 SMD 控制器的刚度和柔性的传递函数

从式（A-29）开始，并注意到 $V(s)=sX(s)$，我们将 SMD 的阻抗写成

$$\frac{\widetilde{F}(s)}{V(s)}=\frac{\widetilde{F}(s)}{sX(s)}=\frac{s^2+2\zeta\omega_n s+\omega_n^2}{s} \tag{A-30}$$

它以图 A-10a 中等效 SISO 滤波器的形式表示。阻抗的倒数是导纳（见图 A-10b）。

阻抗匹配技术通常用于这些系统之间的接口，以优化它们之间的功率传输。阻抗控制技术[115] 用于在机器人操作端与其所从事的任务之间创建互补的阻抗耦合。例如，转动一个径向刚性和切向柔顺的曲柄机构，需要对机器人操作端进行切向刚性和径向柔顺的控制，以便通过曲柄机构有效地传递动力。

$$V(s) \longrightarrow \boxed{\dfrac{s^2+2\zeta\omega_n s+\omega_n^2}{s}} \longrightarrow \tilde{F}(s)$$

a）阻抗的传递函数

$$\tilde{F}(s) \longrightarrow \boxed{\dfrac{s}{s^2+2\zeta\omega_n s+\omega_n^2}} \longrightarrow V(s)$$

b）导纳的传递函数

图 A-10　描述 SMD 控制器的阻抗和导纳的传递函数

附录 B 运动链动力学

牛顿定律足以描述由开放式、封闭式、串联和并联链式机构组成的运动链和全身机构的动力学。我们从推导旋转系统中质量的三维惯性部分开始本节内容。

B.1 惯性张量的推导

张量是描述向量间关系的几何算子，与坐标系的任何特定选择无关。点积和叉积是张量，将力矩向量投影到加速度向量空间中的惯性张量也是张量。

5.2 节中的分析通过研究平面薄片中转矩和角加速度之间的关系，得出了关于单一旋转轴的标量惯性矩表达式。在本节中，我们完成了这一推导，通过将 5.2 节中介绍的那种叠加每个堆块作用的方式，构建 3×3 惯性张量，它描述了关于三个正交（通常是动态耦合）轴的惯性矩，得出描述三维物体绕任意轴 $\hat{\boldsymbol{a}} \in \mathbb{R}^3$ 的总惯性矩的惯性张量。

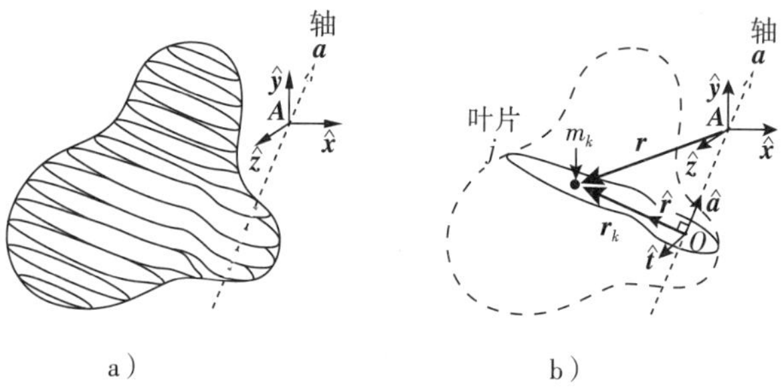

图 B-1 图 a 描述一叠平面薄片近似于三维物体的质量分布。图 b 描述单个薄片对惯性张量的贡献，该张量描述了绕 $\hat{\boldsymbol{a}}$ 的旋转

图 B-1 的右侧只显示了第 j 个层状元素，考虑该层状元素中的所有质点 m_k 关于 $\hat{\boldsymbol{a}}$ 轴对总转动惯量的贡献。

式（5-1）指出，质量惯性矩 $J=\sum_k m_k r_k^2$ 是整个薄片的惯性贡献。这一结果也适用于图 B-1 中的第 j 个薄片；不过，在这种情况下，力臂为

$$\boldsymbol{r}_k=\boldsymbol{r}-(\boldsymbol{r}^{\mathrm{T}}\hat{\boldsymbol{a}})\ \hat{\boldsymbol{a}}$$

因此式（5-1）所需的平方大小 r_k^2 为

$$r_k^2=\boldsymbol{r}^{\mathrm{T}}\boldsymbol{r}-(\boldsymbol{r}^{\mathrm{T}}\hat{\boldsymbol{a}})^{\mathrm{T}}(\boldsymbol{r}^{\mathrm{T}}\hat{\boldsymbol{a}})$$

从图 B-1 中可以看出，上式右边第一项是位置矢量 $\boldsymbol{r}$ 的平方量，上式右边第二项是 $\boldsymbol{r}$ 在 $\hat{\boldsymbol{a}}$ 上投影的平方量。因此，两者的差值就是 $\boldsymbol{r}_k$ 的平方量。

（总）惯性张量对薄片中所有质量 m_k 和所有 j 个薄片的项相加，得出如下结果

$$^{A}J_{aa}=\sum_j\sum_k m_k[\boldsymbol{r}^{\mathrm{T}}\boldsymbol{r}-(\boldsymbol{r}^{\mathrm{T}}\hat{\boldsymbol{a}})^{\mathrm{T}}(\boldsymbol{r}^{\mathrm{T}}\hat{\boldsymbol{a}})] \tag{B-1}$$

式中，上标 A 提醒我们旋转中心位于坐标系 A 的原点。

$^{A}J_{aa}$ 的值取决于质量分布和旋转轴 $\hat{\boldsymbol{a}}$。为了将这些独立的关注点分开，将式（B-1）用略有不同的一种方式写出：

$$\begin{aligned}
^{A}J_{aa}&=\sum_j\sum_k m_k[\boldsymbol{r}^{\mathrm{T}}\boldsymbol{r}-(\boldsymbol{r}^{\mathrm{T}}\hat{\boldsymbol{a}})^{\mathrm{T}}(\boldsymbol{r}^{\mathrm{T}}\hat{\boldsymbol{a}})]\\
&=\sum_j\sum_k m_k[(\hat{\boldsymbol{a}}^{\mathrm{T}}\hat{\boldsymbol{a}})(\boldsymbol{r}^{\mathrm{T}}\boldsymbol{r})-(\hat{\boldsymbol{a}}^{\mathrm{T}}\boldsymbol{r})(\boldsymbol{r}^{\mathrm{T}}\hat{\boldsymbol{a}})]\\
&=\sum_j\sum_k m_k[\hat{\boldsymbol{a}}^{\mathrm{T}}[(\boldsymbol{r}^{\mathrm{T}}\boldsymbol{r})\boldsymbol{I}_3]\ \hat{\boldsymbol{a}}-\hat{\boldsymbol{a}}^{\mathrm{T}}(\boldsymbol{r}\boldsymbol{r}^{\mathrm{T}})\ \hat{\boldsymbol{a}}]
\end{aligned} \tag{B-2}$$

些方向上，即使输入无限变化，也会使得输出零变化。对线性变换的空间性能的一个度量是最小奇异值的大小 $\kappa_1(\boldsymbol{A})=\sigma_{\min}$，它可被认为是与奇异点的距离。

A. 8. 2 条件数

条件数 $1\leqslant\kappa_2(\boldsymbol{A})\leqslant\infty$，描述了如何通过线性变换放大输入空间中的误差。为了推导条件数，我们定义了一个估计 $\tilde{\boldsymbol{x}}$，它是 $\boldsymbol{x}=\boldsymbol{A}^{-1}\boldsymbol{y}$ 的近似解；那么我们可以写出 $\mathrm{d}\boldsymbol{y}=\boldsymbol{y}-\boldsymbol{A}\tilde{\boldsymbol{x}}$，使得 $\boldsymbol{x}-\tilde{\boldsymbol{x}}=\boldsymbol{A}^{-1}\mathrm{d}\boldsymbol{y}$。因此，

$$\|\boldsymbol{x}-\tilde{\boldsymbol{x}}\|=\|A^{-1}\mathrm{d}\boldsymbol{y}\|\leqslant\|\boldsymbol{A}^{-1}\|\ \|\mathrm{d}\boldsymbol{y}\|$$

由于 $\boldsymbol{y}=\boldsymbol{A}\boldsymbol{x}$，$\|\boldsymbol{y}\|\leqslant\|\boldsymbol{A}\|\ \|\boldsymbol{x}\|$ 且 $\|\boldsymbol{x}\|\geqslant\|\boldsymbol{y}\|/\|\boldsymbol{A}\|$，所以有

$$\begin{aligned}\frac{\|\boldsymbol{x}-\tilde{\boldsymbol{x}}\|}{\|\boldsymbol{x}\|}&\leqslant\frac{\|\boldsymbol{A}^{-1}\|\ \|\mathrm{d}\boldsymbol{y}\|}{\|\boldsymbol{y}\|/\|\boldsymbol{A}\|}\\&\leqslant\|\boldsymbol{A}\|\ \|\boldsymbol{A}^{-1}\|\ \frac{\|\mathrm{d}\boldsymbol{y}\|}{\|\boldsymbol{y}\|}\end{aligned}$$

并且

$$\frac{\|\mathrm{d}\boldsymbol{x}\|}{\|\boldsymbol{x}\|}=\kappa(A)\frac{\|\mathrm{d}\boldsymbol{y}\|}{\|\boldsymbol{y}\|}\qquad\kappa(A)=\|A\|\ \|A^{-1}\|$$

当 $\kappa_2=1$ 时，线性变换是各向同性的，$\boldsymbol{x}$ 中的小误差与 $\boldsymbol{y}$ 中的一致。当矩阵 $\boldsymbol{A}$ 接近奇异点时，$\kappa_2\rightarrow\infty$。

条件数等于 $\boldsymbol{A}$ 的最大奇异值和最小奇异值之比，因此描述了条件椭球的离心率（Eccentricity）。条件数的倒数在 0（奇异配置）和 1（各向同性配置）之间连续变化。

$$\frac{1}{\kappa}=\frac{\sigma_{\min}(\boldsymbol{A})}{\sigma_{\max}(\boldsymbol{A})}\tag{A-4}$$

A. 8. 3 体积

即使当矩阵 $\boldsymbol{A}$ 接近奇异点时，椭球体的体积也是可观的，但通常情况下，随着条件椭球体变得更接近球形（也就是说，当线性变换是各向同性的），体积会增加。当 $\boldsymbol{A}$ 是奇异的，体积为零。

奇异值的乘积可生成一个与椭球体积成比例的度量，该度量也可以由 $\boldsymbol{A}\boldsymbol{A}^{\mathrm{T}}$ 的行列式得到：

$$\kappa_3(\boldsymbol{A})=\prod_{i=1}^{m}\sigma_i=\sqrt{\det(\boldsymbol{A}\boldsymbol{A}^{\mathrm{T}})}$$

A. 8. 4 半径

几何均值是一个相关条件度量，由 $\kappa_4(\boldsymbol{A})=(\sigma_1\cdot\sigma_2\cdots\sigma_m)^{1/m}$ 定义。几何均值描述了体积与输出椭球相同的超球体的半径。

这种应用于线性运动学方程的分析可以用来强调具身机械系统的运动能力和局限性，包括力和速度的传递、设备对误差的精度和敏感性、产生加速度的能力以及惯性的影响。我们将在接下来的几个小节中研究这些特性。

实例：应用于罗杰手臂的标量条件度量

图 A-3 展示了这节介绍的标量条件度量，由 $\boldsymbol{J}\boldsymbol{J}^{\mathrm{T}}$ 特征值平方根的奇异值计算出，它们用于描述罗杰手臂。在图 A-3b、c、e 和 f 中，可达操作空间内映射为黑色的区域是奇异配置，最

的线性回归时，通常会出现这种情况。矩阵 $\boldsymbol{A}$ 是根据相关的 m 个观测值估计的，每个观测值都可能被噪声破坏，并且 m 相对于 n 可能非常大，在这种情况下，选择 $\boldsymbol{A}$ 的逆，可最小化二次输出误差：

$$\underset{m\times 1}{[\boldsymbol{y}]}=\underset{m\times n}{[\boldsymbol{A}]}\ \underset{n\times 1}{[\boldsymbol{x}]}$$

$$E=\frac{1}{2}(\boldsymbol{y}-\boldsymbol{A}\boldsymbol{x})^{\mathrm{T}}(\boldsymbol{y}-\boldsymbol{A}\boldsymbol{x})$$

这个二次型对于任意给定的 $\boldsymbol{A}$ 都是半正定的，所以平方误差的梯度下降定义了一个唯一的最小值，其中，

$$\frac{\partial E}{\partial \boldsymbol{x}}=-\boldsymbol{A}^{\mathrm{T}}(\boldsymbol{y}-\boldsymbol{A}\boldsymbol{x})=\boldsymbol{0}$$

$$\boldsymbol{A}^{\mathrm{T}}\boldsymbol{y}=\boldsymbol{A}^{\mathrm{T}}\boldsymbol{A}\boldsymbol{x}$$

$$\boldsymbol{x}=[\boldsymbol{A}^{\mathrm{T}}\boldsymbol{A}]^{-1}\boldsymbol{A}^{\mathrm{T}}\boldsymbol{y}=\boldsymbol{A}^{\#}\boldsymbol{y}$$

所以有

$$\boldsymbol{A}^{\#}=[\boldsymbol{A}^{\mathrm{T}}\boldsymbol{A}]^{-1}\boldsymbol{A}^{\mathrm{T}}(m>n) \tag{A-5}$$

式（A-5）是 $m\geqslant n$ 的左伪逆，并求解使原始超定系统的平方误差 $\|\boldsymbol{y}-\boldsymbol{A}\boldsymbol{x}\|_2$ 最小化的 $\boldsymbol{A}$ 的逆。

2. 情况 2：$m<n$ 且 $\mathrm{rank}(\boldsymbol{A})=m$

对于这种情况，$\boldsymbol{A}\boldsymbol{A}^{\mathrm{T}}\in\mathbb{R}^{m\times m}$ 是非奇异的，且变换表示的约束方程太少，无法唯一地确定 n 个未知数。因此，变换是欠定且冗余的，有许多输入 $\boldsymbol{x}$ 映射到相同的 $\boldsymbol{y}$ 上：

$$\underset{m\times 1}{[\boldsymbol{y}]}=\underset{m\times n}{[\boldsymbol{A}]}\ \underset{n\times 1}{[\boldsymbol{x}]}$$

通过伪逆可得出该集合的满足约束优化问题的单个元素：

$$\text{最小化目标:}1/2(\boldsymbol{x}^{\mathrm{T}}\boldsymbol{x})$$

$$\text{受限条件:}\boldsymbol{y}-\boldsymbol{A}\boldsymbol{x}=0$$

为了解决这样一个问题，我们用拉格朗日乘子 $\boldsymbol{\lambda}$ 来公式化约束系统的拉格朗日方程：

$$\frac{1}{2}\boldsymbol{x}^{\mathrm{T}}\boldsymbol{x}+\boldsymbol{\lambda}^{\mathrm{T}}(\boldsymbol{y}-\boldsymbol{A}\boldsymbol{x})=0$$

根据文献［140］，解受到两个必要条件的约束。其一建立了最优性条件，由此得出

$$\frac{\mathrm{d}}{\mathrm{d}x}\left[\frac{1}{2}\boldsymbol{x}^{\mathrm{T}}\boldsymbol{x}+\boldsymbol{\lambda}^{\mathrm{T}}(\boldsymbol{y}-\boldsymbol{A}\boldsymbol{x})\right]=0$$

所以有

$$\boldsymbol{x}^{\mathrm{T}}-\boldsymbol{\lambda}^{\mathrm{T}}\boldsymbol{A}=0$$

$$\boldsymbol{x}^{\mathrm{T}}=\boldsymbol{\lambda}^{\mathrm{T}}\boldsymbol{A}\quad\text{或者}$$

$$\boldsymbol{x}=\boldsymbol{A}^{\mathrm{T}}\boldsymbol{\lambda} \tag{A-6}$$

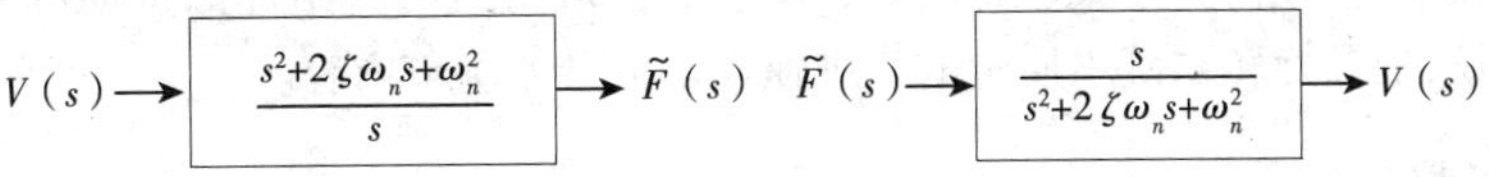

[1] Aeyels, D. Generic observability of differentiable systems. *SIAM Journal of Control and Optimization*, 19(5):595–603, 1981.

[2] Akishita, S., S. Kawamura, and K. Hayashi. Laplace potential for moving obstacle avoidance and approach of a mobile robot. In *1990 Japan-USA Symposium on Flexible Automation, A Pacific Rim Conference*, pages 139–142, 1990.

[3] Albus, J. S. A control system architecture for intelligent machine systems. In *Proceedings of the IEEE Conference on Systems, Man, and Cybernetics*, Arlington, VA, October 1987. IEEE. doi: 10.1.1.14.1370.

[4] Allen, P. K. Sensing and describing 3-d structure. In *Proceedings of the 1986 Conference on Robotics and Automation*, volume 1, pages 126–131, San Francisco, April 1986. IEEE.

[5] Anderson, J. R. *The Architecture of Cognition*. Harvard University Press, Cambridge, MA, 1983.

[6] Arbib, M. Schema theory. In S. Shapiro, editor, *Encyclopedia of Artificial Intelligence*, 2nd ed., pages 1427–1443. Wiley-Interscience, New York, 1992.

[7] Arkin, R. *Behavior-Based Robotics*. MIT Press, Cambridge, MA, 1998.

[8] Asada, M., K. McDorman, H. Ishiguro, and Y. Kuniyoshi. Cognitive developmental robotics as a new paradigm for the design of humanoid robots. *Robotics and Autonomous Systems*, 37:185–193, 2001.

[9] Asimov, I. *Robot Visions*. Penguin, New York, 1991.

[10] Baillargeon, R. Infant's physical world. *Current Directions in Psychological Science*, 13(3):89–94, 2004.

[11] Baldassare, G., and M. Mirolli. Computational and robotic models of the hierarchical organization of behavior: An overview. In G. Baldassare and M. Mirolli, editors, *Computational and Robotic Models of the Hierarchical Organization of Behavior*, pages 1–10. Springer-Verlag Berlin Heidelberg, 2013.

[12] Ballard, D., and C. Brown. *Computer Vision*. Prentice-Hall, Englewood Cliffs, NJ, 1982.

[13] Bardelli, R., P. Dario, D. De Rossi, and P. C. Pinotti. Piezo- and pyroelectric polymers skin-like tactile sensors for robots and prostheses. In *Proceedings of Robotics International of SME*, pages 18-45–18-56, 1983.

[14] Barr, M. *The Human Nervous System*. Harper and Row, New York, 1974.

[15] Barraquand, J., and J.-L. Latombe. Robot motion planning: A distributed representation approach. *International Journal of Robotics Research*, 10(6):628–649, December 1991.

[16] Barry Wright Corporation Products for Flexible Automation Bulletin. Sensoflex tactile sensing system data sheet. Technical Report, Part No. TS 402-1, Watertown, MA, 1984.

[17] Baughman, R., C. Cui, A. Zakhidov, Z. Iqbal, J. Barisci, G. Spinks, G. Wallace, A. Mazzoldi, D. De Rossi, A. Rinzler, O. Jaschinski, S. Roth, and M. Kertesz. Carbon nanotube actuators. *Science*, 284:1340–1344, May 1999.

[18] Beccai, L., S. Roccella, A. Arena, F. Valvo, P. Valdastri, A. Menciassi, M. Carrozza, and P. Dario. Design and fabrication of a hybrid silicon three-axial force sensor for biomechanical applications. *Sensors and Actuators A*, 120(2):370–382, 2005.

[19] Begej, S. An optical tactile array sensor. *SPIE Intelligent Robots and Computer Vision*, 521:271–280, 1984.

[20] Begej Corporation. Product literature for the FTS-2 fingertip shaped tactile sensor. Technical Report, Technical Bulletin No. 2, Littleton, CO, 1986.

[21] Bell, C. *The Hand: Its Mechanism and Vital Endowments, As Evincing Design*. Harper & Brothers, New York, 1840.

[22] Bellman, R. *Dynamic Programming*. Princeton University Press, Princeton, NJ, 1957.

[23] Bernstein, N. On dexterity and Its development. In M. Latash and M. Turvey, editors, *Dexterity and Its Development*, pages 1–244. Lawrence Erlbaum Associates, Mahwah, NJ, 1996.

[24] Berthier, N. E., R. E. Clifton, V. Gullapalli, D. McCall, and D. J. Robin. Visual information and the control of reaching. *Journal of Motor Behavior*, 28:187–197, 1996.

[25] Berthier, N. E., R. E. Clifton, D. D. McCall, and D. J. Robin. Proximodistal structure of early reaching in human infants. *Experimental Brain Research*, 127:259–269, 1999.

[26] Berthier, Neil. Learning to reach: A mathematical model. *Developmental Psychology*, 32:811–823, 1996.

[27] Bertsekas, D. *Nonlinear Programming*. Athena Scientific, Cambridge, MA, 1999.

[28] Bhatnagar, S. *Neuroscience for the Study of Communication Disorders*. 2nd ed. Lippincott, Williams, and Wilkins, Baltimore, MD, 2002.

[29] Bicchi, A., K. Salisbury, and D. Brock. Contact sensing from force measurements. *International Journal of Robotics Research*, 12(3):249–262, 1993.

[30] Bizzi, E., F. Mussa-Ivaldi, and S. Giszter. Mechanical properties of muscles: Implications for motor control. *Science*, 253:287–291, July 1991.

[31] Bjorklund, D., V. Periss, and K. Causey. The benefits of youth. *European Journal of Developmental Psychology*, 1(6):120–137, 2009.

[32] Blank, D., D. Kumar, and L. Meeden. Bringing up robot: Fundamental mechanisms for creating a self-motivated, self-organizing architecture. In *Proceedings of the Workshop Growing Up Artifacts That Live, Simulated Adaptive Behavior 2002, From Animals to Animats*, 2002.

[33] Blank, D., D. Kumar, L. Meeden, and J. Marshall. Bringing up robot: Fundamental mechanisms for creating a self-motivated, self-organizing architecture. *Cybernetics and Systems*, 2(36), 2005.

[34] Bohon, K., and S. Krause. An electrorheological fluid and siloxane based electromechanical actuator: Working toward an artificial muscle. *Journal of Polymer Science Part B Polymer Physics*, 36:1091–1094, 1998.

[35] Boie, R. A. Capacitive impedance readout tactile image sensor. In *Proceedings of the 1984 Conference on Robotics*, pages 370–378, Atlanta, March 1984. IEEE.

[36] Boissonnant, J. D. Stable matching between a hand structure and an object silhouette. *IEEE Transactions on Pattern Analysis and Machine Intelligence*, 4(6):603–612, November 1982.

[37] Botea, A., M. Enzenberger, M. Müller, and J. Schaeffer. Macro-ff: Improving AI planning with automatically learned macro-operators. *Journal of Artificial Intelligence Research*, 24(1):581–621, October 2005.

[38] Braitenberg, V. *Vehicles: Experiments in Synthetic Psychology*. MIT Press, Cambridge, MA, 1984.

[39] Bril, B., and Y. Brenière. Postural requirements and progression velocity in young walkers. *Journal of Motor Behavior*, 24(1):105–116, 1992.

[40] Brock, D. L. Review of artificial muscle based on contractile polymers. Technical Report AI Memo No. 1330, MIT, Cambridge, MA, 1991.

[41] Brooks, R., C. Breazeal, M. Marjanovic, B. Scassellati, and M. Williamson. The cog project: Building a humanoid robot. In C. Nehaniv, editor, *Computation for Metaphors, Analogy, and Agents*, Lecture Notes in Computer Science 1562, pages 52–87. Springer-Verlag, Heidelberg Berlin, 1999.

[42] Bruner, J. S. Organization of early skilled action. *Child Development*, 44:1–11, 1973.

[43] Burden, R., J. Faires, and A. Reynolds. *Numerical Analysis*. Prindle, Weber and Schmidt, Boston, 1978.

[44] Burridge, R., A. Rizzi, and D. Koditschek. Sequential composition of dynamically dexterous robot behaviors. *International Journal of Robotics Research*, 18(6):534–555, 1999.

[45] Carlson, F., and D. R. Wilkie. *Muscle Physiology*. Prentice-Hall, Englewood Cliffs, NJ, 1974.

[46] Carlson, N. *Physiology of Behavior*. 2nd ed. Allyn and Bacon, Boston, 1981.

[47] Chiacchio, P. A new dynamic manipulability ellipsoid for redundant manipulators. *Robotica*, 18(4):381–387, 2000.

[48] Chiarelli, P., D. De Rossi, and K. Umezawa. Progress in the design of an artificial urethral sphincter. In *Proceedings of the 3rd Vienna International Workshop on Functional Electro stimulation*, Vienna, Austria, September 1989.

[49] Chiu, S. L. Control of redundant manipulators for task compatibility. In *Proceedings of the 1987 Conference on Robotics and Automation*, volume 3, pages 1718–1724, Raleigh, NC, April 1987. IEEE.

[50] Chiu, S. L. Task compatibility of manipulator postures. *Journal of Robotics Research*, 7(5), October 1988.

[51] Chrpa, L., M. Vallati, T. McCluskey, and D. Kitchin. Generating macro-operators by exploiting inner entanglements. In *Proceedings of the Symposium on Abstraction, Reformulation and Approximation (SARA)*, Palo Alto, CA, 2013. AAAI Press.

[52] Chrpa, L., M. Vallati, T. McCluskey, and D. Kitchin. Mum: A technique for maximising the utility of macro-operators by constrained generation and use. In *Proceedings of the International Conference on Automated Planning and Scheduling*, pages 65–73, Portsmouth, RI, 2014. AAAI Press.

[53] Churchland, P. M. *Matter and Consciousness: A Contemporary Introduction to the Philospohy of Mind*. Bradford/MIT Press, Cambridge, MA, 1988.

[54] Clifton, R., P. Rochat, D. Robin, and N. Berthier. Multimodal perception in the control of infant reaching. *Journal of Experimental Psychology: Human Perception and Performance*, 20:876–886, 1997.

[55] Coelho, J. *Multifingered Grasping: Haptic Reflexes and Control Context*. PhD thesis, University of Massachusetts Amherst, September 2001.

[56] Coelho, J., and R. Grupen. Online grasp synthesis. In *Proceedings of the Conference on Robotics and Automation*, pages 2137–2142, Minneapolis, MN, April 1996. IEEE.

[57] Coelho, J., and R. Grupen. Learning in non-stationary conditions: A control theoretic approach. In *Proceedings of the Seventeenth International Conference on Machine Learning*, Stanford University, July 2000. IEEE.

[58] Coelho, J., J. Piater, and R. Grupen. Developing haptic and visual perceptual categories for reaching and grasping with a humanoid robot. *International Journal on Robotics and Autonomous Systems*, Volume 37, no. 2, pages 195–218, 2001.

[59] Coelho, J. A., and R. A. Grupen. A control basis for learning multifingered grasps. *Journal of Robotic Systems*, 14(7):545–557, 1997.

[60] Coiffet, P. *Robot Technology*, volume 2. Prentice Hall, New York, 1981.

[61] Connolly, C. Harmonic functions and collision probabilities. In *Proceedings of the IEEE Conference on Robotics and Automation*, pages 3015–3019, San Diego, CA, April 1994.

[62] Connolly, C., J. Burns, and R. Weiss. Path planning using Laplace's Equation. In *International Conference on Robotics and Automation*, pages 2102–2106, Cincinnati, OH, May 1990. IEEE.

[63] Connolly, C., and R. Grupen. Harmonic control. In *Proceedings of the 1992 International Symposium on Intelligent Control*, pages 498–502, Glasgow, Scotland, August 1992. IEEE.

[64] Connolly, C., and R. Grupen. On the applications of harmonic functions to robotics. *Journal of Robotics Systems*, 10(7):931–946, 1993.

[65] Craig, J. *Introduction to Robotics: Mechanics and Control*. 2nd ed. Addison Wesley, Reading, MA, 1986.

[66] Cutkosky, M., R. Howe, and W. Provancher. Force and tactile sensors. In B. Siciliano and O. Khatib, editors, *Handbook of Robotics*, pages 455–476. Springer, Cham, Switzerland, 2008.

[67] Cutkosky, M. R. On grasp choice, models, and the design of hands for manufacturing tasks. *IEEE Transactions on Robotics and Automation*, 5(3):269–279, June 1989.

[68] Cutkosky, M. R., and P. K. Wright. Modeling manufacturing grips and correlations with the design of robotic hands. In *Proceedings of 1986 Conference on Robotics and Automation*, volume 3, pages 1533–1539, San Francisco, 1986. IEEE.

[69] Dario, P., D. De Rossi, C. Domenici, and R. Francesconi. Ferroelectric polymer tactile sensors with anthropomorphic features. In *Proceedings of the 1984 Conference on Robotics*, pages 332–340, Atlanta, Georgia, March 1984. IEEE.

[70] Dennett, D. Styles of mental representation. In *Proceedings of the Aristotelian Society*, volume 83, pages 213–226, London, UK, 1982.

[71] Dominguez, M., and R. Jacobs. Developmental constraints aid the acquisition of binocular disparity sensitivities. *Neural Computation*, 15(1):161–182, 2003.

[72] Drescher, G. *Made-up Minds: A Constructivist Approach to Artificial Intelligence*. MIT Press, Cambridge, MA, 1991.

[73] Edin, B., L. Beccai, L. Ascari, S. Roccella, J. Cabibihan, and M. Carrozza. A bio-inspired approach for the design and characterization of a tactile sensory system for a cybernetic prosthetic hand. In *Proceedings of the International Conference on Robotics and Automation*, pages 1354–1358 Orlando, FL. 2006. IEEE.

[74] Edwards, S., D. Buckland, and J. McCoy-Powlen. *Developmental & Functional Hand Grasps*. SLACK Incorporated, Thorofare, NJ, 2002.

[75] Elliot, T., and N. Shadbolt. Developmental robotics: Manifesto and applications. *Philosophical Transaction: Mathematical, Physical, and Engineering Sciences*, 361:2187–2206, 2003.

[76] Ellis, R. E. Acquiring tactile data for the recognition of planar objects. In *Proceedings of the 1987 Conference on Robotics and Automation*, volume 2, pages 1799–1805, Raleigh, NC, April 1987. IEEE.

[77] Ellis, R. E. Extraction of tactile features by passive and active sensing. *SPIE Intelligent Robots and Computer Vision*, 521:289–295, 1984.

[78] Elman, J. Learning and development in neural networks: The importance of starting small. *Cognition*, 48:71–99, 1993.

[79] Ernst, H. A. *MH-1, A computer-operated mechanical hand*. PhD thesis, MIT, Cambridge, MA, December 1961.

[80] Fearing, R. S. Implementing a force strategy for object re-orientation. In *Proceedings of the 1986 Conference on Robotics and Automation*, volume 1, pages 96–102, San Francisco, April 1986. IEEE.

[81] Fearing, R. S. Simplified grasping and manipulation with dextrous robot hands. *IEEE Journal of Robotics Research*, 2(4):188–195, January 1983.

[82] Fearing, R. S. *Touch processing for determining a stable grasp*. Master's thesis, MIT, Department of Electrical Engineering and Computer Science, Boston, September 1983.

[83] Fearing, R. S., and J. M. Hollerbach. Basic solid mechanics for tactile sensing. In *Proceedings of the 1984 Conference on Robotics*, pages 266–275, Atlanta, March 1984. IEEE.

[84] Feynman, R. *Lectures on Physics*, volume 1. Addison-Wesley, Reading, MA, 1963.

[85] Fikes, R. E., and N. J. Nilsson. Strips: A new approach to the application of theorem proving to problem solving. *Artificial Intelligence*, 2(3–4):189–208, 1971.

[86] Fikes, R. E., and N. J. Nilsson. Strips, a retrospective. *Artificial Intelligence*, 59(1–2):227–232, 1993.

[87] Fiorentino, Mary R. *A Basis for Sensorimotor Development—Normal and Abnormal*. Charles C. Thomas, Springfield, IL, 1981.

[88] Frei, W., and C. Chen. Fast boundary detection: A generalization and a new algorithm. *IEEE Computer*, 26:988–999, 1977.

[89] Gelb, A., editor. *Applied Optimal Estimation*. The Analytical Sciences Corporation, MIT Press, Cambridge, MA, 1986.

[90] Gergely, G. What should a robot learn from an infant? Mechanisms of action interpretation and observational learning in infancy. In Christopher G. Prince, Luc Berthouze, Hideki Kozima, Daniel Bullock, Georgi Stojanov, and Christian Balkenius, editors, *Proceedings of the Workshop on Epigenetic Robotics*, pages 13–24, Boston, August 2003. Lund University Cognitive Studies.

[91] Gibbs, G. J., and H. L. Colston. The cognitive psychological reality of image schemas and their transforms. *Cognitive Linguistics*, 6(4):347–378, 1995.

[92] Gibson, E. J., and E. S. Spelke. *The Development of Perception*. 4th ed. Wiley, 1983.

[93] Gibson, E. J., and R. D. Walk. The visual cliff. *Scientific American*, 202:64–71, 1960.

[94] Gisztcr, S., F. Mussa-Ivaldi, and E. Bizzi. Convergent force fields organized in the frog's spinal cord. *Journal of Neuroscience*, 13:467–491, 1993.

[95] Goldman-Rakic, P. Organization development and plasticity of primate prefrontal cortex. *Neuroscience Abstracts*, 10(10), 1982.

[96] Golub, G. H., and C. F. Van Loan. *Matrix Computations*. Johns Hopkins University Press, Baltimore, MD, 1983.

[97] Gordon, G. *Active Touch*. Pergamon Press, Elmsford, NY, 1978.

[98] Grupen, R., and K. Souccar. Manipulability-based spatial isotropy: A kinematic reflex. In *Workshop on Mechatronical Computer Systems for Perception and Action*, Halmstad, Sweden, June 1–3, 1993.

[99] Grupen, R. A., K. Biggers, T. C. Henderson, and S. Meek. Task defined internal grasp wrenches. Technical Report UUCS-88-001, Department of Computer Science, University of Utah, 1988.

[100] Halder, G., P. Callaerts, and W. Gehring. New perspectives on eye evolution. *Current Opinions on Genetic Development*, 5:602–609, 1995.

[101] Hanafusa, H., and H. Asada. A robot hand with elastic fingers and its application to assembly process. In *IFAC Symposium on Information and Control Problems in Manufacturing Technology*, pages 127–138, Tokyo, 1977.

[102] Hanafusa, H., and H. Asada. Stable prehension by a robot hand with elastic fingers. In *Proceedings of the 7th International Symposium on Industrial Robots*, pages 361–368, Tokyo, October 1977. SME.

[103] Harmon, L. D. Automated tactile sensing. Technical Report MSR82-02, Society of Manufacturing Engineers, Dearborn, MI, 1982.

[104] Harmon, L. D. Automated touch sensing: A brief perspective and several new approaches. In *Proceedings of the 1984 Conference on Robotics*, pages 326–331, Atlanta, 1984. IEEE.

[105] Harmon, L. D. Robotic taction for industrial assembly. *Communications of the Journal of Robotics Research*, 3(1):72–76, Spring 1984.

[106] Harmon, L. D. Touch-sensing technology: A review. Technical Report MSR80-03, Society of Manufacturing Engineers, Dearborn, MI, 1980.

[107] Hart, S., and R. Grupen. Natural task decomposition with intrinsic potential fields. In *Proceedings of the IEEE/RSJ International Conference on Intelligent Robots and Systems (IROS)*, pages 2507–2512, San Diego, CA, 2007.

[108] Hart, S., S. Sen, and R. Grupen. Generalization and transfer in robot control. In *International Conference on Epigenetic Robotics*, Brighton, UK, 2008.

[109] Hart, S., S. Sen, and R. Grupen. Intrinsically motivated hierarchical manipulation. In *International Conference on Robotics and Automation (ICRA)*, pages 3814–3819, Pasadena, CA, 2008. IEEE.

[110] Hawkins, J., and S. Blakeslee. *On Intelligence*. Holt, New York, 2004.

[111] Hebert, M., J. M. Wong, and R. Grupen. Phase lag bounded velocity planning for high performance path tracking. In *International Conference on Humanoid Robots (Humanoids)*, pages 947–952, IEEE-RAS, 2015.

[112] Heimer, L. *The Human Brain and Spinal Cord*. Springer-Verlag, New York, 1983.

[113] Hendriks-Jensen, H. *Catching Ourselves in the Act*. MIT Press, Cambridge, MA, 1996.

[114] Hillis, W. D. A high resolution image touch sensor. *Journal of Robotics Research*, 1(2):33–44, Summer 1982.

[115] Hogan, N. Impedance control: An approach to manipulation. I. Theory, II. Implementation, III. Applications. *ASME Journal of Dynamic Systems, Measurement, and Control*, 107:1–24, March 1985.

[116] Holmes, M., and C. Isbell. Schema learning: Experience-based construction of predictive action models. In *Advances in Neural Information Processing Systems (NIPS) 17*, MIT Press, 2004.

[117] Huber, M. *A hybrid architecture for adaptive robot control*. PhD thesis, University of Massachusetts Amherst, May 2000.

[118] Huber, M., and R. Grupen. A feedback control structure for on-line learning tasks. *Journal of Robots and Autonomous Systems*, 22(3–4):303–315, 1997.

[119] Huber, M., and R. Grupen. A hybrid architecture for learning robot control tasks. In *Spring Symposium Series: Hybrid Systems and AI: Modeling, Analysis and Control of Discrete + Continuous Systems*, 96–100, Stanford, CA, 1999. AAAI.

[120] Huber, M., and R. Grupen. Learning to coordinate controllers—reinforcement learning on a control basis. In *Proceedings of the Fifteenth International Joint Conference on Artificial Intelligence (IJCAI)*, pages 1366–1371, Nagoya, Japan, San Francisco, August 1997. Morgan Kaufmann.

[121] Huber, M., and R. A. Grupen. A hybrid discrete event dynamic systems approach to robot control. Technical Report 96-43, CS Department, University of Massachusetts Amherst, October 1996.

[122] Huber, M., W. MacDonald, and R. Grupen. A control basis for multilegged walking. In *Proceedings of the Conference on Robotics and Automation*, volume 4, pages 2988–2993, Minneapolis, MN, April 1996. IEEE.

[123] Hutchinson, S., and A. Kak. Spar: A planner that satisfies operational and geometric goals in uncertain environments. *AI Magazine*, 11(1):30–61, 1990.

[124] Huxley, A. F. Muscle structure and theories of contraction. Progress in Biophysics and Biophysical Chemistry, 7:255–318, 1957.

[125] Huxley, A. F. Muscular contraction. *Journal of Physiology*, 243:1–43, 1974.

[126] Iberall, T. Grasp planning for human prehension. In *Proceedings of the International Joint Conference on Artificial Intelligence*, pages 1153–1156, Milan, Italy, 1987, IJCAI.

[127] Ijspeert, A., J. Nakanishi, and S. Schaal. Learning attractor landscapes for learning motor primitives. In S. Becker, S. Thrun, and K. Obermayer, editors, *Advances in Neural Information Processing Systems 15*, pages 1547–1554. MIT Press, Cambridge, MA, 2003.

[128] Jacob, H., S. Feder, and J. Slotine. Real-time path planning using harmonic potential functions in dynamic environments. In *International Conference on Robotics and Automation*, pages 874–881, Albuquerquer, NM, 1997. IEEE.

[129] Jacobsen, S. C., E. K. Iverson, D. F. Knutti, R. T. Johnson, and K. B. Biggers. Design of the Utah/MIT dextrous hand. In *Proceedings of the 1986 Conference on Robotics and Automation*, pages 1520–1532, San Francisco, CA, April 1986. IEEE.

[130] Jacobsen, S. C., I. D. McCammon, K. B. Biggers, and R. P. Phillips. Tactile sensing system design issues in machine manipulation. In *Proceedings of the 1987 Conference on Robotics and Automation*, pages 2087–2096, Raleigh, NC, April 1987, IEEE.

[131] Jacobsen, S. C., C. C. Smith, K. B. Biggers, and E. K. Iversen. Behavior based design of robot effectors. In *Proceedings of the 1987 International Symposium on Robotics Research*, pages 41–55, MIT Press, Cambridge, MA, 1988.

[132] Jacobsen, S. C., J. E. Wood, D. F. Knutti, and K. B. Biggers. The Utah/MIT dextrous hand. In *International Robotics Research Symposium*, pages 601–654, Bretton Woods, NH, August 1983.

[133] Jacobsen, S. C., J. E. Wood, D. F. Knutti, K. B. Biggers, and E. K. Iversen. The version I Utah/MIT dextrous hand. In *Proceedings of the Second International Symposium on Robotics Research*. MIT Press, Cambridge, MA, 1984.

[134] Kaelbling, L., and T. Lozano-Perez. Hierarchical task and motion planning in the now. In *Proceedings of the IEEE Conference on Robotics and Automation*, pages 1470–1477, Shanghai, China, 2011.

[135] Kakugo, A., S. Sugimoto, J. P. Gong, and Y. Osada. Gel machines constructed from chemically cross-linked actins and myosins. *Advanced Materials*, 14:1124–1126, 2002.

[136] Kandel, E. R., and J. H. Schwartz. *Principles of Neural Science*. Elsevier, New York, 1981.

[137] Kao, I., and M. R. Cutkosky. Quasistatic manipulation with compliance and sliding. *International Journal of Robotics Research*, 11(1):20–40, 1992.

[138] Kao, I., K. Lynch, and J. Burdick. Contact modeling and manipulation. In B. Siciliano and O. Khatib, editors, *Handbook of Robotics*. Switzerland, Springer-Verlag, 2008.

[139] Kapandji, I. *The Physiology of the Joints*, volume 1. Churchill Livingstone, New York, 1970.

[140] Kelly, A. *Mobile Robotics: Mathematics, Models, and Methods*. Cambridge University Press, New York, 2013.

[141] Kelso, S. *Dynamic Patterns*. MIT Press, Cambridge, MA, 1995.

[142] Kerr, J., and B. Roth. Analysis of multifingered hands. *Journal of Robotics Research*, 4(4):3–17, Winter 1986.

[143] Khatib, O. Real-time obstacle avoidance for manipulators and mobile robots. In *International Conference on Robotics and Automation*, pages 500–505, St. Louis, MO, March 1985. IEEE.

[144] Khatib, O. Real-time obstacle avoidance for manipulators and mobile robots. *International Journal of Robotics Research*, 5(1), 1986.

[145] Kim, J., and P. Khosla. Real-time obstacle avoidance using harmonic potential functions. In *International Conference on Robotics and Automation*, pages 790–796, April 1991. IEEE.

[146] King, A., M. Hutchings, D. Moore, and C. Blakemore. Developmental plasticity in the visual and auditory representations in the mammalian superior colliculus. *Nature*, 332:73–76, 1988.

[147] Klein, C., and B. Blaho. Dexterity measures for the design and control of kinematically redundant manipulators. *Journal of Robotics Research*, 6(2):72–83, Summer 1987.

[148] Kobayashi, H. Control and geometrical considerations for an articulated robot hand. *Journal of Robotics Research*, 4(1):3–12, Spring 1985.

[149] Kobayashi, H. Grasping and manipulation of objects by articulated hands. In *Proceedings of the 1986 Conference on Robotics and Automation*, volume 3, pages 1514–1519, San Francisco, April 1986. IEEE.

[150] Koditschek, D. Exact robot navigation by means of potential functions: Some topological considerations. In *Proceedings of the International Conference on Robotics and Automation*, volume 97, pages 211–223, 1987. IEEE.

[151] Koenderink, J. The structure of images. *Biological Cybernetics*, 50:363–370, 1984.

[152] Korf, R. Macro-operators: A weak method for learning. *Artificial Intelligence*, 26(1):35–77, April 1985.

[153] Košecká, J., and L. Bogoni. Application of discrete event systems for modeling and controlling robotic agents. In *Proceedings of the International Conference on Robotics and Automation*, pages 2557–2562, San Diego, CA, May 1994. IEEE.

[154] Krogh, B. A generalized potential field approach to obstacle avoidance control. In *Proceedings of the SME Conference on Robotics Research: The Next Five Years and Beyond*, pages 11–22, Bethlehem, PA, 1984.

[155] Ku, L., E. Learned-Miller, and R. Grupen. An aspect representation for object manipulation based on convolutional neural networks. In *Proceedings of the International Conference on Robotics and Automation*, pages 794–800, May 2017. IEEE.

[156] Ku, L., E. Learned-Miller, and R. Grupen. Modeling objects as aspect transition graphs to support manipulation. In *Proceedings of the International Symposium on Robotics Research*, Sestri Levante, Italy, August 2015.

[157] Ku, L., S. Sen, E. Learned-Miller, and R. Grupen. Action-based models for belief-space planning. In *Robotics: Science and Systems, Workshop on Information-Based Grasp and Manipulation Planning*, May 2014.

[158] Ku, L., S. Sen, E. Learned-Miller, and R. Grupen. Aspect transition graph: An affordance-based model. In *European Conference on Computer Vision, Workshop on Affordances: Visual Perception of Affordances and Functional Visual Primitives for Scene Analysis*, pages 459–465, Zurich, Switzerland, 2014. Springer.

[159] Kuindersma, S., R. Grupen, and A. Barto. Variable risk dynamic mobile manipulation. In *RSS 2012 Mobile Manipulation Workshop*, Sydney, Australia, July 2012.

[160] Kuipers, B., P. Beeson, J. Modayil, and J. Provost. Bootstrap learning of foundational representations. *Connection Science*, 18(2):145–158, 2006.

[161] Laird, J., P. Rosenbloom, and A. Newell. Chunking in SOAR: The anatomy of a general learning mechanism. *Journal of Machine Learning*, 1:11–46, 1986.

[162] Lakoff, G., and M. Johnson. *Philosophy in the Flesh: The Embodied Mind and Its Challenge to Western Thought*. Basic Books, New York, 1999.

[163] Langley, L. L., I. R. Telford, and J. B. Christensen. *Dynamic Anatomy and Physiology*. McGraw-Hill, New York, 1974.

[164] Lanighan, M., T. Takahashi, and R. Grupen. Planning robust manual tasks in hierarchical belief spaces manipulation skills. In *Proceedings of the International Conference on Automated Planning and Scheduling (ICAPS)*, pages 459–467, Delft, Netherlands, June 2018.

[165] Larson, P., and S. Stensaas. Pedineurologic exam: A neurodevelopmental approach. https://neurologicexam.med.utah.edu/pediatric/html/home_exam.html, 2003.

[166] Latombe, T. *Robot Motion Planning*. Kluwer, Boston, 1991.

[167] LaValle, S. *Planning Algorithms*. Cambridge University Press, New York, 2006.

[168] Law, J., M. Lee, M. Hülse, and A. Tomassett. The infant development timeline and its application to robot shaping. *Adaptive Behavior*, 19(5):335–358, 2011.

[169] Lee, M. Tactile sensing: New directions, new challenges. *Journal of Robotics Research*, 19(7):636–643, 2000.

[170] Lee, M., and H. Nicholls. Tactile sensing for mechatronics—a state of the art survey. *Mechatronics*, 9(1):1–31, 1999.

[171] Li, Z., and S. Sastry. Task-oriented optimal grasping by multifingered robot hands. *IEEE Journal of Robotics and Automation*, 4(1):32–44, February 1988.

[172] Li, Z., and S. Sastry. Task-oriented optimal grasping by multifingered robot hands. *IEEE Transactions Systems, Man, and Cybernetics*, 11(10):681–689, 1988.

[173] Lian, D., S. Peterson, and M. Donath. A three-fingered, articulated hand. In *Proceedings of the 13th International Symposium on Industrial Robots*, volume 2, pages 18-91–18-101, Chicago, April 1983. SME.

[174] Liégeois, A. Automatic supervisory control of the configuration and behavior of multibody mechanisms. *Transactions on Systems, Man, and Cybernetics*, 7(12):868–871, December 1977.

[175] Lindeberg, T. Scale-space: A framework for handling image structures at multiple scales. In *Proceedings of the CERN School of Computing*, pages 1–12, Netherlands, September 1996. Egmond aan Zee.

[176] Lindeberg, T. *Scale-Space Theory in Computer Vision*. Kluwer Academic Publishers, Dordrecht, Netherlands, 1994.

[177] Lindeberg, T., and B. ter Haar Romeny. Linear scale-space. In B. ter Haar Romeny, editor, *Geometry-Driven Diffusion in Computer Vision*, pages 1–77. Kluwer Academic Publishers, Dordrecht, Netherlands, 1994.

[178] Lord Corporation. Product literature for the Lord tactile sensor LTS series. Technical Report, Lord Corporate Development Center, Cary, NC, 1984.

[179] Lungarella, M., G. Metta, R. Pfeifer, and G. Sandini. Developmental robotics: A survey. *Connection Science*, 15(4):151–190, 2003.

[180] Luo, R. C., F. Wang, and Y. X. Liu. An imaging tactile sensor with magnetostrictive transduction. *SPIE Intelligent Robots and Computer Vision*, 521:264–270, 1984.

[181] Lyons, D. Tagged potential fields: An approach to specification of complex manipulator configurations. In *Proceedings of the 1986 Conference on Robotics and Automation*, volume 3, pages 1749–1754, San Francisco, April 1986. IEEE.

[182] MacDonald, W. S., and R. A. Grupen. Building walking gaits for irregular terrain from basis controllers. In *Proceedings of the Conference on Robotics and Automation*, Albuquerque, NM, April 1997. IEEE.

[183] Mahowald, M., and C. Mead. The silicon retina. *Scientific American*, 264(5):76–82, 1991.

[184] Malcolm, C., and T. Smithers. Symbol grounding via a hybrid architecture in an autonomous assembly system. In P. Maes, editor, *Designing Autonomous Agents*, pages 123–144. MIT Press, Cambridge, MA, 1990.

[185] Mandler, Jean M. How to build a baby: On the development of an accessible representational system. *Cognitive Development*, 3:113–136, 1988.

[186] Mandler, Jean M. How to build a baby II: Conceptual primitives. *Psychological Review*, 99(4):587–604, 1992.

[187] Marzke, M., J. Longhill, and S. Rasmussen. Gluteus maximus muscle function and the origin of hominid bipedality. *American Journal of Physical Anthropology*, 7:519–528, 1988.

[188] Mason, M. T., and J. K. Salisbury. *Robot Hands and the Mechanics of Manipulation*. MIT Press, Cambridge, MA, 1985.

[189] McCann, G., and C. Wilts. Application of electric-analog computers to heat-transfer and fluid-flow problems. *Journal of Applied Mechanics*, 16(3):247–258, September 1949.

[190] McCarty, M. E., R. K. Clifton, and R. R. Collard. Problem solving in infancy: The emergence of an action plan. *Developmental Psychology*, 35(4):1091–1101, 1999.

[191] McCormick, S., editor. *Multigrid Methods (Frontiers in Applied Mathematics)*, volume 3. SIAM Books, Philadelphia, 1987.

[192] McMahon, M. *Muscles, Reflexes, and Locomotion*. Princeton University Press, Princeton, NJ, 1984.

[193] Metta, G., G. Sandini, L. Natale, and F. Panerai. Development and robotics. In *Proceedings of the IEEE-RAS International Conference on Humanoid Robots*, pages 33–42, Tokyo, Japan, 2001.

[194] Meystel, A. Planning in a hierarchical nested controller for autonomous robots. In *Proceedings of the 25th Conference on Decision and Control*, pages 1237–1249, Athens, Greece, 1986. IEEE.

[195] Minton, S. Constraint-based generalization: Learning game-playing plans from single examples. In *Proceedings of the National Conference on Artificial Intelligence*, pages 251–254, Austin, TX, 1984. Morgan Kaufmann.

[196] Mishra, B., J. Schwartz, and M. Sharir. On the existence and synthesis of multifinger positive grips. *Algorithmica*, 2(4):541–558, 1987.

[197] Mitchell, T. Generalization as search. *Artificial Intelligence*, 18(2):203–226, 1982.

[198] Modayil, J., and B. Kuipers. Autonomous development of a grounded object ontology by a learning robot. In *Proceedings of the Twenty-Second Conference on Artificial Intelligence*, pages 1095–1101, Vancouver, BC, Canada, 2007. AAAI.

[199] Modayil, J., and B. Kuipers. The initial development of object knowledge by a learning robot. *Robotics and Autonomous Systems*, 56(11):879–890, 2008.

[200] Mountcastle, V. An organizational principle for cerebral function: The unit model and the distributed system. In G. Edelman and V. Mountcastle, editors, *The Mindful Brain*. MIT Press, Cambridge, MA, 1978.

[201] Murase, H., and S. K. Nayar. Visual learning and recognition of 3d objects from appearance. *International Journal of Computer Vision*, 14:5–24, 1995.

[202] Murray, R. M., Z. Li, and S. S. Sastry. *A Mathematical Introduction to Robotic Manipulation*. CRC Press, Boca Raton, CA, 1994.

[203] Mussa-Ivaldi, F. Modular features of motor control and learning. *Current Opinion in Neurobiology*, 9(6):713–717, 1999.

[204] Mussa-Ivaldi, F. Nonlinear force fields: A distributed system of control primitives for representing and learning movements. In *Proceedings of the International Symposium on Computational Intelligence in Robotics and Automation*, pages 84–90, San Mateo, CA, 1997. IEEE.

[205] Mussa-Ivaldi, F., E. Bizzi, and S. Giszter. Transforming plans into action by tuning passive behavior: A field approximation approach. In *Proceedings of the 1991 International Symposium on Intelligent Control*, pages 101–109, Arlington, VA, August 1991. IEEE.

[206] Muthukrishnan, C., D. Smith, D. Myers, J. Rebman, and A. Koivo. Edge detection in tactile images. In *Proceedings of 1987 Conference on Robotics and Automation*, pages 1500–1505, Raleigh, NC, April 1987. IEEE.

[207] Myers, J. Multiarm collision avoidance using potential field approach. In *Space Station Automation*, pages 78–87, 1985. SPIE.

[208] Nakamura, Y. *Advanced Robotics: Redundancy and Optimization*. Addison-Wesley, Reading, MA, 1991.

[209] Nakamura, Y., and H. Hanafusa. Optimal redundancy control of robot manipulators. *Journal of Robotics Research*, 6(1), Spring 1987.

[210] Napier, J. *Hands*. Pantheon Books, New York, 1980.

[211] Napier, J. The prehensile movements of the human hand. *Journal of Bone and Joint Surgery*, 38b(4):902–913, November 1956.

[212] Natale, L. *Linking action to perception in a humanoid robot: A developmental approach to grasping*. PhD thesis, LIRA-Lab, DIST, University of Genoa, 2004.

[213] Newman, W., and N. Hogan. High speed control and obstacle avoidance using dynamic potential functions. In *IEEE International Conference on Robotics and Automation*, pages 14–24, Raleigh, NC, March 1987.

[214] Newport, E. Maturational constraints on language learning. *Cognitive Science*, 14:11–28, 1990.

[215] Nicolescu, M., and M. Matarić. A hierarchical architecture for behavior-based robots. In *Proceedings of the International Joint Conference on Autonomous Agents and Multi-Agent Systems*, pages 227–233, Bologna, Italy, July 2002. ACM.

[216] Okada, T. Computer control of multijointed finger system for precise object-handling. *IEEE Journal of Systems, Man, and Cybernetics*, 12(3):289–299, 1982.

[217] Okada, T. Object-handling system for manual industry. *IEEE Journal of Systems, Man, and Cybernetics*, 9(2):79–89, February 1979.

[218] Otero, T. F., and M. T. Cortes. Artificial muscles with tactile sensitivity. *Advanced Materials*, 15:279–282, 2003.

[219] Özveren, C. M., and A. S. Willsky. Observability of discrete event dynamic systems. *IEEE Transactions on Automatic Control*, 35(7):797–806, 1990.

[220] Paul, B. *Kinematics and Dynamics of Planar Machinery*. Prentice-Hall, Englewood Cliffs, NJ, 1979.

[221] Paul, R. *Robot Manipulators: Mathematics, Programming, and Control: The Computer Control of Robot Manipulators*. MIT Press, Cambridge, MA, 1981.

[222] Penrose, R. A generalized inverse for matrices. In *Proceedings of the Cambridge Philosophical Society*, volume 51, pages 406–413, Cambridge, UK, 1955.

[223] Pew, R. W., and S. B. Van Hemel, editors. *Technology for Adaptive Aging*. National Academies Press, Washington, DC, 2003.

[224] Pfeifer, R., and J. Bongard. *How the Body Shapes the Way We Think: A New View of Intelligence*. MIT Press, Cambridge, MA, 2006.

[225] Phillips, C. and R. Harbor. *Feedback Control Systems*. Prentice-Hall, Englewood Cliffs, NJ, 1988.

[226] Piaget, J. *The Construction of Reality in the Child*. Basic Books, New York, 1954.

[227] Piaget, J. *The Origins of Intelligence in Childhood*. International Universities Press, 1952.

[228] Piater, J. H., and R. A. Grupen. Constructive feature learning and the development of visual expertise. In *Proceedings of the Seventeenth International Conference on Machine Learning*, Stanford, CA, 2000.

[229] Pieper, D. *The kinematics of manipulators under computer control*. PhD thesis, Stanford University, 1968.

[230] Pinker, S. *How the Mind Works*. Norton, New York, 1997.

[231] Plantinga, H., and C. Dyer. Visibility, occlusion, and the aspect graph. *Computer Vision*, 5(2):137–169, 1990.

[232] Plantinga, W., and C. Dyer. An algorithm for constructing the aspect graph. Technical Report 627, University of Wisconsin, 1985.

[233] Platt, R. *Learning and generalizing control based grasping and manipulation skills*. PhD thesis, University of Massachusetts Amherst, September 2006.

[234] Poulin-Dubois, D., A. Lepage, and D. Ferland. Infants' concept of animacy. *Cognitive Development*, 11:19–36, January–March 1996.

[235] Prattichizzo, D., and J. Trinkle. Grasping. In B. Siciliano and O. Khatib, editors, *Handbook of Robotics*. Springer-Verlag, Secaucus, NJ, 2008.

[236] Puterman, M. *Markov Decision Processes*. Wiley, New York, 1994.

[237] Quinn, P., P. Eimas, and S. Rosenkrantz. Evidence for representations of perceptually similar natural categories by 3- and 4-month-old infants. *Perception*, 22:463–475, 1993.

[238] Raibert, M. H. An all digital VLSI tactile array sensor. In *Proceedings 1984 Conference on Robotics*, pages 314–319, Atlanta, March 1984. IEEE.

[239] Ramadge, P. J., and W. M. Wonham. The control of discrete event systems. *Proceedings of the IEEE*, 77(1):81–97, January 1989.

[240] Rebman, J., and M. W. Trull. A robust tactile sensor for robotic applications. In *Proceedings of Computers in Engineering*, volume 2, pages 109–114, Chicago, 1983.

[241] Reuleaux, F. *The Kinematics of Machinery*. Translated and annotated by A. B. W. Kennedy. 1876. Reprint, Dover, New York, 1963.

[242] Rimon, E., and J. Burdick. New bounds on the number of frictionless fingers required to immobilize planar objects. *Journal of Robotic Systems*, 12(6):433–451, 1995.

[243] Rimon, E., and D. Koditschek. Exact robot navigation using artificial potential functions. *IEEE Transactions on Robotics and Automation*, 8(5):501–518, October 1992.

[244] Rimon, E., and D. Koditschek. Exact robot navigation using cost functions: The case of distinct spherical boundaries in e^n. In *Proceedings of the International Conference on Robotics and Automation*, pages 1791–1796, April 1988. IEEE.

[245] Rosenstein, M., and R. Grupen. Velocity-dependent dynamic manipulability. In *Conference on Robotics and Automation*, pages 2424–2429, Washington, DC, May 2002. IEEE.

[246] Roy, D. Semiotic schemas: A framework for grounding language in the action and perception. *Artificial Intelligence*, 167:170–205, 2005.

[247] Roy, N., G. Baltus, D. Fox, F. Gemperle, J. Goetz, T. Hirsch, D. Margaritis, M. Montelermo, J. Pineau, J. Schulte, and S. Thrun. Towards personal service robots for the elderly. In *Workshop on Interactive Robots and Entertainment (WIRE)*, 2000. http://groups.csail.mit.edu/rrg/papers/wire2000.pdf

[248] Ruiken, D., J. Wong, T. Liu, M. Hebert, T. Takahashi, M. Lanighan, and R. Grupen. Affordance-based active belief recognition using visual and manual actions. In *International Conference on Intelligent Robots and Systems*, pages 5312–5317, Daejeon, Korea, October 2016. IEEE/RSJ.

[249] Salisbury, J. K. Design and control of an articulated hand. In *Proceedings of the International Symposium on Design and Synthesis*, Tokyo, July 1984.

[250] Salisbury, J. K. Interpretation of contact geometries from force measurements. In *Proceedings 1984 Conference on Robotics*, pages 240–247, Atlanta, March 1984. IEEE.

[251] Salisbury, J. K. *Kinematic and force analysis of articulated hands*. PhD thesis, Stanford University, May 1982.

[252] Salisbury, J. K. The Stanford/JPL hand: Mechanical specifications. Technical Report, Salisbury Robotics, Palo Alto, CA, 1984.

[253] Sandini, G., G. Metta, and J. Konczak. Human sensorimotor development and artificial systems. In *Proceedings of the International Symposium on Artificial Intelligence, Robotics, and Intellectual Human Activity Support for Applications*, pages 303–314, 1997.

[254] Scassellati, B. Building behaviors developmentally: A new formalism. In *AAAI Spring Symposium on Integrating Robotics Research*, Stanford, CA, 1998.

[255] Schiff, W., and E. Foulke, editors. *Tactual Perception: A Sourcebook*. Cambridge University Press, New York, 1982.

[256] Schlender, B. Intel's Andy Grove: The next battles in tech. *Fortune*, pages 80–81, May 2003.

[257] Schmidhuber, J. Self-motivated development through rewards for predictor errors/improvements. In D. Blank, L. Meeden, S. Franklin, O. Sporns, and J. Weng, editors, *Proceedings of the AAAI Spring Symposium on Developmental Robotics*, Stanford, CA, 2005.

[258] Sen, S. *Bridging the gap between autonomous skill learning and task specific planning*. PhD thesis, University of Massachusetts Amherst, September 2012.

[259] Shepherd, G. *The Synaptic Organization of the Brain*. 2nd ed. Oxford University Press, New York, 1979.

[260] Siegel, D. M., S. M. Drucker, and I. Garabieta. Performance analysis of a tactile sensor. In *Proceedings of the 1986 Conference on Robotics and Automation*, volume 3, pages 1493–1499, San Francisco, April 1986. IEEE.

[261] Sininger, Y., K. Doyle, and J. Moore. The case for early identification of hearing loss in children. *Pediatric Clinics of North America*, 46(1):1–14, 2009.

[262] Slater, A., and S. Johnson. Visual sensory and perceptual abilities of the newborn: Beyond the blooming, buzzing confusion. In F. Simion and G. Butterworth, editors, *The Development of Sensory, Motor and*

Cognitive Capacities in Early Infancy: From Sensation to Cognition, pages 121–141. Psychology Press, Hove, UK, 1997.

[263] Sobh, M., J. C. Owen, K. P. Valvanis, and D. Gracani. A subject-indexed bibliography of discrete event dynamic systems. *IEEE Robotics & Automation Magazine*, 1(2):14–20, 1994.

[264] Somov, P. Über schrauhengeschwindigkeiten eines festen körpers bei versehiedener zahl von stützflächen. *Zeitschrift für Mathematik und Physik*, 42:133–153, 1897.

[265] Spelke, E. S., P. Vishton, and C. von Hofsten. Object perception, object-directed action, and physical knowledge in infancy. In M. S. Gazzaniga, editor, *The Cognitive Neurosciences*, pages 165–180. MIT Press, Cambridge, MA, 1995.

[266] Stansfield, S. A. Primitives, features, and exploratory procedures: Building a robot tactile perception system. In *Proceedings 1986 Conference on Robotics and Automation*, volume 2, pages 1274–1279, San Francisco, April 1986. IEEE.

[267] Steels, L. The autotelic principle. In I. Fumiya, R. Pfeifer, L. Steels, and K. Kunyoshi, editors, *Embodied Artificial Intelligence*, volume 3139 of Lecture Notes in Artificial Intelligence, pages 231–242. Springer-Verlag, 2004.

[268] Sutton, R., and A. Barto. *Reinforcement Learning: An Introduction*. MIT Press, Cambridge, MA, 1998.

[269] Takens, F. Detecting strange attractors in turbulence. In D. Rand and L. Young, editors, *Dynamical Systems and Turbulence*, volume 898 of Lecture Notes in Math, pages 366–381. Springer-Verlag: Lecture Notes in Math, 1981.

[270] Tanaka, T. Gels. *Scientific American*, pages 124–138, January 1981.

[271] Tarassenko, L., and A. Blake. Analogue computation of collision-free paths. In *International Conference on Robotics and Automation*, pages 540–545, April 1991. IEEE.

[272] Thelen, E. Treadmill elicited stepping in seven month old infants. *Journal of Child Development*, 57:1498–1506, 1994.

[273] Thelen, E., D. Corbetta, K. Kamm, J. Spencer, K. Schneider, and R. Zernicke. *The transition to reaching: Mapping intention and intrinsic dynamics*. Unpublished, 1992.

[274] Thelen, E., and L. Smith. *A Dynamic Systems Approach to the Development of Cognition and Action*. MIT Press, Cambridge, MA, 1994.

[275] Thompson, E. *Mind in Life: Biology, Phenomenology, and the Sciences of Mind*. Harvard University Press, Cambridge, MA, 2007.

[276] Thompson, R. *The Brain: An Introduction to Neuroscience*. W. H. Freeman and Company, New York, 1985.

[277] Titze, I. *Principles of Voice Production*. Prentice Hall, Englewood Cliffs, NJ, 1994.

[278] Todes, S. *Body and World*. MIT Press, Cambridge, MA, 2001.

[279] Tubiana, R. *The Hand*. Saunders, 1981.

[280] Turing, A. Computing machinery and intelligence. *Mind*, 59:433–460, 1950.

[281] Valdastri, P., S. Roccella, L. Beccai, E. Cattin, A. Menciassi, M. Carrozza, and P. Dario. Characterization of a novel hybrid silicon three-axial force sensor. *Sensors and Actuators A*, 123–124:249–257, 2005.

[282] Varela, F., E. Thompson, and E. Rosch. *The Embodied Mind: Cognitive Science and Human Experience*. MIT Press, Cambridge, MA, 1991.

[283] Vranish, J. Magnetoinductive skin for robots. In *Proceedings of the 1986 Conference on Robotics and Automation*, volume 2, pages 1292–1318, San Francisco, April 1986. IEEE.

[284] Vukobratović, M., and B. Borovac. Zero-moment point—thirty five years of its life. *International Journal of Humanoid Robotics*, 1(1):157–173, 2004.

[285] Waldron, K., and J. Schmiedeler. Kinematics. In B. Siciliano and O. Khatib, editors, *Handbook of Robotics*, pages 9–33. Springer-Verlag New York, Secaucus, NJ, 2008.

[286] Waldron, K., and J. Schmiedeler. Kinematics. In *Springer Handbook of Robotics*, pages 9–33. Springer-Verlag New York, Secaucus, NJ, 2007.

[287] Wang, C., W. Timoszyk, and J. Bobrow. Payload maximization for open chained manipulators: Finding weightlifting motions for a PUMA 762 robot. *IEEE Transactions on Robotics and Automation*, 17(2):218–224, 2001.

[288] Watkins, C. *Learning from delayed rewards*. PhD thesis, Cambridge University, 1989.

[289] Watkins, C. J. C. H., and P. Dayan. Q-learning. *Machine Learning*, 8:279–292, 1992.

[290] Weng, J., J. McClelland, A. Pentland, O. Sporns, I. Stockman, M. Sur, and E. Thelen. Autonomous mental development by robots and animals. *Science*, 291(5504), 2001.

[291] Westermann, G. *Constructivist neural network models of cognitive development*. PhD thesis, University of Edinburgh, 2000.

[292] Whitcomb, L., D. Koditschek, and J. Cabrera. Toward the automatic control of robot assembly tasks via potential functions: The case of 2-d sphere assemblies. In *Proceedings of the Conference on Robotics and Automation*, volume 3, pages 2186–2191, Nice, France, May 1992. IEEE.

[293] Wilson, F. R. *The Hand: How Its Use Shapes the Brain, Language, and Human Culture*. Vintage Books, New York, 1999.

[294] Witkin, A. Scale-space filtering. In *Proceedings of the 8th International Joint Conference on Artificial Intelligence*, pages 1019–1023, Karlsruhe, Germany, August 1983. IJCAI.

[295] Wray, K., D. Ruiken, R. Grupen, and S. Zilberstein. Log-space harmonic function path planning. In *IROS*, 2016. IEEE/RSJ.

[296] Yoshikawa, T. Analysis and control of robot manipulators with redundancy. In *Robotics Research: The First International Symposium*, pages 735–747, Bretton Woods, NH, 1984. MIT Press.

[297] Yoshikawa, T. Dynamic manipulability of robotic manipulators. *Journal of Robotics Systems*, 2(1):113–124, 1985.

[298] Yoshikawa, T. *Foundations of Robotics: Analysis and Control*. MIT Press, Cambridge, MA, 1990.

[299] Yoshikawa, T. Manipulability of robotic mechanisms. *Journal of Robotics Research*, 4(2):3–9, Summer 1985.

[300] Younger, B., and L. Cohen. Developmental changes in infants' perception of correlations among attributes. *Child Development*, 57(3):803–815, June 1986.

[301] Zalucky, A. ITA Interim Technical Report No. 5. AFWAL/MLTC Wright-Patterson AFB, Adept Technology, 1984.

[302] Zanone, P. G., and J. A. S. Kelso. Relative timing from the perspective of dynamic pattern theory: Stability and instability. In J. Fagard and P. H. Wolff, editors, *The Development of Timing Control and Temporal Organization in Coordinated Action*. Elsevier Science, 1991.

[303] Zelazo, N., P. R. Zelazo, K. Cohen, and P. D. Zelazo. Specificity of practice effects on elementary neuromotor patterns. *Child Psychology*, 29:686–691, 1993.

[304] Zelinsky-Wibbelt, C. *Discourse and the Continuity of Reference: Representing Mental Categorization*. Walter de Gruyter, 2000.

[305] Zhang, Q., H. Li, M. Poh, F. Xia, Z. Cheng, H. Xu, and C. Huang. An all-organic composite actuator material with a high dielectric constant. *Nature*, 419:284–287, 2002.